21 世纪全国高职高专计算机系列实用规划教材

数据结构(C 语言版)

主　编　夏　燕　张兴科
副主编　李笑雪　蔡　芸
参　编　张顺利　李琳琳

北京大学出版社
PEKING UNIVERSITY PRESS

内 容 简 介

本书系统地介绍了较为常用的数据结构，主要包括线性表、栈、队列，串、数组、树和二叉树、图、查找表和排序，并按照高职高专计算机专业本课程大纲要求，对每种数据结构算法实现进行阐述，并对各种算法的时间和空间性能作了简要分析。

本书内容详实，通俗易懂，理论的讲述够用为度，注重实践。每章都有要重点掌握的、在C语言环境下调试通过的上机实训题，章末有大量标准化习题和上机操作题，并且上机操作题还配有参考操作步骤，使读者对每章的学习从理论到实践都能得到进一步巩固。

本书可作为高职高专院校、技校、职高及社会办学相关课程的教材，也非常适合计算机相关专业初学者学习使用，特别是要参加专升本考试的读者，是很好的学习参考书。

图书在版编目(CIP)数据

数据结构(C语言版)/夏燕，张兴科主编. —北京：北京大学出版社，2007.7

(21世纪全国高职高专计算机系列实用规划教材)

ISBN 978-7-301-12409-3

Ⅰ. 数…　Ⅱ. ①夏…　②张…　Ⅲ. ①数据结构—高等学校：技术学校—教材②C语言—程序设计—高等学校：技术学校—教材　Ⅳ. TP311.12　TP312

中国版本图书馆CIP数据核字(2007)第083359号

书　　名：数据结构(C语言版)

著作责任者：夏　燕　张兴科　主编

责 任 编 辑：李彦红

标 准 书 号：ISBN 978-7-301-12409-3/TP・0904

出　版　者：北京大学出版社

地　　址：北京市海淀区成府路205号　100871

网　　址：http://www.pup.cn　http://www.pup6.com

电　　话：邮购部62752015　发行部62750672　编辑部62750667　出版部62754962

电 子 邮 箱：pup_6@126.com

印　刷　者：河北滦县鑫华书刊印刷厂

发　行　者：北京大学出版社

经　销　者：新华书店

787毫米×1092毫米　16开本　20.75印张　471千字

2007年7月第1版　2011年1月第2次印刷

定　　价：28.00元

信息技术的职业化教育

(代丛书序)

刘瑞挺/文

北京大学出版社第六事业部组编了一套《21 世纪全国高职高专计算机系列实用规划教材》。为此，制订了详细的编写目的、丛书特色、内容要求和风格规范。在内容上强调面向职业、项目驱动、注重实例、培养能力；在风格上力求文字精练、图表丰富、脉络清晰、版式明快。

一、组编过程

2004 年 10 月，第六事业部开始策划这套丛书，分派编辑深入各地职业院校，了解教学第一线的情况，物色经验丰富的作者。2005 年 1 月 15 日在济南召开了“北大出版社高职高专计算机规划教材研讨会”。来自 13 个省、41 所院校的 70 多位教师汇聚一堂，共同商讨未来高职高专计算机教材建设的思路和方法，并对规划教材进行了讨论与分工。2005 年 6 月 13 日在苏州又召开了“高职高专计算机教材大纲和初稿审定会”。编审委员会委员和 45 个选题的主、参编，共 52 位教师参加了会议。审稿会分为公共基础课、计算机软件技术专业、计算机网络技术专业、计算机应用技术专业 4 个小组对稿件逐一进行审核。力争编写出一套高质量的、符合职业教育特点的精品教材。

二、知识结构

职业生涯的成功与人们的知识结构有关。以著名侦探福尔摩斯为例，作家柯南道尔在“血字的研究”中，对其知识结构描述如下：

- 文学知识——无；
- 哲学知识——无；
- 政治学知识——浅薄；
- 植物学知识——不全面。对于药物制剂和鸦片却知之甚详。对毒剂有一般了解，而对于实用园艺却一无所知；
- 化学知识——精深；
- 地质学知识——偏于应用，但也有限。他一眼就能分辨出不同的土质。根据裤子上泥点的颜色和坚实程度就能说明是在伦敦什么地方溅上的；
- 解剖学知识——准确，却不系统；
- 惊险小说知识——很渊博。似乎对近一个世纪发生的一切恐怖事件都深知底细；
- 法律知识——熟悉英国法律，并能充分实用；
- 其他——提琴拉得很好，精于拳术、剑术。

事实上，我国唐朝名臣狄仁杰，大宋提刑官宋慈，都有类似的知识结构。审视我们自己，每人的知识结构都是按自己的职业而建构的。因此，我们必须面向职场需要来设计教材。

三、职业门类

我国的职业门类分为 18 个大类：农林牧渔、交通运输、生化与制药、地矿与测绘、材料与能源、土建水利、制造、电气信息、环保与安全、轻纺与食品、财经、医药卫生、旅游、公共事业、文化教育、艺术设计传媒、公安、法律。

每个职业大类又分为二级类，例如电气信息大类又分为 5 个二级类：计算机、电子信息、通信、智能控制、电气技术。因此，18 个大类共有 75 个二级类。

在二级类的下面，又有不同的专业。75 个二级类共有 590 种专业。俗话说："三百六十行，行行出状元"，现代职业仍在不断涌现。

四、IT 能力领域

通常信息技术分为 11 个能力领域：规划的能力、分析与设计 IT 解决方案的能力、构建 IT 方案的能力、测试 IT 方案的能力、实施 IT 方案的能力、支持 IT 方案的能力、应用 IT 方案的能力、团队合作能力、文档编写能力、项目管理能力以及其他能力。

每个能力领域下面又包含若干个能力单元，11 个能力领域共有 328 个能力单元。例如，应用 IT 方案能力领域就包括 12 个能力单元。它们是操作计算机硬件的能力、操作计算软件包的能力、维护设备与耗材的能力、使用计算软件包设计机构文档的能力、集成商务计算软件包的能力、操作文字处理软件的能力、操作电子表格应用软件的能力、操作数据库应用软件的能力、连接到互联网的能力、制作多媒体网页的能力、应用基本的计算机技术处理数据的能力、使用特定的企业系统以满足用户需求的能力。

显然，不同的职业对 IT 能力有不同的要求。

五、规划梦想

于是我们建立了一个职业门类与信息技术的平面图，以职业门类为横坐标、以信息技术为纵坐标。每个点都是一个函数，即 IT(Professional)，而不是 IT+Professional 单纯的相加。针对不同的职业，编写它所需要的信息技术教材，这是我们永恒的主题。

这样组合起来，就会有 IT((328)*(Pro(590)))，这将是一个非常庞大的数字。组织这么多的特色教材，真的只能是一个梦想，而且过犹不及。能做到 IT((11)*(Pro(75)))也就很不容易了。

因此，我们既要在宏观上把握职业门类的大而全，也要在微观上选择信息技术的少而精。

六、精选内容

在计算机科学中，有一个统计规律，称为 90/10 局部性原理(Locality Rule)：即程序执行的 90%代码，只用了 10%的指令。这就是说，频繁使用的指令只有 10%，它们足以完成 90%的日常任务。

事实上，我们经常使用的语言文字也只有总量的 10%，却可以完成 90%的交流任务。同理，我们只要掌握了信息技术中 10%频繁使用的内容，就能处理 90%的职业化任务。

有人把它改为 80/20 局部性原理，似乎适应的范围更广些。这个规律为编写符合职业教育需要的精品教材指明了方向：坚持少而精，反对多而杂。

七、职业本领

以计算机为核心、贴近职场需要的信息技术已经成为大多数人就业的关键本领。职业教育的目标之一就是培养学生过硬的 IT 从业本领，而且这个本领必须上升到职业化的高度。

职场需要的信息技术不仅是会使用键盘、录入汉字，而且还要提高效率、改善质量、降低成本。例如，两位学生都会用 Office 软件，但他们的工作效率、完成质量、消耗成本可能有天壤之别。领导喜欢谁？这是不言而喻的。因此，除了道德品质、工作态度外，必须通过严格的行业规范和个人行为规范，进行职业化训练才能养成正确的职业习惯。

我们肩负着艰巨的历史使命。我国人口众多，劳动力供大于求的矛盾将长期存在。发展和改革职业教育，是我国全面建设小康社会进程中一项艰巨而光荣的任务，关系到千家万户人民群众的切身利益。职业教育和高技能人才在社会主义现代化建设中有特殊的作用。我们一定要兢兢业业、不辱使命，把这套高职高专教材编写好，为我国职业教育的发展贡献一份力量。

刘瑞挺教授　曾任中国计算机学会教育培训委员会副主任、教育部理科计算机科学教学指导委员会委员、全国计算机等级考试委员会委员。目前担任的社会职务有：全国高等院校计算机基础教育研究会副会长、全国计算机应用技术证书考试委员会副主任、北京市计算机教育培训中心副理事长。

本系列教材编写目的和教学服务

本系列教材在遍布全国的各位编写老师的共同辛勤努力下，在编委会主任刘瑞挺教授和其他编审委员会成员的指导下，在北京大学出版社第六事业部的各位编辑刻苦努力下，本系列教材终于与广大师生们见面了。

教材编写目的

近几年来，职业技术教育事业得以蓬勃的发展，全国各地的高等职业院校以及高等专科学校无论是从招生人数还是学校的软、硬件设施上都达到了相当规模。随着我国经济的高速发展，尽快提高职业技术教育的水平显得越来越重要。教育部提出：职业教育就是就业教育，也就是说教学要直接面对就业，强调实践。不但要介绍技术，更要介绍具体应用，注重技术与应用的结合。本套教材的主要编写思想如下。

1．与发达国家相比，我国职业技术教育教材的发展比较缓慢并且滞后，远远跟不上职业技术教育发展的需求。我们常常提倡职业教育的实用性，但在课堂教学中仍然使用理论性和技术性教材进行职业实践教学。针对这种现状，急需推出一系列切合当前教育改革需要的高质量的优秀职业技术实训型教材。

2．本套教材总结了目前优秀计算机职业教育专家的教学思想与经验，与广大职业教育一线老师共同探讨，最终落实到本套教材中，开发出一套适合于我国职业教育教学目标和教学要求的教材，它是一套能切实提高学生专业动手实践能力和职业技术素质的教材。

3．社会对学生的职业能力的要求不断提高，从而催化出了许多新型的课程结构和教学模式。新型教学模式是必须以工作为基础的模仿学习，它是将学生置于一种逼真的模拟环境中，呈现给学生的是具有挑战性、真实性和复杂性的问题，使学生得到较真实的锻炼。

4．教材的结构必须按照职业能力的要求创建并组织实施新的教学模式。教学以专项能力的培养展开，以综合能力的形成为目标。能力的培养既是教学目标，又是评估的依据和标准。

5．本套的重点是先让学生实践，从实践中领悟、总结理论，然后再学习必要的理论，用理论指导实践。从这一个循环的教学过程中，学生的职业能力将得到极大的提高。

教学服务

1. 提供电子教案

本系列教材绝大多数都是教程与实训二合一，每一本书都有配套的电子教案，以降低任课老师的备课强度，此课件可以在我们网站上随时下载。

2. 提供教学资源下载

本系列教材中涉及到的实例(习题)的原始图片和其他素材或者是源代码、原始数据等文件，都可以在我们网站上下载。

3. 提供多媒体课件和教师培训

针对某些重点课程，我们配套有相应的多媒体课件。对大批量使用本套教材的学校，我们会免费提供多媒体课件，另外还将免费提供教师培训名额，组织使用本套教材的教师进行相应的培训。

北京大学出版社第六事业部(http://www.pup6.com)

前　言

数据结构是计算机相关专业重要的专业基础课，是计算机程序设计的重要理论技术基础。通过该课程的学习，不仅可以使学生掌握数据结构的基本内容、典型算法和使用方法，而且能够训练学生应用数据结构和算法进行具体应用问题的程序设计能力，为学生后续课程的学习打下良好的基础。

本书主要是针对高职高专院校、职高和技校学生撰写的。教材的编写以高职高专计算机专业本课程教学大纲为主要依据，结合专升本考试大纲的要求，讨论了数据的逻辑结构与存储结构，以及相关算法，还讨论了常用的几种查找方法和排序算法，帮助读者轻松掌握数据结构的基础知识与算法实现。

全书共 10 章，内容包括数据结构概述、线性表、栈、队列、串、数组、树和二叉树、图、查找表和排序。每种数据结构都有较完整的数据类型定义、在计算机内的存储表示和算法实现，并运用大量实例进行讲解，每章都配有要求重点掌握、在 C 语言环境下调试通过的上机实训题，使读者通过上机实训来加深对数据结构课程的理解和掌握。

本书每章后面配有大量标准化习题和上机操作题，并且上机操作题还配有参考操作步骤，通过练习，使读者对每章的学习从理论到实践都能得到进一步巩固。同时还可以到北京大学出版社第六事业部网站(www.pup6.com)下载本书所有习题参考答案和上机操作题 C 语言程序。

本书由昆明冶金高等专科学校的夏燕、山东信息职业技术学院的张兴科担任主编，河南财经学院的李笑雪、北京交通职业技术学院的蔡芸担任副主编，郑州纺织专科学校的张顺利、淄博职业技术学院的李琳琳担任参编。夏燕编写了第 6 章、第 9 章，张兴科编写了第 7 章，李笑雪编写了第 2 章、第 3 章和第 4 章，蔡芸编写了第 10 章，张顺利编写了第 8 章，李琳琳编写了第 1 章和第 5 章。

郑州牧业高等专科学校的黄贻彬老师、洛阳大学的张红霞老师在本书编写过程中提供了很大帮助，在此深表感谢。

由于时间仓促，编者水平有限，书中错误和疏漏之处在所难免，恳请广大读者批评指正。

编者

2011 年 1 月

目　　录

第 1 章　概　　论

教学提示：“数据结构”是研究数据在程序设计中操作对象及其之间关系与操作的学科，是介于数学、计算机硬件和计算机软件三者之间的一门核心课程，属于计算机专业的核心基础课程。“数据结构”是数据的组织、存储和运算的总和；是数据按照某种关系组织起来，同时用一定的存储方式存储到计算机中。

教学要求：

(1) 理解数据结构及相关的概念。

(2) 掌握各种逻辑结构的特点。

(3) 掌握算法的定义、特性及用类 C 语言描述算法的规则。

(4) 掌握评价算法优劣的标准：时间复杂度、空间复杂度的定义及表示。

1.1　数据结构的概念

随着计算机科学技术的快速发展，尤其是计算机的软、硬件技术飞速发展，计算机的应用领域也越来越广泛，从最初的科学计算逐步发展到人类活动的各个领域。

计算机处理的数据对象从单纯的数值计算，扩展到图像、视频、音频等具有不同结构的非数值数据的处理。针对复杂的处理对象，程序设计必须更多的注意到数据和数据之间存在的关系。合理的数据组织形式与良好的程序设计方法相互结合是有效地解决问题的前提。通常情况下，精心选择的数据结构可以产生更高的运行效率或者存储效率的算法。这就是“数据结构”这门学科形成和发展的原因。

1.1.1　什么是数据结构

随着计算机应用领域的不断扩大，计算机处理的对象更多的是非数值计算问题，它们的数学模型无法用数学方程来进行描述，此时就必须建立相应的数据结构来进行描述，分析问题中所用到的数据是如何组织的，研究数据之间的关系如何，进而为解决这些问题设计出合适的数据结构。

下面请看三个具体例子。

【例 1.1】 学生档案信息。

将学生信息组织成如表 1-1 所示的花名册。花名册中每个学生的信息由编号、姓名、性别、出生年月、籍贯等项目组成，占表的一行，一行信息称为一个结点，则表中的结点和结点之间是一种简单的线性关系，这就是上述花名册表的线性逻辑结构。当用计算机对上述花名册表中的数据进行运算时，就要考虑那些结点在计算机中的存储表示，即存储结构。另外，还必须考虑如何进行结点的插入、删除、修改、检索或查找，这就涉及数据的运算。

表 1-1　学生档案信息

编　号	姓　名	性　别	出 生 年 月	籍　贯
01	王蕾	女	1981.5	山东
02	万名化	男	1982.1	河北
03	赵力新	男	1981.6	浙江
04	孙仁	女	1983.1	辽宁
05	周立	男	1982.9	江苏
…	…	…	…	…

【例 1.2】 家族族谱。

家庭父子的关系，一父可对应多个子女，就不再如【例 1.1】所示——简单的一对一关系。将其用图示表示，如图 1.1 所示。

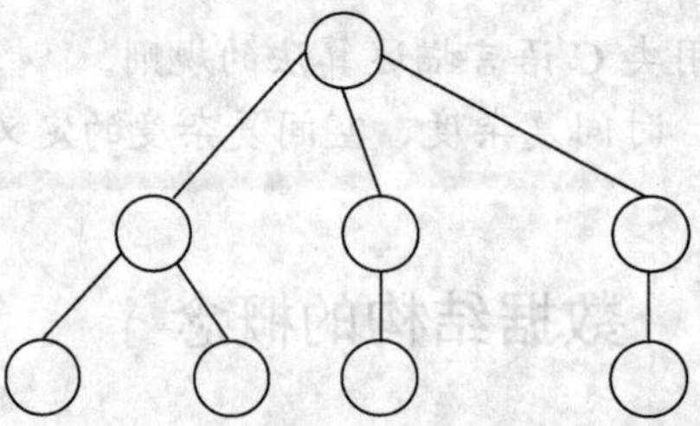

图 1.1　家族父子关系

参照图 1.1，要查找父亲的孩子，就不再是一对一的关系，同一个父亲可以找到多个孩子。同样用计算机进行处理时既要考虑存储问题，又要考虑增加、删除、查询等运算。

【例 1.3】 城市交通图。

众所周知，城市之间的交通联系比前两例要更复杂。也就是说数据元素之间出现了多对多的情况。用顶点表示城市，连线表示通路，如图 1.2 所示。

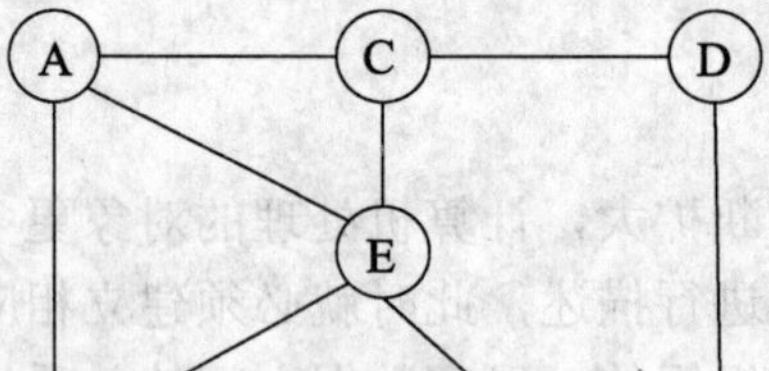

图 1.2　城市交通图

图 1.2 中，为表示城市交通图，可采用一种称为图的结构来表示实际的交通网络，此时，这个交通网络图就表示一个数据结构。在这个数据结构中，结点之间的关系可以是任意的，图中任意两个结点之间都可以相关。同样，必须考虑构造后将这张图存入计算机中，这就要涉及图的存储结构问题，以及图的运算。

从以上例子可见，要描述诸如此类的非数值计算问题的数学模型，则要涉及一些诸如表、图还有树之类的数据结构。

数据结构课程实际上是研究非数值计算问题在程序设计中计算机的操作对象以及它们之间的关系和运算操作等的一门学科。在计算机科学技术中，数据结构不仅是一般程序设计(特别是非数值计算的程序设计)的基础，而且是设计和实现编译程序、操作系统、数据库系统及其他系统程序和大型应用程序的重要基础。

1.1.2 基本术语

下面介绍几个与数据结构相关的基本术语。

1. 数据

数据是人们对现实世界客观事物的符号化描述。因此，从整数、实数、字符、文字到声音、图形、图像都是数据。在计算机领域中，数据是指能够被计算机识别、存储、处理的一切信息符号。数据是计算机程序加工的“原料”。在程序设计语言中常说由程序处理数据，但程序也是数据。如 C 语言源程序由编译程序经过编译生成二进制的目标程序，对编译程序来说，源程序就是要处理的数据。

2. 数据元素

数据元素是数据整体中的相对独立的单位，即是数据的基本单位。通常在计算机程序中作为一个整体进行处理。数据元素一般由数据项组成，数据项(item)是具有独立含义的最小标识单位。

如表 1-1 所示，学生档案信息数据库中，一个学生信息记录可称为一个数据元素，而这个数据元素中的字段：学号、姓名、性别等就是一个个的数据项。

3. 数据对象

数据对象是具有相同特征的数据元素的集合，是数据的一个子集。数据对象与数据间的关系是部分与整体的关系。如整数数据对象是集合 N={0,±1,±2,…}，字母字符数据对象是集合 C={'A','B','C',…,'Z'}，表 1-1 所示的学生档案信息表也可看作一个数据对象。

4. 数据结构

数据结构是指相互之间存在一种或多种特定关系的数据元素集合，是带有结构的数据元素的集合，它指的是数据元素之间的相互关系，即数据的组织形式。

数据结构一般包括以下三个方面的内容：

(1) 数据元素之间的逻辑关系，有时也称为数据的逻辑结构。

(2) 数据元素及其关系在计算机内存中的表示(又称为映像)，称为数据的物理结构，又称为数据的存储结构，它包括数据元素的表示和数据元素之间关系的表示。

(3) 数据的运算及实现，即对数据元素可以施加的操作及其这些操作在相应的存储结构上的实现。

1) 数据的逻辑结构

数据的逻辑结构是指数据元素之间的逻辑关系描述。数据的逻辑结构通常有 4 类：集合结构、线性结构、树形结构、图形结构或称网状结构。

(1) 集合结构：数据元素之间组织形式松散，其结构为离散型，可以认为是数据元素间无逻辑关系，只是在同一个集合中，如图 1.3 所示。

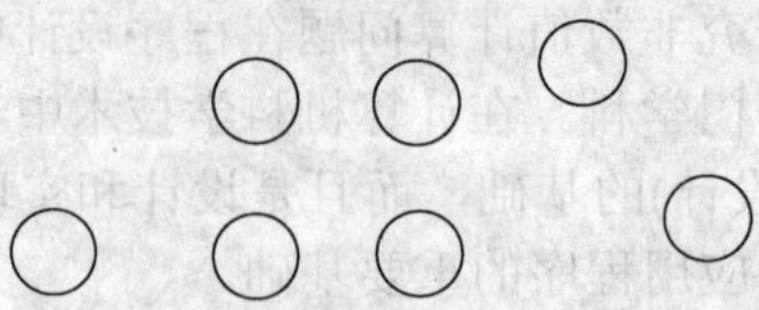

图 1.3　集合结构

(2) 线性结构：数据元素之间是一对一的关系。【例 1.1】中，各学生记录按学号排列之间的关系，可用图 1.4 来表示。很容易看出，每个数据元素有且只有一个前驱元素(除第一个元素之外)和一个后继元素(最后一个元素除外)。也就是说，每个元素都有唯一的前驱和后继(除第一个和最后一个元素外)，元素关系可以记为 1:1 的关系。

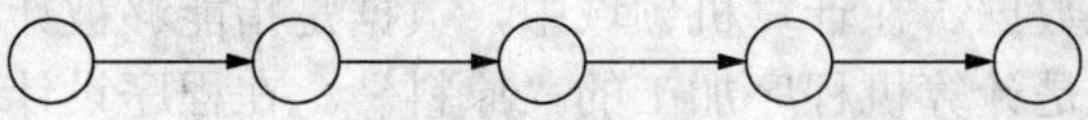

图 1.4　线性结构

(3) 树型结构：数据元素之间是一对多的关系。【例 1.2】中，父子关系，可用图 1.5 表示，像一棵倒挂的树。在树中，最上面的结点(数据元素)称为根结点，最下面的结点(数据元素)为叶子结点。可以看出，每个结点最多只能有一个父亲，但可以有多个孩子。即每个数据元素(根结点除外)有且只有一个前驱，但可以有多个后继。元素关系可以记为 1:m 的关系。

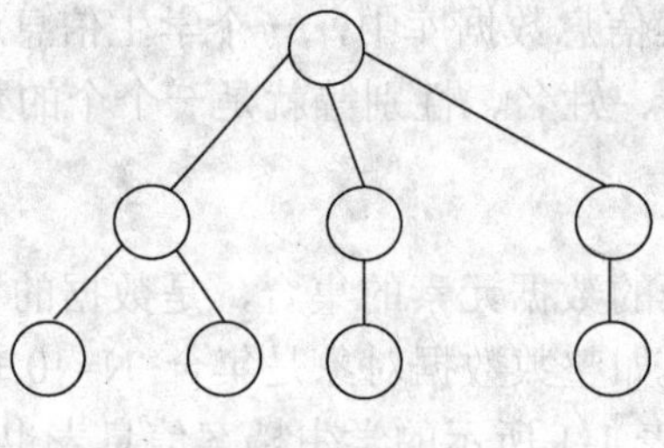

图 1.5　树型结构

(4) 图型结构：数据元素之间是多对多的关系。如【例 1.3】中的城市交通图，可以看出，每个城市有多个前驱或后继。即图形结构特点是每个数据元素可以有多个前驱和后继。元素关系可以记为 m:n 的关系。

2) 数据的存储结构

数据的存储结构是指逻辑结构用计算机语言的实现，就是数据元素及其关系如何存入计算机的问题。数据的存储结构可按以下四种基本存储方法而得到。

(1) 顺序存储方法。

顺序存储方法是把逻辑上相邻的结点存储在物理位置上相邻的存储单元中，结点间的逻辑关系由存储单元的相邻关系而体现。由此得到的存储表示称为顺序存储结构，通常可借助计算机语言的数组来描述。

【例 1.4】　顺序存储一棵树。

按照树的结构从上到下，从左到右给每个结点编号，在存储器中按编号进行顺序存储，如图 1.6 所示。

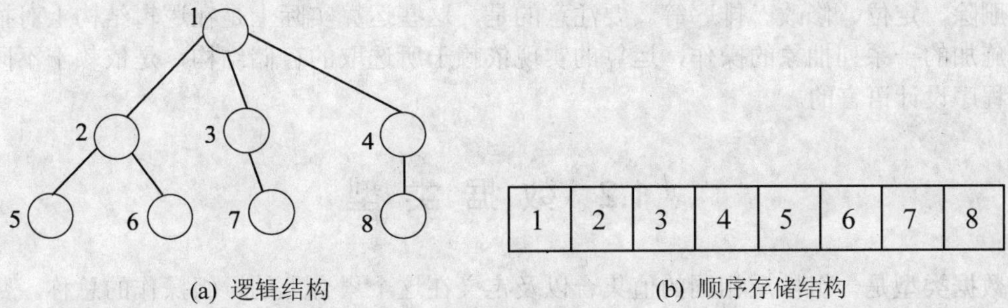

图 1.6 顺序存储结构

(2) 链状存储方式。

不要求逻辑上相邻的结点在物理位置上也相邻，数据元素可以存储在任意位置。为了实现数据元素之间逻辑关系的存储，必须通过一些附加的手段来存储这种相互关系，由此得到的存储表示称为链状存储结构。一般可以用指针来实现，通常可借助计算机程序语言的指针类型或者游标来描述。

【例 1.5】 链式存储——线性表(A,B,C)。

如图 1.7 所示，开始元素位置 1006，通过元素 A 的地址(指针)可以找到元素 B，依次类推可以找到下一个元素。

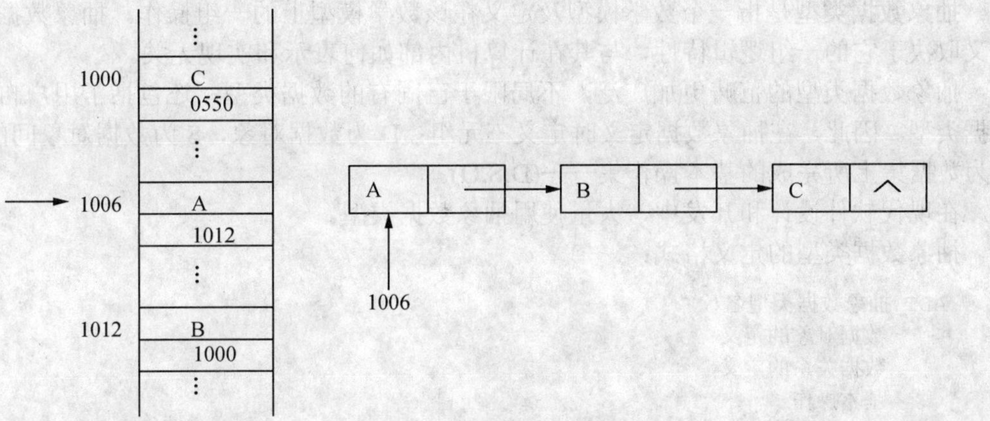

图 1.7 链式存储结构

(3) 索引存储方法。

该方法通常是在存储结点信息的同时，建立附加的索引表。索引表一般有稠密索引和稀疏索引两种。

(4) 散列存储方法。

该方法是依据结点的关键字直接计算出该结点的存储地址，而后将结点按某种方式存入该地址的一种存储方法。

数据的逻辑结构和物理结构是密切相关的，解决不同的问题，面对的数据的逻辑结构是不同的，设计的算法要依据逻辑结构，但算法如何实现又取决于数据的存储结构。

5. 数据的运算

数据的运算是指定义在数据的逻辑结构上的一组操作的集合。例如，检索(查找)、插入、删除、定位、修改、排序等。要注意的是，这些运算实际上是在逻辑结构上对抽象数据所施加的一系列抽象的操作，运算的实现依赖于所选取的存储结构，是依赖于不同的计算机程序设计语言的。

1.2 数据类型

数据类型是一组性质相同的值集合以及定义在这个集合上的一组操作的总称。数据类型中定义了两个集合，即该类型的取值范围，以及该类型中可允许使用的一组运算。例如高级语言中的数据类型就是已经实现的数据结构的实例。在高级语言如 C 语言中，整型类型可能的取值范围是-32768～+32767，可用的运算符集合为加、减、乘、除、乘方、取模。

按“值”的不同特性，高级程序语言中的数据类型可分为两大类：一类是非结构的原子类型。原子类型的值是不可分解的，如 C 语言中的标准类型(整型、实型和字符型)及指针。另一类是结构类型，结构类型的值是由若干成分按某种结构组成的，因此是可以分解的，并且它的成分可以是非结构的，也可以是结构的。例如数组的值由若干分量组成，每个分量可以是整数，也可以是数组等。数据类型指由系统定义的、可直接使用且可构造的数据类型。

因此，数据类型不仅是数据对象的集合还有在这些数据对象上的操作集合。

抽象数据类型是指一个数学模型及定义在该数学模型上的一组操作。抽象数据模型的定义取决于它的一组逻辑特性，与其在计算机内部如何表示和实现无关。

抽象数据类型的范畴更加广泛，不局限于已固有的数据类型，还包括了用户自定义的数据类型。因此，在抽象数据定义时定义三元组：D 为数据对象，S 为数据对象间的关系，O 为数据集上所完成的基本操作集——(D,S,O)。

在现代软件设计和开发中，大量使用抽象数据类型。

抽象数据类型的定义格式：

```
ADT 抽象数据类型名{
      数据对象的定义
      数据关系的定义
      基本操作
}ADT 抽象数据类型名
```

线性表的抽象数据类型描述：

```
ADT  Linear_list {
数据元素  所有 ai 属于同一数据对象,i=1,2,…,n      (n≥1)
逻辑结构  所有数据元素 ai 存在次序关系(ai,ai+1),a1 无前驱,an 无后继.
线性表的基本操作  /* 设 L 为 Linear_list 类型的线性表 */
InitList(L);          /* 建立一个空的线性表 L */
Length(L);            /* 求线性表 L 的长度 */
GetElement(L,i);      /* 取线性表 L 中的第 i 个元素 */
Locate(L,x);          /* 确定元素 x 在线性表 L 中的位置 */
Insert(L,I,x);        /* 在线性表 L 中的第 i 个位置处插入数据元素 x */
Delete(L,i);          /* 删除表 L 中第 i 个位置的元素 */
…
}
```

1.3 算　　法

1.3.1 算法的描述

1. 算法的概念

做任何事情都是有一定步骤的。例如，购买某种商品，总是要先选好商品，然后填写购物单，付款，提货。这些都需要一定顺序，并且是缺一不可的步骤。因此简单地说，算法就是为解决某一问题所采取的方法和步骤。在计算机领域中，算法实质上是针对所处理问题的需要，在数据的逻辑结构和物理结构基础上，在有限步骤内解决这一问题所采用的一组指令序列。

2. 算法的五个重要特性

1) 有穷性

一个算法应包含有限的(指在合理的范围之内)操作步骤，保证执行有限步骤后能够结束。

2) 确定性

算法中的每一步执行的操作都必须是确定的，也就是说，算法的含义应当是唯一的，不能产生“歧义性”。比如，相同的输入，只能产生相同的输出结果。

3) 可行性

算法可以在有限的时间内完成，并能实现。

4) 输入

所谓输入指执行算法时可以从外界得到必要的消息(数据)。一个算法可以有零个或多个输入。

5) 输出

算法的目的就是要“得到”结果，一个算法得到的结果就是算法的输出，没有输出的算法是无实际意义的，因此，一个算法要有一个或多个输出。

3. 算法的描述

通过一定的符号或者语言将解决问题的方法和步骤描述出来就是算法的描述。描述算法有多种方法，常用的有：

(1) 用自然语言描述算法。

(2) 用流程图描述算法。

(3) 用 N-S 流程图描述算法。

(4) 用伪代码描述算法。

(5) 用计算机语言描述算法。

本书在进行算法描述时，采用伪代码和“类 C 语言”来进行描述，忽略了 C 语言的语法规则的细节，同时，做了一定的扩充和修改，使得描述出的算法更加清晰、明确，便于理解和分析。以下对其进行简明分类介绍：

(1) 定义常量及类型。

```
#define TRUE 1
#define FALSE 0
#define OK 1
#define ERROR 0
#define OVERFLOW -1
```

(2) 数据元素被约定为 ElemType 类型，需要根据具体情况，自行定义该数据类型。

(3) 算法描述函数的形式：

```
函数类型 函数名(函数参数表)
{
  语句序列;
}
```

为了简化函数的书写，提高描述的清晰度，一般规定除函数参数表中的参数需要说明数据类型外，函数中使用的局部变量可以不做变量说明，必要时给出相应的注释即可。另外，在书写算法时，应该养成对重点语句段落添加注解的良好习惯。

(4) 在算法描述中可以使用的赋值语句形式有：

```
简单赋值 变量名 = 表达式;
串联赋值 变量名1 = 变量名2 = … = 变量名n = 表达式;
成组赋值 (变量名1,…,变量名n)=(表达式1,…,表达式n);
结构赋值 结构名1 = 结构名2;
        结构名 =(值1,值2,…,值n);
条件赋值 变量名 = 条件表达式 ? 表达式1: 表达式2;
```

(5) 在算法描述中可以使用的选择结构语句形式有：

```
条件语句1:  if (表达式) 语句;
条件语句2:  if (表达式) 语句;
           else 语句;
多分支语句: switch (表达式) {
           case 值1: 语句序列1;break;
           case 值2: 语句序列2;break;
           ...
           case 值n: 语句序列n;break;
           default: 语句序列n+1;
           }
```

(6) 在算法描述中可以使用的循环结构语句形式有：

```
for循环语句 : for (表达式1;循环条件表达式;表达式2) 语句;
while循环语句: while (循环条件表达式)
               语句;
do-while循环语句: do {语句序列;
                 } while (循环条件表达式);
```

(7) 在描述算法中可以使用的结束语句形式有：

```
函数结束语句: ① return 表达式;
```

```
    ② return;
case 或循环结束语句:  break;
异常结束语句:  exit(异常代码);
```

(8) 在算法描述中可以使用的输入/输出语句形式有：

```
输入语句:  scanf( [格式串],变量名1,…,变量名n);
输出语句:  printf( [格式串],表达式1,…,表达式n);
方括号([ ]):中的内容是可以省略的部分。
```

(9) 在算法描述中使用的注释格式为：

```
//文字序列 或 /* 文字序列 */
```

(10) 在算法描述中可以使用的扩展函数有：

```
求最大值 max(表达式1,…,表达式n):这个函数返回参数表中n个表达式计算结果中的最大值。
求最小值 min(表达式1,…,表达式n):这个函数返回参数表中n个表达式计算结果中的最小值。
```

1.3.2 算法性能分析

对于同一问题的解决，不仅仅只有一种算法。从解决同一问题的多种算法中选择出较为合适的一种，或者进行算法分析和评价后知道如何对现有的算法进行改进，从而设计出更好的算法。也就是说算法分析的任务是对设计出的每一个具体的算法，利用数学工具，讨论各种复杂度，以探讨某种具体算法适用于哪类问题，或某类问题宜采用哪种算法。算法的复杂度分时间复杂度和空间复杂度。

那么如何来评价算法的好坏呢？也就是算法设计的要求，主要从以下几方面进行考虑。

(1) 算法的正确性：要求算法能够正确地执行预先规定的功能，并达到所希望达到的性能。

(2) 算法的易理解性：为了便于人们进行阅读和理解，易于调试和修改。

(3) 算法的稳健性：算法中拥有对输入数据、打开文件、读取文件记录、分配内存空间等操作的结果检测，并通过与用户对话的形式做出相应的处理选择。

(4) 算法的效率：算法的效率主要指时间和空间上的。

算法的时间效率指算法变成程序后在计算机上的运行时间，它大致等于计算机进行一次简单操作与算法中进行简单操作次数的乘积。

算法的空间效率指在算法的执行过程中，所占据的辅助空间数量。辅助空间就是指算法代码本身和输入/输出数据所占据的空间和算法临时开辟的存储空间单元。在有些算法中，占据辅助空间的数量与所处理的数据量有关，而有些则无关。在设计算法时，应该注意空间效率。

时间复杂度：在运行算法时所耗费的时间为f(n)(即n的函数)。

空间复杂度：实现算法所占用的空间为g(n)(也为n的函数)。

称O(f(n))和O(g(n))为该算法的复杂度。

一个算法在计算机上运行所花费的时间及在计算机存储器上所占用的存储空间是进行算法评价的主要方面。

1. 算法的时间效率

算法的运行时间的分析，主要是算法复杂度的分析方法及其运用。

首先了解一下几个概念。一个是时间复杂度，一个是渐近时间复杂度。前者是某个算法的时间耗费，它是该算法所求解问题规模 n 的函数，而后者是指当问题规模趋向无穷大时，该算法时间复杂度的数量级。

当评价一个算法的时间性能时，主要标准就是算法的渐近时间复杂度，因此，在算法分析时，往往对两者不予区分，经常是将渐近时间复杂度 T(n)=O(f(n))简称为时间复杂度，其中的 f(n)一般是算法中频度最大的语句频度(语句频度指的是语句重复执行的次数)。也就是说，成某一数量级，T(n)可以看作关于 Of(n)函数，此函数可看作取 f(n)的数量级的函数。

常见的时间复杂度，按数量级递增排列依次为：常数阶 O(1)、对数阶 $O(\log_2 n)$、线性阶 O(n)、线性对数阶 $O(n\log_2 n)$、平方阶 On^2、立方阶 On^3、k 次方阶 On^k、指数阶 $O2^n$。

说明：若要独立于计算机的软、硬件系统来分析算法的时间耗费，则设每条语句执行一次所需的时间均是单位时间，一个算法的时间耗费就是该算法中所有语句的频度之和。

下面通过例子来分析算法的时间复杂度。

【例 1.6】 分析下列程序段的时间复杂度。

```
for(i=0;i<n;i++)
s=s+i;                              // n次
```

该算法中所有语句的频度之和为：n

说明：对于顺序执行语句频度之和为单一语句执行的次数的最大值。

所以：T(n)=O(n)

【例 1.7】 分析下列程序段的时间复杂度。

```
for(i=0;i<n;i++)
   for(j=0;j<k;j++)
      s=s+i+j;
```

分析：该算法中，外层循环控制下，内层执行语句频度是 n，而内层循环控制下语句执行 k 次，所以语句频度之和为 n*k

```
T(n)=O(n*k)
```

【例 1.8】 求两个 n 阶方阵的乘积 C=A×B，其算法如下。

```
# define n 100         /* n 可根据需要定义,这里假定为 100 */
void MatrixMultiply(int A[a],int B [n][n],int C[n][n])
//右边列为各语句的频度
int i ,j ,k;
for(i=0;i<n;i++)                              ……(1)     /* n+1 */
  for(j=0;j<n;j++)                            ……(2)     /* n (n+1) */
    {C[i][j]=0;                               ……(3)     /* n^2 */
     for(k=0;k<n;k++)                         ……(4)     /* n^2(n+1) */
      C[i][j]=C[i][j]+A[i][k]*B[k][j];}       ……(5)     /* n^3 */
```

该算法中所有语句的频度之和(即算法的时间耗费)为

$$f(n)=2n^3+3n^2+2n+1$$

分析：

语句(1)的循环控制变量 i 要增加到 n，测试到 i=n 成立才会终止，它的频度是 n+1。但是它的循环体却只能执行 n 次。语句(2)作为语句(1)循环体内的语句应该执行 n 次，但语句(2)本身要执行 n+1 次，所以语句(2)的频度是 n(n+1)。同理可得语句(3)，语句(4)和语句(5)的频度分别是 n^2，$n^2(n+1)$和 n^3。

算法 MatrixMultiply 的时间复杂度 $T(n)=O(n^3)$。

【例 1.9】 交换 i 和 j 的内容。

```
temp=i;
 i=j;
 j=temp;
```

以上三条单个语句的频度均为 1，该程序段的执行时间是一个与问题规模 n 无关的常数。算法的时间复杂度为常数阶，记作 T(n)=O(1)。

如果算法的执行时间不随着问题规模 n 的增加而增长，即使算法中有上千条语句，其执行时间也不过是一个较大的常数。此类算法的时间复杂度是 O(1)。

【例 1.10】 分析下列程序的时间复杂度。

```
x=0;  y=0;               ……     (1)
 for(k-1;k<=n;k++)       ……     (2)
     x++;                ……     (3)
 for(i=1;i<=n;i++)       ……     (4)
   for(j=1;j<=n;j++)     ……     (5)
     y++;                ……     (6)
```

一般情况下，对步进循环语句只需考虑循环体中语句的执行次数，忽略该语句中的步长加 1、终值判别、控制转移等成分。因此，以上程序段中频度最大的语句是(6)，其频度为 $f(n)=n^2$，所以该程序段的时间复杂度为 $T(n)=O(n^2)$。

当有若干个循环语句时，算法的时间复杂度是由嵌套层数最多的循环语句中最内层语句的频度 f(n)决定的。

算法的时间复杂度不仅仅依赖于问题的规模，还与输入实例的初始状态(最坏情况和最好情况)有关，具体实例分析在第 10 章的排序中予以讨论。

2. 算法的空间效率

一个算法的空间效率是指在算法的执行过程中，所占据的辅助空间数量。辅助空间就是除算法代码本身和输入/输出数据所占据的空间外，算法临时开辟的存储空间单元。在有些算法中，占据辅助空间的数量与所处理的数据量有关，而有些却无关。后一种是较理想的情况。在设计算法时，应该注意空间效率。

3. 算法性能选择

一个占用的存储空间小、运行时间短、其他性能也好的算法，也就是面面俱到的算法是很难做到的。因为，上述要求有时相互抵触：要节约算法的执行时间往往要以牺牲更多的空间为代价；而为了节省空间可能要耗费更多的计算时间。因此只能根据具体情况有所侧重：

(1) 若该程序使用次数较少，则力求算法简明易懂；

(2) 对于反复多次使用的程序，应尽可能选用快速的算法；

(3) 若待解决的问题数据量极大，计算机的存储空间较小，则相应算法主要考虑如何节省空间。

1.4 本 章 小 结

本章介绍了数据结构的定义与相关术语，数据结构是指数据与数据的组织形式及对数据的运算；讲述了数据的四种逻辑结构，即集合结构，线性结构，树形结构，图形结构；同时介绍了数据的存储结构；介绍了算法的定义，算法的重要特性：有穷性，确定性，可行性，输入/输出；算法的性能分析，包括算法的正确性，算法的易理解性，算法的稳健性，算法的效率。通过本章学习应重点加强对基本概念的理解，掌握算法的时间复杂度分析。

1.5 上 机 实 训

1.5.1 实训目的

(1) 掌握 Turbo C 的集成开发环境；

(2) 熟悉 C 语言程序的编辑、编译、链接及运行的方式。

1.5.2 实训例题

1. Turbo C 2.0 的使用方法

1) Turbo C 集成环境

Turbo C 是美国 Borland 公司推出的 IBM PC 系列机的 C 语言编译程序。它具有方便、直观、易用的界面和丰富的库函数。它向用户提供了集成环境，把程序的编辑、编译、连接和运行等操作全部集中在一个界面上进行，使用十分方便。

如果计算机系统已经安装了 Turbo C 编译系统，则在 DOS 命令状态指定目录下输入命令 tc，这时进入 Turbo C 集成环境的主菜单窗口；在 Windows 环境中，可以在桌面上建立一个快捷方式，双击该快捷图标即可进入 Turbo C 语言环境。如图 1.8 所示即可进入 Turbo C 集成环境界面。

2) Turbo C 环境中运行 C 语言源程序的步骤

(1) 编辑源文件。

在主菜单下，直接按 Alt+F 键，或按 F10 键后将光带移到“File”选项上，按 Enter 键，在“File”下面出现一个下拉菜单，菜单中有以下选项：

Load　F3　　表示加载或装入一个文件。

Pick　Alt+F3　　从指定的文件列表中选择文件装入编辑器。

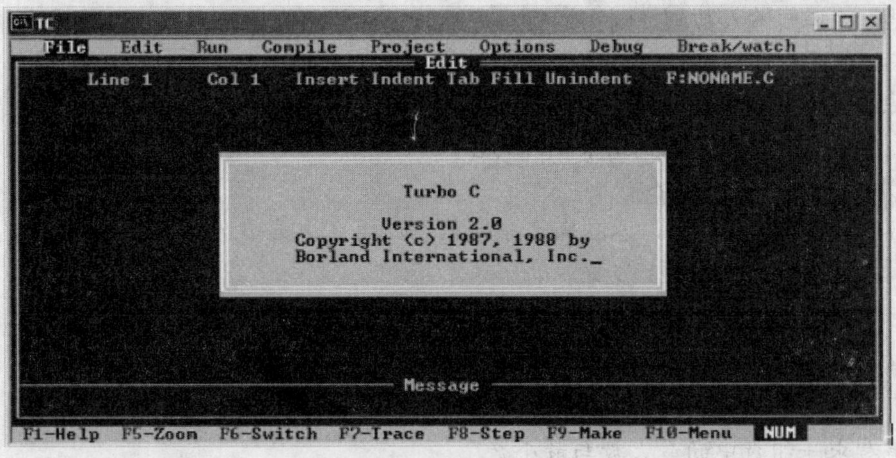

图 1.8　Turbo C 集成环境

New	表示新文件，默认文件名为 NONAME.C。
Save　F2	将正在编辑的文件存盘。
Write　to	将正在编辑的文件写入指定的文件中，若文件名已存在，则重写。
Directory	表示文件目录。
Change Dir	改变驱动器及目录。
OS shell	进入 Turbo C 命令行模式，命令 EXIT 可返回集成环境。
Quit　Alt+X	退出 Turbo C，返回 DOS 状态。

建立一个新文件，可用光标移动键将“File”菜单中的光带移到“New”处，按 Enter 键，即可打开编辑窗口。此时，编辑窗口是空白的，光标位于编辑窗口的左上角，屏幕自动处于插入模式，可以输入源程序。屏幕右上角显示默认文件名为“NONAME.C”，编辑完成之后，按 F2 键或选择“Save”或“Write to”进行存盘操作，此时系统将提示将文件名修改成为所需要的文件名。

(2) 源程序的编译、连接。

直接按 F9 键，或将菜单“Compile”中的光带移到“Make EXE file”项上，按 Enter 键，就可实现对源程序的编译、连接。若有错误，则在信息窗口显示出相应的信息或警告，按任意键返回编辑窗口，光标停在出错位置上，可立即进行编辑修改。修改后，再按 F9 键进行编辑、连接。如此反复，直到没有错误为止，即可生成可执行文件。

注意：C 语言程序的连接是在编译后自动完成的。

(3) 执行程序。

直接按 Ctrl+F9 键，即可执行.EXE 文件；或在主菜单中(按 F10 键进入主菜单)将光带移到“Run”选项，按 Enter 键，弹出一个菜单，选择“Run”选项，按 Enter 键。

这时并不能直接看到输出结果。输出结果是显示在屏幕上，在 TC 屏幕上看不到，直接按 Alt+F5 键，或选择“Run”菜单中的“User Screen”选项，即可出现用户屏幕，查看输出结果。按任意键返回 TC 集成环境。

另外，选择“Run”菜单下的“Run”项，或直接按 Ctrl+F9 键，可将 C 语言程序的编译、连接、运行一次性完成，即第(3)步中包含有第(2)步的工作。

如果程序需要输入数据，则在运行程序后，光标停留在用户屏幕上，要求在输入数据，数据输入完成后程序继续运行，直至输出结果。

如果运行结果不正确或其他原因需要重新修改源程序，则需重新进入编辑状态。修改源程序，重复以上步骤，直到结果正确为止。

(4) 退出 Turbo C 集成环境。

退出 Turbo C 集成环境，返回操作系统状态。可在主菜单选择“File”菜单的“Quit”选项，或者直接按 Alt+X 键。

在执行退出 Turbo C 键环境时，系统将检查一下当前编辑窗口的程序是否已经存盘，若未存盘，系统将弹出一个提示窗口，提示是否将文件存盘，若按“Y”键则将当前窗口内的文件存盘后退出；若按“N”键则不存盘退出。

2. 编程求一组数中的最大数与最小数

【问题描述】

一个函数输入一组数据存入一维数组中，数据元素的个数和数据值的输入都在这个函数中完成；编写算法求这组数据的最大值、最小值，并通过函数参数返回。

【算法描述】

根据本题意，需要将函数中变化的形式参数的值反映在实际参数中，就可以通过引用参数调用的形式。而在 C 语言的实现中，就可以通过指针变量作形式参数，接受变量的地址，达到“传地址”的目的。以下有两个问题，用类 C 语言描述算法，然后写出对应的完整的源程序。

【C 语言源程序】

```
#define MAXSIZE 20
typedef int ElementType;
void Create(ElementType x[],int *n)
{ int i;
  printf("\n 请输入数据个数 n=");
  scanf("%d",n);
  printf("请输入%d 数据:",*n);
  for (i=1;i<=*n;i++) scanf("%d",&x[i]);
  }

void Maxmin(ElementType x[],int n,int *max,int *min)
{ int i;
  *max=*min=x[1];
  for (i=1;i<=n;i++)
 {  if (x[i]>*max) *max=x[i];
    if (x[i]<*min) *min=x[i];
  }
}

main()
{
  ElementType data[MAXSIZE+1];
  int i,n,max,min;
```

```
    Create(data,&n);
    printf("\n 数组创建完毕! \n 所输入的数据是:");
    for (i=1;i<=n;i++) printf("%4d",data[i]);
    Maxmin(data,n,&max,&min);
    printf("\n 最大值是: %d      最小值是: %d",max,min);
  }
```

【测试数据】

根据运行提示，输入数据的个数和数据值(↙代表按 Enter 键)，建立一维数组，并求最大和最小值。

请输入数据个数 n=10↙

请输入 10 数据：223 12 43 23 79 93 106 58 88 96↙

数组创建完毕！

所输入的数据是：223 12 43 23 79 93 106 58 88 96

最大值是：223　　　最小值是：12

3. 字符加密的问题

【问题描述】

字符串加密的方法是：

(1) 如果字符是小写字母 a～z，假设转换成相应逆序的大写字母 Z～A；

(2) 如果字符是大写字母 A～Z，假设转换成相应逆序的小写字母 z～a；

(3) 为了提高字符加密的可靠性和灵活性，可以给每个字母的 ASCII 值加一个大于等于 0 且小于 26 的一个数字。

根据字符加密的方法，实际上是大小写字母间的逆序相互转换和数字与数字之间的逆序转换问题，在此基础上为每个字母的 ASCII 值加一个大于等于 0 且小于 26 的一个数字，例如，增加 5，输入字符串“ace”，加密后转换成“USQ”输出；输入字符串“ACE”，加密后转换成“usq”输出。

【算法描述】

针对本题意，对于大小写字母的逆序转换其算法可以分为两步完成。

(1) 可以先求出小写字母与其相对应的逆序大写字母或者大写字母与其相对应的逆序小写字母。大、小写字母 A～Z、a～z 与其逆序的相应大、小写字母的 ASCII 码值的和都是 187，比如 a 的 ASCII 值为 97，Z 的 ASCII 值为 90，其和为 187；再如 X 的 ASCII 值为 88，c 的 ASCII 值为 99，其和为 187；依次类推。

(2) 求出(1)中得到的大、小写字母在其字母表中的顺序号。例如输入的文本为“ace”，按逆序转换的方式，得到文本“ZXV”，其中 Z、X、V 在大写逆序字母表中的顺序号为 1、3、5。分别取大写逆序字母表中序号 1、3 和 5，即为大写字母表 Z、X、V。

(3) 再考虑在已经求出的顺序号基础上分别按大写逆序增加 Num1、小写逆序增加 Num2 的位移，得到新的顺序号。例如 Num1=6，则不是把小写字母 a 转换成大写字母 Z，而是把 a 转换成大写字母表中 T。但必须考虑如果“序号＋Num1”大于 26，则应将新的顺序号对 26 求余。

【C 语言源程序】

```
#include <stdio.h>
main()
  { int n,j;
   int Num1,Num2,chr1,chr2;
   char chr[100],Temp[100];
   printf("please input the string:");  /* 输入需要加密的字符串 */
   gets(chr);
   printf("\nthe string is:%s",chr);
   printf("\nplease input Num2(1<=Num2<=26)");
   scanf("%d",&Num2);
   printf("\nplease input Num1(1<=Num1<=26)=");
   scanf("%d",&Num1);
   j=0;
   while(chr[j]!='\0')
       { if ((chr[j]>='A') && (chr[j]<='Z'))
          { chr1=91-chr[j];  /* 转换后得到的小写字母在字母表中的顺序号 */
            if((chr1-Num2)<0)
              Temp[j]=187-chr[j]-Num2+26; /* 逆序转换且循环起始的小写字母 */
            Else
              Temp[j]=187-chr[j]-Num2; /* 否则，得到按逆序转换的相应小写字母 */
             }
          else
            if ((chr[j]>='a') && (chr[j]<='z'))
             { chr2=123-chr[j];
               if ((chr2-Num1)<0)
                 Temp[j]=187-chr[j]-Num1+26;
               Else
                 Temp[j]=187-chr[j]-Num1;
              }
         j++;
    }
  n=j;          /* 保存字符串的长度 */
  printf("\nthe result string:");/* 输出加密后的结果 */
  for(j=0;j<n;j++)
    putchar(Temp[j]);
  printf("\n");
 }
```

【测试数据】

根据运行提示，输入所要加密的字符串、大写字母增加值和小写字母增加值，最后可以得出加密后的字符串。

请输入加密前的字符串：cEXho↙

所输入的字符串是：cEXho↙

请输入小写字母增加值：4↙

请输入大写字母增加值：6↙

字符串加密后是：RryMF↙

1.6　习题与上机操作

1. 选择题

(1) 数据结构中，与所使用的计算机无关的是数据的________结构。

A. 存储　　B. 物理
C. 逻辑　　D. 物理和存储

(2) 算法分析的目的是________。

A. 找出数据结构的合理性　　B. 研究算法中的输入和输出的关系
C. 分析算法的效率以求改进　　D. 分析算法的易懂性和文档性

(3) 算法分析的两个主要方面是________。

A. 空间复杂性和时间复杂性　　B. 正确性和简明性
C. 可读性和文档性　　D. 数据复杂性和程序复杂性

(4) 计算机算法指的是________。

A. 计算方法　　B. 排序方法
C. 解决问题的有限运算序列　　D. 调度方法

(5) 计算机算法必须具备输入/输出和________等五个特性。

A. 可行性、可移植性和可扩充性　　B. 可行性、确定性和有穷性
C. 确定性、有穷性和稳定性　　D. 易读性、稳定性和安全性

(6) 在下面的程序段中，对 x 赋值的语句频度为________。

```
for(i=1;i<=n;i++)
  for(j=0;j<n;j++)
    x=x+1;
```

A. O(2n)　　B. O(n)　　C. $O(n^2)$　　D. $O(\log_2 n)$

2. 填空题

(1) 在线性结构、树形结构和图形结构中，元素之间的联系分别对应为________、________和________。

(2) 一个算法的效率可分为________和________。

(3) 数据结构按逻辑结构可分为两大类，它们分别是________和________。

(4) 数据的存储结构可用四种基本的存储方法表示，它们分别是________、________、________、________。

(5) 计算机内部数据处理的基本单位是________。

(6) 算法具有五个特性，分别是________、________、可行性、输入/输出。

(7) 执行下面的语句时，语句 s 的执行次数为________。

```
for(i=1;i<n-1;i++)
  for(j=n;j>=i;j--)  s;
```

(8) 下面的程序段中，对 x 赋值的语句频度为________。

```
for(i=0;i<n;i++)
  for(j=0;j<i;j++)
    for(k=0;k<j;k++)
      x=x+m;
```

3. 分析题

分析下列程序段的时间复杂度

```
(1) for(i=1;i<=n;i++)
      for(j=0;j<n;j++)
        s=s+j;
(2) i=0;
    s=0;
    while(s<n)
    { i++;
     s+=I;
    }
```

4. 应用题

(1) 数据元素之间的关系在计算机中有几种表示方法？各有什么特点？

(2) 评价一个算法是否是好的算法，应从哪几方面考虑？

(3) 若有 100 个学生，每个学生有学号、姓名、平均成绩，若一般无增删操作，采用什么样的数据结构最方便。

5. 操作题

(1) 有一数组存放了 10 个数，编写程序，把这 10 个数倒序后再存放到原数组中。

编程提示：

可在数组头与尾分别设两个指示变量，把头、尾指示变量所指数据交换位置后，头后移一个位置，尾前移一个位置，直到头位置大于尾位置为止。

(2) 输入 10 个数，对这 10 个数按从小到大排序输出。

编程提示：

可采用冒泡排序法，其基本思路是从头扫描待排序数据，在扫描过程中不断将相邻两个数据中值大的后移，最后将最大的值放在最后，再次从头扫描，找出次大数放在倒数第二单元中，依次类推。

第2章　线　性　表

教学提示：线性结构是最简单且最常用的一种数据结构，本章及随后几章要讨论的栈、队列和串都属于线性结构。线性结构的特点是：在数据元素的非空有限集中存在唯一的一个被称作“第一个”的数据元素；存在唯一的一个被称作“最后一个”的数据元素；除第一个元素之外，集合中的每个数据元素均只有一个前驱；除最后一个元素之外，集合中每个数据元素均只有一个后继。

教学要求：

(1) 了解线性表的逻辑结构特性，以及线性表的两种存储实现方式。

(2) 熟练掌握顺序表和链表的定义和基本运算的实现，并对两者进行比较，了解它们各自的优缺点。

(3) 能够应用线性表这种结构解决实际问题。

2.1　线性表的逻辑结构

2.1.1　线性表的类型定义

线性表(Linear_list)简称为表，是最常用且最简单的一种数据结构。一个线性表中包含n个相同类型数据元素$a_1,a_2,\cdots,a_n$的有限序列。其中：

(1) 数据元素的个数n定义为表的长度(n=0时称为空表)。

(2) 将非空的线性表(n>0)记作$(a_1,a_2,\cdots,a_n)$。

(3) 数据元素$a_i(1\leqslant i\leqslant n)$只是个抽象符号，其具体含义在不同情况下可以不同。它可以是一个数、或一个符号，也可以是一页书，甚至其他更复杂的信息。

例如：英文字母表

$$(A,B,C,\cdots,Z)$$

是一个线性表，表中每个字母是一个数据元素(结点)。又如，一副扑克牌的点数，也是一个线性表，

$$(2,3,\cdots,10,J,Q,K,A)$$

其中数据元素是每张牌的点数。

在稍微复杂的线性表中，一个数据元素可以由若干个数据项(item)组成。在这种情况下，常把数据元素称为记录(record)，含有大量记录的线性表又称文件(file)。

例如：一个学校的学生基本情况表是一个线性表，如表2-1所示。其中每个学生及其基本情况是一个数据元素，每个数据元素由学号、姓名、性别、出生日期、专业等数据项组成。

表 2-1　学生基本情况表

学　号	姓　名	性　别	出生日期	专　业
20020301	李晓明	男	12/12/80	计算机
20021002	刘明	女	01/01/81	经贸
20020612	张立	男	02/23/82	机械
⋮	⋮	⋮	⋮	⋮

综上所述，线性表中的数据元素可以是各种各样的，但同一线性表中的元素必定具有相同特性，即属于同一种数据对象，相邻数据元素之间存在着序偶关系。

一个线性表可以用一个标识符来命名。例如：用标识符 A 来表示一个线性表，则有

$$A = (a_1,a_2,\cdots,a_n)$$

当 $n>0$ 时，即线性表非空时，线性表具有以下逻辑结构特征：

(1) 其中，a_1 为第一个元素，a_n 为最后一个元素，a_i 是第 i 个数据元素。称 i 为数据元素 a_i 在线性表中的位序。

(2) a_{i-1} 领先于 a_i，a_i 领先于 a_{i+1}，则称 a_{i-1} 是 a_i 的直接前驱，a_{i+1} 是 a_i 的直接后继。

(3) 有且仅有一个开始结点 a_1，没有直接前驱，有且仅有一个直接后继 a_2。

(4) 有且仅有一个终结点 a_n，没有直接后继，有且仅有一个直接前驱 a_{n-1}。

(5) 其余的内部结点 $a_i(2\leqslant i\leqslant n-1)$都有且仅有一个直接前驱 a_{i-1} 和一个直接后继 a_{i+1}。

2.1.2　线性表的基本操作

线性表虽然简单，但却是一个相当灵活的数据结构，它的长度可根据需要增长或缩短，即对线性表的数据元素不仅可以进行访问，还可进行插入和删除等。

可以用一个抽象数据类型(Abstract Data Type, ADT)来说明线性表和基本运算，它给出了实例及相关操作的描述。假设 List 表示一个线性表，因为线性表这种数据元素的类型与讨论无关，故可用 Elemtype 来表示。

```
ADT List{
  数据对象：Data={ ai | ai∈Elemtype, i=1,2,…,n, n≥0}
  数据关系： R1={ <ai-1,ai> | ai-1, ai∈ Data, i=2,…,n)}
```

常见的线性表的基本运算包括：

(1) Init_List(L)。构造一个空的线性表 L，即表的初始化。

(2) List_Length(L)。求线性表 L 中的结点个数，即求表长。

(3) Get_Node(L，i)。取线性表 L 中的第 i 个结点，这里要求 $1\leqslant i\leqslant$ListLength(L)。

(4) Location_List(L，x)。在线性表 L 中查找值为 x 的结点，并返回该结点在 L 中的位置。若 L 中有多个结点的值和 x 相同，则返回首次找到的结点位置；若 L 中没有结点的值和 x，则返回一个特殊值表示查找失败。

(5) Insert_List(L，x，i)。在线性表 L 的第 i 个位置上插入一个值为 x 的新结点，使得原编号为 i，i+1，…，n 的结点变为编号为 i+1，i+2，…，n+1 的结点。这里 $1\leqslant i\leqslant n+1$，而 n 是原表 L 的长度。插入后，表 L 的长度加 1。

(6) Delete_List(L，i)。删除线性表 L 的第 i 个结点，使得原编号为 i+1，i+2，…，n 的结点变成编号为 i，i+1，…，n-1 的结点。这里 1≤i≤n，而 n 是原表 L 的长度。删除后表 L 的长度减 1。

(7) ClearList(L，i)。将线性表 L 重置为空，即置空表。

```
    ...
}ADT List
```

注意：以上所提及的运算是逻辑结构上定义的运算。只是给出这些运算的功能是“做什么”，至于“如何做”等实现细节，只有待确定了存储结构之后才考虑。

对于实际问题中涉及的其他更为复杂的运算，还可以利用基本运算的组合来实现。例如：先创建一个空线性表，然后反复向表尾插入记录，就可建立一个线性表；重新复制一个线性表等。

2.2　线性表的顺序存储

在计算机内，线性表有两种基本存储结构：顺序存储结构和链式存储结构，本节主要介绍线性表的顺序存储结构及其相应基本运算的实现算法。

2.2.1　顺序表

线性表的顺序存储是指用一组地址连续的存储空间顺序存放线性表的各数据元素。因为内存中的地址空间是线性的，所以，用物理上的实际相邻关系实现数据元素之间的逻辑相邻关系是既简单，又自然的。这种方法是线性表最简单的存储方法，称作线性表的顺序表示，通常可称此时的线性表为顺序表。

假设线性表的每个元素需占用 d 个存储单元，并以所占的第一个单元的存储地址作为数据元素的存储位置。则线性表中第 i+1 个数据元素的存储位置 $Loc(a_{i+1})$ 和第 i 个数据元素的存储位置 $Loc(a_i)$ 之间满足下列关系：

$$Loc(a_{i+1}) = Loc(a_i) + d$$

假设 a_1 的存储地址为 $Loc(a_1)$，每个数据元素占 d 个存储单元，则第 i 个数据元素 a_i 的地址为

$$Loc(a_i) = Loc(a_1) + (i-1)*d \quad (1 \leqslant i \leqslant n)$$

线性表的第一个数据元素 a_1 的存储位置，通常称作线性表的起始位置或基地址。这也是顺序表具有按数据元素的序号随机存取的特点。

线性表的顺序存储结构示意图如图 2.1 所示。

从线性表的这种存储表示方法可以看出，它是以元素在计算机内的物理位置上的相邻关系来表示线性表中数据元素之间的逻辑上的相邻关系。每一个数据元素的存储位置都和线性表的起始位置相差一个和数据元素在线性表中的位序成正比的常数。由此可见，只要知道顺序表的首地址和每个数据元素所占地址单元的个数就可求出第 i 个数据元素的地址来，即只要确定了存储线性表的起始位置，线性表中任意一个数据元素都可随机存取。所

以线性表的顺序存储结构是一种随机存取的存储结构，它具有按数据元素的序号随机存取的特点。

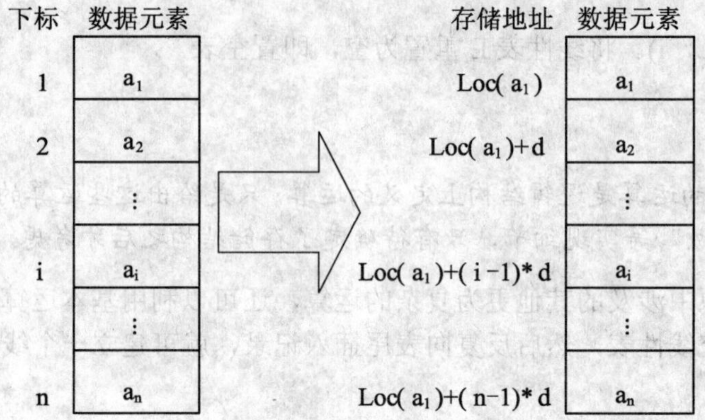

图 2.1　线性表的顺序存储结构示意图

在程序设计语言中，一维数组在内存中占用的存储空间就是一组连续的存储区域。因此，用一维数组来表示顺序表的数据存储区域是再合适不过的。由于线性表的长度可变，且所需最大存储空间随问题不同而不同，则在 C 语言中可用如下方式定义一个顺序表：

```
#define  MaxSize  线性表可能达到的最大长度
Elemtype   data[MaxSize];
int  length;
```

考虑到线性表的运算有插入、删除等运算，即表长是可变的，因此，数组的容量需设计的足够大。设用：data[MaxSize]来表示，其中 MaxSize 是一个根据实际问题定义的足够大的整数，但当前线性表中的实际元素个数可能未达到 MaxSize 个，因此需用一个整型变量 length (0≤length≤MaxSize-1) 记录当前线性表中元素的个数。只是要特别注意的是，C 语言中数组的下标从“0”开始，因此，线性表中的数据从 data[0]开始依次顺序存放，则表中第 i 个数据元素是 data[i-1]。

从结构性上考虑，通常将 data 和 length 封装成一个结构作为顺序表的类型：

```
#define MaxSize  线性表可能达到的最大长度
typedef  struct
{  Elemtype  data[MaxSize];                /* 存放线性表中元素 */
   int  length;                            /* 存放数据表中元素的个数 */
}SeqList;
```

定义一个顺序表：SeqList　List ;

这样表示的顺序表如图 2.2 所示。表长=List.length，线性表中的数据元素 a_1 至 a_n 分别存放在 List.data[0]至 List.data[List.length-1]中。

由于后面的算法用 C 语言描述，根据 C 语言中的一些规则，有时定义一个指向 SeqList 类型的指针更为方便。一个指向顺序表 SeqList 的指针变量 pSlist 可以如下说明：

```
SeqList   *pSlist ;
```

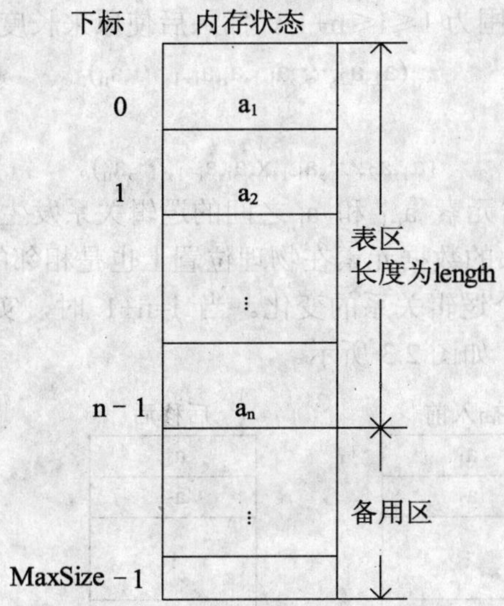

图 2.2　顺序表的表示

pSlist 是一个指针变量，顺序表的存储空间通过 pSlist=(SeqList *)malloc(sizeof(SeqList)) 操作来获得。pSlist 中存放的是顺序表的地址。表长表示为 (*pSlist).length 或 pSlist->length，顺序表的存储区域为 pSlist ->data，顺序表中数据元素的存储空间为：pSlist->data[0]～pSlist->data[pSlist->length-1]。在以后的算法中多用这种方法表示，读者在读算法时注意相关数据结构的类型说明。

2.2.2　顺序表的基本运算

1. 基本运算的实现

根据顺序表的存储特点，顺序表的基本运算可具体定义如下。

1) 顺序表的初始化

顺序表的初始化，即构造一个空表，为顺序表分配一个预定义大小的数组空间。这对表是一个加工型的运算。操作时首先动态分配存储空间，然后，将表中 length 的值设为 0，表示表中没有数据元素。具体算法描述如下。

【算法 2.1】

```
SeqList *init_SeqList( )
  { SeqList * pSlist;
   pSlist =(SeqList *)malloc(sizeof(SeqList));
   if (pSlist!=NULL)
     pSlist ->length=0;                  /* 空表长度为 0 */
   else
     printf ("Out of space!");           /* 存储分配失败 */
   return (pSlist);
   }
```

2) 插入运算

线性表的插入是指在表的第 i 个位置上插入一个值为 x 的新数据元素，并返回插入成功与否的标志。i 的取值范围为 $1 \leqslant i \leqslant n+1$ 。插入后使原来长度为 n 的表：

$$(a_1,a_2,\cdots,a_{i-1},a_i,a_{i+1},\cdots,a_n)$$

成为长度为 n+1 表：

$$(a_1,a_2,\cdots,a_{i-1},x,a_i,a_{i+1},\cdots,a_n)。$$

插入操作完成后，数据元素 a_{i-1} 和 a_i 之间的逻辑关系发生了变化。在线性表的顺序存储结构中，由于逻辑上相邻的数据元素在物理位置上也是相邻的。因此，除了 i=n+1 之外，必须移动元素才能反映这个逻辑关系的变化。当 i=n+1 时，实际上是把 x 插在顺序表中原来最后一个元素的后面，如图 2.3 所示。

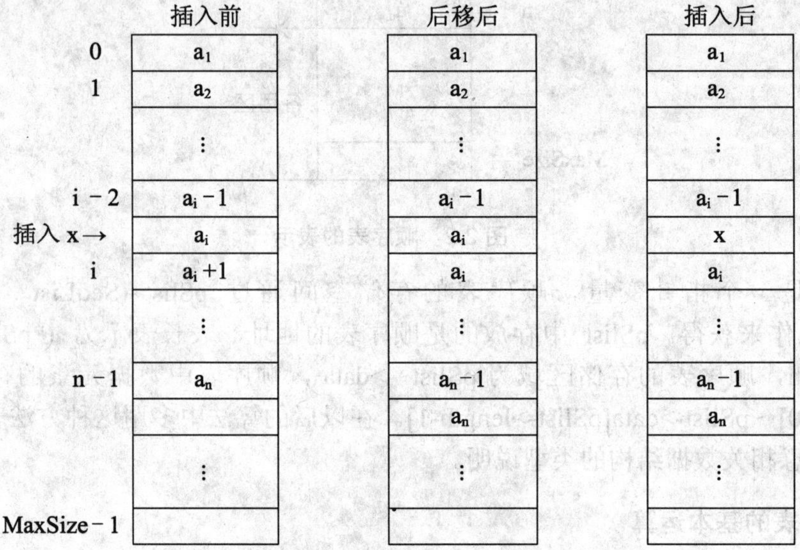

图 2.3　顺序表中数组在插入前、后的情况

顺序表完成这一运算的主要步骤如下：

(1) 将 a_i～a_n 顺序向下移动，为新元素让出位置；

(2) 将 x 置入空出的第 i 个位置；

(3) 修改表长 length，使它反映当前真实的表长。

具体算法描述如下：

【算法 2.2】

```
int  Insert_SeqList(SeqList * pSlist, int i, Elemtype x)
/* 将新结点 x 插入 pSlist 所指向的顺序表的第 i 个结点 ai 的位置上 */
  { int  j;
    if  ( pSlist->length = = MaxSize)
        {  printf("表满");
          return(FALSE);
        }                                         /* 表空间已满，不能插入 */
    if (i<1 || i>pSlist->length+1)
             {  printf("位置错");
         return(FALSE); }                         /* 检查插入位置的正确性 */
     for (j = pSlist -> length-1; j>=i-1; j--)
       pSlist ->data[j+1]= pSlist ->data[j];  /* 结点移动 */
```

```
    pSlist ->data[i-1]=x;                        /* 新元素插入 */
    pSlist ->length++;                           /* 表长加 1 */
    return (TRUE);                               /* 插入成功，返回 */
}
```

本算法中注意以下问题：

(1) 顺序表中数据区域有 MaxSize 个存储单元，所以在向顺序表中做插入时，应先检查表的空间是否满了，在表满的情况下不能再做插入，否则将产生溢出错误。

(2) 要检验插入位置的有效性，这里 i 的有效范围是：$1 \leqslant i \leqslant n+1$，其中 n 为原表长 length。

(3) 注意数据的移动方向。

3) 删除运算

线性表的删除运算是指将表中第 i 个元素从线性表中去掉，并返回删除成功与否的标志。i 的取值范围为：$1 \leqslant i \leqslant n$。删除后使原表长为 n 的线性表：

$$(a_1,a_2,\cdots,a_{i-1},a_i,a_{i+1},\cdots,a_n)$$

成为表长为 n−1 的线性表：

$$(a_1,a_2,\cdots,a_{i-1},a_{i+1},\cdots,a_n)。$$

删除操作完成后，数据元素 a_{i-1}、a_i 和 a_{i+1} 之间的逻辑关系发生变化。因此，除了 i=n 之外，为了在存储结构上反映这个变化，同样需要移动元素。当 i=n 时，实际上是把顺序表中原来的最后一个元素删除，如图 2.4 所示。

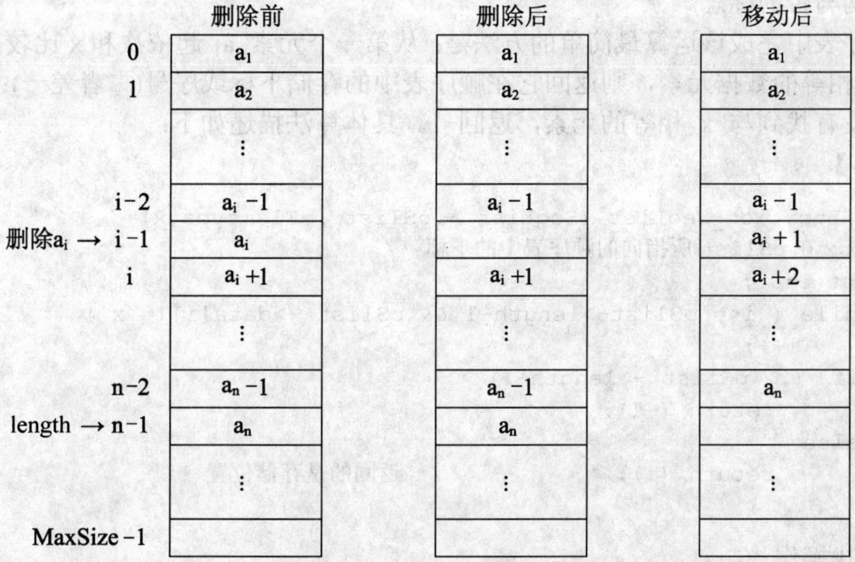

图 2.4　顺序表中数组在删除前、后的情况

顺序表上完成这一运算的步骤如下：

(1) 将 $a_{i+1} \sim a_n$ 顺序向上移动。

(2) 修改表长 length，使它反映当前真实的表长。

具体算法描述如下：

【算法 2.3】

```
int Delete_SeqList ( SeqList  *pSlist ,  int  i )
/* 在 pSlist 所指向的顺序表中删除第 i 个元素 ai，成功返回 TRUE，否则返回 FALSE */
{ int  j;
  if ( i<1  ||  i>pSlist->length)            /* 检查空表及删除位置的合法性 */
        { printf ("不存在第 i 个元素");
   return (FALSE);
   }
  for ( j=i ; j<=pSlist->length-1 ; j++)
   pSlist->data[j-1]=pSlist->data[j];       /* 向上移动 */
  pSlist->length--;
  return (TRUE);                             /* 删除成功 */
}
```

本算法注意以下问题：

(1) 删除第 i 个元素，i 的取值为 1≤i≤n，否则第 i 个元素不存在，因此，要检查删除位置的有效性。

(2) 当表为空时不能做删除，因表空时 pSlist->length 的值为 0，表中没有元素。条件(i<1 || i> pSlist->length)也包括了对表空的检查。

(3) 删除 a_i 之后，该数据已不存在，如果需要，先取出 a_i，再做删除。

4) 定位操作

线性表中的定位是指在线性表中查找与给定值 x 相等的第一个数据元素的位置，并返回查找成功与否的标志。

在顺序表中完成该运算最简单的方法是：从第一个元素 a_1 起依次和 x 比较，直到找到一个与 x 相等的数据元素，则返回它在顺序表中的存储下标或序号(二者差一)；或者查遍整个表都没有找到与 x 相等的元素，返回-1。具体算法描述如下：

【算法 2.4】

```
int  Location_SeqList (SeqList * pSlist , Elemtype x)
/* 求 x 在 pSlist 所指向的顺序表中的下标 */
{  int i=0 ;
   while ( i<= pSlist->length-1 && pSlist ->data[i]!= x )
         i++;
    if  (i> pSlist ->length-1)
          return (-1);
    else
          return (i);                 /* 返回的是存储位置 */
   }
```

5) 查找操作

查找元素的操作是指在线性表中求第 i 个位置上的元素值，并将该元素的值返回，若没有这个元素，则返回查找失败的标志。具体算法描述如下：

【算法 2.5】

```
Elemtype  Get_Node (SeqList * pSlist , int i )
/* 求 pSlist 所指向的顺序表中的第 i 个元素的值 */
{ if ( i>=1 && i<=pSlist->length )
      return ( pSlist->data[i-1]);
```

```
else
  { printf ( "not exist.\n");
   return (SPECIAL);          /* 返回一个顺序表中没有的特殊值 */
  }
}
```

6) 求表长

求线性表的长度，并返回长度值。具体算法描述如下：

【算法 2.6】

```
int  List_Length ( SeqList * pSlist )
/* 求 pSlist 所指向的顺序表的长度 */
{ return ( pSlist->length)
}
```

2. 算法分析

当在顺序存储结构的线性表中某个位置上插入或删除一个数据元素时，都要涉及要在存储器里移动元素，其时间也主要耗费在移动元素上(换句话说，移动元素的操作为预估算法时间复杂度的基本操作)，而移动元素的个数取决于插入或删除元素的位置。

插入运算中，在第 i 个位置上插入 x ，从 a_i 到 a_n 都要向下移动一个位置，共需要移动 n−i+1 个元素，而 i 的取值范围为：1≤i≤n+1，即有 n+1 个位置可以插入。

删除运算中，删除第 i 个元素时，其后面的元素 a_{i+1}～a_n 都要向上移动一个位置，共移动了 n−i 个元素，而 i 的取值范围为：1≤i≤n，即有 n 个元素可以删除。

设在第 i 个位置上插入和删除元素的概率分别为 P_i 和 Q_i，则在长度为 n 的线性表中插入一个元素时所需移动元素次数的平均次数为

$$E_{is}=\sum_{i=1}^{n+1}P_i(n-i+1)$$

删除一个元素时所需移动元素次数的平均次数为

$$E_{dl}=\sum_{i=1}^{n}Q_i(n-i)$$

为不失一般性，可以假定在线性表中任何位置上插入或删除元素都是等概率的，即

$$P_i=\frac{1}{n+1},\quad Q_i=\frac{1}{n}$$

于是

$$E_{is}=\frac{1}{n+1}\sum_{i=1}^{n+1}(n-i+1)=\frac{n}{2}$$

$$E_{dl}=\frac{1}{n}\sum_{i=1}^{n}(n-i)=\frac{n-1}{2}$$

这就说明，在顺序存储结构的线性表中插入或删除一个数据元素，平均需要移动表中大约一半的元素。若表长为 n，则算法 Insert_SeqList 和 Delete_SeqList 的时间复杂度为 O(n)。

同理对于定位算法，要取表中元素的值与参数 x 的值比较，当定位的概率平均分布在所有元素上时，一次定位平均要和 n/2 个元素进行比较，其平均时间复杂性的量级为 O(n)。初始化、求表长和按序号查找算法的时间复杂度均为 O(1)，这是最低量级水平即最高效率。

通过分析，可以得出结论：如果表很长，则插入和删除的代价就相当可观了。所以，线性表的顺序存储结构在实现插入、删除算法的时间性能上是不理想的。2.3节讨论的线性表的链式存储结构在插入、删除算法的时间性能才是理想的。

2.2.3　顺序表的应用

【例 2.1】 顺序表的划分。

将顺序表($a_1,a_2,\cdots,a_n$)重新排列为以 a_1 为界的两部分：a_1 前面的值均比 a_1 小，a_1 后面的值都比 a_1 大(这里假设数据元素的类型具有可比性，不妨设为整型)，操作前后如图 2.5 所示。这一操作称为划分，a_1 称为基准。

划分前	划分后
12	10
26	11
8	8
11	12
19	26
10	19
⋮	⋮

图 2.5　顺序表的划分

划分的方法有多种，下面介绍的划分算法其思路简单，性能较差。

从第二个元素开始到最后一个元素，逐一向后扫描：

(1) 当前数据元素 a_i 比 a_1 大时，表明它已经在 a_1 的后面，不必改变它与 a_1 之间的位置，继续比较下一个。

(2) 当前元素若比 a_1 小，说明它应该在 a_1 的前面，此时将它上面的元素都依次向下移动一个位置，然后将它置入最上方。

具体算法如下：

【算法 2.7】

```
void part(SeqList*L)
{  int i,j;
   Elemtype x,y;
   x=L->data[0];                              /* 将基准置入 x 中 */
   for(i=1;i<=L->length;i++)
     if(L->data[i]<x)                         /* 当前元素小于基准 */
     {  y = L->data[i];
        for(j=i-1;j>=0;j--)                   /* 移动 */
          L->data[j+1]=L->data[j];
        L->data[0]=y;
     }
}
```

本算法中，有两重循环，外循环执行 n−1 次，内循环中移动元素的次数与当前数据的大小有关，当第 i 个元素小于 a_1 时，要移动它上面的 i−1 个元素，再加上当前结点的保存及置入，所以移动 i-1+2 次，在最坏情况下，a_1 后面的结点都小于 a_1，故总的移动次数为

$$\sum_{i=2}^{n}(i-1+2)=\sum_{i=2}^{n}(i+2)=\frac{n*(n+3)}{2}$$

即最坏情况下移动数据时间复杂度为 $O(n^2)$。

【例 2.2】 顺序表的合并。

已知顺序表 LA 和 LB 中的数据元素按递增有序排列，现要求将 LA 和 LB 归并为一个新的线性表 LC，且 LC 中的数据元素仍按值非递减有序排列。例如：设

LA＝(1,4,7,10)
LB＝(2,3,9,12,16)

则

LC＝(1,2,3,4,7,9,10,12,16)

从上述问题要求可知，LC 中的数据元素或是 LA 中的数据元素，或是 LB 的数据元素。则应先设 LC 为空表，然后依次扫描通过 LA 和 LB 的元素，比较当前的元素的值，将较小值的元素值赋给 LC，如此直到一个线性表扫描完毕，然后将未完的那个顺序表中余下部分赋给 LC 即可。LC 的容量要能够容纳 LA、LB 两个线性表相加的长度。算法中可设两个指针 i 和 j 分别指向 LA 和 LB 中某个元素，若设 i 当前所指的元素为 a，j 当前所指的元素为 b，则当前应插入到 LC 中的元素 c 为

$$c=\begin{cases}a & 当a\leqslant b时\\ b & 当a>b时\end{cases}$$

显然，指针 i 和 j 的初值均为 0，当所指元素插入 LC 之后，在 LA 或 LB 中顺序后移。具体算法描述如下：

【算法 2.8】

```
void Union ( SeqList  LA, SeqList  LB,  SeqList *LC)
{  int  i, j, k ;
   i=0;  j=0;  k=0;
   while ( i<=LA.length-1 && j<=LB.length-1 )
        if ( LA.date[i] < LB.data[j])
            LC->data[k++] = LA.data[i++];
        else
            LC->data[k++] = LB.data[j++];
   while ( i<=LA.length-1 )
        LC->data[k++] = LA.data[i++];
   while ( j<=LB.length-1 )
        LC->data[k++]= LB.data[j++];
   LC->length = LA.length +LB.length ;
}
```

算法的时间性能是 O(m+n)，其中 m 是 LA 的表长，n 是 LB 的表长。

2.3　线性表的链式存储

线性表的顺序存储特点是用物理位置上的相邻关系实现了逻辑上的相邻关系。它要求用连续的存储单元顺序存储线性表中各元素，因此，可以随机存取线性表中任意一个元素，并且数据元素的存储位置也可用一个简单、直观的公式来表示。但是，从另一方面来看，这个特点也铸成了这种存储结构的弱点。首先对顺序表插入、删除时需要通过移动数据元素来实现，影响了运行效率；其次，这种存储结构要求占用连续的存储空间，存储分配只能预先进行，而且必须按最大空间需求来分配。然而，估计最大存储空间需求是一件比较困难的事。如果估计大了，造成空间的浪费；如果估计小了，需要时，又很难进行扩充。

本节介绍线性表链式存储结构，它不需要用地址连续的存储单元来实现，因为它不要求逻辑上相邻的两个数据元素物理上也相邻，它是通过“链”建立起数据元素之间的逻辑关系来，因此对线性表的插入、删除不需要移动数据元素。但这种链式存储结构也失去了顺序表可以随机存取的优点。

2.3.1　线性链表

线性表的链式存储结构的特点如下。

(1) 用一组任意的存储单元来存储线性表的数据元素(这组存储单元可以是连续的，也可以是不连续的)。

(2) 为了表示每个数据元素 a_i 与其直接后继数据元素 a_{i+1} 之间的逻辑关系，对数据元素 a_i 来说，除了存储其本身的信息之外，还需存储一个指示其直接后继元素的信息(即直接后继的存储位置)。

这两部分信息组成数据元素 a_i 的存储结构，称为结点(注意：每个结点所占用的存储单元应该是连续的)。每个结点包括两个域：其中存储数据元素信息的域称为数据域；存储直接后继元素“存储位置”(地址)的域称为指针域。指针域中存储的信息称作指针或链。最后一个元素没有后继，它的指针不指向任何一个结点，称为空指针。空指针在图示中用“∧”来表示，在算法中用“NULL”来表示。n 个结点链结成一个链表，即为线性表

$$(a_1,a_2,\cdots,a_n)$$

的链式存储结构。因为每个结点中只有一个指向后继的指针，所以也称其为线性链表或单链表。例如，假设有线性表 h：

$$h=(A,B,C,D,E,F)$$

它的存储结构如图 2.6 所示。

线性链表中每个结点的存储地址是存放在其前驱结点的指针域中，而开始结点无前驱，故应设头指针 h 指向开始结点。线性链表可以用头指针的名字来命名。例如：头指针名是 head 的链表可称为链表 head。

整个链表的存取必须从头指针开始进行，头指针指示线性链表中第一个结点的存储位置。同时，由于最后一个数据元素没有直接后继元素，则线性链表中最后一个结点的指针为“空”(NULL)。

头指针h：125

存储地址	数据域	指针
110	E	150
120	D	110
125	A	160
140	C	120
150	F	NULL
160	B	140

图 2.6　线性表链式存储结构示例

注意： 在图 2.6 中，元素 E 和它的指针 150 构成一个结点，它们必须连续存放，否则很难表示它们之间的联系，其他结点同理。但 E 的结点和 D 的结点则不必连续存放，即结点与结点之间不必连续存放，它们之间的联系可以通过指针来指明。

因为在使用链表时，关心的只是它所表示的线性表中数据元素之间的逻辑顺序，而对每个结点在存储器中的实际地址并不关心，所以，通常把链表画成用箭头相链接的结点的序列，结点之间的箭头表示链域中的指针。例如，图 2.6 的线性链表可画成如图 2.7 所示的形式。

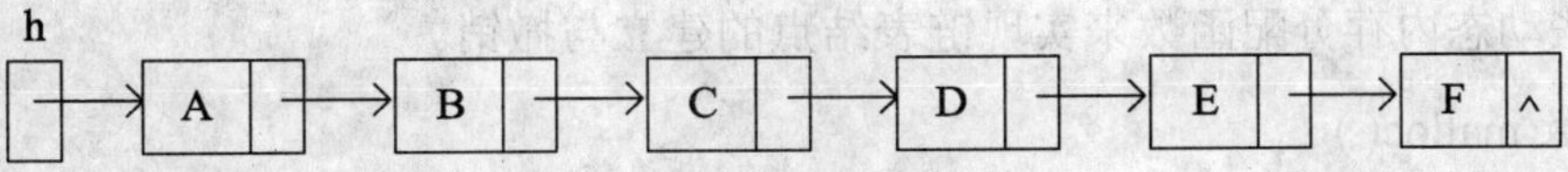

图 2.7　链表的逻辑状态

这样，线性链表每个结点的结构就可定义为

```
typedef struct node                    /* 线性链表结点结构 */
{ Elemtype data;
  struct node *next;
}ListNode;
ListNode *h;                           /* 指向结构体 node 的指针 h */
```

这里 h 是指向结构体 node 的指针变量，而整个链表可以由 h 指针来指出。则 h 为线性链表的头指针，它指向表中第一个结点。若 h 为“空”(即 h=NULL)，则所表示的线性表为“空”表，其长度 N 为“0”。

在这种表示中，h 既可以是指向线性链表中某一个结点的指针类型，也可以是指向整个线性链表的指针类型。这种灵活性有时会给程序处理带来方便，但也容易造成混乱。严格讲，上述两种理解的类型在逻辑上是属于两个不同的层次的。为了提高程序的可读性和可理解性，可对线性链表类型专门定义如下：

```
typedef ListNode *LinkList;
LinkList head;
```

当 head 定义时，值要么为 NULL，表示一个空表；要么为第一个结点的地址，即链表的头指针；将操作中用到指向某结点的指针变量说明为：

```
ListNode  *p;
```

为了处理方便，在线性链表的第一个结点之前附设一个结点，称为头结点。头结点的数据域可以不存储任何信息，但可存储如线性表的长度等类的附加信息。头结点的指针域存储指向第一个结点的指针(即第一个结点的存储位置)，如图 2.8(a)所示。此时，线性链表的头指针指向头结点。若线性表为空表，则头结点的指针域为“空”，如图 2.8(b)所示。头结点的引入，使得所有链表(即使是空表)的值都不为 NULL，这会给某些运算的实现带来方便。

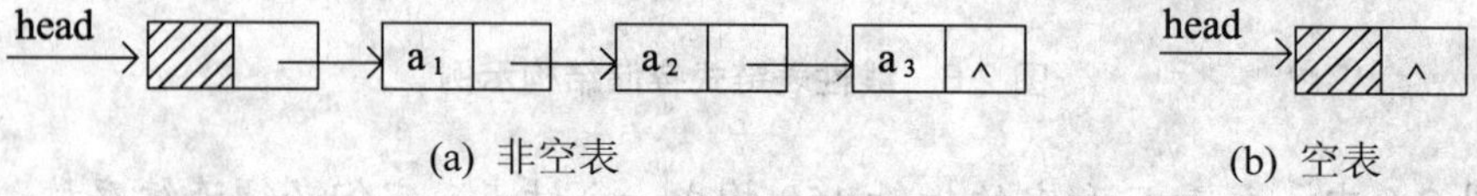

图 2.8　带头结点的单链表

2.3.2　动态内存分配

所谓动态内存分配就是指在程序执行的过程中动态地分配或者回收存储空间的分配内存的方法。动态内存分配不像数组等静态内存分配方法那样需要预先分配存储空间，而是由系统根据程序的需要即时分配，且分配的大小就是程序要求的大小。

要实现根据程序的需要动态分配存储空间，就必须用到以下几个动态内存分配函数。可以用这些动态内存分配函数来实现链表结点的建立与撤销。

1. 函数 malloc( )

malloc 函数的模型(原型)为

void *malloc (unsigned int size)

其作用是在内存的动态存储区中分配一个长度为 size 的连续空间。其参数是一个无符号整形数，返回值是一个指向所分配的连续存储区域的起始地址的指针。返回指针是指向 void 类型的，也就是不规定指向任何具体的类型。如果想将这个指针值赋给其他类型的指针变量，应当进行显示的转换(强制类型转换)。例如可以用 malloc(8)来开辟一个长度为 8 个字节的内存空间，如果系统分配的此段空间的起始地址为 1008，则 malloc(8)的函数返回值为地址值 1008。这个返回指针指向 void 类型，如果想把此地址赋给一个指向 long 型的指针变量 p，则应进行以下显式转换：

```
p=(long *)malloc(8);
```

还有一点必须注意的是，当函数未能成功分配存储空间(如内存不足)就会返回一个 NULL 指针，即地址值为 0。所以在调用该函数时应该检测返回值是否为 NULL 并执行相应的操作。

下例是一个动态分配的程序：

```
#include  <stdio.h>
#include  <stdlib.h>
main()
```

```
{
    int count,*array;
   /* count 是一个计数器,array 是一个整型指针,也可以理解为指向一个整型数组的首地址 */
    if((array=(int *) malloc(10*sizeof(int)))= =NULL)
       {
          printf("不能成功分配存储空间。");
          exit(1);
       }
    for (count=0;count<10;count++)              /* 给数组赋值 */
    array[count]=count;
    for(count=0;count<10;count++)               /* 打印数组元素 */
    printf("%2d",array[count]);
    }
```

上例中动态分配了 10 个整型存储区域，然后进行赋值并打印。例中 if((array=(int *) malloc(10*sizeof(int)))= =NULL)语句可以分为以下几步：

(1) 分配 10 个整型的连续存储空间，并返回一个指向其起始地址的整型指针；

(2) 把此整型指针地址赋给 array；

(3) 检测返回值是否为 NULL。

2. free 函数

由于内存区域总是有限的，不能不限制地分配下去，而且一个程序要尽量节省资源，所以当所分配的内存区域不用时，就要释放他，以便其他的变量或者程序使用。这时就要用到 free 函数。

其函数原型为

void free(void *p)

其作用是释放指针 p 所指向的内存区。其参数 p 必须是先前调用 malloc 函数或 calloc 函数(另一个动态分配存储区域的函数)时返回的指针。如果给 free 函数传递其他的值很可能造成死机或其他灾难性的后果。注意：这里重要的是指针的值，而不是用来申请动态内存的指针本身。例如：

```
int *p1,*p2;
p1=malloc(10*sizeof(int));
p2=p1;
⋮
free(p1)      /* 或者 free(p2) */
```

malloc 返回值赋给 p1，又把 p1 的值赋给 p2，所以此时 p1，p2 都可作为 free 函数的参数。

malloc 函数是对存储区域进行分配的。free 函数是释放已经不用的内存区域的。所以由这两个函数就可以实现对内存区域进行动态分配并进行简单的管理了。

2.3.3　线性链表的基本运算

在线性表的顺序存储结构中，由于逻辑上相邻的两个元素在物理位置上紧邻，则每个元素的存储位置都可从线性表的起始位置计算得到。而在线性链表中，任何两个元素的存储位置之间没有固定的联系。然而，每个元素的存储位置都包含在其直接前驱结点的信息之中。所以，要想找到第 i 个数据元素，就必须从第一个结点开始，沿着各个结点的指针域往下查找。根据线性链表的存储特性，线性表的基本运算可具体为如下定义。

1. 线性链表的初始化

线性链表的初始化，即构造一个空的线性链表。在这里创建一个带头结点的空链表。该操作主要是为线性链表结构及头结点申请空间，若申请成功，则返回线性链表。具体算法描述如下：

【算法 2.9】

```
LinkList init_NullList( )
/* 创建一个带头结点的空链表 */
{  LinkList pLlist;
   pLlist = (LinkList ) malloc (sizeof (ListNode ));   /* 申请表头结点空间 */
   if ( pLlist != NULL)
      pLlist->next=NULL;
   else
      Printf ("Out of space!");            /* 存储分配失败 */
   return (pLlist);
}
```

2. 插入运算

线性链表的插入运算是指在链表的第 i 个位置上插入一个值为 x 的新结点，并返回插入成功与否的标志。

链表与顺序表不同，它是一种动态管理的存储结构，链表中的每个结点占用的存储空间不是预先分配，而是运行时系统根据需求而生成的。因此，在插入新建结点之前，应该先申请一个结点，然后再插入。其主要算法思路是：

(1) 找到第 i-1 个结点，若存在则继续步骤(2)，否则结束；

(2) 申请、填装新结点；

(3) 将新结点插入，结束。

根据插入操作的逻辑定义，还需要修改结点 a_{i-1} 中的指针域，令其指向新结点 x，而结点 x 中的指针域应指向原来的结点 a_i，从而实现 3 个元素之间逻辑关系的变化。插入示意图如图 2.9 所示。假设 s 为指向结点 x 的指针，p 为指向结点 a_{i-1} 的指针，则上述指针修改用语句描述即为

s->next = p->next ; p->next = s ;

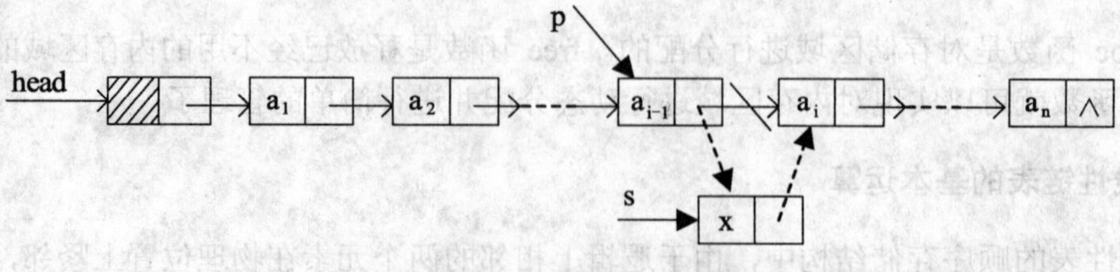

图 2.9 在线性链表中插入结点

具体算法描述如下：

【算法 2.10】

```
int  Insert_LinkList ( LinkList  llist,  int  i,  Elemtype  x)
/* 在线性链表 llist 的第 i 个位置上插入值为 x 的元素 */
 {  ListNode· *p,*s;
    int  j;
    p=llist;
    j=0
    while  ( p!=NULL && j<i-1 )       /* 查找第 i-1 个结点 */
       { p=p->next;  j++}
    if  (j!=i-1)                      /* 第 i 小于 1 或者大于表长 */
        { printf(" 参数 i 错\n ");
         return  (0);
        }
    else
        { s= ( Linklist )malloc( sizeof ( ListNode )); /* 申请、填装结点 */
          s->data=x;
          s->next=p->next;            /* 新结点插入在第 i-1 个结点的后面 */
          p->next=s;
          return  (1);
          }
 }
```

3. 删除运算

线性链表中的删除操作，是指将表中第 i 个元素从链表中删除掉，并返回删除成功与否的标志。算法思想为：

(1) 找到第 i−1 个结点，若存在，则继续步骤(2)，否则结束；

(2) 若存在第 i 个结点，则继续步骤(3)，否则结束；

(3) 删除第 i 个结点，结束。

要实现对第 i 个结点 a_i 的删除，首先要找到它的前驱结点 a_{i-1}，为在线性链表中实现元素之间逻辑关系的变化，仅需修改结点 a_{i-1} 中的指针域即可，如图 2.10 所示。

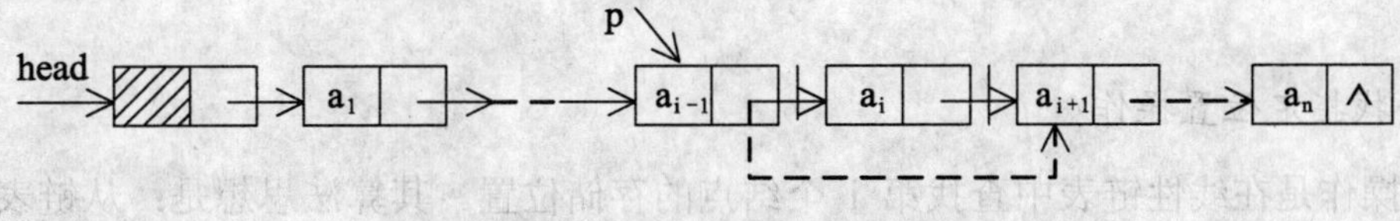

图 2.10　在线性链表中删除结点

假设 p 为指向结点 a_{i-1} 的指针，则修改指针的语句为

```
p->next=p->next->next;
```

删除时，还需要把被删除结点所占用的空间释放，以利于将来分配，这项操作用 C 语言的标准函数 free 来实现。删除的具体算法描述如下：

【算法 2.11】

```
int  Del_LinkList  ( LinkList  llist, int  i )
/* 删除线性链表 llist 上的第 i 个数据结点 */
```

```
{  ListNode  *p,*s;
   p = llist ;  j = 0 ;
   while ( p->next!=NULL && j<i-1 )   /* 查找第 i 个结点,并令 p 指向其前驱 */
     { p=p->next;
       j++
     }
   if (p->next= =NULL)
     { printf ("参数 i 错\n") ;
       return (0);
     }
   else
     { s=p->next;                     /* s 指向第 i 个结点 */
       p->next=s->next;               /* 从链表中删除 */
       free(s) ;                      /* 释放*s */
       return (1);
     }
}
```

4. 定位操作

线性链表中的定位操作是指在链表中查找与给定值 x 相等的第一个数据结点的存储位置。若找到，则返回指向它的指针，否则返回空。

主要算法思想是：从链表的第一个元素结点起，依次判断当前结点数据域的值是否等于 x，若是，返回该结点的指针，否则继续下一个，直到表结束为止。找不到时返回空。算法如下：

【算法 2.12】

```
ListNode  * Locate_LinkList  ( LinkList  llist,  Elemtype  x)
/* 在线性链表 llist 中查找值为 x 的结点，找到后返回其指针，否则返回空 */
 {  ListNode  *p
    p=llist->next;
    while ( p!=NULL && p->data != x)
      p=p->next;
    return (p);
 }
```

5. 查找指定位置操作

查找操作是在线性链表中查找第 i 个结点的存储位置。其算法思想是：从链表的第一个元素结点起，判断当前结点是否是第 i 个，若是，则返回该结点的指针，否则继续后一个，直到表结束为止。没有第 i 个结点时返回空。算法如下：

【算法 2.13】

```
ListNode  * Get_LinkList( LinkList  llist,  Int  i );
/* 在线性链表 llist 中查找第 i 个元素结点，找到返回其指针，否则返回空 */
 {  ListNode  * p;
    int  j;
    p= llist;  j=0;
    while (p->next !=NULL && j<i )
```

```
    { p=p->next;
      j++;
      }
   if (j= =i)
     return (p);
   else
     return (NULL);
 }
```

6. 求表长操作

求表的长度，即求链表中数据元素的个数，并返回长度值。其算法思路：设一个移动指针 p 和计数器 j，初始化后，p 所指结点后面若还有结点，p 向后移动，计数器加 1。

具体算法描述如下：

【算法 2.14】

```
int  Length_LinkList  (LinkList  llist )
/* 求带头结点的线性链表(线性表的长度不包括头结点)的长度，并返回其长度值 */
{  ListNode  *p;
   int  j;
   p= llist;                   /* p 指向头结点 */
   j=0;
   while  (p->next!=NULL)
     { p=p->next;
       j++ ;
       }                       /* p 所指的是第 j 个结点 */
    return  (j);
    }
```

以上给出了几种在线性链表中实现线性表运算的算法。需要注意的是，这些算法都定义在带表头结点的线性链表上，使得程序的控制结构得到简化。

在有 n 个结点的线性链表中查找第 i 个结点时，必须从链表的第一个结点开始往下查找，所需时间与 i 的大小成正比，平均情况下需要查找 n/2 个结点，因此，查找算法的时间复杂度为 O(n)。

容易看出，插入算法和删除算法的时间复杂度也均为 O(n)。这是因为，为了在链表的第 i 个位置插入一个结点，或为了删除第 i 个元素，都必须首先找到它的前驱结点。这里都有一个查找过程。因此，时间复杂度为 O(n)。

通过上面的基本操作得知：

(1) 在线性链表上插入、删除一个结点，必须知道其前驱结点。

(2) 线性链表不具有按序号随机访问的特点，只能从头指针开始一个个顺序进行。

2.3.4　循环链表及运算

将线性链表的形式稍作修改，就可以得到另一种形式的链式存储结构——循环链表(circular linked list)。使得链表的应用代码可以更简洁、更高效。它的特点是表中最后一个结点的指针域指向头结点，使链表头尾结点相连，整个链表形成一个环。

循环链表的主要优点是：从表中任一个结点出发，均可找到表中其他结点，如图 2.11

所示为单链的循环链表。类似地，还可以有多重链的循环链表。

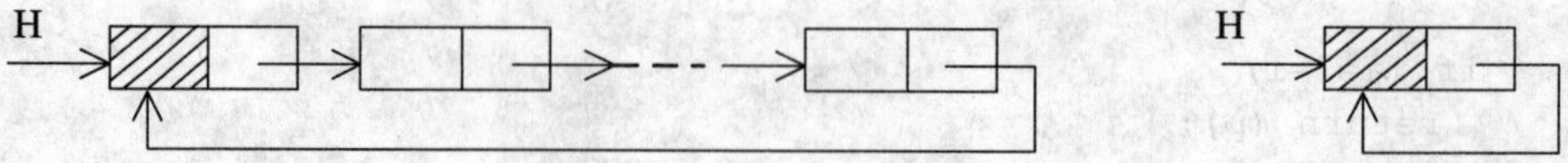

(a) 非空表　　(b) 空表

图 2.11　单循环链表

在单循环链表上的操作基本上与非循环链表相同，差别仅在于算法中控制循环结束的条件不是线性链表中指向某个结点的指针 p 或 p->next 是否为 NULL，而是它们是否等于头指针。

对于线性链表只能从头结点开始遍历整个链表，而对于单循环链表则可以从表中任意结点开始遍历整个链表，不仅如此，有时对链表常做的操作是在表尾、表头进行，此时可以改变一下链表的标识方法，若在循环链表中设立尾指针而不是设立头指针，如图 2.12(b)所示，可以使得操作效率得以提高。

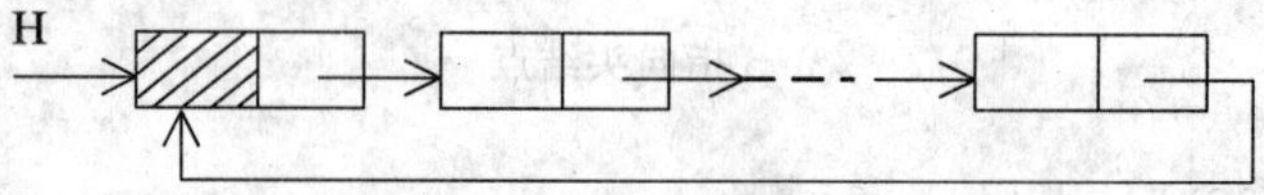

(a) 表头遍历

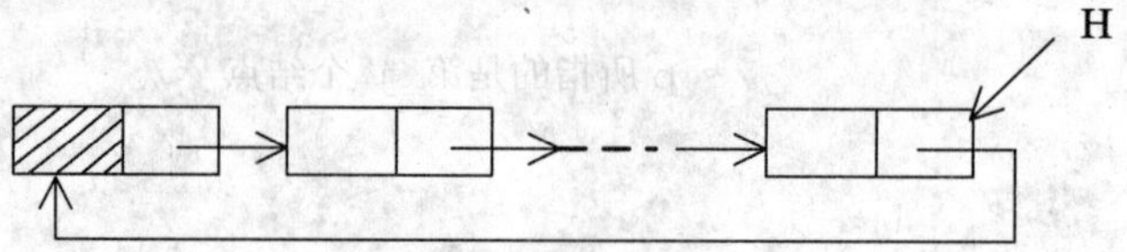

(b) 表尾遍历

图 2.12　带尾指针的循环链表

例如：在图 2.12(a)所示的循环链表 H 中，为了找到最后一个结点，则必须从表头结点出发，遍历所有结点，才能访问最后一个结点。如果修改 H 指针，让它指向最后一个结点，如图 2.12(b)中所示，就可以直接找到最后一个结点。并且，根据尾结点的指针域，立刻就可以得到头结点的位置。这样，无论是访问第一个结点还是访问最后一个结点都很方便。

由于链表中的第一个结点和最后一个结点往往具有特殊意义，需要经常使用，所以在实际应用中，多采用这一种方式。

例如两个线性表($a_1,a_2,\cdots,a_n$)和($b_1,b_2,\cdots,b_m$)合并为一个线性表(($a_1,a_2,\cdots,a_n,b_1,b_2,\cdots,b_m$)的运算。仅需将一个表的表尾和另一个表的表头相接。若在线性链表或头指针表示的单循环链表上做这种链接操作，都需要遍历第一个链表，其时间复杂性为 O(n)。若在尾指针表示的单循环链表上实现，则只需修改指针，无须遍历，其时间复杂性为 O(1)。指针修改过程如图 2.13 所示。具体算法如下：

【算法 2.15】

```
LinkList connect(LinkList ra,rb)
/* 将表 rb 链接到 ra 之后，返回新链表尾指针 */
```

```
{  ListNode *p;
   p=ra->next;                    /* 保存链表 ra 的头结点地址 */
   ra->next=rb->next->next;       /* 链表 rb 的开始结点链接到链表 ra 的终端结点之后 */
   free(rb->next);                /* 释放链表 rb 的头结点 */
   rb->next=p;                    /* 链表 ra 的头结点链接到链表 rb 的终端结点之后 */
   return(rb);                    /* 返回新循环链表的尾指针 */
   }
```

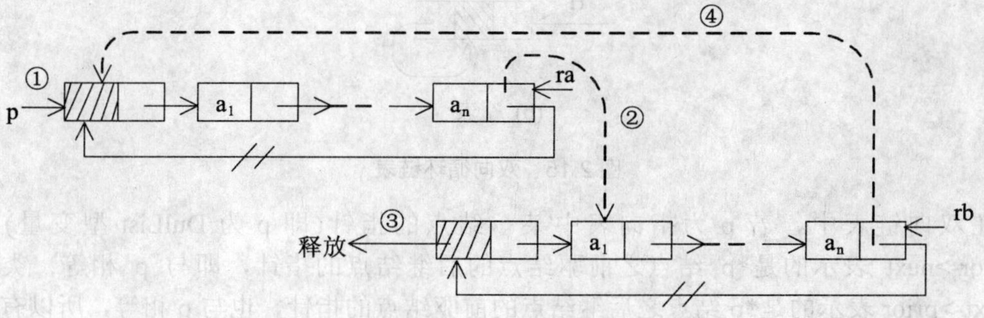

图 2.13　两个循环链表的链接操作示意图

2.3.5　双向链表及运算

线性链表的结点中只有一个指向其后继结点的指针域 next，因此若已知某结点的指针为 p，其后继结点的指针则为 p->next，而找其前驱则只能从该链表的头指针开始，顺着各结点的 next 域进行，也就是说找后继的时间性能是 O(1)，找前驱的时间性能是 O(n)。如果也希望找前驱的时间性能达到 O(1)，则只能付出空间的代价：每个结点再加一个指向前驱的指针域，结点的结构如图 2.14 所示，用这种结点组成的链表称为双向链表(double linked list)，简称为双链表。

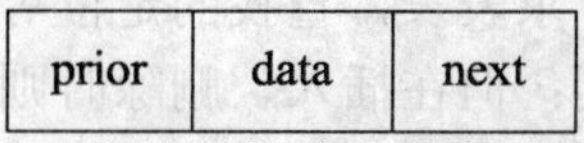

图 2.14　双向链表的结点结构

其中，prior 域指向其前驱结点，也称为左指针；next 指向其后继结点，也称为右指针；data 域存放结点本身的信息。

双向链表的结点结构可说明为

```
typedef  struct  dolnode                 /* 双向链表结点结构 */
{  Elemtype  data;
   struct  dolnode  *prior;
   struct  dolnode  *next;
}DulNode;
typedef  DulNode  DulList;               /* 结点指针类型 */
```

和线性链表类似，双向链表通常也是用头指针标识，也可以带头结点和做成循环结构，如图 2.15(a)所示，链表中存有两个环，图 2.15(b)所示为只有一个表头结点的空表。

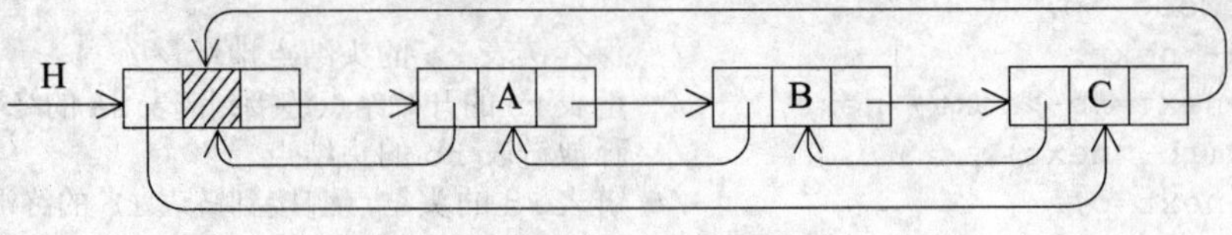

(a) 非空表

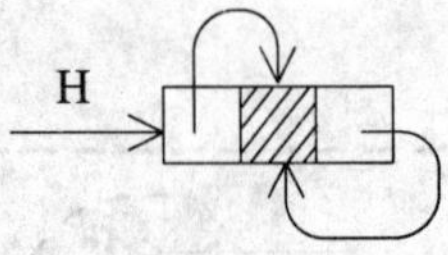

(b) 空表

图 2.15　双向循环链表

在双向链表中，若 p 为指向表中某一结点的指针(即 p 为 DulList 型变量)，则 p->prior->next 表示的是*p 结点之前驱结点的后继结点的指针，即与 p 相等；类似，p->next->prior 表示的是*p 结点之后继结点的前驱结点的指针，也与 p 相等，所以有以下等式：

p->next->prior = p = p->prior->next

这个表示式恰当地反映了这种结构的特性。

双向链表给运算带来的最大好处是可以很容易地找到结点的前驱和后继。在线性链表中，查找任何一个结点，都要从表头顺序扫描，在各结点查找概率相同的情况下，平均每次查找要访问 n/2 个结点；在双向链表中查找一个结点，如果该结点的序号 i 小于等于 n/2，则可以从头指针开始，沿每个结点的 next 指针扫描，否则可以从尾结点开始，沿每个结点的 prior 指针扫描。这样，平均每次只要访问 n/4 个结点。当然，这是以增加每个结点的存储空间为代价的。

在双向链表中，有些操作如：求表长，查找的定位等仅涉及一个方向的指针，则它们的算法描述和线性链表的操作相同；但在插入、删除时则有很大的不同，因为在双向链表中需同时修改两个方向上的指针。图 2.16 和图 2.17 分别显示了插入和删除结点时指针修改的情况。它们的算法分别如算法 2.14 和算法 2.15 所示，两者的时间复杂度均为 O(n)。

双向链表中结点的插入：设 p 指向双向链表中某结点，s 指向待插入的值为 x 的新结点，将*s 插入到*p 的前面，插入示意图如图 2.16 所示。

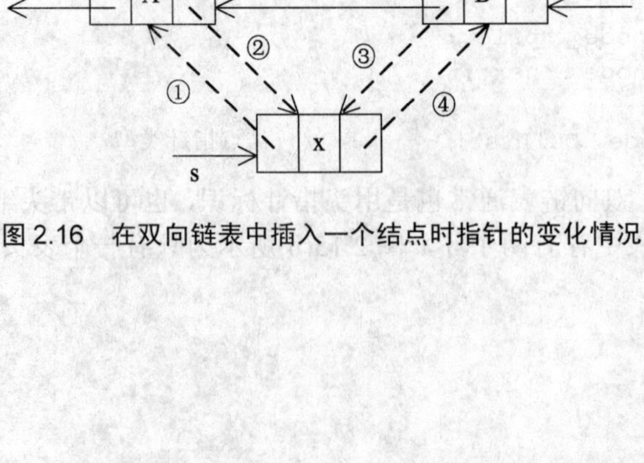

图 2.16　在双向链表中插入一个结点时指针的变化情况

操作如下：

(1) s->prior=p->prior;

(2) p->prior->next=s;

(3) s->next=p;

(4) p->prior=s;

具体算法描述如下：

【算法 2.16】

```
int  Insert_DubList ( DulList  L,  int  i,  Elemtype  x)
/* 在双向链表 L 的第 i 个位置上插入值为 x 的元素 */
 {  DulNode  * p,*s;
    int j;
    p=L->next;
    j=1
    while ( p!=NULL && j<i )                    /* 查找第 i 个结点 */
       { p=p->next; j++}
    if (j!=i)                                   /* 第 i 小于 1 或者大于表长 */
        { printf("参数 i 错\n");
          return (0);
        }
    else
        { s= (DulList )malloc( sizeof (DulNode )); /* 申请、填装结点 */
          s->data=x;
          s->prior=p->prior;                    /* 新结点插入在第 i 个结点的前面 */
          p->prior->next=s;
          s->next=p;
          p->prior=s;
          return (1);
          }
  }
```

指针操作的顺序不是唯一的，但也不是任意的，操作(1)必须要放到操作(4)的前面完成，否则*p 的前驱结点的指针就丢掉了。读者把每条指针操作的含义搞清楚，就不难理解了。

双向链表中结点的删除：设 p 指向双向链表中某结点，删除*p。操作示意图如图 2.17 所示。操作如下：

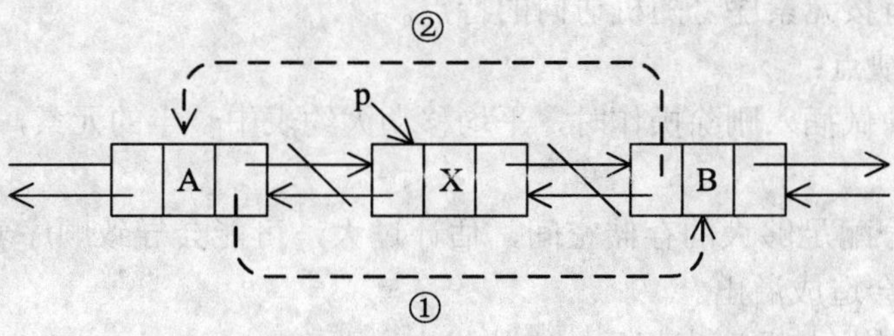

图 2.17　在双向链表中删除一个结点时指针的变化情况

(1) p->prior->next=p->next;

(2) p->next->prior=p->prior;

(3) free(p)。

具体算法描述如下：

【算法 2.17】

```
int  Del_ DubList (DulList  L, int i )
/* 删除双向链表 L 上的第 i 个数据结点 */
 {  DulNode  * p;
    p=L->next;
    j=1
    while ( p!=NULL && j<i )                          /* 查找第 i 个结点 */
       { p=p->next; j++}
    if (j!=i)                                         /* 第 i 小于 1 或者大于表长 */
        { printf("参数 i 错\n");
          return (0);
        }
    else
        {
          p->prior->next=p->next;                     /* 从链表中删除 */
          p->next->prior=p->prior;
          free(p);                                    /* 释放*p */
          return (1);
          }
   }
```

2.4　顺序表与链表的比较及应用举例

2.4.1　顺序表与链表的比较

以上介绍了线性表的逻辑结构及它的两种存储结构：顺序表和链表。通过对它们的讨论可知它们各有优缺点。

对于顺序存储结构来说，它有三个优点：

(1) 方法简单，各种高级语言中都有数组，容易实现；

(2) 不用为表示结点间的逻辑关系而增加额外的存储开销；

(3) 顺序表具有按元素序号随机访问的特点。

但它也有两个缺点：

(1) 在顺序表中做插入删除操作时，平均移动大约表中一半的元素，因此对长度 n 较大的顺序表效率低；

(2) 需要预先分配足够大的存储空间，估计过大，可能会导致顺序表后部大量闲置；预先分配过小，又会造成溢出。

链表的优缺点恰好与顺序表相反。它的优点主要有：

(1) 它不需要用地址连续的存储单元来实现，因为它不要求逻辑上相邻的两个数据元素物理上也相邻，它是通过“链”建立起数据元素之间的逻辑关系来，因此对线性表的插入、删除不需要移动数据元素；

(2) 它是一种动态管理的存储结构，链表中的每个结点占用的存储空间不是预先分配，而是运行时系统根据需求而生成的。因此，不会出现大量存储空间空闲的情况。

它的缺点主要有；

(1) 因为它不要求逻辑上相邻的两个数据元素物理上也相邻，所以必须为表示结点间的逻辑关系而增加额外的存储开销；

(2) 因为它是通过“链”建立起数据元素之间的逻辑关系来，所以也失去了顺序表可以随机存取的优点。

在实际应用中，选取存储结构通常有以下几点考虑。

1. 基于存储的考虑

顺序表的存储空间是静态分配的，在程序执行之前必须明确规定它的存储规模，也就是说事先对“MaxSize”要有合适的设定，过大造成浪费，过小造成溢出。可见对线性表的长度或存储规模难以估计时，不宜采用顺序表；链表则不用事先估计存储规模，但链表的存储密度较低。一个存储结点中数据域占用的存储量与整个存储结点占用存储量之比称为存储密度。显然，顺序表的存储密度(=1)高于链表的存储密度(<1)。因此，顺序实现的空间利用率高于链接实现。

2. 基于时间的考虑

一种实现方法的时间性能是指该实现方法中包含的运算实现(算法)的时间复杂性。由于一种实现方法通常总是涉及多个算法，必须分别考虑这些算法的时间复杂性。在顺序表中按序号访问 a_i 操作的时间性能是 O(1)，而链表中按序号访问 a_i 操作的时间性能是 O(n)，所以，如果经常做的运算是按序号访问数据元素，显然顺序表优于链表；而在顺序表中做插入、删除操作时，平均移动表中一半的元素，当数据元素的信息量较大且表较长时，这一点是不应忽视的；在链表中作插入、删除操作，虽然也要找插入位置，但操作主要是比较运算，从这个角度考虑显然后者优于前者。

3. 基于环境的考虑

顺序表容易实现，任何高级语言中都有数组类型，链表的操作是基于指针的，相对来讲前者简单些，也是用户考虑的一个因素。

总之，线性表的顺序存储结构与链接存储结构各有其优缺点，不能笼统地说哪种实现更好。只能根据实际问题的具体需要，并对各方面的优缺点加以综合平衡，才能最终选定适宜的实现方法。通常“较稳定”的线性表选择顺序存储，而频繁做插入删除的即动态性较强的线性表宜选择链式存储。

2.4.2 线性表应用举例

【例 2.3】 删除线性表中的重复元素。

例如：线性表 L=(1,5,6,5,2,6)，则删除后线性表 L=(1,5,6,2)。

从上述问题要求可知，算法中可设一指针指向第一个数据元素，从它的后继开始到表的结束，找与其值相同的元素并删除之；然后指针指向下一个；依次类推，p 指向最后结点时算法结束。

对于线性表 L，可以采用顺序存储结构，也可采用链式存储结构，但是两种算法时间效率不同。

用顺序存储结构实现的算法如下：

【算法 2.18】

```
void pur_SeqList ( SeqList *pSlist)
/* 删除 pSlist 所指向的顺序表中的重复元素 */
{ int i, j, k;  Elmetype x
  for ( i=0; i<pSlist->length; i++)
     for (j=i+1; j<pSlist->length; j++)
       if (pSlist->data[j]==pSlist->data[i])
       { for ( k=j+1 ; k<pSlist->length ; k++)
           pSlist->data[k-1]=pSlist->data[k];
                                  /* 向上移动元素，删除顺序表中的重复元素 */
         pSlist->length--;        /* 线性表长度减一 */
         j--;
         }
   }
```

该算法的时间性能为 $O(n^3)$。

用链式存储结构实现的算法如下：

【算法 2.19】

```
void pur_LinkList ( LinkList  H )
/* 删除 H 所指向的线性链表中的重复结点 */
 { ListNode  *p,*q,*r;
   p=H->next;   /* p 指向第一个结点 */
   if ( p==NULL) return;
   while (p->next)
   {  q=p;
      while (q->next)        /* 从*p 的后继开始找重复结点 */
       { if (q->next->data==p->data)
         { r=q->next;        /* 找到重复结点，用 r 指向，删除*r */
          q->next=r->next;
          free(r);
           }
        else q=q->next;
       }
     p=p->next;              /* p 指向下一个，继续 */
   }
  }
```

该算法的时间性能为 $O(n^2)$。

由以上两个算法比较可知，当线性表需要频繁删除或插入数据元素时，链式存储结构的性能优越于顺序存储结构。

【例 2.4】 一元多项式的运算。

一元多项式的操作，是线性表处理的典型用例。在数学上，一个一元多项式 $P_n(x)$ 可按升幂写成：

$$P_n(x) = a_0 + a_1x + a_2x^2 + \cdots + a_nx^n$$

它由 n+1 个系数唯一确定。因此，在计算机里，它可以用一个线性表 P 来表示：

$$P = (a_0，a_1,a_2,\cdots,a_n)$$

每一项的指数 i 隐含在其系数 a_i 的序号里。

假设 $Q_m(x)$ 是一元 m 次多项式，同样可用线性表 Q 来表示：

$$Q = (b_0，b_1，b_2，\cdots，b_m)$$

假设 m<n，则两个多项式相加的结果 $R_n(x) = P_n(x) + Q_m(x)$ 可用线性表 R 表示：

$$R = (a_0+b_0，a_1+b_1，a_2+b_2，\cdots，a_m+b_m，a_{m+1}，\cdots，a_n)$$

显然，可以对 P、Q 和 R 采用顺序存储结构，这样使得多项式相加的算法定义十分简单。然而，在通常的应用中，多项式的次数可能很高且变化很大，使得顺序存储结构的最大长度很难确定。特别是在处理形如

$$S(x) = 1+3x^{1000}+2x^{2000}$$

的多项式时，就要用一个长度为 2001 的线性表来表示，表中仅有三个非零元素，其余的都为零元素。显然，这种对内存空间的浪费是应当避免的。

因此，在这里采用另一种存储结构，即线性表中每个结点既存放该项的系数，又存放该项的指数，且只存放系数非零的元素。

一般情况下，一元 n 次多项式可以写成

$$P = p_1x^{e_1} + p_2x^{e_2} + \cdots + p_mx^{e_m}$$

其中，p_i 是指数为 e_i 项的非零系数，且满足

$$0 \leqslant e_1 < e_2 < \cdots \leqslant e_m = n$$

若用一个长度为 m 且每个元素有两个数据项(系数项和指数项)的线性表

$$P = ((p_1, e_1)，(p_2, e_2)，\cdots，(p_m, e_m))$$

便可唯一确定一个多项式 $P_n(x)$。在最坏情况下，n+1(=m)个系数都不为零，则比只存储每项系数的方案要多存储一倍的数据。但是，对于 S(x)类的多项式，这种表示将大大节省空间。

对应于这种方式定义的一元多项式，也可以有两种存储表示方法，顺序表或链表。在实际的应用程序中，应根据多项式作何种运算来决定采用哪种结构。若只对多项式进行“求值”等不改变多项式的系数和指数的运算，则采用类似于顺序表的顺序存储结构比较方便，否则应采用链式存储表示。本节中将主要讨论如何利用线性链表的基本操作来实现一元多项式的相加。

当用线性表来表示多项式时，可以给每个结点设三个域，即系数域、指数域和指针域。类型定义的描述如下：

```
typedef  struct  node
{ int  coef;          /* 系数 */
  int  index;         /* 指数 */
  struct  node  *next;
}PNode
PNode  *h;            /* 指向结构体 node 的指针 h  */
```

例如，图 2.18 中的两个线性链表分别表示一元多项式 $A(x)= 7+3x+9x^8+5x^{17}$ 和一元多项式 $B(x)=8x +22x^7-9x^8$。从图中可以看出，每个结点表示多项式中的一项。

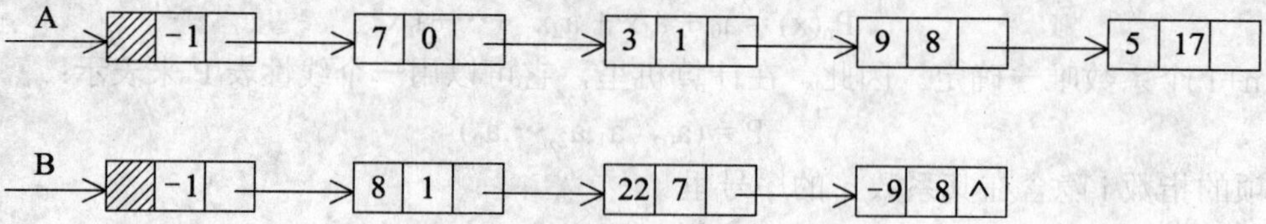

图 2.18　多项式的单链表存储结构

根据一元多项式相加的运算规则：对于两个一元多项式中所有指数相同的项、对应指数相加，若其和不为零，则构成“和多项式”中的一项；对于两个一元多项式中所有指数不相同的项，则分别复制到“和多项式”中去。

“和多项式”链表中的结点无需另生成，而应该从两个多项式的链表中摘取。其运算规则如下；设两个指针 p 和 q 分别指向多项式 A 链表和多项式 B 链表，并比较它们所指向的结点中的指数项，比较结果有下列三种情况：

(1) 指针 p 所指结点的指数值<指针 q 所指结点的指数值，则 p 结点是“和多项式”中的一项，应插入到“和多项式”链表中去，并令 p 指针后移；

(2) 指针 p 所指结点的指数值>指针 q 所指结点的指数值，则 q 结点是“和多项式”中的一项，应插入到“相多项式”链表中去，并令 q 指针后移；

(3) 指针 p 所指结点的指数值=指针 q 所指结点的指数值，则将两个结点中的系数域的值相加，若和数不为 0。则修改 p 所指结点的系数值，同时释放 q 所指结点，q 指针后移；反之，当和为 0 时，表示“和多项式”中没有该项，从多项式 A 的链表中删除相应结点，并释放指针 p 和 q 所指结点，p 和 q 后移。

例如，由图 2.18 中的两个链表表示的多项式相加得到的“和多项式”链表如图 2.19 所示，图中的长方框表示已被释放的结点。

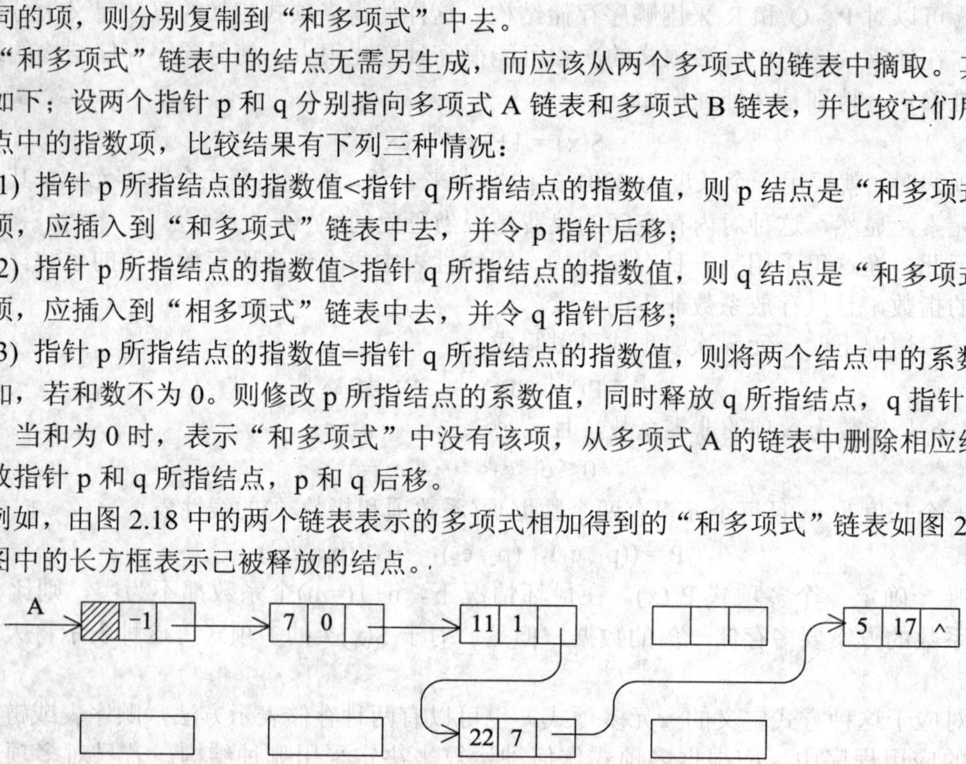

图 2.19　多项式相加

这里采用带有头指针的多项式链表，具体的算法描述如下：

【算法 2.20】

```
void polyadd ( PNode *ah, PNode *bh )
/* 将 ah 和 bh 为头指针的两个链表相加，结构存放到以 ah 为头指针的多项式链表中 */
{ Pnode *pre_p, *p, *q, *temp;
  char comp;
  char compare ( int n1, int n2 )                /* 定义一个比较函数 */
   { if (n1<n2)
       return ('<');
     else
       if (n1==n2 )
          return ('=');
       else
```

```
            return ('>');
        }
    pre_p = ah; p = ah->next;          /* p 指向 ah 链表中的第一个数据结点 */
    q = bh->next;                      /* q 指向 bh 链表中的第一个数据结点 */
    while ( p!=NULL && q!=NULL )
     { comp=compare( p->index,q->index)
      switch( comp )
        { case  '<':                   /* *p 的指数比*q 的指数小 */
            pre_p = p; p=p->next;
            break;
          case  '=':                   /* 指数相同，结点合并 */
            p->coef=p->coef+q->coef;
            if (p->coef= =0 )          /* 合并后系数为 0 */
              {pre_p->next=p->next; free (p); }
            else
              pre_p = p;
              p=pre->next;  temp=q;  q=q->next; free (temp);
            break;
          case  '>':                   /* *p 的指数大于*q 的指数，在*p 之前插入 q */
            temp=q->next;  q->next=p;
            pre_p->next = q ; pre_p = q ; q=temp;
        }
     }
   if (q!=NULL)
     pre_p->next = q;
     free(bh);
   }
```

两个一元多项式的减法和加法的算法类似。两个一元多项式相乘的算法，可以利用两个一元多项式相加的算法来实现，因为乘法运算可以分解为一系列的加法运算。设 A(x)和 B(x)为一元多项式，则它们的乘积 M(x)为

$$M(x) = A(x)\times B(x)$$
$$=(a_1x^{e_1} + a_2x^{e_2} + \cdots +a_mx^{e_m})\times(b_1x^{e_1} + b_2x^{e_2} + \cdots +b_mx^{e_m})$$
$$= \sum_{i=1}^{n} b_iA(x)x^{ei}$$

其中，每一项都是一元多项式。

【例 2.5】 约瑟夫回环问题。

约瑟夫回环问题(Josephus 问题)是一个典型的循环单链表的应用，即 n 个数据元素构成一个环，从环中任意位置开始计数，计到 m 将该元素从表中取出，重复上述过程，直至表中只剩一个元素为止(猴子选大王问题)。

例如，将初始序列看成一个整数的序列：1,2,3,…,n。为了处理方便，把这个整数序列存放在一个没有头结点的循环单链表中，循环单链表的结构如图 2.20 所示。

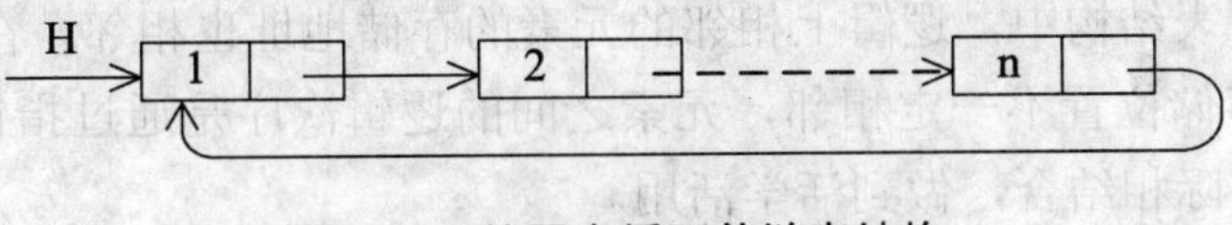

图 2.20 约瑟夫循环单链表结构

算法思想为：

(1) 首先，指针 p 指向第一个结点；

(2) 从 p 所指的结点开始计数，寻找第 m 个结点；

(3) 输出该结点的元素；

(4) 删除该结点，并将该结点的下一个结点存放在指针 p 中，转而去执行步骤(2)，直到只剩一个结点为止。

具体算法描述如下：

【算法 2.21】

```
void josephus (LinkList head, int m)
{LinkNode *p, *q;  int i;
 p = head; q = NULL; i = 1;
 while ( p->next != p)
   { while( (i<m) && (p->next != p ))        /* 查找第m个结点 */
      { i++;
        q = p;
        p = p->next;
       }
     if (p->next != p )
       { i=1;
         printf ( "%d", p->data );
         q->next = p->next;
         free ( p );                          /* 删除第m个结点 */
       }
     else
        printf ("%d",p->data);
     }
}
```

2.5 本 章 小 结

本章学习了线性表的概念、存储方法及其基本运算的实现。线性表是软件设计中最常用的数据结构，是实际应用领域中许多具体数据的抽象表示形式，在实际应用时可赋予不同的实际含义。每种数据结构涉及逻辑结构、运算定义、存储结构及其上的运算的实现几个方面。线性表是有限个元素的序列，因此其特点是每个元素最多有一个直接前驱和一个直接后继。

线性表的存储分为顺序存储和链式存储两类。采用顺序存储方式存储线性表，得到顺序表结构。在顺序表结构中，逻辑上相邻的元素的存储地址也相邻。在链表结构中，逻辑上相邻的元素的存储位置不一定相邻，元素之间的逻辑次序是通过指针(链)来描述的。应该把理论知识与实际相结合，做到活学活用。

2.6　上 机 实 训

2.6.1　实训目的

(1) 熟练掌握线性表的基本操作在顺序存储和链式存储上的实现；

(2) 以线性表的各种操作(建立、插入、删除、遍历等)的实现为重点；

(3) 掌握线性表的动态分配顺序存储结构的定义和基本操作的实现；

(4) 通过本章实验帮助学生加深对 C 语言的使用(特别是函数的参数调用、指针类型的应用和链表的建立等各种基本操作)。

2.6.2　实训例题

通过几个具体算法程序使读者进一步加深对线性表顺序存储和链式存储实现的掌握，以及对实际应用中问题解决的方法的掌握。

1. 线性表顺序存储——顺序表的实现

【问题描述】

线性表顺序存储的基本运算操作：创建顺序表、在顺序表中某个位置插入某个元素、查找某个元素、在顺序表中删除某个元素等。下面是顺序表基本运算的演示实例。

【算法描述】

对于线性表顺序存储的运算操作，首先定义存储类型，然后分别设计各种运算的具体函数，最后在主函数中实现顺序表的运算操作。

首先，在主函数中创建包含若干个元素的顺序表，以?结束；调用求长度函数求出顺序表的长度，调用插入函数可以在指定的位置插入元素。并且可以实现线性表顺序存储的按元素序号和元素内容进行查找等运算操作。

【C 语言源程序】

```
#include "stdio.h"
#include "conio.h"
#define MaxSize 50                              /* 定义线性表可能达到的最大长度 */
typedef char ElementType;
typedef struct node
{
   ElementType data[MaxSize];                   /* 动态分配的一维数组 */
   int length;                                  /* 当前长度 */
}SeqList,*list;                                 /* 顺序表的类型定义如下 */

void init(list L)
{ L->length=0;}

int length(list L)
{ return(L->length);}

ElementType getnode(list L,int pos)
```

```
{
    if(pos<L || pos>L->length) printf("error");
    else return (L->data[pos-1]);
}

int locate(list L,ElementType x)
{   int i=0;
    while(i<L->length && L->data[i]!=x) i++;
    if(i==L->length) return -1;
    else return(i+1);
}

void insert(list L,int pos,ElementType x)   /* 插入函数 */
{    int j;
    if(pos<1 || pos>L->length+1) printf("insert error\n");
    else {
       l->length++;
     for(j=L->length;j>=pos;j--)     L->data[j]=L->data[j-1];
     L->data[pos-1]=x; };
}

 void delnode(list L,int pos)  /* 删除函数 */
 { int j;
  if(pos<1 ||pos>L->length)printf("del error\n");
  else {
     for(j=pos;j<L->length;j++)
     L->data[j-1]=L->data[j];
     L->length--;}
  }
  void print(list L)  /* 打印函数 */
  {  int i;
     for(i=1;i<L->length;i++)
     printf("%c->",L->data[i-1]);
     printf("%c",L->data[L->length-1]);
  }
 main()  /* 主函数 */
 {
   int i=1,n;
   SeqList L;
   char ch,x;
   init(&L);
   printf("\n\n\n************************顺序表演示程序**********\n");
   printf("请输入你想建立的顺序表的元素，以？结束:");
   ch=getchar();
   while(ch!='?')
   {insert(&L,i,ch);
    i++;
```

```
      ch=getchar();
    };
  printf("你建立的顺序表为:");
  print(&L);
  printf("\n顺序表的长度为:%d",L.length);
  printf("\n输入你想查找的元素: ");
  fflush(stdin);
  scanf("%c",&x);
  printf("你查找的元素为%c序位为%d",x,locate(&l,x));
  printf("\n输入你想查找的元素序位:");
  scanf("%d",&n);
  printf("\n你查找的元素为: %c",getnode(&l,n));
  printf("\n输入你想插入的元素以及序位:<用逗号隔开>:");
  fflush(stdin);
  scanf("%c,%d",&x,&n);
     insert(&L,n,x);
  printf("\n插入后顺序表为: ");
     print(&L);
     fflush(stdin);
  printf("\n请输入你想删除的元素序位: ");
  scanf("%d",&n);
    delnode(&L,n);
  printf("\n删除后的顺序表为: ");
    print(&L);
  printf("\n线性表的顺序存储的基本运算操作完毕，谢谢使用!");
     getch();
  }
```

【测试数据】

运行程序，按信息提示要求输入：

请输入你想建立的顺序表的元素，以？结束: abcdefg? ↙

你建立的顺序表为:a->b->c->d->e->f->g↙

顺序表的长度为:7↙

输入你想查找的元素：c↙

你查找的元素为 c 序位为 3↙

输入你想查找的元素序位:5↙

你查找的元素为：e↙

输入你想插入的元素以及序位:<用逗号隔开>:x,3↙

插入后顺序表为：a->b->x->c->d->e->f->g↙

请输入你想删除的元素序位：4↙

删除后的顺序表为：a->b->x->d->e->f->g↙

线性表的顺序存储的基本运算操作完毕，谢谢使用！↙

退出程序。

【小结】

线性表的顺序存储是数据结构中最简单的数据结构类型，它为以后学习其他数据结构类型奠定了基础。所以熟练的掌握和理解线性表的顺序存储的基本概念和算法，以后对解决实际问题的过程中才能准确的运用。

2. 线性表的链式存储——单链表的实现

【问题描述】

对于线性表还可以采用链式存储结构，在这里通过单链表的基本运算来实现介绍线性表链式存储方法。

【算法描述】

在设计单链表的各种运算之前，首先定义链式存储的结点类型，链式存储的结点类型包括数据域 data 和指针域 next 两部分。在实现线性表的链式存储的各种运算操作中，包括单链表的建立、单链表的输出、向链表中插入新的结点、删除链表中的结点、修改链表中结点的数据域、链表的转置、释放链表的结点空间等。为了便于实现上述各种运算操作，在此设计一个主菜单。

【C 语言源程序】

```
#include <stdio.h>
#include <stdlib.h>
typedef  char Elemtype;
/* ---------------------------------------------- */
/* ----------  结点结构的定义  ---------- */
/* ---------------------------------------------- */
typedef struct Node {
    Elemtype   data;          /* ----- 数据域 ----- */
    struct  ListNode  *next;       /* ----- 链域 ------ */
}ListNode

typedef  ListNode  *Linklist;

/* ---------------------------------------------- */
/* 此函数用于建立单链表 */
/* ---------------------------------------------- */
Linklist creat_list( Linklist head )
{  Linklist  ptr,  temp;
    char ch;
    head = ( ListNode* ) malloc( sizeof( ListNode ) );
    if ( head == NULL )
        printf( "错误: 空间溢出.\n" );
    else {
        head->next = NULL;
        ptr = head;
 printf( "请输入数据元素( 输入#结束.):\t" );
        while ( ( ch = getchar( ) ) != '#' ) {
            temp =  ( ListNode* ) malloc( sizeof( ListNode ) );
            temp->next = NULL;
```

```
            temp->data = ch;
            ptr->next = temp;
            ptr = temp;
            fflush(stdin);
     printf( "请输入数据元素( 输入#结束。):\t" );
        }
    }
    return head->next;
}
/* ------------------------------------------------ */
/* 打印出链表的数据 */
/* ------------------------------------------------ */
void print_list( Linklist head )
{   Linklist ptr;
    ptr = head;
    draw_line( '-' );
    printf("单链表显示是: \n");
    while ( ptr ) {
  printf( "%3c", ptr->data );
        ptr = ptr->next;
               }
    draw_line( '-' );
}
/* ------------------------------------------------ */
/* 释放链表的结点空间 */
/* ------------------------------------------------ */
void  free_list( Linklist head )
{   Linklist  temp;
    while ( head ) {
        temp = head;
        head = head->next;
        free( temp );
                }
  printf( "\n 单链表的结点空间释放成功! \n" );
}
/* ------------------------------------------------ */
/* 向链表中插入新结点 */
/* ------------------------------------------------ */
Linklist  insert_list( Linklist head, Linklist new, ElementType data )
{   Linklist   ptr;
    printf( "请输入所要插入的数据元素: " );
    date = getchar( );
    new->data = date;
    ptr = head;
    while ( 1 ) {
        if ( head == NULL ) {
            new->next = head;
            head = new;
            break;
        }
```

```
        else if ( ptr->data == data ) {
            new->next = ptr->next;
            ptr->next = new;
            break;
        }
        else
            ptr = ptr->next;
    }
    return head;
}
/* ---------------------------------------------- */
/* 删除链表中的结点 */
/* ---------------------------------------------- */
Linklist delete_list( Linklist head, ElementType data )
{  Linklist ptr,
      prv;
   ptr = head;
   while ( 1 ) {
       if ( ptr->next == NULL ) {
    printf( "没有找到所要删除的数据元素! \n" );
    break;
                              }
       if ( head->data == data ) {
    head = ptr->next;
    free( ptr );
    break;
                              }
       prv = ptr;
       ptr = ptr->next;
       if ( ptr->data == data ) {
    prv->next = ptr->next;
    free( ptr );
    break;
                            }
    }
   return head;
}
/* ---------------------------------------------- */
/* 修改结点的数据域 */
/* ---------------------------------------------- */
Linklist modify_list( Linklist head, ElementType data )
{
    Linklist ptr;
    ptr = head;
    while ( 1 ) {
 if ( ptr->next == NULL ) {
     printf( "没有找到所要修改的数据元素! \n" );
     break;
                            }
 else if ( head->data == data ) {
```

```
        fflush( stdin );
        printf( "请输入覆盖 %c 的数据元素：", data );
        scanf( "%c", &data );
        ptr->data = data;
        fflush( stdin );
        break;
                           }
   else if ( ptr->data == data ) {
        fflush( stdin );
        printf( "请输入覆盖 %c 的数据元素：", data );
        scanf( "%c", &date );
        ptr->data = date;
        fflush( stdin );
        break;
                          }
   else
      ptr = ptr->next;
     }
    return head;
}
/* --------------------------------------------- */
/* 链表的转置 */
/* --------------------------------------------- */
Linklist invert_list( Linklist head )
{
    Linklist  ptr,
       prv,
       next;
    prv = head;
    ptr = prv->next;
    prv->next = NULL;
    next = ptr->next;
    ptr->next = prv;
    prv = ptr;
    ptr = next;
    while ( ptr->next ) {
 next = ptr->next;
 ptr->next = prv;
 prv = ptr;
 ptr = next;
                   }
    ptr->next = prv;
    head = ptr;
    return head;
}
/* --------------------------------------------- */
/* 画线函数 */
/* --------------------------------------------- */
draw_line( char c )
{
    int i;
```

```
    printf( "\n" );
    for ( i = 0; i < 70; i++ )
 printf( "%c", c );
  printf( "\n" );
}
/* ------------------------------------------ */
/* 单链表主函数 */
/* ------------------------------------------ */
int main( )
{  Linklist    head, new;
    ElementType    data;
    int          choose;  /* 在这要加 head=null;  */
    clrscr( );
    draw_line( '*' );
    head = creat_list( head );
    print_list( head );
    while ( 1 ) {
 printf( "\n\n +-------------------- Menu ----------------------+\n" );
 printf( "    |   1.插入  2.删除  3.修改  4.转置  5.释放  0 退出  |\n" );
 printf( "    +----------------------------------------------+\n" );
 printf("请输入你所要选择的操作 ( 0 -- 5 ): ");
 scanf( "%d", &choose );
 switch ( choose ) {
    case 0:
  exit( 0 );
  break;
          case 1:
              new = ( Node* ) malloc( sizeof( Node ) );
              new->next = NULL;
              fflush( stdin );
  printf( "\n 请输入到那个数据元素的后面: " );
              scanf( "%c", &data );
              fflush( stdin );
              head = insert_list( head, new, data );
              print_list( head );
              break;
    case 2:
  fflush( stdin );
  printf( "\n 请输入所要删除的数据元素:  " );
  scanf( "%c", &data );
  fflush( stdin );
  head = delete_list( head, data );
  print_list( head );
  break;
    case 3:
  fflush( stdin );
  printf( "\n 请输入你所要修改的数据元素: " );
  scanf( "%c", &data );
  fflush( stdin );
  head = modify_list( head, data );
  print_list( head );
```

```
    break;
      case 4:
    head = invert_list( head );
    print_list( head );
    break;
           case 5:
              free_list( head );
              break;
      default:
    printf( "\n你的选择是非法的! \n" );
    break;
          }
        }
      return 0;
  }
```

【测试数据】

运行程序，根据提示操作如下：

```
请输入数据元素( 输入#结束。):a↙
请输入数据元素( 输入#结束。):b↙
请输入数据元素( 输入#结束。):c↙
请输入数据元素( 输入#结束。):# ↙
-------------------------------------------------------------
```

单链表显示是：

```
a b c
-------------------------------------------------------------
请输入你所要选择的操作 ( 0 -- 5 ): 1↙
请输入插入到那个数据元素的后面: b↙
请输入所要插入的数据元素: x↙
-------------------------------------------------------------
```

单链表显示是：

```
a b x c
-------------------------------------------------------------
请输入你所要选择的操作 ( 0 -- 5 ): 2↙
请输入所要删除的数据元素: x↙
-------------------------------------------------------------
```

单链表显示是：

```
a b c
-------------------------------------------------------------
请输入你所要选择的操作 ( 0 -- 5 ): 4↙
-------------------------------------------------------------
```

单链表显示是：

```
c b a
-------------------------------------------------------------
请输入你所要选择的操作 ( 0 -- 5 ): 5↙
```

单链表的结点空间释放成功！

单链表的具体操作，读者可以根据自己的情况演示。

【小结】

通过基本单链表的各种运算操作使线性表的链式存储得以实现，因此，只用熟练的掌握各种运算的算法，才能真正了解线性表中各个数据元素之间的逻辑和存储关系。

3. 线性表的应用——约瑟夫算法

约瑟夫回环问题是设有 n 个人围坐在圆桌周围，现从某个位置 m(1≤m≤n)上的人开始报数，报数到 k 的人就站出来。下一个人，即原来的第 k+1 个位置上的人，又从 1 开始报数，再报数到 k 的人站出来。依次重复下去，直到全部的人都站出来为止。试设计一个程序求出列序列。

【问题分析】

根据问题提示，可以看出这是一个使用循环链表的问题。因为要不断地出列，采用链表的存储形式能更好地模拟出列的情况。

【算法描述】

可以建立一个不带头结点的循环链表，其中的 n 个人用 n 个结点来表示。

```
Typedef int Elemtype;
Typedef struct Cnode
  {  Elemtype data;
     struct Cnode *next;
   }CNode;
Status Create_clist(Clist &clist,int n)
     { clist=null;
       for(i=n;i>=1;i--)
       { if(!(p=(CNode *)malloc(sizeof(CNode))))
             return overflow;              /* 存储分配失败 */
           p->data=i;
           p->next=clist;
           clist=p;
           if(i==n)
              q=p;                         /* 用 q 指向链表的最后一个结点 */
              }
         q->next=clist;
  /* 把链表的最后一个结点的链域指向链表的第一个结点，构成循环链表 */
         ok;
         }  /* end */
status Joseph(int m,int n,int k)
{  if(m>n) return ERROR;                   /* 起始位置错 */
         if(!Create_clist(clist,n))
           return ERROR;                   /* 循环链表创建失败 */
         p=clist;
         for(i=1;i<m;i++)
           p=p->next;                      /* p 指向 m 位置的结点 */
```

```
        while(p)
           { for(i=1;i<k-1;i++)
               p=p->next;              /* 找出第 k 个结点 */
            q=p->next;
            printf("%d",q->data);      /* 输出应出列的结点 */
            if(p->next==p)
              p=null;                  /* 删除最后一个结点 */
             else { p->next=q->next;   /* 删除第 k 个结点 */
                    p=p->next;         /* 使 P 指向第 k+1 个元素位置 */
                    free(q); }
      }  /* while */
           clist=null;
}  /* end */
```

【C 语言源程序】

```
#include <stdio.h>
#include <stdlib.h>
#define NULL 0
#define OK 1
#define ERROR 0
#define OVERFLOW -2
typedef int Status;
typedef int Elemtype;/* 定义数据元素类型 */
typedef struct Cnode
  {  Elemtype data;
     struct Cnode *next;
   }CNode;
CNode *joseph;  /* 定义一个全局变量 */
Status Create_clist(CNode *clist,int n)
{  CNode *p,*q;
int i;
clist=NULL;
   for(i=n;i>=1;i--)
    { p=(CNode *)malloc(sizeof(CNode));
      if(p==NULL)
           return OVERFLOW; /* 存储分配失败 */
      p->data=i;
      p->next=clist;
      clist=p;
      if(i==n)
 q=p;  /* 用 q 指向链表的最后一个结点 */
}
q->next=clist; /* 把链表的最后一个结点的链域指向链表的第一个结点，构成循环链表 */
joseph=clist;  /* 把创建好的循环链表头指针赋给全局变量 */
return OK;
}            /* end */
Status Joseph(CNode *clist,int m,int n,int k)
```

```
{  int i;
CNode *p,*q;
if(m>n) return ERROR; /* 起始位置错 */
    if(!Create_clist(clist,n))
    return ERROR;            /* 循环链表创建失败 */
  p=joseph;                /* p 指向创建好的循环链表 */
  for(i=1;i<m;i++)
     p=p->next;          /* p 指向 m 位置的结点 */
  while(p)
     { for(i=1;i<k-1;i++)
         p=p->next;      /* 找出第 k 个结点 */
      q=p->next;
      printf("%d ",q->data);  /* 输出应出列的结点 */
      if(p->next==p)
         p=NULL;          /* 删除最后一个结点 */
       else { p->next=q->next;
              p=p->next;
                     free(q);}
      }  /* while */
     clist=NULL;
 } /* end */
void main( )
{ int m,n,k,i;
  CNode *clist;
  clist=NULL;/* 初始化 clist */
printf("\n 请输入围坐在圆桌周围的人数 n: ");
scanf("%d",&n);
printf("\n 请输入第一次开始报数人的位置 m: ");
scanf("%d",&m);
printf("\n 你希望报数到第几个数的人出列?");
scanf("%d",&k);
Create_clist(clist,n);/* 创建一个有 n 个结点的循环链表 clist */
printf("\n 出列的顺序如下: \n");
Joseph(clist,m,n,k);
getch();
 }  /* main */
```

【测试数据】

运行程序:

请输入围坐在圆桌周围的人数 n: 13↙

请输入第一次开始报数人的位置 m: 5↙

你希望报数到第几个数的人出列? 6↙

出列的顺序如下: 10 3 9 4 12 7 5 2 6 11 8 1 13

【小结】

本算法采用一个不带表头的循环链表来处理约瑟夫回环问题。在此算法中，每次找出需出列结点，要经过 k 次循环移动定位指针，全部结点出列，需经过 n 个 k 次循环，因此，本算法的时间复杂度为 O(k*n)。实际问题的处理中，有许多与约瑟夫问题类似，都可以采用此方法完成。

2.7 习题与上机操作

1. 选择题

(1) 下列说法正确的是________。

A. 线性表的逻辑顺序与存储顺序总是一致的

B. 线性表的链式存储结构中，内存中可用的存储单元可以是连续的，也可以不连续

C. 线性表的顺序存储结构优于链式存储结构

D. 每种数据结构都具有插入、删除和查找三种基本运算

(2) L 是线性表，已知 ListLength(L)的值是 5，运算 Delete_List(L，2)后 List_Length(L)的值是________。

A. 5　　B. 0　　C. 4　　D. 6

(3) 线性表中哪些元素只有一个直接前驱和一个直接后继________。

A. 首元素　　B. 尾元素　　C. 中间元素　　D. 所有的元素

(4) 在长度为 n 的顺序表的第 i(1≤i≤n+1)个位置上插入一个元素，元素的移动次数为________。

A. n−i+1　　B. n−i　　C. i　　D. i-1

(5) 在线性链表的一个结点中有________个指针。

A. 1　　B. 2　　C. 3　　D. 4

2. 填空题

(1) 某线性表采用顺序存储结构，若首地址为 100，每个数据元素占用 2 个存储单元，则第 8 个元素的存储地址为________。

(2) 线性表的顺序存储结构是通过________来直接反应数据元素之间的逻辑关系，而链式存储结构是通过________来间接反应数据元素之间的逻辑关系。

(3) 一个有 n 个元素的线性表，采用顺序存储结构。若删除第 i 个元素时(1≤i≤n)，需要向前移动________个元素。

(4) 判断带头结点的单链表 head 为空的条件是________。

(5) 线性表的链式存储结构主要包括________、________和________三种形式。

3. 简答题

(1) 试描述头指针、头结点、开始结点的区别、并说明头指针和头结点的作用。

(2) 在顺序表中插入和删除一个结点需平均移动多少个结点?具体的移动次数取决于哪两个因素?

(3) 为什么在单循环链表中设置尾指针比设置头指针更好?

(4) 何时选用顺序表、何时选用链表作为线性表的存储结构为宜?

4. 程序设计题

(1) 设线性表的 n 个结点定义为(a_0,a_1,⋯,a_{n-1})，重写顺序表上实现的插入和删除算法:

InsertList 和 DeleteList。

(2) 设顺序表 L 是一个有序表，试分别写出算法，针对 L 是递增有序和递减有序的情况，将 x 插入 L 中，并使 L 仍是一个有序表。

(3) 设单链表 L 是一个递减有序表，试写一算法，将 x 插入其后仍保持 L 的有序性。

(4) 一个有 n 个元素的线性表 A，采用顺序存储结构。请写一算法，找出该线性表中元素值最小的数据元素。

(5) 写一算法在单链表上实现线性表的 ListLength(L)运算。

(6) 已知 L1 和 L2 分别指向两个单链表的头结点，且已知其长度分别为 m 和 n。试写一算法将这两个链表连接在一起，请分析你的算法的时间复杂度。

(7) 已知单链表 L 是一个递增有序表，试写一高效算法，删除表中值大于 min 且小于 max 的结点(若表中有这样的结点)，同时释放被删结点的空间，这里 min 和 max 是两个给定的参数。请分析你的算法的时间复杂度。

(8) 试编写一个算法，求出循环链表中的结点的个数

5. 操作题

(1) 试分别用顺序表和单链表作为存储结构，实现将线性表$(a_0,a_1,\cdots,a_{n-1})$就地逆置的操作，所谓“就地”指辅助空间应为 O(1)。

编程提示：

按题意，为将线性表逆置，但辅助空间不能随表的规模增大。下面分别讨论顺序表和单链的情况。

顺序表：

要将该表逆置，可以将表中的开始结点与终端结点互换，第二个结点与倒数第二个结点互换，如此反复，就可将整个表逆置了。

链表：

可以用交换数据的方式来达到逆置的目的。但是由于是单链表，数据的存取不是随机的，因此算法效率太低。可以利用指针改指来达到表逆置的目的。具体情况如下：

① 当链表为空表或只有一个结点时，该链表的逆置链表与原表相同。

② 当链表含 2 个以上结点时，可将该链表处理成只含第一结点的带头结点链表和一个无头结点的包含该链表剩余结点的链表。然后，将该无头结点链表中的所有结点顺着链表指针，由前往后将每个结点依次从无头结点链表中摘下，作为第一个结点插入到带头结点链表中。这样就可以得到逆置的链表。

(2) 一个有 n 个元素的线性表 A，采用链式存储结构，请写一算法，删除线性表中所有值为 x 的元素。

编程提示：

根据题意，为删除线性表 A 中所有值为 x 的元素，可以采用如下步骤：

① 用指针 p 指向链表的首结点；

② 比较 x 的值与 p 指针所指向的结点数据域的值，若值相同，则删除该结点；同时 p=p->next；

③ 重复第(2)步，直到 p 指针为空。

(3) 设 A 和 B 是两个单链表，其表中元素递增有序。试写一算法将 A 和 B 归并成一个按元素值递减有序的单链表 C，并要求辅助空间为 O(1)。

编程提示：

根据已知条件，A 和 B 是两个递增有序表，所以可以先取 A 表的表头建立空的 C 表。然后同时扫描 A 表和 B 表，将两表中最大的结点从对应表中摘下，并作为开始结点插入 C 表中。如此反复，直到 A 表或 B 表为空。最后将不为空的 A 表或 B 表中的结点依次摘下并作为开始结点插入 C 表中。这时，得到的 C 表就是由 A 表和 B 表归并成的一个按元素值递减有序的单链表 C。并且辅助空间为 O(1)。

第 3 章　栈

教学提示：栈是一种重要的数据结构，它广泛应用于各种软件系统中，这种数据结构与线性表有密切的联系。从逻辑上看，栈属于线性结构，是一种特殊的线性表。其特殊性在于栈的基本操作是线性表操作的子集，它是限定仅在表尾进行插入或删除操作的线性表，是操作受限的线性表。

教学要求：

(1) 了解栈的概念。

(2) 掌握栈的数据结构定义方法和基本运算的实现方法。

(3) 能够使用栈这种数据结构来解决具体的问题。

3.1　栈的定义和基本运算

3.1.1　栈的定义

栈(Stack)是一种特殊的线性表，是限定仅在表尾进行插入或删除操作的线性表。栈的表尾称为栈顶(top)，处于栈顶位置的数据元素称为栈顶元素。栈的表头称为栈底(bottom)，处于栈底位置的数据元素称为栈底元素。不含任何元素的表称为空栈。

假设有栈 $S=(a_1,a_2,\ldots,a_n)$，如图 3.1(a)所示，元素是以 $a_1,a_2,\ldots,a_n$ 的顺序进栈，因此栈底元素是 a_1，栈顶元素是 a_n。退栈的第一个元素应为栈顶元素 a_n。

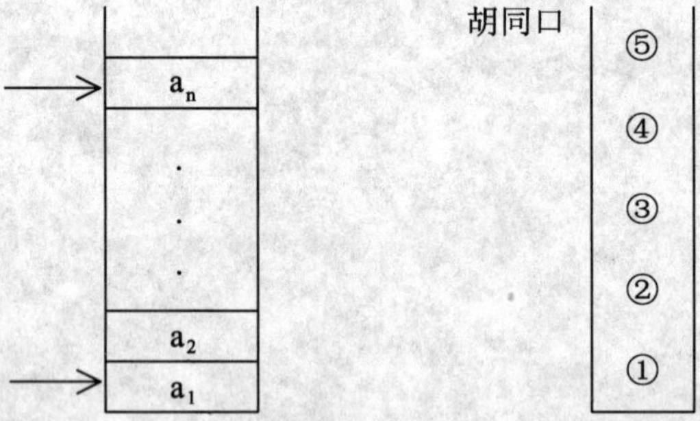

(a) 栈的结构示意图　　　　(b) 用死胡同表示栈

图 3.1　栈

下面举例说明栈的结构特征。

假设有一个很窄的死胡同，胡同里能容纳若干人，但每次只能容许一个人进出。现有五个人，分别编号为①～⑤，按编号的顺序进入胡同，如图 3.1(b)所示。若④要出来，必须等⑤退出后才有可能。若①要退出，则必须等到⑤④③②依次都退出后才行。这里，人进出胡同的原则是后进去的先出来。换句话说，先进去的后出来。

栈可以比作这里的死胡同，栈顶相当于胡同口，栈底相当于胡同的另一端，进、出胡同可看作栈的插入、删除运算。插入、删除都在栈顶进行，进出都经过胡同口。这表明栈的原则是后进先出。因此，栈又称为后进先出(last in first out)线性表。

3.1.2 栈的基本运算

栈的基本操作除了在栈顶进行插入或删除外，还有栈的初始化、判空及取栈顶元素等。下面可用栈的抽象数据结构来说明栈以及栈的基本运算。

```
ADT Stack{
  数据对象：Data = {a_i |a_i∈Elemtype, i=1,2,…,n, n≥0}
  数据关系：R1= {(a_i-1,a_i) | a_i-1, a_i∈ Data, i=2,…,n, n≥0}
```

其中，a_n是栈顶元素；a_1是栈底元素。

常见的栈的基本运算包括：

(1) 初始化 INI_STACK(S)。其作用是设置一个空栈 S。

(2) 进栈 PUSH_STACK(S, x)。其作用是将元素 x 插入栈 S 中，使 x 成为栈 s 的栈顶元素。

(3) 退栈 POP_STACK(S)。其作用是当栈不空时删除栈顶元素，并返回其值。

(4) 读栈 TOP_STACK(S)。其作用是求栈顶元素的值；当栈 S 为空时结果为一特殊标志。与 POP(S)不同的是，TOP(S)不改变栈的状态。

(5) 判栈空 EMPTY_STACK (S)。其作用是判断栈 S 是否为空栈，若是则结果为 true；否则结果为 false。

……

```
}ADT Stack
```

3.1.3 栈的顺序存储结构

栈和线性表类似，也有两种存储结构，即顺序存储结构和链式存储结构。

1. 顺序栈

栈的顺序存储结构称为顺序栈。顺序栈是利用一组地址连续的存储单元依次存放从栈底至栈顶的数据元素。通常的做法是用一个一维数组来存放栈中的数据元素，并用一个变量 top 来指示当前的栈顶位置。存放栈顶元素的下标值，称为栈顶指针(注意它并非指针类型变量)。因为栈的操作仅在栈顶进行，栈底位置固定不变，所以可将栈底位置设置在数组两端的任意一个端点上。通常将栈底放在数组下标值小的那端。

顺序栈的类型可定义如下：

```
#define MaxSize                    /* 线性表可能达到的最大长度 */
typedef  struct                    /* 顺序栈类型定义 */
{  Elemtype  data[MaxSize];
   int  top;                       /* 指示栈顶位置 */
}SeqStack;
```

这里把存放栈中元素的数组和指向栈顶的变量都作为结构体类型 SeqStack 的分量来定

义。鉴于 C 语言中数组的下标值约定从 0 开始，则当以 C 语言作描述语言时，数组的 0 下标端设为栈底。这样，空栈时，栈顶指针 top 为-1；入栈时，栈顶指针 top 加 1；出栈时，栈顶指针 top 减 1。

假设用一维数组 sq 表示一个栈，图 3.2 说明了这个顺序栈的几种状态。图 3.2(a)是空栈；图 3.2(b)是只有一个元素时的状态；图 3.2(c)是 A、B、C、D、E、F 这六个元素依次进入栈之后的状态；图 3.2(d)是删除 E、F 两个元素后的状态，此时栈中还有四个元素，或许刚出栈的元素 E、F 仍然在原先的单元存储着，但 top 指针已经指向了新的栈顶，则元素 E、F 已不在栈中了，通过这个示意图要深刻理解栈顶指针的作用。

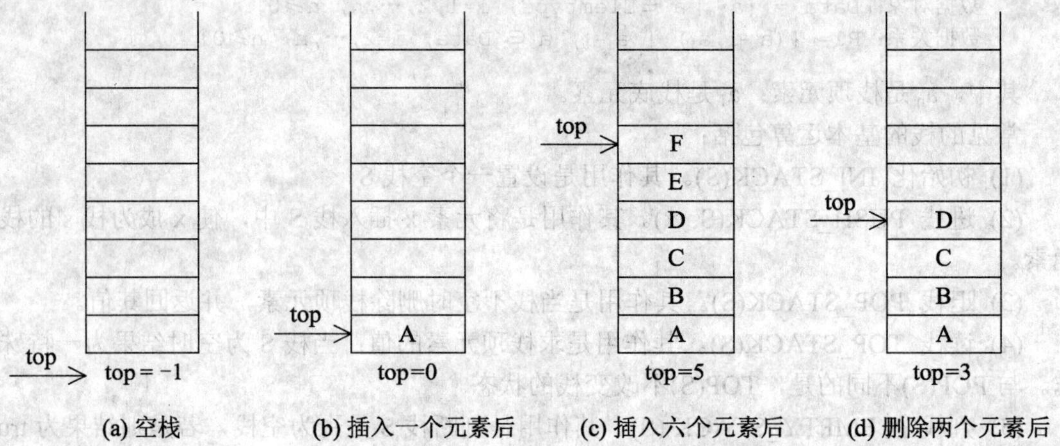

图 3.2　栈顶指针和栈中元素之间的关系

由于栈是一个动态结构，而数组是静态结构，因此会出现所谓的溢出问题。当栈中已经有 MaxSize 个元素时，如果再进行进栈操作，则会产生溢出，通常称为上溢(overflow)；而对空栈进行出栈操作时，也会产生溢出，通常称为下溢(underflow)。为了避免溢出，在对栈进行进栈操作和出栈操作前，应分别检查栈是否已满或者是否已空。

2. 顺序栈的基本运算

在顺序表示方式下，栈的基本运算可以定义如下。

1) 顺序栈的初始化

顺序栈的初始化即构造一个空的顺序栈。为栈结构申请空间，并将栈顶指针赋值为-1。具体算法描述如下：

【算法 3.1】

```
SeqStack  *Init_SeqStack( )
/* 构造一个空栈 */
 { SeqStack  *s;
   s = (SeqStack  *) malloc ( sizeof (SeqStack ) );
   if (s = = NULL)
      printf ( "Out of space!\n" );
   else
      s->top=-1;
```

```
    return (s);
  }
```

2) 判栈空

判栈空运算，即判断一个栈是否为空栈，为空时，返回 TRUE，否则返回 FALSE。具体算法描述如下：

【算法 3.2】

```
int Empty_SeqStack(SeqStack *s)
/* 判断栈 s 是否为空 */
 { if (s->top = =-1)
      return (TRUE);
   else
      return (FALSE);
 }
```

3) 入栈

入栈运算，即往栈中插入(或称为压入或推入)一个值为 x 的新元素。

完成这一操作的基本步骤：

(1) 首先判断栈是否已满；

(2) 当栈不满时，先修改栈顶指针，将其值加 1；

(3) 然后把元素 x 放入栈顶指针指向的位置中。

具体算法描述如下：

【算法 3.3】

```
int  Push_SeqStack ( SeqStack  *s,  Elemtype  x )
/* 向栈 s 中压入一个新元素 x 为栈顶元素，并返回成功与否的标志 */
 { if ( s->top = = MaxSize-1)
     { printf ( "Overflow! \n" );
     return ( FALSE );                    /* 栈满不能入栈，返回 FALSE */
     }
  else {  s -> top ++;
        s -> data[s->top] = x ;
        return ( TRUE );                 /* 操作成功，返回 TRUE */
     }
  }
```

4) 出栈

出栈运算，即从栈中删除(或称为弹出)一个元素。当栈不空时，可通过将栈顶指针减 1，达到元素删除的目的。这里需要说明的是，所谓的删除，只是将栈顶位置下移一位，这样原来的栈顶元素就认为不包括在栈中了。实际上，该元素还存在于原来的存储单元中，只是当新的元素入栈时，会将其覆盖。具体算法描述如下：

【算法 3.4】

```
int  Pop_SeqStack ( SeqStack *s , Elemtype *x )
/* 若栈 s 不为空，则删除栈顶元素，并返回栈顶元素值和删除成功与否的标志 */
{  if  s->top = =-1
     { printf ( "Underflow!\n" );
```

```
        return (FALSE);                          /* 栈空不能出栈，返回 FALSE */
      }
    else
        *x= s->data[s->top];
      { s->top --;
        return (TRUE );
      }                                          / * 栈顶元素存入*x，返回 TRUE */
  }
```

5) 取栈顶元素

取栈顶元素运算，即当栈不为空时，将栈顶元素取出，而栈本身没有发生任何变化。具体算法描述如下：

【算法 3.5】

```
Elemtype  Top_SeqStack ( SeqStack *s )
/* 当栈 s 不为空时，求栈顶元素 */
{  if (s->top != = -1)
       return ( s->data[s->top] );
   else
      return ( SPECIAL);                     /* 栈为空，返回一个栈中没有的特殊值 */
}
```

综上基本运算，需要说明的是：

(1) 对于顺序栈，入栈时，应首先判栈是否已满，栈满的条件为 s->top = = MaxSize-1，栈满时，不能入栈；否则出现空间溢出，引起上溢错误。

(2) 出栈和读栈顶元素操作，应先判栈是否为空，为空时不能操作，否则产生下溢错误。通常栈空时常作为一种控制转移的条件。

3.1.4　栈的链式存储结构

1. 链栈

栈也可以用链式存储结构来实现，称为链栈或链接栈。链栈的结点表示方法可与单链表相同，因此其结点结构与单链表的结构相同。

链栈结点的类型描述如下：

```
typedef  struct  node
{  Elemtype  data;
   struct  node  *next;
}StackNode;
```

类似单链表，可以直接把链栈定义为指向栈结点的指针，这个指针同时也就是栈顶指针。为了强调栈顶是栈的一个属性，同时也为了与队列的链表表示一致，这里对栈增加了一层封装，引入链栈结构 LinkStack。

```
typedef  struct
{  StackNode  *top;
}LinkStack;
```

因为栈中的主要运算是在栈顶插入、删除，显然在链表的头部做栈顶是最方便的，栈中指针的方向是从栈顶向下链接，而且没有必要像单链表那样为了运算方便附加一个头结点。通常将链栈表示成图 3.3 的形式。假设 s 是指向 LinkStack 类型的指针，则 s->top 就是栈顶指针，s->top->data 就是栈顶元素。

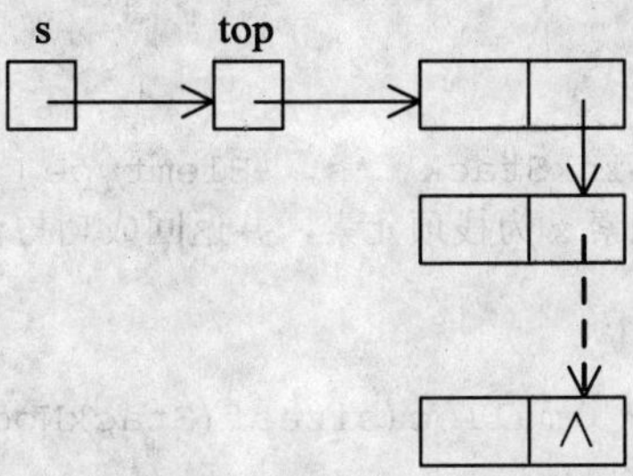

图 3.3 栈的链接存储结构示意图

2. 链栈的基本运算

在链接表示方式下，栈的基本运算可以定义如下。

1) 链栈的初始化

链栈的初始化即构造一个空的链栈，返回指向空链栈的指针。具体算法描述如下：

【算法 3.6】

```
LinkStack  *Init_LinkStack( )
/* 构造一个空链栈 */
{ LinkStack  *s;
  s = (LinkStack *) malloc ( sizeof ( LinkStack ) );
  if (s = = NULL)
     printf ( "Out of space!\n" );
  else
     s->top= NULL;
  return (s);
}
```

2) 判断栈是否为空

判断链栈是否为空运算，即判断一个链栈是否为空栈，为空时，返回 TRUE，否则返回 FALSE。具体算法描述如下：

【算法 3.7】

```
int  Empty_LinkStack(LinkStack *s)
/* 判断栈 s 是否为空 */
{ if(s->top = = NULL)
      return (TRUE );
  else
      return (FALSE );
  }
```

3) 入栈

入栈运算，即往栈中插入(或称为压入或推入)一个值为 x 的新元素。

在链栈中，完成这一操作的基本步骤：

(1) 首先申请结点空间；

(2) 通过修改指针将新结点插入在栈顶指针之后。

具体算法描述如下：

【算法 3.8】

```
int  Push_LinkStack(LinkStack  *s,  Elemtype  x)
/ * 向栈s中压入一个新元素x为栈顶元素，并返回成功与否的标志 */
  {
    StackNode  *p;
    p = ( StackNode * )malloc(sizeof(StackNode));
    if (p = = NULL)
      { printf ( "Out of space!\n");
        return (FALSE );
      }
    else
      { p->data = x;
        p->next = top;
        s->top = p ;
        return (TRUE );
        }
  }
```

4) 出栈

出栈运算，即从栈中删除(或称为弹出)一个元素。当栈不空时，可通过修改栈顶指针，达到元素删除的目的。具体算法描述如下：

【算法 3.9】

```
int   Pop_LinkStack (LinkStack*s , Elemtype*x)
/* 若栈s不为空，则删除栈顶元素，并返回栈顶元素值和删除成功与否的标志 */
{
    StackNode  *p;
    if  (s-> top = = NULL)
       { printf ( "Empty stack pop!\n" );
        return (FALSE );                    /* 栈空不能出栈，返回FALSE */
        }
     else { *x = s->top->data;
          p = s->top;
          s->top = s->top->next ;
          free (p);
          return (TRUE );
        }
    }
```

5) 取栈顶元素

取栈顶元素运算，即当栈不为空时，将栈顶元素取出，而栈本身没有发生任何变化。具体算法描述如下：

【算法 3.10】

```
Elemtype  Top_LinkStack ( LinkStack *s )
/* 当栈 s 不为空时,求栈顶元素 */
{
   if (s->top != = NULL)
       return ( s->top->data );
    else
       return ( SPECIAL);    /* 栈为空，返回一个栈中没有的特殊值 */
  }
```

因为顺序栈和链栈的所有操作都是从栈顶开始，所以其时间复杂度都是 O(1)。顺序栈初始化时，需要预先定义栈的长度，当栈元素不多时，浪费空间；当入栈的元素过多时，有可能栈的空间不够。而链栈的长度是可变的，但对于每一个元素，都需要结构性的开销(指针)。实际使用时，可根据具体情况，选择栈不同的存储方法。

3.2　栈的应用举例

如前所述，栈是软件设计中最基础的数据结构，有着广泛的应用，其中最具有代表性的应用是用于子程序的实现、递归以及表达式的计算。下面简要介绍其应用实例。

3.2.1　数制的转换

十进制数 N 和其他 r 进制数的转换是计算机实现计算的基本问题，其解决方法很多。其中一个简单算法是辗转相除法：

$$N=(N \text{ div } r)\times r + N \text{ mod } r$$

(式中，div 是整除运算；mod 是求余运算)

以 N=3467，r=8 为例转换方法如下：

N	N / 8(整除)	N % 8(求余)	
3467	433	3	低 ↑
433	54	1	
54	6	6	
6	0	6	高

所以，$(3467)_{10}=(6613)_8$

所转换的 8 进制数按低位到高位的顺序产生的，而通常的输出是从高位到低位的，恰好与计算过程相反，因此转换过程中每得到一位 8 进制数则进栈保存，转换完毕后依次出栈则正好是转换结果。

算法思想如下：

(1) 若 N≠0，则将 N % r 压入栈 s 中，执行步骤(2)；若 N=0，将栈 s 的内容依次出栈，算法结束。

(2) 用 N / r 代替 N。

当 N>0 时重复步骤(1)，步骤(2)具体算法描述如下。

【算法 3.11】

```
typedef  int  Elemtype ;
void conversion(int N,int r)
{
  SeqStack  s ;
  Elemtype x ;
  s = Init_SeqStack () ;
  while ( N != 0)
   { Push_SeqStack ( &s , N % r );
        N=N / r ;
   }
  while  ( Empty_SeqStack(& s ) )
    {  Pop_SeqStack (&s , &x ) ;
       printf ( "%d",x ) ;
    }
  }
```

这是利用栈的后进先出特性的最简单的例子。在这个例子中，栈操作的序列是直线式的，即先一味的入栈，然后一味的出栈。也许，有的读者会提出疑问：用数组直接实现不也很简单吗？仔细分析上述算法不难看出，栈的引入简化了程序设计的问题，划分了不同的关注层次，使思考范围缩小了。而用数组不仅掩盖了问题的本质，还要分散精力去考虑数组下标增减等细节问题。

3.2.2 表达式求值

表达式求值是程序设计语言编译中的一个最基本的问题。它的实现是栈应用的又一个典型例子。这里介绍一种简单直观、广为使用的算法，通常称为算符优先法。

表达式是由操作数(operand)、运算符(operator)和界限符组成的有意义的式子，操作数既可以是常数也可以是被说明为变量或常量的标识符。运算符从操作数的个数上分，有单目运算符和双目运算符；从运算类型上分，有算术运算、关系运算、逻辑运算。基本界限符有左右括号和表达式结束符等。为了叙述的简洁，在此仅限于讨论只含有双目运算符的算术表达式。读者不难将它推广到更一般的表达式上。

要把一个表达式翻译成正确求值的一个机器指令序列，或者直接对表达式求值，首先要能够正确解释表达式。例如，要对下面的算术表达式求值：

$$3-6/2+4\times5$$

在算术表达式中，运算符优先级的顺序为

(1) 先乘除，后加减；

(2) 从左到右；

(3) 先括号内，后括号外。

由此，这个算术表达式的计算顺序应为

$$3-6/2+4\times5=3-3+4\times5=0+4\times5=0+20=20$$

一般把运算符和界限符统称为算符，它们构成的集合命名为 OP。根据上述三条运算规则，在运算的每一步中，任意两个相继出现的算符 c1 和 c2 之间的优先关系至多是下面三种关系之一(c1 出现在 c2 之前)：

(1) c1 < c2　c1 的优先级低于 c2；

(2) c1 = c2　c1 的优先级等于 c2；

(3) c1 > c2　c1 的优先级高于 c2。

表 3-1 定义了算符之间的这种优先级关系。

表 3-1　算符间的优先关系

c1 \ c2	+	−	×	/	(	)	#
+	>	>	<	<	<	>	>
−	>	>	<	<	<	>	>
×	>	>	>	>	<	>	>
/	>	>	>	>	<	>	>
(	<	<	<	<	<	=	
)	>	>	>	>		>	>
#	<	<	<	<	<		=

从表中可以看出，因为有括号的应先计算括号内，并且内括号优先于外括号，所以，当 c2 为“(”时，所有 c1 算符的优先级比它低；同样，c1 为“(”时，它的优先级低于所有 c2 算符。而当 c1 为“)”时，它的优先级高于所有 c2 算符的优先级。表中“(”=“)”表示当左右括号相遇时，括号内的运算已经结束。“＃”为优先级最低的算符，是表达式结束符，为了算法的简洁，在表达式的最左边也虚设一个“＃”，“＃”=“＃”表示整个表达式求值完毕。

借助于栈这种数据结构来实现表达式的求值。具体来说，需要用两个栈分别存储表达式中的操作数和运算符，一个称为操作数(OPND)栈，另一个称为运算符(OPTR)栈。

算法的基本思想为

(1) 首先置数据栈为空栈，表达式起始符“＃”为算符栈的栈底元素；

(2) 自左向右，依次扫描表达式中的各基本符号，每个运算符和操作数等均看作是一个基本符号，并根据所扫描符号的内容分别处理。

如果所扫描的基本符号是操作数，则将此操作数直接进到 OPND 栈中，然后继续扫描其后续符号；

如果所扫描的基本符号是运算符，则和 OPTR 栈顶元素的优先级比较(栈顶元素为 c1，读到的算符为 c2)，具体地说，分情况处理如下：

(1) 如果 c1<c2，则 c2 进栈，然后继续扫描其后续符号；

(2) 如果 c1=c2，则“(”=“)”，即括号内运算已经结束，将“c1”出栈，并且“c2”放弃，继续扫描；

(3) 如果 c1>c2，则将 c1 出栈，并从 OPND 栈中取出两个元素 a 和 b，按 c1 进行运算，运算结果入 OPND 栈。重复直到表达式求值完毕(OPTR 栈为空栈)。

具体算法描述如下：

【算法 3.12】

```
OperandType express ( )
/* 算术表达式求值的算符优先算法，设 OPND 和 OPTR 分别为操作数栈和运算符栈 */
/* OperandType 为操作数的类型 */
```

```
{
  SeqStack  *OPND, *OPTR ;
  OperandType x, op, a, b;
  Char ch;
  OPTR= Init_SeqStack( );  Push_SeqStack (OPTR , '#');    /* 运算符栈 */
  OPND=Init_SeqStack( );                                  /* 操作数栈 */
  ch=getchar();
  While (w! = '#' || Top_SeqStack ( OPTR )!= '#')
  /* '#'是表达式结束的标记，也是运算符栈为空的标记 */
  { if (! In(ch, OP)                        /* 判断是否为运算符 */
     { Push_SeqStack(OPND, ch); ch=getchar();}      /* 不是运算符的情况 */
   else                    /* 判断运算符栈栈顶元素和新输入的运算符的优先权 */
     switch (Precede(Top_SeqStack ( OPTR ), ch)
       { case '<':          /* 栈顶元素优先权低
           Push_SeqStack(OPTR, ch); ch=getchar (); break;
         case '=':          /* 左右括号的优先权相同，去掉括号 */
           Pop_SeqStack(OPTR , x); ch=getchar (); break;
         case '>':          /* 栈顶元素优先权高 */
            Pop_SeqStack(OPTR, op);
            Pop_SeqStack(OPND, a);
            Pop_SeqStack(OPND, b);
            Push_SeqStack(OPND, Operate(a,op,b));
            break;
       }
    }
   return(Top_SeqStack ( OPTR ));
}
```

算法中还调用了两个函数。其中 Precede 是判定运算符栈的栈顶运算符 c1 与读入的运算符 c2 之间优先关系的函数；Operate 为进行二元运算(a、op、b)的函数。

【例 3.1】 利用算法 express 对表达式 6×(9−5)求值的过程，如表 3-2 所示。

表 3-2　表达式求值实例

步　骤	OPTR 栈	OPND 栈	输 入 字 符	主 要 操 作
1	#		6×(9−5)#	‘6’入栈 OPND
2	#	6	×(9−5)#	‘×’入栈 OPTR
3	#×	6	(9−5)#	‘(’入栈 OPTR
4	#×(	6	9−5)#	‘9’入栈 OPND
5	#×(	6 9	−5)#	‘−’入栈 OPTR
6	#×(−	6 9	5)#	‘5’入栈 OPND
7	#×(	6 9 5	)#	计算‘9−5’，结果入 OPND 栈
8	#×(	6 4	)#	‘(’出 OPTR 栈
9	#×	24	#	计算‘6×4)’，结果入 OPND 栈
10	#	24	#	‘×’出 OPTR 栈

3.2.3　子程序调用问题

栈在子程序调用中也起十分重要的作用(保留断点的地址，使得执行完子程序后能正确地回到父程序的断点处，继续执行父程序)。递归程序是一种特殊的子程序。如果一个函数直接调用自身或通过一系列的调用间接地调用自身，则称这一函数是递归定义的，或递归函数。

递归是软件设计中一种重要的方法和技术。由于递归子程序是通过调用自身来完成与自身要求相同的子问题的求解，并利用系统内部功能自动实现调用过程中信息的保存与恢复，因而省略了程序设计中的许多细节操作，简化了程序设计过程，使程序设计人员可以集中注意力于主要问题的求解上。这样，在求解许多复杂问题时，采用递归技术比不用递归技术要简捷得多，且具有较高的开发效率，所设计的程序也具有更好的可读性和可维护性。因此，递归技术较多地应用于程序设计中。数据结构中的许多算法和定义是以递归形式描述的。因此，理解并掌握递归直接关系到本课程的学习成效。

1. 递归

现实中，有许多实际问题是递归定义的，这时用递归方法可以使许多问题的结果大大简化，以 n!为例定义递归：

$$n! = \begin{cases} 1 & 若n = 0 \\ n \times (n-1)! & 若n \geqslant 0 \end{cases}$$

在此定义中，可以看到，要求 n!，必须先求出(n−1)!；要求(n−1)!，必须先求出(n−2)!，…以此类推，直到 n=0 时，可以直接得到 0！=1，此时的情况称为递归的终止条件。然后返回上层求 1！=1*0！=1，再往上返，求 2！=2*1！=2…，以此类推，直到求出 n！。如果用 Fact(n)表示求 n 的阶乘函数，根据上面的递归定义，可以写出求 n 的阶乘的递归函数算法如下：

【算法 3.13】

```
int fact (int n)
{
   if  (n= =0)
      return 1 ;
   else
      return (n* fact (n-1) ) ;
 }
```

数学上常用的 Fibonacci 数列和 Ackernam 函数等，它们的定义和计算都是递归的。

2. 递归的实现

通常，当在一个函数的运行期间调用另一个函数时，在运行被调用函数之前，系统需要先完成三件事：

(1) 将所有的实参、返回地址等信息传递给被调用函数保存；

(2) 为被调用函数的局部变量分配存储区；

(3) 将控制转移到被调函数的入口。

而从被调用函数返回调用函数之前，系统也应完成三件工作：

(1) 保存被调函数的计算结果；

(2) 释放被调函数的数据区；

(3) 依照被调函数保存的返回地址将控制转移到调用函数。

当有多个函数构成嵌套调用时，应按照“后调用先返回”的原则来执行，那么上述函数之间的信息传递和控制转移必须通过栈来实现，即系统将整个程序运行时所需的数据空间安排在一个栈中，每当调用一个函数时，就为它在栈顶分配一个存储区，每当从一个函数退出时，就释放它的存储区，则当前正运行的函数的数据区必在栈顶。

递归函数的调用类似于多层函数的嵌套调用，只是调用函数和被调用函数是同一个函数而已。因此，和每次调用相关的一个重要的概念是递归函数运行的层次。假设调用该递归函数的主函数为第 0 层，则从主函数调用递归函数为进入第 1 层；从第 i 层递归调用本函数为进入下一层，即第 i+1 层。反之，退出第 i 层递归应返回至上一层，即第 i-1 层。

在每次调用时，系统将属于各个递归层次的信息组成一个活动记录(activation record)，这个记录中包含着本层调用的实参、返回地址、局部变量等信息，并将这个活动记录保存在系统的递归工作栈中，每当递归调用一次，就要在栈顶为过程建立一个新的活动记录，一旦本次调用结束，则将栈顶活动记录出栈，根据获得的返回地址信息返回到本次的调用处。下面以求 3!为例说明执行调用时工作栈中的状况，如图 3.4 所示。

递归运行的层次	执行状态	返回地址
1	主函数调用fact(3)，先把返回主函数的地址入栈，然后再调用fact(3)	返回主函数地址
2	为计算表达式3*fact(2)，先把表达式的地址入栈，然后再调用fact(2)	5 返回主函数地址
3	为计算表达式2*fact(1)，先把表达式的地址入栈，然后再调用fact(1)	5 5 返回主函数地址
4	为计算表达式1*fact(0)，先把表达式的地址入栈，然后再调用fact(0)	5 5 5 返回主函数地址
3	执行return(1)语句，弹出栈顶元素（返回地址），把fact(0)的值返回到调用表达式return(1*fact(0))	5 5 返回主函数地址
2	把fact(1)的值返回到调用表达式return(2*fact(1))	返回主函数地址
1	把fact(2)的值返回到调用表达式return(3*fact(2))	返回主函数地址
0	把fact(3)返回到主函数中去，主函数继续执行	栈空

图 3.4　递归工作栈示意图

为了方便将求阶乘程序修改如下：

```
main ()
{
  int m,n=3 ;
   m=fact (n) ;
   printf ("%d!=%d\n",n,m) ;
}
  int fact (int n)                    /*  0  */
  {                                   /*  1  */
    If  (n= =0)                       /*  2  */
      return (1) ;                    /*  3  */
      else                            /*  4  */
      return (n* fact (n-1) ) ;       /*  5  */
  }                                   /*  6  */
```

图 3.4 中，5 为 fact 函数中递归调用 fact(n−1)时的返回地址。

递归算法的设计实际上就是对问题的抽象的过程，如果抽象到每个小问题都有相同特征时，就形成了递归。在使用递归策略时，必须有一个明确的递归终止条件，称为递归出口。描述递归算法的充分必要工具是递归函数。在设计递归函数时，函数体中必须含有递归终止条件，而且，每递归一次都要向终止条件靠近一步(即收敛)，最终达到终止条件，否则，递归将无休止的迭代(发散)。

由于递归函数结构清晰，程序易读，而且它的正确性容易得到证明。因此，利用允许递归调用的语言(例如 C 语言)进行程序设计时，给用户编制程序和调试程序带来很大方便。因为对这样一类递归问题编程时，不需用户自己来管理递归工作栈，而由系统来管理。

3.2.4 迷宫问题

求迷宫(maze)的入口到出口的所有路径是一个经典的程序设计问题。

迷宫是一个矩形区域，它有一个入口和一个出口。在迷宫的内部包含不能穿越的墙或障碍。如图 3.5 所示的迷宫中，障碍物沿着行和列放置，它们与迷宫的矩形边界平行。迷宫的入口在左上角，出口在右下角。

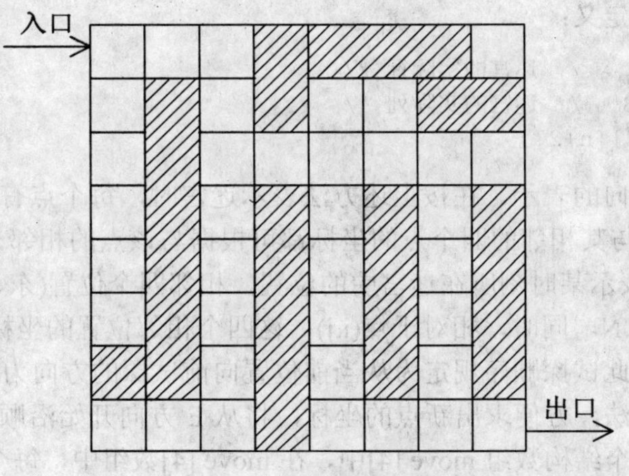

图 3.5　迷宫图形表示

求解问题的方法是：从入口出发，按某一方向向前探索，若能走通(未走过的)，即某处可以到达，则到达新点，否则试探下一方向；若所有的方向均没有通路，则沿原路返回前一点，换下一个方向再继续试探，直到所有可能的通路都探索到，或找到一条通路，或无路可走又返回到入口点。这种方法称为回溯法，回溯法是一种不断试探且及时纠正错误的搜索方法。

在求解过程中，为了保证在到达某一点后不能向前继续行走(无路)时，能正确返回前一点以便继续从下一个方向向前试探，则需要用一个栈保存所能够到达的每一点的下标及从该点前进的方向。

设迷宫为 m 行 n 列，可以利用二维数组 maze[m][n]来表示一个迷宫，迷宫中的每个位置都可用其行号和列号来指定。maze[i][j]=0 或 1，其中，0 表示通路，1 表示不通。当从某点向下试探时，中间点有 4 个方向可以试探，而四个角点有 2 个方向，其他边缘点有 3 个方向，为使问题简单化，用 maze[m+2][n+2]来表示迷宫，而迷宫的四周的值全部为 1。这样做使问题简单了，每个点的试探方向全部为 4，不用再判断当前点的试探方向有几个，同时与迷宫周围是墙壁这一实际问题相一致。

如图 3.6 所示，是一个 8×8 的迷宫。入口坐标为(1,1)，出口坐标为(m,n)。

		0	1	2	3	4	5	6	7	8	9	
入口（1,1）	0	1	1	1	1	1	1	1	1	1	1	
	1	1	0	0	0	1	1	1	1	0	1	
	2	1	0	1	0	1	0	0	1	1	1	
	3	1	0	1	0	0	0	0	0	0	1	
	4	1	0	1	0	1	0	1	0	1	1	
	5	1	0	1	0	1	0	1	0	1	1	
	6	1	0	1	0	1	0	1	0	1	1	
	7	1	1	1	0	1	0	1	0	1	1	
	8	1	0	0	0	1	0	0	0	0	1	出口（8,8）
	9	1	1	1	1	1	1	1	1	1	1	

图 3.6　迷宫的二维数组表示

迷宫可采用如下定义：

```
#define  m  8    /* 迷宫的实际行 */
#define  n   8   /* 迷宫的实际列 */
int maze [m+2][n+2];
```

下面考虑试探方向的表示。在按上述方法表示迷宫时，每个点有四个方向去试探，如当前点的坐标(x,y)，与其相邻的四个点的坐标都可根据与该点的相邻方位而得到，如图 3.7 所示。图 3.7 中(i,j)表示某时刻所在迷宫中的位置，相邻四个位置(东、南、西、北方向)分别标识为 E、S、W、N。同时，相对于点(i,j)，这四个相邻位置的坐标值都可以计算出来。因为出口在(m,n)，因此试探顺序规定为从当前位置向前试探的方向为从 E 方向沿顺时针方向进行。为了简化算法，方便求出新点的坐标，将从 E 方向开始沿顺时针进行的这四个方向的坐标增量放在一个结构数组 move [4]中，在 move [4]数组中，每个元素有两个域组成，x 为横坐标增量，y 为纵坐标增量。move [4]数组如图 3.8 所示。

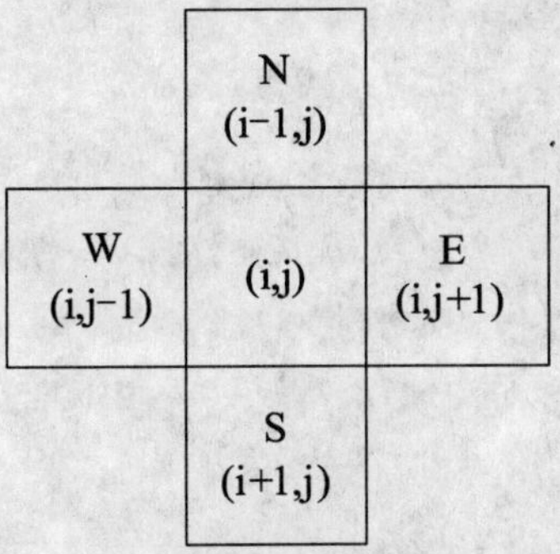

图 3.7 试探方向表示

move[4]	x	y
0	0	1
1	1	0
2	0	−1
3	−1	0

图 3.8 相对于位置（i,j）的四个方向上的增量表

move [4]数组定义如下：

```
typedef struct
{
  int x,y
 } item;
item move[4] ;
```

这样，根据 move[4]的设计，很方便地求出从某点 (x,y) 按某一方向 v (0≤v≤3) 到达的新点(i,j)的坐标，即

```
i=x+move[v].x ; j=y+move[v].y
```

例如，若点(i,j)为(3,4)，则其 E 方向的相邻点为(3+0,4+1)，即(3,5)点。

经过上述讨论，求迷宫路径的算法思想为

(1) 从入口开始，设入口结点为当前结点。

(2) 对当前结点从 E 方向试探起，若不能通过，则顺时针试探 S、W、N 方向；当选定一个可以通行的方向，即找到“下一个结点”后，要把当前结点纳入当前路径中。并将当前结点以及所选的方向记录下来，以便往下走不通时可以顺原路返回；每退一步，接着试在该点上尚未试过的方向。

(3) 然后，从“下一个结点”开始继续试探。即将“下一个结点”替换为“当前结点”，重复步骤(2)，直到到达出口。

当到达了某点而无路可走时需返回前一点，再从前一点开始向下一个方向继续试探。因此，压入栈中的不仅是顺序到达的各点的坐标，而且还要有从前一点到达本点的方向。所以算法中设计了一个栈，栈中元素是一个由行、列、方向组成的三元组，栈元素的设计如下：

```
typedef struct
{
  int x , y , d;                /* 横纵坐标及方向 */
}Elemtype;
```

栈的定义仍然为 SeqStack s。

对于图 3.6 所示迷宫，依次入栈的部分结点如图 3.9 所示。

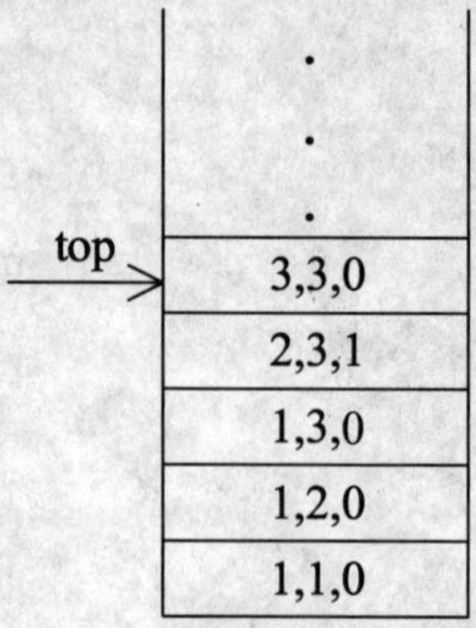

图 3.9　栈结构示意图

栈中每一组数据是所到达的每点的坐标及从该点沿哪个方向向下走的，对于图 3.6 迷宫，走的路线为$(1,1)_0 \to (1,2)_0 \to (1,3)_1 \to (2,3)_1 \to (3,3)_0 \to \cdots$(下标表示方向)，其中当从点(1,3)沿方向 0 试探失败后，在方向 1 上试探成功，因此将(1,3,1)压入栈中，即到达了(2,3)点。

为防止重复到达某点，避免发生死循环，凡是进入过的点都应做上标记。因为迷宫中值为 1 的点是不通的，值为 0 的点是可进入的。可采用以下方法：当到达某点(i, j)后，使 maze[i][j] 置为-1，以便区别未到达过的点，算法结束前可恢复原迷宫。

具体算法如下：

【算法 3.14】

```
int  path ( int maze[m][n],  item move[4])
{
   SeqStack  s;
   Elemtype  temp;
   int x, y, d, i, j;
   temp.x=1;  temp.y=1;  temp.d=-1;
   Push_SeqStack (s, temp);                          /* 入口结点入栈 */
   while (! Empty_SeqStack (s ) )                    /* 走不通时，一步步回退 */
   {  Pop_SeqStack (s,&temp);
      x=temp.x;  y=temp.y;  d=temp.d+1;
      while (d<4)                                    /* 依次试探每个方向 */
      {  i=x+move[d].x;  j=y+move[d].y;
         if ( maze[i][j]= =0 )
         {  temp={x, y, d};
            Push_SeqStack ( s, temp );
            x=i;  y=j;
            maze[x][y]= -1;
            if (x = = m&&y = = n)  return 1;         /* 迷宫有通路，返回 1 */
            else  d=0;
         }
         else  d++;
      }
   }
   return  0;                                        /* 迷宫无通路，返回 0 */
}
```

3.3 本章小结

本章学习了栈的基本概念，存储方法及其基本运算的实现。栈是运算受限的线性表，是软件设计中最常用和最基本的数据结构之一。

栈是只能在一端(顶端)进行插入和删除的线性表，因而具有后进先出特性。对栈的存储与线性表类似，有顺序存储和链式存储两种，由此而得到顺序栈和链栈两种存储结构。顺序栈和链栈，其栈顶设在表头部分，实现运算较为方便。

在解决具体问题时，应该把理论知识与实际相结合，做到活学活用。

3.4 上机实训

3.4.1 实训目的

(1) 掌握栈的结构以及这种数据结构的特点；

(2) 掌握栈的顺序存储方式和链式存储方式的实现以及基本操作，特别注意栈满和栈空的判断条件及描述方法；

(3) 掌握递归程序的设计方法。

3.4.2 实训例题

下面通过几个具体的实例来加深读者对于什么情况下用栈和队列作为解决问题的数据结构。

1. 栈的顺序存储的实现

【问题描述】

实现栈的顺序存储结构的基本运算。

【算法描述】

要求通过具体的算法来实现栈的顺序存储。首先建立栈的顺序结构，对栈的各个运算的算法做详细的描述，然后在主函数中通过函数调用实现顺序栈的置空、数据元素进栈、出栈等。

【C语言源程序】

```
#include<stdio.h>
#include<malloc.h>
#include<conio.h>
#define ERROR 0
#define TRUE 1
#define FALSE 0
#define OK 1
#define EQUAL 1
#define OVERFLOW -1
#define STACK_INIT_SIZE 100
```

```
#define STACKINCREMENT 10
typedef int Elementype ;
struct STU
{
  char name[20];
  char stuno[10];
  int age;
  int score;
};
typedef struct STU SElemType;
struct STACK
{
  SElemType *base;
  SElemType *top;
  int stacksize;
};
typedef struct STACK SqStack;
typedef struct STACK *pSqstack;
Elementype InitStack(SqStack  **S);
Elementype DestroyStack(SqStack *S);
Elementype ClearStack(SqStack *S);
Elementype StackEmpty(SqStack S);
int StackLength(SqStack S);
Elementype GetTop(SqStack S,SElemType *e);
Elementype Push(SqStack *S,SElemType e);
Elementype Pop(SqStack *S,SElemType *e);
Elementype StackTraverse(SqStack S,ElementType (*visit)());
Elementype InitStack(SqStack **S)  /* 栈的初始化 */
{
  (*S)=(SqStack *) malloc(sizeof(SqStack));
  (*S)->base=(SElemType *)malloc(STACK_INIT_SIZE *sizeof(SElemType));
  if(!(*S)->base)exit(OVERFLOW);
  (*S)->top=(*S)->base;
  (*S)->stacksize=STACK_INIT_SIZE;
  return OK;
}
Elementype DestroyStack(SqStack *S)  /* 栈的释放 */
{
 free(S->base);
 free(S);
}
Elementype ClearStack(SqStack *S)  /* 栈的置空 */
{
  S->top=S->base;
}
Elementype StackEmpty(SqStack S)
{
  if(S.top==S.base) return TRUE;
  else
    return FALSE;
}
```

```
int StackLength(SqStack S)
{
  int i;
  SElemype *p;
  i=0;
  p=S.top;
  while(p!=S.base)
    {p++;
     i++;
    }
}
Elementype GetTop(SqStack S,SElemType *e)
{
  if(S.top==S.base) return ERROR;
  *e=*(S.top-1);
  return OK;
}
Elementype Push(SqStack *S,SElemType e)
{
  *(S->top++)=e;
  return OK;
}
Elementype Pop(SqStack *S,SElemType *e)
{
  if(S->top==S->base) return ERROR;
  *e=*--S->top;
  return OK;
}
Elementype StackPrintElem(SElemType * e)
{
  printf("%s  %s  %d  %d\n",e->name,e->stuno,e->age,e->score);
}
Elementype StackTraverse(SqStack S,ElementType (*visit)())
{
  while(S.top!=S.base)
     visit(--S.top);
}
main()  /* 顺序栈的主函数 */
{
  SElemType e;
  SqStack *Sa;
  clrscr();
  printf("\n\n------------SqStack Demo is running...-----------\n\n");
  printf("First is Push function.\n");
  InitStack(&Sa);
  strcpy(e.name,"stu1");
  strcpy(e.stuno,"100001");
  e.age=80;
  e.score=1000;
  printf("   Now Stack is Empty.\n");
  StackTraverse(*Sa,StackPrintElem);
```

```
    Push(Sa,e);
    printf("   Now Stack has one element.\n");
    StackTraverse(*Sa,StackPrintElem);
    strcpy(e.name,"stu3");
    strcpy(e.stuno,"100002");
    e.age=80;
    e.score=1000;
    Push(Sa,e);
    printf("   Now Stack has another element.\n");
    StackTraverse(*Sa,StackPrintElem);
    printf("   Now Pop Stack,the top elem put into variable e.\n");
    Pop(Sa,&e);
    printf("%s\n%s\n%d\n%d\n",e.name,e.stuno,e.age,e.score);
    printf("   Let's see the left of Stack's elem:\n");
    StackTraverse(*Sa,StackPrintElem);
    getch();
    printf("\n\n\nWelcom to visit http://zmofun.topcool.net\n\n");
}
```

【测试数据】

运行程序，顺序栈的实现界面如图 3.10 所示。按任意键，退出程序。

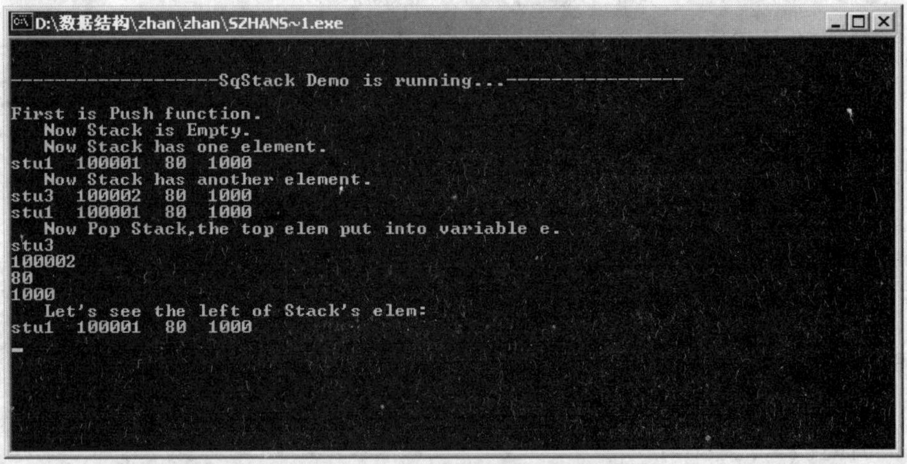

图 3.10　顺序栈的实现界面

【小结】

通过上机实训，加深对栈的运算的理解和掌握，并能够利用顺序栈来解决实际中的问题。

2. 栈的链式存储的实现

【问题描述】

链栈是栈的另一种存储方式，要求通过具体的算法实现链栈的倒置、出栈等运算。

【算法描述】

在设计链栈的基本运算之前，首先定义链栈的存储类型、结点类型，然后分别设计各种运算的具体函数。最后在主函数中实现链栈的各种运算时，分别调用相应的函数即可。

【C 语言源程序】

```
#include <stdio.h>
#include <malloc.h>
#include <stdlib.h>
#define NULL 0
typedef char Elementype;
typedef struct node
{
  Elementype data;
  struct node *next;
}StackNode;
typedef struct
{
 node *top;
}LinkStack;
void InitStack(LinkStack *s)
{
 s->top=NULL;
 }
int StackEmpty(LinkStack *s)
{
 return s->top==NULL;
}  /* 链栈的节点是动态分配的,无须判断 Full(上溢) */
void Push(LinkStack *s, Elementype x)
{
 node *p;
 p=malloc(sizeof(StackNode));
 p->next=s->top;  /* 由于是在栈顶 PUSH，所以要指向栈顶 */
 p->data=x;
 s->top=p;/* 插入 */
 }
 Elementype Pop(LinkStack *s)
 {
  Elementype x;
  node *p=s->top;  /* 指向栈顶 */
  if (StackEmpty(s))
   {
     printf("栈为空,不能出栈...\n");
     exit(-1);
   }
   x=p->data;
   s->top=p->next;  /* 当前的栈顶指向原栈的 next */
   free(p);
   return x;
 }
 Elementype StackTop(LinkStack *s)
 {
  if (StackEmpty(s))
   {
      printf("栈为空,不能出栈...\n");
```

```
    exit(-1);
   }
  return s->top->data;
 }
 void Disp(LinkStack *s)
 {
  node *p=s->top;
  printf("========================================\n");

  while (p!=NULL)
  {
    printf("\n%c",p->data);
    p=p->next;
  }
  printf("========================================\n");
  }
void RevStack(LinkStack *s)
{
 int i, n=0;
 char dat[50];
 while(!StackEmpty(s))
  {
    dat[n]=Pop(s);  /* 保存退栈后的数据到数组 */
    n++;
  }
  for (i=0;i<n;i++)
  Push(s,dat[i]);
}
main()
{
  LinkStack * s=(LinkStack *)malloc(sizeof(LinkStack));
  char ch,ch2,ch3;
  printf("================= 链栈操作 DEMO =================\nn");
  InitStack(s);
  printf("依次压栈 a,b,c,d,e 后,栈中的数据为: \n");
  Push(s,'a');
  Push(s,'b');
  Push(s,'c');
  Push(s,'d');
  Push(s,'e');
  Disp(s);
  printf("\n 将此栈倒置,栈中的数据序列为: \n");
  RevStack(s);
  Disp(s);
  ch=Pop(s);
  printf("\n 出栈操作开始,第一次出栈得到的数据: %c",ch);
  ch2=Pop(s);
  printf("\n 第二次出栈得到的数据: %c",ch2);
  ch3=StackTop(s);
  printf("\n 此时的栈顶元素为: %c",ch3);
 }
```

【测试数据】

运行程序，链栈的实现界面如图 3.11 所示。

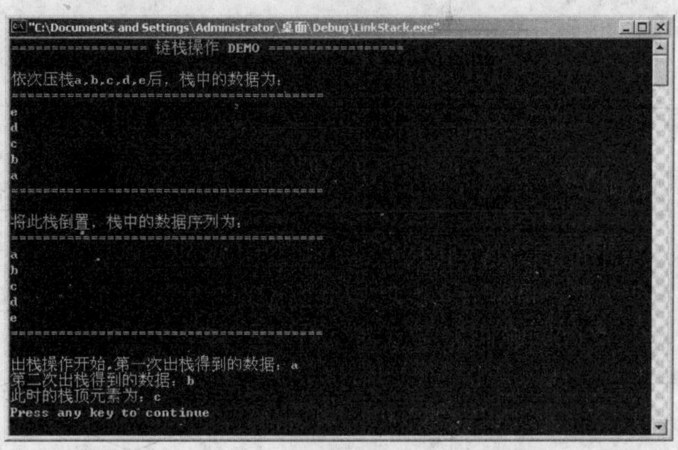

图 3.11 链栈的实现界面

按任意键将退出程序。

【小结】

通过本次上机实践，对栈的顺序存储、链式存储的实现有了更深的理解和把握。掌握了用高级语言实现算法的基本步骤和方法。

3. 计算表达式的值

【问题描述】

计算用运算符后缀法表示的表达式的值。后缀表达式也称逆波兰表达式，比中缀表达式计算起来更方便简单些，中缀表达式计算存在着括号的匹配问题，所以在计算表达式值时一般都是先转换成后缀表达式，再用后缀法计算表达式的值。如表达式(a+b*c)/d−e 用后缀法表示应为 abc*+d/e−1。只考虑四则算术运算，且假设输入的操作数均为 1 位十进制数(0～9)，并且输入的后缀形式表达式不含语法错误。

【数据描述】

```
#define add 43              /* 运算符加号'+'的 ASCII 码 */
#define subs 45             /* 运算符减号'-'的 ASCII 码 */
#define mult 42             /* 运算符乘号'*'的 ASCII 码 */
#define div 47              /* 运算符除号'/'的 ASCII 码 */
#define MAXSIZE 100
typedef struct{
{  int stkdata[MAXSIZE];    /* 用数组来表示栈空间，定义长度为 MAXSIZE 的栈 */
   int top;                 /* 栈顶指针 */
}STKzone;
typedef STKzone *STK;
typedef enum{true=1,false=0} bool;
typedef enum{ok,error} status;
```

【算法描述】

计算表达式值用流程图表示，如图 3.12 所示。

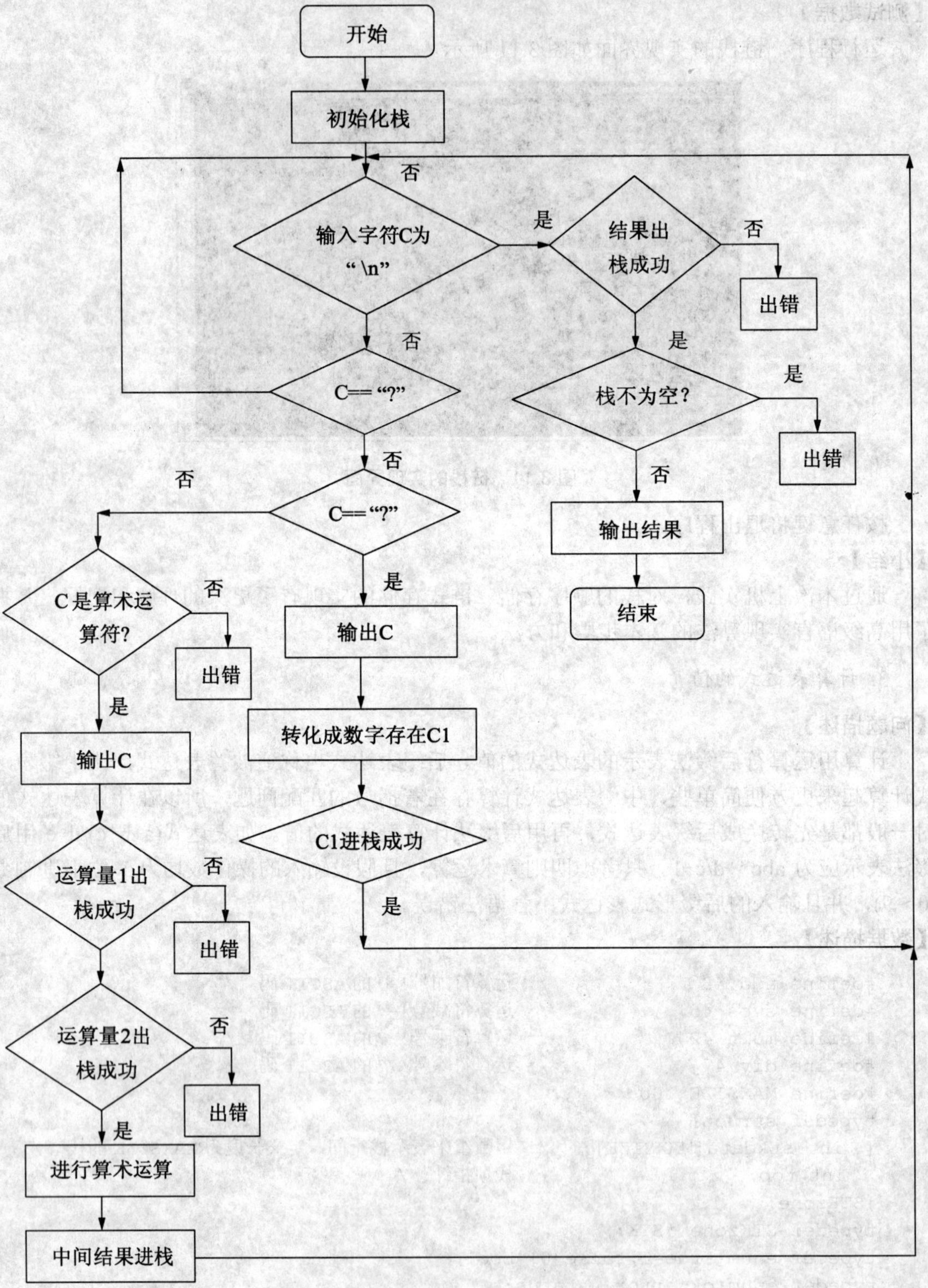

图 3.12　计算表达式值的流程图

【C语言源程序】

```
#include<stdio.h>
#define add 43      /* 运算符加号'+'的ASCII码 */
#define subs 45     /* 运算符减号'-'的ASCII码 */
#define mult 42     /* 运算符乘号'*'的ASCII码 */
#define div 47      /* 运算符除号'/'的ASCII码 */
#define MAXSIZE 100
typedef struct
{  int stkdata[MAXSIZE];    /* 用数组来表示栈空间，定义长度为MAXSIZE的堆栈 */
   int top ;                /* 栈顶 */
}STKzone;
typedef STKzone *STK;
typedef enum{true=1,false=0} bool;
typedef enum{0} status;
STKzone expSTKzone;
STK expSTK;
STK initSTK(STKzone *stack_zone){
  /* 执行栈初始化，建栈指针 */
  STK p;
  p=stack_zone;
  p->top=1;
}
status push(int *term,STK pstk){
/* 将一结构型数据送入栈中 */
 if(pstk->top==MAXSIZE -1)
  return 0; /* 栈满，进栈失败 */
 (pstk->top)++;
pstk->stkdata[pstk->top] =*term;/* 栈顶指针移动 */
return 1;
}/* push */
bool emptySTK(STK pstk){
/  *判断栈是否为空栈 */
return(pstk->top==-1);
}
status pop(int *pdata, STK pstk){
  /* 从栈中取出一结构型数据 */
if(emptySTK(pstk))
   return 0;
 *pdata =pstk->stkdata[pstk->top];  /* 退栈 */
 (pstk->top)--;
 return 1;
}
void synerror()
{ printf("\n表达式语法错！");
exit();
}
```

```
int eval(char tag,int a1,int a2)
{ switch(tag)
  { case add:return(a1+a2);
case subs:return(a1-a2);
case mult:return(a1*a2);
case div:return(a1/a2); case mod:return(a1%a2)
}
}
main()   /* 主函数 */
{ char c;
  int opd1,opd2,temp,c1;
  expSTK=initSTK();
  printf("\n 后置表达式: ");
  while((c=getchar())!='\n')
  { if(c== ' ') continue;
if((c>47)&&(c<58))           /* 判断是否是 0～9 的字符 */
        { putchar(c);
     c1=c-48;                /* 把输入的字符型数字转换成数字 */
         if(push(&c1,expSTK)==0)  /* 运算分量进栈 */
         { printf("\n 表达式太长\n");
         exit();
         }
}
else if((c==add)||(c==subs)||(c==mult)||(c==div)||cc==mod)
            { putchar(c);
            if(pop(&opd1,expSTK)==error)  /* 将运算量 1 出栈 */
            synerror();
        if(pop(&opd2,expSTK)==error)  /* 将运算量 2 出栈 */
        synerror();
            temp=eval(c,opd2,opd1);  /* 计算得到结果 */
            push(temp,expSTK);  /* 将运算结果进栈 */
            }
       else synerror();  /* 出现非法字符 */
 }  /* while */
 if(pop(&opd1,expSTK)==error) synerror();
 if(!(emptySTK(expSTK))) synerror();
 printf("=%-3d\n",opd1);
 }
```

【测试数据】

输入：23+↙

输出：=5　　　(即求 2+3 的结果)

输入：145*+3/3-↙

输出：4 (即求(1+4*5)/3-3 的结果)

【小结】

本算法中对后置法表示的表达式求值按如下规则进行：自左向右扫描，每遇到一个`n+1

元组(opd1,opd2,…,opdn,opr)(其中 opd 为操作数；opr 为 n 元运算符)，就计算一次 opr(opd1,opd2,…,opdn)的值，其结果取代原来表达式中 n+1 元组的位置，再从表达式开头重复上述过程，直到表达式中不含运算符为止。

4. 递归程序设计实训例题：求 Fibonacci 数列函数的实现

$$\text{fib}(n)=\begin{cases}1, n=1\\1, n=2\\\text{fib}(n-1)+\text{fib}(n-2), n\geqslant 2\end{cases}$$

前 n 项的值，n 由键盘输入，每行输出 4 项。

【问题描述】

由题意可知，Fibonacci 数列的第一项、第二项的值都为 1，从第三项起，每一项的值均是其前面两项值之和。

【算法描述】

```
long  fib( int  n)
{ if(n==1||n==2) return(1);
   else  return(fib(n-1)+fib(n-2));
}
```

从本算法也可以看出，递归形式算法的结构与数学描述也完全一致，易于理解。

【C 语言源程序】

```
#include <stdio.h>
main()
{int i,n;
 long fib();
printf("Please input fibnacci number:");
 scanf("%d",&n);
for(i=1;i<=n;i++)
{ printf("fib(%d)=%-8ld",i,fib(i));
  if(i%4==0) printf("\n");
}
}
 long fib(int i)
 { if(i==1||i==2) return(1);
    else return(fib(i-1)+fib(i-2));
 }
```

【测试数据】

输入：8↙

输出：

fib(1)=1　　fib(2)=1　　fib(3)=2　　fib(4)=3
fib(5)=5　　fib(6)=8　　fib(7)=13　　fib(8)=21

【小结】

通过实践练习，加深对于递归形程序设计的理解。

3.5 习题与上机操作

1. 选择题

(1) 四个元素进 S 栈的顺序是 A、B、C、D，进行两次 Pop(S,x)操作后，栈顶元素的值是________。

A. A　　B. B　　C. C　　D. D

(2) 一个顺序栈一旦说明，其占用空间的大小________。

A. 已固定　　B. 可以改变　　C. 不能固定　　D. 动态变化

(3) 顺序栈是空栈的条件是________。

A. top= =0　　B. top= =1　　C. top= =-1　　D. top= =m

(4) 栈是限定在________处进行插入或删除操作的线性表。

A. 端点　　B. 栈底　　C. 栈顶　　D. 中间

(5) 四个元素按 A、B、C、D、顺序连续进 S 栈，进行 Pop(S，x)元素后，x 的值是________。

A. A　　B. B　　C. C　　D. D

(6) 顺序栈存储空间的实现使用________。

A. 链表　　B. 数组　　C. 循环链表　　C. 变量

(7) 栈与一般线性表区别主要在________方面。

A. 元素个数　B. 元素类型　　C. 逻辑结构　　D. 插入、删除元素的位置

(8) 元素 A、B、C、D 依次进顺序栈后，栈顶元素是________。

A. A　　B. B　　C. C　　D. D

2. 填空题

(1) 线性表和栈都是________结构，可以在线性表的________位置插入和删除元素，对于栈只能在________位置插入和删除元素。

(2) 一个栈的入栈序列是 A、B、C、D、E，则栈的出栈序列是________。

(3) 栈是________进________出的线性表。

(4) 已知顺序栈 s，在对 s 进行进栈操作之前要先判断________。

(5) 已知顺序栈 s，在对 s 进行出栈操作之前要先判断________。

(6) 顺序栈 s 存储在数组 s->data[0…max]中，s 栈满的条件是________。

(7) 顺序栈 s 存储在数组 s->data[0…max]中，s 进行出栈操作后，要执行的语句是 Ss->top________。

(8) 顺序栈 s 存储在数组 s->data[0…max]中，s 进行进栈操作前，要执行的语句是 Ss->top________运算。

(9) 链栈 ls 是空栈的条件是________。

(10) 链栈 ls 的栈顶元素是链表的________元素。

3. 程序设计题

(1) 假设称正读和反读都相同的字符序列为回文，例如，“abcddcba”、“qwerewq”

是回文，“ashgash”不是回文。试写一个算法判断给定的字符序列是否为回文。

(2) 设计算法判断一个算术表达式的圆括号是否正确配对。(提示：对表达式进行扫描，凡遇到“(”就进栈，遇“)”就退掉栈顶的“(”，表达式被扫描完毕，栈应为空。)

(3) 利用栈的基本操作，写一个将栈 S 中所有结点均删去的算法 void ClearStack(SeqStack *S)，并说明 S 为何要作为指针参数?

(4) 请编写一个算法，求链栈 Ls 中包括栈元素个数。

4. 操作题

(1) 一个双向栈 S 是在同一向量空间内实现的两个栈，它们的栈底分别设在向量空间的两端。试为此双向栈设计初始化 InitStack (S)、入栈 Push(S , i , x) 和出栈 Pop(S , i)等算法，其中 i 为 0 或 1，用以表示栈号。

编程提示：

双向栈其实和单向栈原理相同，只是在一个向量空间内，好比是两个头对头的栈放在一起，中间的空间可以充分利用。双向栈的结构类型定义可采用如下方法：

```
/* 双向栈的栈结构类型与以前定义略有不同 */
#define StackSize 100 /* 假定分配了 100 个元素的向量空间 */
#define char Datatype
typedef struct{
    Datatype Data[StackSize];
    int top0;   /* 需设两个指针 */
    int top1;
}DblStack;
```

(2) Ackerman 函数定义如下：请写出其算法

$$\text{AKM（m，n）}=\begin{cases} n+1 & \text{当}m=0\text{时} \\ AKM(m-1,1) & \text{当}m\neq 0,\ n=0\text{时} \\ AKM(m-1,\ AKM(m,\ n-1)) & \text{当}m\neq 0,\ n\neq 0\text{时} \end{cases}$$

编程提示：

Ackerman 函数是一个典型的递归函数，采用递归的程序设计方法更为简单。

第4章 队 列

教学提示：队列是一种重要的数据结构，它广泛应用于各种软件系统中，这两种数据结构与线性表有密切的联系。从逻辑上看，队列也属于线性结构，是一种特殊的线性表。其特殊性在队列的基本操作是线性表操作的子集，是限定仅在表尾进行插入或删除操作的线性表。队列是操作受限的线性表。

教学要求：

(1) 了解队列的概念。

(2) 掌握队列的数据结构定义方法和基本运算的实现方法。

(3) 能使用队列这种数据结构解决具体的问题。

4.1 队列的定义和基本运算

4.1.1 队列的定义

队列和栈类似，也可以看成是一种运算受限的线性表。但栈是一种后进先出的数据结构，而队列是一种先进先出(First In First Out，FIFO)的数据结构，即插入在表一端进行，而删除在表的另一端进行。一般把允许插入的一端叫做队尾(rear)，把允许删除的一端叫做队头(front)。例如，一个有六个元素的队列 q = (a_1、a_2、a_3、a_4、a_5、a_6)，那么 a_1 就是队头元素，a_6 则是队尾元素。入队的顺序依次为 a_1、a_2、a_3、a_4、a_5、a_6，那么出队时的顺序将依然是 a_1、a_2、a_3、a_4、a_5、a_6，也就是说，a_1 离开队列后，a_2 才能退出队列，a_1、a_2、a_3、a_4、a_5 都离开后，a_6 才能退出队列。队列的示意图如图 4.1 所示。

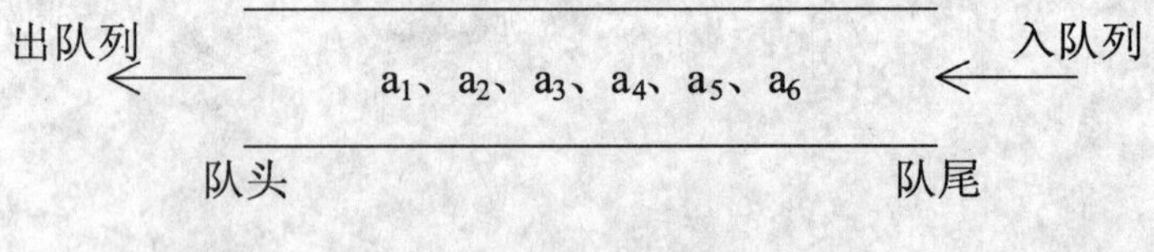

图 4.1 队列的示意图

当队列中没有任何元素时，称为空队列。队列的插入操作通常称为进队列或入队列，队列的删除操作通常称为退队列或出队列。

队列与现实生活中人们为得到某种服务(如购物、购票等)而排的队十分相似。排队的规则是不允许插队，新加入的成员只能排在队尾，而且队中全体成员只能按顺序向前移动，当到达队头(并得到服务)后离队。当然，普通队中任何成员可以中途离队，但这对于队列来说是不允许的，除此之外队列与普通队完全一致。因此，队列又称为先进先出线性表。

4.1.2 队列的基本运算

通常可用队列的抽象数据结构来说明队列以及队列的基本运算：

```
ADT Stack{
  数据对象：Data={ a_i | a_i∈Elemtype, i=1,2,…,n, n≥0}
  数据关系：R1={ (ai-1,ai) | ai-1, ai∈ Data, i=2,…,n≥0}
```

其中，a_1 端是队列头；a_n 端是队列尾。

常见的队列的基本运算包括：

(1) 初始化队列：init_queue( )。其作用是创建一个空队列。

(2) 判队列是否为空：isEmptyqueue(Q)。其作用是若队列 Q 空，返回 TRUE，否则返回 FALSE。

(3) 取队头元素：frontqueue (Q,x)。其作用是若队列 Q 不空，求出队列 Q 的队头元素置 x 中；否则，返回出错信息。

(4) 入队：Enqueue(Q,x)。其作用是将值为 x 的元素插入到队列 Q 中。若插入前的队列已经满了，不能入队时，应报出错信息。

(5) 出队：Outqueue(Q,x)。其作用是若队列 Q 不空，删除队头，并将该元素的值置 x 中，否则，应返回出错信息。

(6) 判队列是否为满：isFullqueue(Q)。其作用是若 Q 为满时，返回 TRUE，否则，返回 FALSE。该运算主要用于顺序队列结构。

```
...
}ADT Stack
```

下面分别讨论队列的两种存储结构及其运算实现。

4.1.3 队列的顺序存储结构

1. 顺序队列与循环队列

与栈类似，队列通常有两种实现方法，即顺序实现和链接实现。队列的顺序存储结构称为顺序队，它由一个一维数组(用于存储队列中元素)及两个分别指示队头和队尾的变量组成，这两个变量分别称为队头指针和队尾指针(注意它们并非指针型变量)。因为在操作过程中，队头位置和队尾位置经常变化，所以设置了头、尾两个指针。通常约定队尾指针指示队尾元素在一维数组中的当前位置，队头指针指示队头元素在一维数组中的当前位置的前一个位置(这样设置是为了某些操作的方便，并不是唯一的方法)。由此可见顺序队列实际上就是运算受限制的顺序表。顺序队列的类型定义如下：

```
#define MaxSize 线性表可能达到的最大长度
typedef struct
{ Elemtype  data[MaxSize];  /* 队员的存储空间 */
  int  front,rear;           /* 队头，队尾指针 */
}SeqQueue;
定义一个指向队的指针变量为
SeqQueue  *sq
```

假设 sq 是指向顺序队列的指针，则初始化时，首先申请一个顺序队的存储空间：sq=(SeqQueue *) malloc (sizeof (SeqQueue));然后令队头指针 sq->front 和队尾指针 sq->rear 为-1。

队列的数据区为：sq->data[0]…sq->data[MaxSize -1]。

每当插入新的队尾元素时，在不考虑溢出的情况下，队尾指针加 1，指向新位置后，元素入队。操作如下：

```
sq->rear++;
sq->data[sq->rear]=x;
```

每当删除队头元素时，在不考虑队空的情况下，队头指针加 1，表明队头元素出队。操作如下：

```
sq->front++;
x=sq->data[sq->front];  /* 原队头元素送 x 中 */
```

整个队列的数据区为 sq->data[0]至 sq->data[MaxSize -1]。队中元素的个数 m 为队尾指针 sq->rear 减去队头指针 sq->front 的值。队满时，m= MaxSize；队空时，m=0。

置空队则为 sq->front=sq->rear=-1;

如图 4.2 所示，是一个队列的操作示意图，它描述了队列的变化过程。

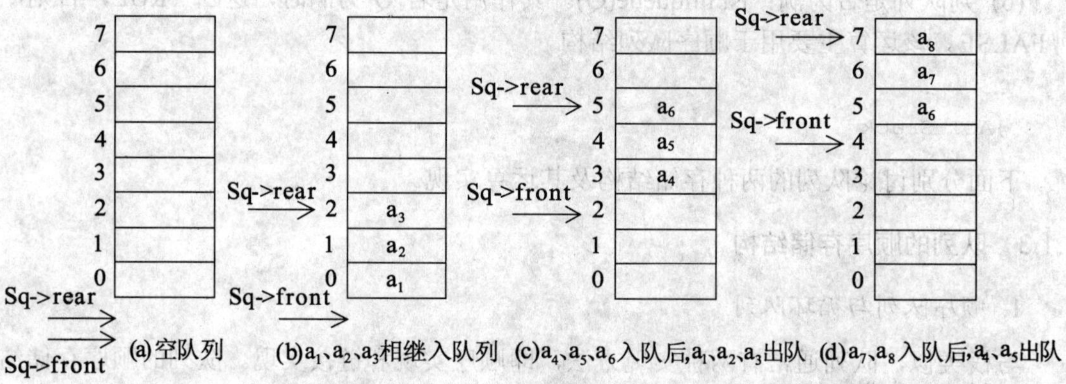

图 4.2　队列操作示意图

从图 4.2 中可以看出，在这样的顺序队列中，入队操作就是要在队尾增加元素，并将尾指针 rear 后移。出队时，则是头指针 front 后移。进行了一定数量的入队和出队后，会使整个队列整体向后移动。这样就可能会出现图 4.2(d)中的情况：队尾指针 rear 已指到数组的最后一个元素，即 rear==MaxSize-1，此时若再执行入队操作，便会出现溢出。然而，由于在此操作之前可能也执行了若干次出队操作，因而数组的前面部分可能还有闲置的元素空间，即这种溢出并非是真的没有可用的存储空间，故称这种溢出现象为假溢出。显然，必须要解决假溢出问题，才能保证队列结构的正确应用。

采用循环结构就可以解决假溢出的问题，具体方法是：将数组元素 data[0]看作 data[MaxSize-1]的下一个存储位置，也就是说，将数组看作是一个循环结构。这样，当执行入队或出队操作时，如果原指针 rear 或 front 的值为 MaxSize-1，即已经指向了数组的最后一个元素时，则执行入队或出队操作后，相应指针的值就要变为 0。这样就可以使被删除的结点在被使用，称这种形式的队列为循环队列，如图 4.3 所示。

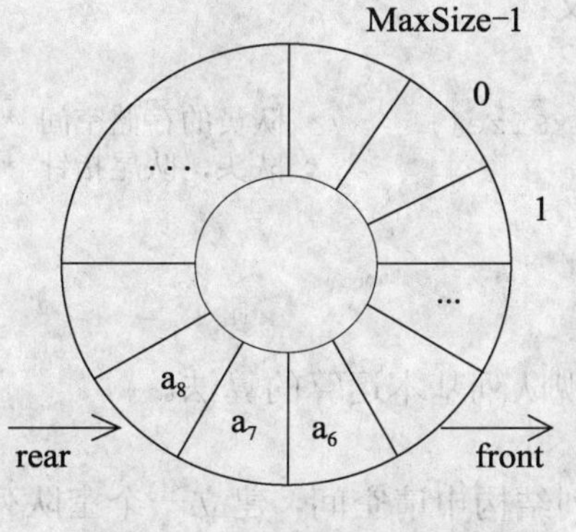

图 4.3 循环队列示意图

在头尾相接的循环结构 sq 中，入队时的队尾指针就不应该是简单的加 1 操作，而应修改为

sq->rear=(sq->rear+1) % MaxSize;

出队时的队头指针的操作也类似，应把简单的加 1 操作修改为

sq->front=(sq->front+1) % MaxSize;

其中“%”为求模运算。循环队列操作如图 4.4 所示。

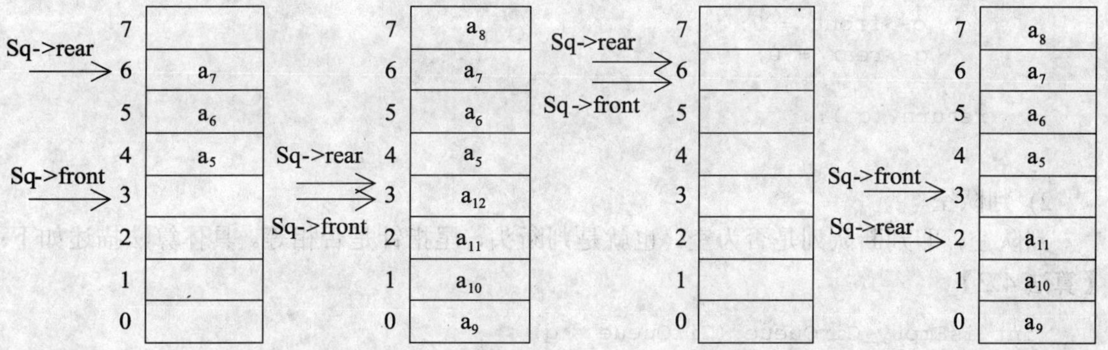

(a) 有 a_5、a_6、a_7 三个元素 (b) a_8～a_{12} 相继入队列 (c) 队空 (d) 少用一个元素空间时的队满状态

图 4.4 循环队列操作示意图

由图 4.4 所示的循环队可以看出，图 4.4(a)中具有 a_5、a_6、a_7 三个元素，此时队头元素为 a_5，队头指针 front=3，队尾元素为 a_7，队尾指针为 rear=6；随着 a_8~a_{12} 相继入队，如图 4.4(b)所示，队列满，此时队头指针 front=3，队尾指针 rear=3，可见在队满情况下有 front=rear。若在图 4.4(a)情况下，a_5、a_6、a_7 相继出队，如图 4.4(c)所示，则队空，此时 front=6，rear=6，即在队空情况下也有 front= =rear。就是说队列在满和空时，front= =rear 这一条件均成立。因此，仅由这一条件是无法判断队列的满和空的。

为了避免产生多义性，区分空队列和满队列，可有两种处理方法：一种是另设一个标志位以区分队列是空还是满；另一种方法是牺牲队列中的一个结点，即少用一个元素空间，当队列中已有 MaxSize-1 个结点时，就称队列已满，如图 4.4(d)所示的情况就是队满，此时的状态是队尾指针加 1 就会从后面赶上队头指针，这种情况下队满的条件是(rear+1)% MaxSize = = front，能和空队区别开。这是用得较多的一种方法，因此，本书也用这种方法。

循环队列的数据结构定义：

```
typedef  struct
{  Elemtype  data[MaxSize];      /* 队员的存储空间 */
   int  front,rear;              /* 队头，队尾指针 */
}CirQueue;
```

2. 循环队列的基本运算

下面给出循环队列中实现队列基本运算的算法。

1) 初始化队列

初始化队列，就是为队列结构申请空间，建立一个空队列。由前面的方法和讨论可知，队列为空时，其头尾指针相等。具体算法描述如下：

【算法 4.1】

```
CirQueue  *Init_CirQueue()
/* 构造一个空队列 */
{  CirQueue *q;
    q = (CirQueue *) malloc (sizeof (CirQueue));
    if (q = =NULL)
       print ("Out of space!\n");
    else
     {  q->front = 0;
        q->rear = 0;
      }
    return (q );
  }
```

2) 判队空

判队空，即判断队列是否为空，也就是判断头、尾指针是否相等。具体算法描述如下：

【算法 4.2】

```
int isEmpty_CirQueue (CirQueue  *q)
/* 判断队列 q 是否为空 */
{  if  (q->front = =q->rear)
       return (TRUE);                /* 头尾指针相同，则肯定为空 */
   else
       return (FALSE);
 }
```

3) 判队满

判断队列是否为满。按前面的约定，此处的所谓满是指仅剩一个空位时的状态，因此其判断条件可以表示成为尾指针的下一个位置就是头指针所指的位置。而循环队列中指定元素的下一个位置的计算公式已经讨论过了。具体算法描述如下：

【算法 4.3】

```
int isFull_CirQueue (CirQueue *q)
/* 判断队列 q 是否为满 */
{ if ((q->rear+1) % MaxSize = = q->front)
```

```
        return (TRUE);        /* 尾指针的下一个位置是头指针所指位置时为满 */
    else
        return (FALSE);
    }
```

4) 入队

入队运算，即往队列尾插入一个值为 x 的新元素。

注意：入队前，应首先要判断队列是否已经满了，若满了，则不能进行。在循环队列中，完成这一操作的基本步骤：

(1) 首先判断队列是否已满；

(2) 当队列不满时，先修改队尾指针 rear=(rear+1) % MaxSize;

(3) 然后把元素 x 放入队尾指针指向的位置中。

具体算法描述如下：

【算法 4.4】

```
int enQueue_Cir ( CirQueue *q , Elemtype  x)
{  if (isFull_CirQueue (q) )
     { printf ("队满");
       return (FALSE );                          /* 队满不能入队 */
     }
   else
     { q->rear=(q->rear+1) % MaxSize ;
       q->data[q->rear] = x ;
       return (TRUE);                            /* 入队完成 */
     }
}
```

5) 出队

出队运算，即从队列中删除队头元素。

注意：出队前，也要首先要判断队列是否为空，若队列空，则不能进行。在循环队列中，完成这一操作的基本步骤：

(1) 首先判断队列是否为空；

(2) 当队列不空时，修改队头指针 front=(front+1) % MaxSize。

具体算法描述如下：

【算法 4.5】

```
int OutQueue_Cir (CirQueue *q , Elemtype*x)
{  if (isEmpty_CirQueue (q) )
     {  printf("队空");
        return (FALSE );                   /* 队空不能出队 */
     }
    else
     { q->front=(q->front+1) % MaxSize;
       x = q->data[q->front];              /* 读出队头元素 */
       return (TRUE);                      /* 出队完成 */
     }
}
```

6) 取队头元素

取队列的头元素操作，在求解之前首先要判断是否有元素，即队列是否为空，只有当队列不为空时，才能求解。具体算法描述如下：

【算法 4.6】

```
int front_CirQueue (CirQueue *q, Elemtype *x)
{ if (isEmpty_CirQueue (q) )
    { printf( " 队空 " );        /* 队空，不能取队头元素 */
      return (FALSE);
    }
  else
    { *x=q->data[(q->front+1) % maxsize];
      /* 队头元素在 front 指针所指位置的下一个位置 */
      return (TRUE);
    }
}
```

4.1.4 队列的链式存储结构

1. 链式队列

队列的链式存储结构就是用一个线性链表来表示队列，队列中的每个元素对应链表中的一个结点，这样的队列简称链式队列。

在采用链式队列存储时，首先要确定链表的形式及队尾的位置。其讨论如下：

(1) 一个链式队列显然需要两个分别指示队头和队尾的指针(分别称为头指针和尾指针)才能唯一确定。由于队列的入队和出队操作分别是在队尾和队头进行，故将链表头作为队头、链表表尾作为队尾比较合适。出队时，只需要进行删除表头的操作，而入队时所要做的操作是在表尾添加结点。

(2) 和线性表的单链表一样，为了操作方便起见，也给链队列添加一个头结点，并令头指针指向头结点。

链式队列的结构如图 4.5 所示。

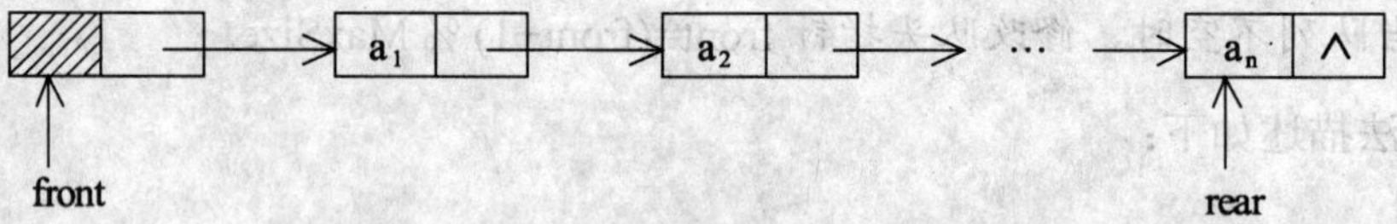

图 4.5　链式队列示意图

链式队列的结点类型描述如下：

```
typedef  struct  queuenode            /* 结点结构 */
{  Elemtype  data;
   struct  queuenode  *next;
}QueueNode;
```

为了强调队头和队尾是队列的属性，将队列封装，引入链式队列类型：

```
typedef  struct
```

```
{  QueueNode  *front, *rear;              /* 队头和队尾指针 */
}LinkQueue;
```

按这种思想建立的带头结点的链式队列如图 4.6 所示。

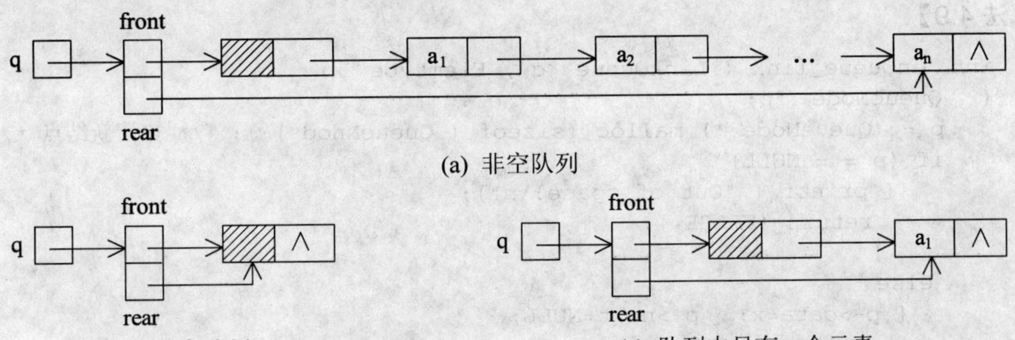

(a) 非空队列

(b) 空队列

(c) 队列中只有一个元素

图 4.6 头尾指针封装在一起的链式队列

2. 链式队列的基本运算

下面给出链式队列中实现队列基本运算的算法。

1) 初始化

初始化链式队列，就是创建一个带头结点的空队。实现这一运算时，需要先产生一个头结点，将其后继指针设置为空，并将头、尾指针均指向该结点。具体算法描述如下：

【算法 4.7】

```
LinkQueue  *Init_LinkQueue ( )
{  LinkQueue  *q;
   QueueNode  *p;
   q=(LinkQueue *)malloc(sizeof(LinkQueue));     /* 申请头尾指针结点 */
   p=(QueueNode *)malloc(sizeof(QueueNode));     /* 申请链队头结点 */
   p->next=NULL;   q->front=q->rear=p;
   return(q);
   }
```

2) 判队空

判队空，即判断队列是否为空，也就是判断头、尾指针是否相等。具体算法描述如下：

【算法 4.8】

```
int  isEmpty_LinkQueue (LinkQueue *q)
/* 判断队列 q 是否为空 */
{  if (q->front = = q->rear)
      return (TRUE );
   else
      return (FALSE);
}
```

3) 入队

入队运算，即往队列尾插入一个值为 x 的新元素在链式队列中，完成这一操作的基本步骤：

(1) 首先申请结点空间；

(2) 通过修改指针将新结点插入队列尾。

具体算法描述如下：

【算法 4.9】

```
int  enQueue_link ( LinkQueue *q , Elemtype  x)
{   QueueNode  *p;
    p = (QueueNode *) malloc (sizeof ( QueueNnod ) );  /* 申请新结点 */
    if (p = = NULL)
       { printf ( "Out of space!\n");
         return (FALSE );
       }
     else
       { p->data=x;   p->next=NULL;
        q->rear->next=p;
        q->rear=p;
        return (TRUE );
        }
}
```

4) 出队

出队运算，即从队列中删除队头元素。当队列不空时，可通过修改队头指针，达到元素删除的目的。具体算法描述如下：

【算法 4.10】

```
int OutQueue_Link ( LinkQueue *q , Elemtype*x)
{   QueueNnode *p;
    if ( isEmpty_LinkQueue (q) )
       {   printf ("队空");
           return (FALSE);
       }                                    /* 队空，出队失败 */
     else
      {  p = q->front->next;
         q->front->next=p->next;
         *x=p->data ;                       /* 队头元素放 x 中 */
          free ( p );
          if (q->front->next = = NULL)
            q->rear=q->front;
          /* 只有一个元素时,出队后队空，此时还要要修改队尾指针参考图 3.10(c) */
            return (TRUE );
          }
    }
```

5) 取队头元素

取队列的头元素操作，在求解之前首先要判断队列是否为空，只有当队列不为空时，才能求解。具体算法描述如下：

【算法 4.11】

```
int front_LinkQueue ( linkqueue *q,Elemtype *x);
{ if ( isEmpty_LinkQueue (q))
     {printf("队空");                    /* 队空,不能取队头元素 */
```

```
        return (FALSE );
        }
    else
        {*x=q->front->next->data;      /* 头结点之后的结点中的值为队头元素 */
         return (TRUE);
        }
    }
```

4.2　队列的应用

由于队列的操作满足先进先出原则，因此，凡是具有先进先出特性的问题均可利用队列作为数据结构。

下面简要介绍其应用实例。

4.2.1　利用队列打印杨辉三角形

在这里，介绍一个利用队列打印杨辉三角形(Pascal's triangle)的算法。杨辉三角形的图案如图 4.7 所示。

```
                  1
               1     1
            1     2     1
         1     3     3     1
      1     4     6     4     1
   1     5    10    10     5     1
1     6    15    20    15     6     1
```

图 4.7　杨辉三角形

分析：由图 4.7 可以看出，杨辉三角形的规律是每行的第一和最后一个数是 1，其他位置上的数字是其上一行中与之相邻的两个整数之和，其关系如图 4.8 所示。

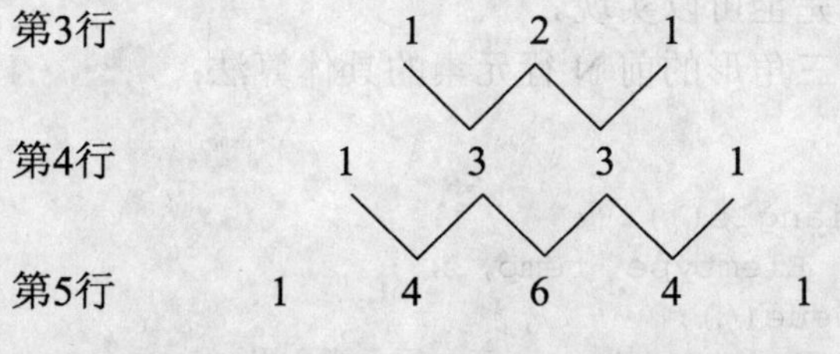

图 4.8　杨辉三角形上一行和下一行的关系示意图

由这一规律可知，可用 i-1 行的数来求出对应位置的第 i 行的内容。为此，需要用循环队列来保存上一行的内容。每当由上一行的两个数求出下一行的一个数时，便需要删除其中的前一数，而新求出的数就要入队。在整个过程中，杨辉三角形中元素的入队顺序如图 4.9 所示。

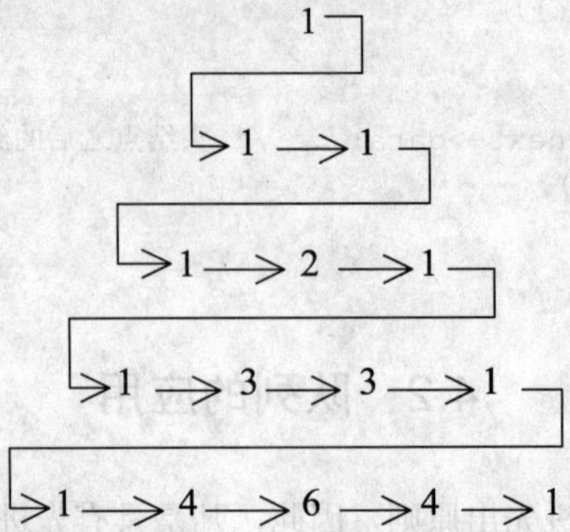

图 4.9　杨辉三角形元素入队顺序示意图

下面以用第 6 行元素生成第 7 行元素为例，来看一下具体操作。

(1) 第 7 行的第一个元素 1 入队。

```
rear=(rear +1 )% MaxSize;
data[rear]=1;
```

(2) 循环做以下操作，产生第 7 行的中间 5 个元素并入队。

```
rear=(rear +1 )% MaxSize;
data[rear]= data[(front+1) %MaxSize]+data[(front+2) %MaxSize];
front=(front+1)%MaxSize;
```

(3) 第 6 行的最后一个元素 1 出队。

```
front=(front+1)%MaxSize;
```

(4) 第 7 行的最后一个元素 1 入队。

```
rear=(rear +1 )% MaxSize;
data[rear]=1;
```

另外应该注意，所打印的杨辉三角形的最大行数一定要小于循环队列的 MaxSize 值。当然，本例用链队列也完全可以实现。

下面给出打印杨辉三角形的前 N 行元素的具体算法：

【算法 4.12】

```
void YangHuiTriangle( )
{ CirQueue *Q;  Elemtype  temp, x ;
  Q=Init_ CirQueue( );
  enQueue_Cir(Q,1);              /* 第一行元素入队 */
  for(n=2;n<=N;n++)              /* 产生第 n 行元素并入队,同时打印第 n-1 行的元素 */
  {
    enQueue_Cir(Q,1);            /* 第 n 行的第一个元素入队 */
    for(i=1;i<=n-2;i++)
    /* 利用队中第 n-1 行元素产生第 n 行的中间 n-2 个元素并入队 */
    {
      OutQueue_Cir(Q, &temp);
      Printf("%d",temp);         /* 打印第 n-1 行的元素 */
```

```
            front_CirQueue(Q, &x);
            temp=temp+x;                  /* 利用队中第 n-1 行元素产生第 n 行元素 */
            enQueue_Cir(Q, temp );
            }
        OutQueue_Cir(Q, &x );
        printf("%d"\n, x );             /* 打印第 n-1 行的最后一个元素 */
        enQueue Cir(Q,1);               /* 第 n 行的最后一个元素入队 */
        }
      }
```

【算法 4.13】 只是逐个打印出了杨辉三角形前 N 层中的数据元素，并没有按三角形的形式输出，读者可以自己加入坐标数据，然后在屏幕上打印出杨辉三角形。

4.2.2 求迷宫的最短路径

在第 3 章中，介绍了如何应用栈求迷宫的路径，现在要求用队列为迷宫找一条最短路径。同第 3 章算法一样，可以用一个二维数组 maze[m+2][n+2]来表示迷宫，数组的每个元素 maze[i][j]的值取 0 或 1，0 表示此路可通，1 表示此路不通。迷宫入口设在 maze[1][1]，出口是 maze[m][n]，且 maze[1][1]=0，maze[m][n]=0。

算法的基本思想为，从迷宫入口点 maze[1][1]出发，向四周搜索，记下所有一步能到达的坐标点，然后依次再从这些点出发，再记下所有一步能到达的坐标点，…，依次类推，直到到达迷宫的出口点 maze[m][n]为止，然后从出口点沿搜索路径回溯直至入口。这样就找到了一条迷宫的最短路径，否则迷宫无路径。

有关迷宫的数据结构定义、试探方向、如何防止重复到达某点以避免发生死循环的问题与第 3 章迷宫问题处理相同，不同的是如何存储搜索路径。在搜索过程中必须记下每一个可到达的坐标点，以便从这些点出发继续向四周搜索。由于先到达的点先向下搜索，故需引进一个先进先出数据结构——队列来保存已到达的坐标点。因此，用一个结构数组 sq[num]作为队列的存储空间，因为迷宫中每个点至多被访问一次，所以 num 至多等于 m×n。到达迷宫的出口点(m,n)后，为了能够从出口点沿搜索路径回溯直至入口，对于每一点，记下坐标点的同时，还要记下到达该点的前驱点，所以，设定 sq 的每一个结构有三个域：x、y 和 pre，其中 x、y 分别为所到达的点的坐标，pre 为前驱点在 sq 中的坐标，pre 是一个静态链域。除 sq 外，还有队头、队尾指针，front 和 rear 用来指向队头和队尾元素。队列的定义如下：

```
typedef  struct
  {int x,y;
     int pre;
  }sqtype;
sqtype sq[num];
int front,rear;
```

初始状态，队列中只有一个元素 sq[1]记录的是入口点的坐标(1,1)，因为该点是入口点，不是从其他点出发到达的，因此没有前驱点，pre 域为-1，队头指针 front 和队尾指针 rear 均指向它，此后搜索时都是以 front 所指点为搜索的出发点，当搜索到一个可到达点时，即将该点的坐标及 front 所指点的位置入队，不但记下了到达点的坐标，还记下了它的前驱点。

front 所指点的 4 个方向搜索完毕后，则出队，继续对下一点搜索。搜索过程中遇到出口点则成功，搜索结束，打印出迷宫最短路径，算法结束；或者当前队空即没有搜索点了，表明没有路径，算法也结束。

如图 4.10 所示，图 4.10(b)是对图 4.10(a)所示的迷宫进行搜索时，中间状态的队列数据。

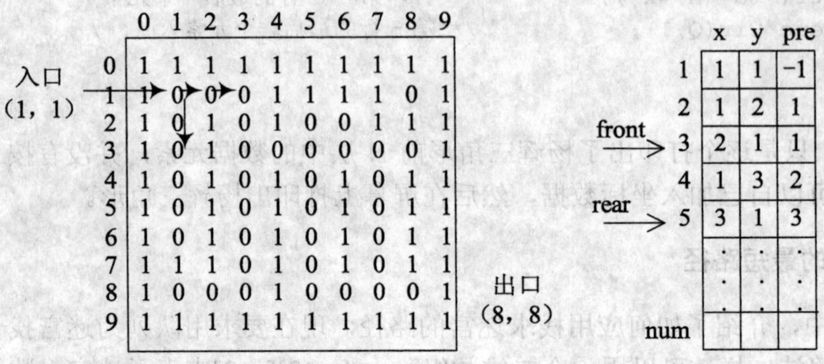

(a) 迷宫进行搜索　　(b) 中间状态的队列数据

图 4.10　迷宫搜索过程的中间状态

具体算法如下：

【算法 4.14】

```
void path ( int maze[m][n], item move[4] )
{ sqtype sq[num];
  int front,rear;
  int x,y,i,j,v;
  front=rear=0;
 sq[0].x=1; sq[0].y=1; sq[0].pre=-1;  /* 入口点入队 */
 maze[1,1]=-1;
 while (front<=rear)                  /* 队列不空 */
   {  x=sq[front].x ;  y=sq[front ].y ;
      for (v=0;v<4;v++)
        { i=x+move[v].x;  j=x+move[v].y;
          if (maze[i][j]= =0)
           { rear++;
             sq[rear].x=i; sq[rear].y=j;  sq[rear].pre=front;
             maze[i][j]=-1;
           }
          if (i= =m&&j= =n)
           {  printpath(sq,rear);        /* 打印迷宫 */
             restore(maze);              /* 恢复迷宫 */
             return 1;
           }
        }
    front++;                            /* 当前点搜索完，取下一个点搜索 */
   }
  return 0;
 }
  void printpath(sqtype sq[],int rear) /* 打印迷宫路径 */
```

```
{  int  i;
   i=rear;
   do {printf(" (%d,%d)←",sq[i].x , sq[i].y) ;
       i=sq[i].pre;              /* 回溯 */
     } while (i!=-1);
}  /* printpath */
```

4.3　本章小结

本章学习了队列的概念，存储方法及其基本运算的实现。队列和栈都是运算受限的线性表，是软件设计中最常用和最基本的数据结构。

队列是只能在一端(队尾)进行插入，另一端(队头)进行删除的线性表，因而具有先进先出特性。对队列的存储也有顺序存储和链表存储两种，由此而得到顺序队列和链式队列两种存储结构。

在解决具体问题时，应该把理论知识与实际相结合，做到活学活用。

4.4　上机实训

4.4.1　实训目的

(1) 掌握队列的结构以及这两种数据结构的特点；

(2) 掌握链式队列和循环队列的基本运算，并特别注意队列满和队列空的判断条件和描述方法；

(3) 掌握队列在解决实际问题中的应用。

4.4.2　实训例题

1. 循环队列的实现

【问题描述】

通过具体的算法实现循环队列的初始化、入队、出队等基本运算操作。

【算法描述】

首先定义循环队列的最大容量和存储结构，然后通过分别编写相应的函数，如队列初始化、置空、数据元素的插入和删除等，然后通过主函数调用，来实现循环队列的各种运算。

在实训时要注意：入队时进行队满的判断，出队时进行队空的判断。

【C 语言源程序】

```
#include <stdio.h>           /* 循环队列实现 */
#include <stdlib.h>
#include <malloc.h>
#include <string.h>
/* 队列中最大 100 个数据 */
#define QueueSize 100
```

```
typedef char elemtype;
typedef struct queuenode {
 int front; /* 队头 */
 int rear;  /* 队尾 */
 int count; /* 队列长度 */
 elemtype data[QueueSize];
}CirQueue;
void InitQueue(CirQueue * q)
{
 q->front=q->rear=0;
 q->count=0;
}
int QueueEmpty(CirQueue * q)
{
 return q->count==0;
}
int QueueFull(CirQueue * q)
{
 return q->count==QueueSize;
}
void EnQueue(CirQueue * q,elemtype x)
{
 if (QueueFull(q))
 {  printf("队列已满，不能入队…\n");
    exit(-1);
 }
 else
  {
   q->count++;
   q->data[q->rear]=x;  /* 队尾插入数据 */
   q->rear=(q->rear+1)%QueueSize;  /* 模运算 */
  }
}
elemtype DeQueue(CirQueue * q)
{
 elemtype x;
 if (QueueEmpty(q))
 {
  printf("队列已空，不能出队…\n");
  exit(-1);
 }
 x=q->data[q->front];  /* 队头出队 */
 q->count--;
 q->front=(q->front+1) % QueueSize;
 return x;
}
void Disp(CirQueue * p)
{
 int i;
 printf("================================\n");
```

```
 printf("队长:%d 队列数据为: \n",p->count);
 for (i=0;i<p->count;i++)
  printf("%d -> %c\n",i,p->data[i]);
  printf("======================================\n\n");
}
elemtype QueueFront(CirQueue * q)
{
 if (QueueEmpty(q))
  {
   printf("队列已空，不能出队…\n");
   exit(-1);
  }
  return q->data[q->front];
}
void main()  /* 主函数 */
{CirQueue *q;
 printf("============== 循环队列 DEMO ===============\n\n");
 InitQueue(q);
 printf("a,b,c,d 入队后的队列: \n");
 EnQueue(q,'a');
 EnQueue(q,'b');
 EnQueue(q,'c');
 EnQueue(q,'d');
 Disp(q);
 printf("第一个出队数据: %c\n",DeQueue(q));
 printf("第二个出队数据: %c\n",DeQueue(q));
 printf("此时的队头数据: %c\n",QueueFront(q));
 getch();
}
```

【测试数据】

程序运行如图 4.11 所示。

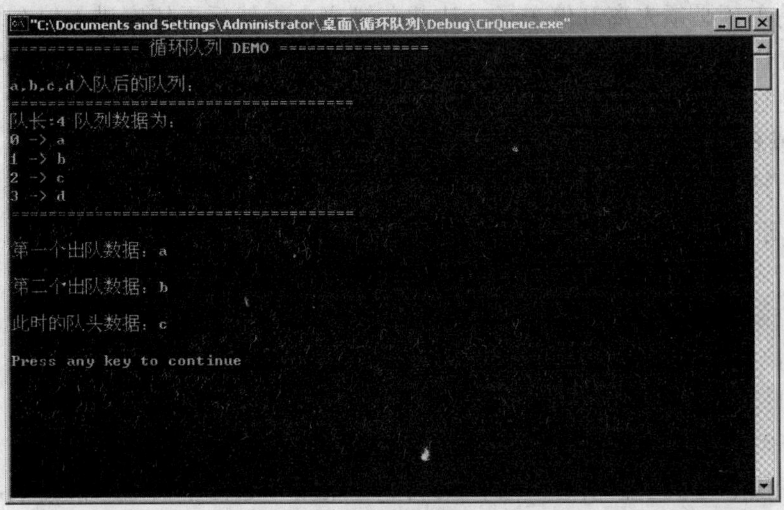

图 4.11 循环队列的实现

【小结】

通过本次上机实验，对队列的存储结构和基本运算有了更深的理解；掌握了用高级语言实现算法的基本步骤和方法；提高了运用队列的知识解决实际问题的能力。

2. 停车场问题模拟

【问题描述】

设有一个可以停放 n 辆汽车的狭长停车场，它只有一个大门可以供车辆进出。车辆按到达停车场时间的早晚依次从停车场最里面向大门口处停放(最先到达的第一辆车放在停车场的最里面)。如果停车场已放满 n 辆车，则后来的车辆只能在停车场大门外的停车道上等待，一旦停车场内有车开走，则排在停车道上的第一辆车就进入停车场。停车场内如有某辆车要开走，在它之后进入停车场的车都必须先退出停车场为它让路，待其开出停车场后，这些车辆再依原来的次序进场。每辆车在离开停车场时，都应根据它在停车场内停留的时间长短交费。如果停留在停车道上的车未进停车场就要离去，按停留时间收取停车费，并且仍然保持在停车道上等待的车辆的次序。

【算法描述】

本题可用栈和队列来模拟实现。

1) 存储结构设计

模拟汽车到达或离去的输入数据格式可定义为：

(1) 车牌号码：字符串；

(2) 时间：数值；

(3) 动作：区分是“到达”还是“离去”；

(4) 约定：“A”表示到达，用“D”表示离开，“E”表示结束输入。

根据题目要求，停车场只有一个大门，因此可用一个栈来模拟，称为主栈。当停车场满后，后来的车辆只能停在停车道上，根据停车道停车的特点，可用一个队列来模拟(先排队的车辆先离开停车道，进入停车场)。而每当停车场中间的车辆离开时，要求大门到欲离开车辆之间的车辆必须先离开停车场，让此车辆离去，然后再依序进入停车场，为保存这些车辆的位置也需栈，称为辅助栈。

因此本问题需要用到两个栈和一个队列。

2) 基本操作分析与定义

停车场的操作有车辆进入和离开。根据不同情况对应以下的基本操作：

(1) 车辆进入；

(2) 当主栈不满时，由主栈的入栈操作实现；

(3) 若主栈已满，对应队列的入队操作；

(4) 车辆离开。

当位于门口的车辆(用主栈的栈顶表示)离开时，对应主栈的出栈操作。

当中间车辆离开时的操作比较复杂，需要辅助栈和队列，步骤如下：

首先在主栈中查找车辆信息，若在主栈中，则循环进行车辆由主栈出栈，进入辅助栈的操作，直到该车辆对应的元素位于栈顶。

(1) 车辆出栈；

(2) 将辅助栈元素依次入主栈；

(3) 队列的对头元素出队；

(4) 对头元素进入主栈。

由此可见，停车场的基本操作可用队列和栈的基本操作实现。

注意： 当停车场已没有车辆时，若输入数据仍要求车辆开出，则应显示错误信息。停车场的停车数量可以设定，即为主栈的大小未做说明时，认为停车道可以停放任意多的车辆。

因此，栈结构可采用顺序存储结构，而队列宜采用链式队列。

【C 语言源程序】

```
#include <stdio.h>
#include <stdlib.h>
typedef struct{
char car_action;        /* A-车辆到达；D-车辆离开；E-结束标志 */
int car_no;             /* 车辆号 */
int time_point;         /* 车辆离开或到达的时间 */
int cost;               /* 停车费 */
}CarInfo;
typedef struct{
int top;
CarInfo *elements;
int MaxSize;
}Stack;
void InitStack(Stack *b,int n)  /* 初始化栈 */
{
b->MaxSize=n;
b->elements=(CarInfo*)malloc(b->MaxSize*sizeof(CarInfo));
if(b->elements==NULL)
  printf("申请空间失败…\n");
  b->top=-1;
}
int IsFull(Stack *b)
{
if(b->top==(b->MaxSize-1)) return(1);
else return(0);
}
int IsEmpty(Stack *b)
{
if(b->top==-1) return(1);
else return(0);
}
int Push(Stack *b,CarInfo *t)
{
if(IsFull(b)) return(0);
b->top++;
b->elements[b->top].car_action=t->car_action;
b->elements[b->top].car_no=t->car_no;
b->elements[b->top].time_point=t->time_point;
```

```
b->elements[b->top].cost=t->cost;
}
CarInfo Pop(Stack *b)
{
if(IsEmpty(b)){printf("栈为空\n");}
else
{
return(b->elements[b->top--]);
}
}
int SearchInStack(Stack *a,Stack *b,CarInfo *current_car,int park_cost)
{   /* 在停车场中查找是否有离开车辆车号 */
int find=0;
int cost;
CarInfo temp_info;
while(!IsEmpty(a)&&!find)
{
temp_info=Pop(a);
if(temp_info.car_no==current_car->car_no)
{
find=1;
cost=(current_car->time_point-temp_info.time_point)*park_cost;
temp_info.cost+=cost;
cost=temp_info.cost;
}
else Push(b,&temp_info);
}
while(!IsEmpty(b))
{
temp_info=Pop(b);
Push(a,&temp_info);
}
if(find==0) return(0);
else return(cost);
}
typedef struct QNode{
CarInfo data;
struct QNode *next;
}QNode,*QueuePtr;
typedef struct{
QueuePtr front;
QueuePtr rear;
int num;
}Queue;
int InitQueue(Queue *Q)
{
Q->front=(QueuePtr)malloc(sizeof(QNode));
if(!Q->front) return(0);
Q->front=Q->rear;Q->front->next=NULL;
Q->num=0;
return(1);
```

```
}
int EnQueue(Queue *Q,CarInfo *current_car)
{
QueuePtr p;
p=(QueuePtr)malloc(sizeof(QNode));
if(!p) return(0);
p->data.car_action=current_car->car_action;
p->data.car_no=current_car->car_no;
p->data.cost=current_car->cost;
p->data.time_point=current_car->time_point;
p->next=NULL;Q->rear->next=p;Q->rear=p;
Q->num++;return(1);
}
CarInfo DeQueue(Queue *Q)
{
CarInfo temp_car;
QueuePtr p;
if(Q->front==Q->rear) {printf("队列空\n");}
else
{
p=Q->front->next;
temp_car.car_action=p->data.car_action;
temp_car.car_no=p->data.car_no;
temp_car.cost=p->data.cost;
temp_car.time_point=p->data.time_point;
Q->front->next=p->next;
if(Q->rear==p) Q->rear=Q->front;
free(p);Q->num--;
return(temp_car);
}
}
int SearchInQueue(Queue *Q,CarInfo *current_car,introad_cost)
  /* 在停车道中查找要离开的车 */
{
int i=0,num;
int find=0;
int cost;
CarInfo temp_car;
num=Q->num;
if (!num) {printf("队列为空");return(0);}
while(i<num)
{
temp_car=DeQueue(Q);
if(temp_car.car_no==current_car->car_no)
{
find=1;
cost=temp_car.cost+(current_car->time_point-temp_car.time_point)*road_cost;
}
else
{
EnQueue(Q,&temp_car);
```

```
}
i++;
}
if(find) return(cost);
else return(0);
}
void CarArrive(Stack *Park,Queue *Road,CarInfo car_info)
{
if(IsFull(Park))
{
EnQueue(Road,&car_info);
printf("车号为%d 的车辆进入停车道.\n",car_info.car_no);
}
else
{
Push(Park,&car_info);
printf("车号为%d 的车辆进入停车场.\n",car_info.car_no);
}
}
void CarLeave(Stack *a,Stack *b,Queue *Road,CarInfocar_info,int park_cost,
int road_cost)
/* 当车辆离开时候判断 */
{ CarInfo temp_car;
int temp_cost;
if(temp_cost=SearchInStack(a,b,&car_info,park_cost))
{
printf("车号为%d 的车辆离开停车场,停车费为:%d.\n",car_info.car_no,temp_cost);
if(Road->num>0){
temp_car=DeQueue(Road);
temp_car.cost+=(car_info.time_point-temp_car.time_point)*road_cost;
temp_car.time_point=car_info.time_point;
Push(a,&temp_car);
printf("车号为%d 的车辆从停车道进入停车场.\n",temp_car.car_no);
}
}
else
if(temp_cost=SearchInQueue(Road,&car_info,road_cost))
{
printf("车号为%d 的车辆离开停车道,停车费为: %d\n",car_info.car_no,temp_cost);
}
else
{
printf("对不起,您输入的信息无效, 请核对后重新输入.\n");
}
}
void main()   /* 主函数 */
{
Stack Park,Aux_Park;
Queue Road;
int park_cost,road_cost,park_hold,temp_cost;
CarInfo car_info,temp_car;
```

```
    printf("请输入停车场的单位时间停车费：");
    scanf("%d",&park_cost);
    printf("请输入停车道的单位时间停车费：");
    scanf("\n%d",&road_cost);
    printf("请输入停车场的容量：");
    scanf("\n%d",&park_hold);
    InitStack(&Park,park_hold);
    InitStack(&Aux_Park,park_hold);
    InitQueue(&Road);
    printf("请输入车辆信息(到达离开或退出标志 A D 或 E,车牌号,当前时间)：");
    scanf("\n%c,%d,%d",&car_info.car_action,&car_info.car_no,&car_info.time
_point);
    car_info.cost=0;
    while(car_info.car_action!='e'&&car_info.car_action!='E')
    {switch(car_info.car_action)
    {case 'a':
    case 'A':CarArrive(&Park,&Road,car_info); break;
    case 'd':
    case
    'D':CarLeave(&Park,&Aux_Park,&Road,car_info,park_cost,road_cost);
    break;
    default: printf("对不起,您的输入有错误, 请核对后重新输入。\n");
    }
    printf("请输入车辆信息(到达离开或退出标志 A D 或 E,车牌号,当前时间):");
    scanf("\n%c,%d,%d",&car_info.car_action,&car_info.car_no,&car_info.time
_point);
    }
    printf("感谢您使用本车库管理系统\n");
    }
```

【测试数据】

运行程序，按信息提示要求输入。

请输入停车场的单位时间停车费：5↙

请输入停车道的单位时间停车费：2↙

请输入停车场的容量：3↙

请输入车辆信息(到达离开或退出标志 A D 或 E，车牌号，当前时间)：A,1,1↙

车号为 1 的车辆进入停车场。↙

请输入车辆信息(到达离开或退出标志 A D 或 E，车牌号，当前时间)：D,1,5↙

车号为%d 的车辆离开停车场，停车费为：20

请输入车辆信息(到达离开或退出标志 A D 或 E，车牌号，当前时间)：e↙

退出程序。

【小结】

(1) 栈在实际应用中非常多，掌握了栈的关键是不仅要理解栈的后进先出运算规则，还要理解栈在运算过程中状态的变化。

(2) 通过实践练习，要掌握队列的先进先出运算规则，利用队列的运算规则和存储方式来解决实际应用中的具体问题。

4.5 习题与上机操作

1. 选择题

(1) 队列是限定在( )处进行插入操作的线性表________。

A. 端点　　B. 队头　　C. 队尾　　D. 中间

(2) 队列的特点是________。

A. 先进先出　　B. 后进先出　　C. 先进后出　　D. 不进不出

(3) 循环队列 Sq 是空队列的条件是________。

A. Sq->read==Sq->front

B. (Sq->read+1)%maxsize==Sq->front

C. Sq->read==0

D. Sq->front==0

(4) 循环队列 Sq 是满队列的条件是________。

A. Sq->read==Sq->front

B. (Sq->read+1)%maxsize==Sq->front

C. Sq->read==0

D. Sq->front==0

(5) 当循环队列 Sq 是满队列时，存放队列元素的数组 data 有 n 个元素，则 data 中存放的队列元素________。

A. n　　B. n−1　　C. n−2　　D. 0

2. 填空题

(1) 队列是限制插入只能在________，而删除在表的________的线性表。

(2) 循环队列用数组 A[0…m−1]存放其元素值，已知其头尾指针分别是 front 和 rear，则当前队列的元素个数是________。

(3) 链队列 L 是空队列的条件是________。

(4) 已知链队列的头尾指针分别是 front 和 rear，则将值 x 入队的操作序列是________。

3. 程序设计题

(1) 假设以数组 Q[m]存放循环队列中的元素，同时设置一个标志 tag，以 tag == 0 和 tag== 1 来区别在队头指针(front)和队尾指针(rear)相等时，队列状态为空还是满。试编写与此结构相应的插入(enqueue)和删除(dlqueue)算法。

(2) 假设以带头结点的循环链表表示队列，并且只设一个指针指向队尾元素结点(注意不设头指针)，试编写相应的置空队、判队空、入队和出队等算法。

(3) 假设循环队列中只设 rear 和 quelen 来分别指示队尾元素的位置和队中元素的个数，试给出判别此循环队列的队满条件，并写出相应的入队和出队算法，要求出队时需返回队头元素。

(4) 一个双端队列是限定在两端都可以进行插入删除的线性表。若将一个双端队列顺序表示在一维数组 V[m]中，两个端点设为 end1 和 end2，并组织成一个循环队列。试写出双端队列所用指针 end1 和 end2 的初始化条件及队空与队满条件，并编写基于此结构的相应的插入(enqueue)新元素和删除(dlqueue)算法。

4. 操作题

(1) 设用链表表示一个双端队列，要求可在表的两端插入，但限制只能在表的一端删除。试编写基于此结构的队列的插入(enqueue)和删除(dequeue)算法，并给出队列空和队列满的条件。

编程提示：

链式队列的结点类型描述为：

```
typedef  struct  queuenode   /* 结点结构 */
{  Elemtype  data;
   struct  queuenode  *next;
  }QueueNode;
```

为了强调队头和队尾是队列的属性，将队列封装，引入链式队列类型：

```
typedef  struct
{ QueueNode  *end1, *end2;  /* end1 在链头, 可插可删; end2 在链尾, 可插不可删 */
  }LinkDQueue;
```

插入时可分别考虑从 end1 端和 end2 端插入，并注意插入前队列为空的情况；同样，删除时也要注意删除一个结点后，队列为空的情况。

(2) 舞伴问题：假设在周末舞会上，男士们和女士们进入舞厅时，各自排成一队。跳舞开始时，依次从男队和女队的队头上各出一人配成舞伴。若两队初始人数不相同，则较长的那一队中未配对者等待下一轮舞曲。现要求写一算法模拟上述舞伴配对问题。

编程提示：

先入队的男士或女士亦先出队配成舞伴。因此该问题具体有典型的先进先出特性，可用队列作为算法的数据结构。在算法中，假设男士和女士的记录存放在一个数组中作为输入，然后依次扫描该数组的各元素，并根据性别来决定是进入男队还是女队。当这两个队列构造完成之后，依次将两队当前的队头元素出队来配成舞伴，直至某队列变空为止。此时，若某队仍有等待配对者，算法输出此队列中等待者的人数及排在队头的等待者的名字，他(或她)将是下一轮舞曲开始时第一个可获得舞伴的人。

具体算法及相关的类型定义

```
typedef struct
{ char name[20];
  char sex;                    /* 性别, 'F'表示女性, 'M'表示男性 */
 }Person;
typedef Person DataType;   /* 将队列中元素的数据类型改为 Person */
```

第5章 串

教学提示：在计算机的实际应用中，经常需要对字符串数据进行处理,如客户姓名,产品规格等非数值型数据。串是字符串的简称，它的每个数据元素由一个字符组成。串是一种特殊的线性表。本章介绍串的逻辑结构、存储结构及串上的基本运算等问题。

教学要求：

(1) 理解串类型定义中各基本操作的特点，并能正确利用它们进行串的其他操作。

(2) 理解串类型的各种存储表示方法。

(3) 理解串匹配的各种算法。

(4) 使用C语言提供的串操作函数构造与串相关的算法解决简单的应用问题。

5.1 串的基本概念和存储结构

计算机被大量用来处理非数值计算问题，如信息检索、文字编辑等。这些问题中所涉及的处理对象多数是字符串数据。随着程序设计技术和程序设计语言的发展，产生了字符串处理，字符串作为一种变量类型出现在一些程序设计语言中，与此同时，也产生了一系列有关字符串的基本操作。串的逻辑结构和线性表极为相似，区别仅在于串的数据对象约束为字符集。然而，串的基本操作和线性表有很大差别。在线性表的基本操作中，大多以单个元素作为操作对象，如在线性表中查找某个元素、求取某个元素、在某个位置上插入一个元素和删除一个元素等；而在串的基本操作中，通常以串的整体作为操作对象，如在串中查找某个子串、求取一个子串、在串的某个位置上插入一个子串以及删除一个子串等。

非数值处理的对象基本上是字符串数据。字符串不仅作为输入/输出的常量，也作为变量类型。字符串有它自己的操作。串是数据对象为字符集的线性表。

5.1.1 串的基本概念

1. 串的定义

串(string)是由零个或多个任意字符组成的有限序列，即串就是一串字符。一般记为

$$S=\text{'}a_1\, a_2\cdots a_n\text{'}\ (n\geqslant 0)$$

其中，S是串名；单引号括起来的字符序列$a_1\, a_2\cdots a_n$是串值；$a_i(1\leqslant i\leqslant n)$是任意字符，称为串的元素，取值范围是字母、数字或其他字符；引号本身不作串的内容，是定界符，用于标识字符串的起始和终止位置；n是串的长度，表示串中包含的字符个数，当n=0时，称为空串，通常记为Φ。

2. 基本术语

(1) 空串。串中字符个数，称为串的长度，零个字符的串，称为空串，它的长度为零。

(2) 空格串。由一个或多个空格组成的串，不等于空串，长度是串中包含的空格数。

字符串中空格也算在串长度中。为清楚起见，有时用“□”表示实际的空格。

如图 5.1 所示，给出了串的定义与说明。

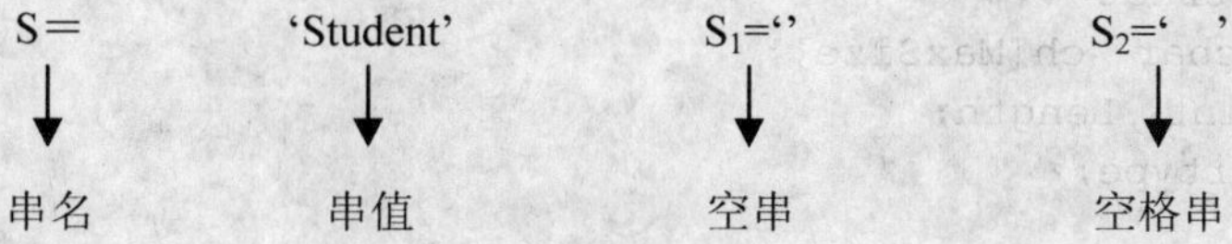

图 5.1　串的说明

(3) 子串。串中任意一个连续的字符组成的子序列称为该串的子串，空串是任何串的子串。

(4) 主串。包含子串的字符串称为主串。

(5) 位置。一个字符在序列中的序号称为该字符在串中的位置。子串在主串中的位置则以子串的第一个字符在主串中的位置来表示。

例如，设 S=‘The computer program.’，S_1=‘The□computer’，S_2=‘program.’，则串 S，S_1 和 S_2 的串长分别为 21，12 和 8。串 S_1 和 S_2 都是串 S 的子串。S_1 在主串 S 中的位置是 1，S_2 在主串 S 中的位置是 14。

注意： 回顾线性表的数据对象和数据关系的定义可见，作为数据结构，串和线性表的差别仅在于串中的数据元素限定为字符。和线性表类似，通常称字符在序列中的序号为该字符在串中的位序。

(6) 串相等。两个串之间可以进行比较。当且仅当两个串的长度相等，并且各个对应位置的字符都相等。例如

$$'a_0a_1a_2\cdots a_{m-1}' \quad (m>0)$$

$$'b_0b_1b_2\cdots b_{n-1}' \quad (n>0)$$

比较两个串的大小，可以按字符的 ASCII 码大小来比较。先比较第 1 个字符的大小，若‘a_0’<‘b_0’，则 $a<b$，反之，则 $a>b$。如果第 1 个字符值相等，则比较第 2 个字符大小…。如‘abc’<‘abd’，‘abc’<‘abcd’。

(7) 串变量。语句 S=‘1234’的含义是将包含 4 个字符的串值赋给串变量 S，其中，S 是串变量名，1234 是赋给串变量 S 的字符序列。而语句 S=1234 则是把整数 1234 赋给变量 S。例如

ss=‘ss’

左边的 ss 是一个串变量名，而右边的字符序列‘ss’是赋给它的值。

注意： (1) 串值必须用单引号括起来，且单引号本身不属于串，只是定界符。

(2) 值为单个字符的字符串不等同于单个字符，如字符串‘a’不等同于 a。

(3) 两串相等包含的意思：①两个字符串的长度相等；②各对应位置上的字符都相等。

5.1.2　串的静态存储结构

对于字符串的存储可以通过字符数组的方法存储，也就是串的顺序存储结构。由于顺序存储时，顺序表有最大长度，这是一种静态存储结构。该结构用定长数组描述——定长

顺序存储表示。该结构用一组地址连续的存储单元存储串值的字符序列。

```
#define  MaxSize  256
typedef  struct
       {  char  ch[MaxSize];
          int  Length;
       }Strtype;
```

例如存储串 S=‘I am a student’，用线性表来存储，其存储状态如图 5.2 所示。

…	I		a	m		a		s	t	u	d	e	n	t	…

图 5.2　串的顺序存储表示

从这种存储结构不难看出，求串长，求子串操作是非常易于实现的。但是，如果要进行插入、删除操作是非常困难的，原因是必须进行大量的字符移动，同时，顺序表长度是固定的，不断插入字符，超出最大长度后无法继续插入。当进行串连接操作时，必须要考虑最大长度。

5.1.3　串的动态存储结构

1. 链式存储结构

为了使串扩充性更强，可以采用链表的方式来存储串，不必事先规定最大长度，因此是一种串的动态存储结构。由于串的特殊性——每个数据元素数据类型一致，则可以在每个结点存放一个字符，也可以存放多个字符，不存在结点大小的问题。采用链式存储之后串的扩充就非常容易了，如串的连接操作。

串的链存储表示：用链表方式存储串值，结点大小可以存放一个字符，也可以是字符数组。

```
typedef  struct  node
  { char data[M];
    struct  node  *next;
  }LinkStrNode;
typedef  LinkStrNode  *LinkString;    /* LinkString 为链串类型 */
 LinkString  S;              /* S 是链串的头指针 */
```

如图 5.3 所示即为串的链式存储结构，第一种形式的链串存储密度较低，但基本操作易于实现；第二种形式的链串的存储密度较高，但操作实现较复杂。

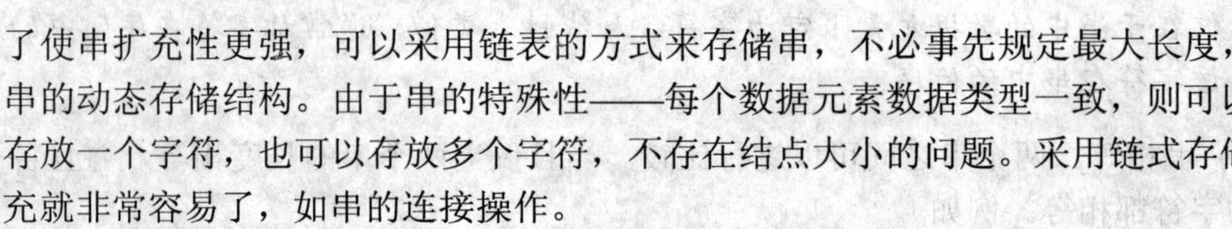

图 5.3　串的链式存储表示

串采用链式存储结构最大优点是插入、删除运算很方便，但是也存在每个结点的指针域所占空间比例高，存储结构有效空间利用率低等缺点，使得采用链式存储串不太实用，所以并不常用链式存储结构方式存储串。

2. 堆结构存储方式

在应用程序中，参与运算的串变量之间的长度相差较大，并且操作中串值的长度变化也较大，因此为串变量预分配固定大小的空间不尽合理。堆结构存储方式的基本思路是：在内存中开辟能存储足够多的、地址连续的存储空间作为应用程序中所有串的可利用存储空间，称为堆空间，每建立一个新串时，系统就从这个可利用空间中划分出一个大小和实际串长度相等的空间存储新串。每个串的串值各自存储在一组地址连续的存储单元中。

串的堆结构存储的特点是，程序中出现的所有串变量的存储空间都是在程序执行过程中动态分配而得的，可以看成是一种半动态存储结构。堆分配存储结构的串定义如下：

```
typedef struct{
  char *ch;     /* 若串非空，则按实际串长分配存储区，否则 ch 为 NULL */
  int length;     /* 串长度 */
} Hstring;
```

由于串仍然是以数组存储的字符序列表示，因此串的操作仍基于“字符序列的复制”实现。在此仅举插入操作一例，其算法如下：

【算法 5.1】 以堆结构存储方式实现串插入操作算法。

【算法分析】

插入操作的基本思想是构造一个新的串。因此首先要为被插入串 S 重新分配存储空间，然后将 S 串中插入位置之前的子串、要插入串 T，以及 S 串中插入位置之后的子串依次复制到这个新分配的存储空间中去。

```
int StrInsert (Hstring &S, int pos, Hstring T)
/* 若1≤pos≤StrLength(S)+1，则改变串S，在串S的第pos个字符之前插入串T，并返回TRUE，
否则串S不变，并返回FALSE */
  { char S1[S.length], *p;          /* S1 作为辅助串空间用于暂存 S.ch */
    if (pos < 1 || pos > S.length+1)
     return (0);                     /* 插入位置不合法 */
    if (T.length)                    /* T 非空，则为 S 重新分配空间并插入 T */
     { p=S.ch;
       i=0;
       while (i < S.length)
         S1[i++] = *(p+i);           /* 暂存串 S */
       S.ch = (char*) realloc (S.ch, (S.length+T.length)*sizeof(char));
  /* 为 S 重新分配串值存储空间 */
       for ( i=0, k=0; i<pos-1; i++)
         S.ch[k++] = S1[i];          /* 保留插入位置之前的子串 */
       j = 0;
       while (j<T.length)
         S.ch[k++] = T.ch[j++];      /* 插入 T */
       while ( i<S.length)
         S.ch[k++] = S1[i++];        /* 复制插入位置之后的子串 */
       S.length+=T.length;           /* 重置串 S 的长度 */
     }
```

```
    return (1);
  }
```

注意： 算法中用到动态分配函数 realloc。此函数形参类型为 void *realloc(void *p, unsigned size)，其功能是将 p 所指出的已分配内存区的大小改为 size，size 可比原来分配的空间大或小，返回值指向该内存区的指针。

堆结构存储方式的串既有顺序存储结构的特点，又有动态存储结构的特点，使用起来更为灵活，因此在串处理的应用程序中，经常选用串的堆结构存储方式。

5.2 串 的 运 算

5.2.1 串的基本运算

1. 串赋值 StrAssign (&T, chars)

初始条件：chars 是字符串常量。
操作结果：把 chars 赋为 T 的值。

2. 串复制 StrCopy (&T, S)

初始条件：串 S 存在。
操作结果：由串 S 复制得串 T。

3. 销毁串 DestroyString (&S)

初始条件：串 S 存在。
操作结果：串 S 被销毁。

4. 判断串空 StrEmpty (S)

初始条件：串 S 存在。
操作结果：若 S 为空串，则返回 TRUE，否则返回 FALSE。

5. 判断串相等 StrEqual (S, T)

初始条件：串 S 和 T 存在。
操作结果：若 S > T，则返回值 >0；若 S =T，则返回值 = 0；若 S < T，则返回值< 0。

6. 求串长 StrLength (S)

初始条件：串 S 存在。
操作结果：返回 S 的元素个数，称为串的长度。

7. 串连接 Concat (&T, S1, S2)

初始条件：串 S1 和 S2 存在。
操作结果：用 T 返回由 S1 和 S2 连接而成的新串。

8. 求子串 SubString (&Sub, S, pos, len)

初始条件：串 S 存在，1≤pos≤StrLength(S) 且 0≤len≤StrLength(S)−pos+1。

操作结果：用 Sub 返回串 S 的第 pos 个字符起长度为 len 的子串。

9. 定位 Index (S, T, pos)

初始条件：串 S 和 T 存在，T 是非空串，1≤pos≤StrLength(S)。

操作结果：若主串 S 中存在和串 T 值相同的子串，则返回它在主串 S 中第 pos 个字符之后第一次出现的位置；否则函数值为 0。

10. 子串替换 Replace (&S, T, V)

初始条件：串 S,T 和 V 存在，T 是非空串。

操作结果：用 V 替换主串 S 中出现的所有与 T 相等的不重叠的子串。

11. 子串插入 StrInsert (&S, pos, T)

初始条件：串 S 和 T 存在，1≤pos≤StrLength(S)+1。

操作结果：在串 S 的第 pos 个字符之前插入串 T。

12. 子串删除 StrDelete (&S, pos, len)

初始条件：串 S 存在，1≤pos≤StrLength(S)−len+1。

操作结果：从串 S 中删除第 pos 个字符起长度为 len 的子串。

5.2.2 实现串的基本运算的算法

串赋值 StrAssign、串连接 Concat、求子串 SubString、求串长 StrLength、判断串相等 StrEqual 和串定位 Index 等操作构成串的基本操作。

下面讨论存储结构为定长串的基本运算算法。

1. 串赋值的算法

```
void StrAssign(strtype *s, char t[])
{ int i=0;
 while (t[i] != '\0')
  { s->ch[i]=t[i];
    i++;
  }
 s->ch[i]='\0';
 s->length=i;
}
```

2. 串连接的算法

```
/* 将串 S1，S2 连接起来赋予串 T */
strtype Concat(strtype T,strtype S1,strtype S2)
  { int i,j;
   for (i=0;i<S1.length;i++)
     T.ch[i]=S1.ch[i];
   for (j=0;j<=S2.length;j++)
```

```
    T.ch[S1.length+j]=S2.ch[j];
  T.length=i+j;
  return(T);
  }
```

3. 求子串

求子串的过程即为复制字符序列的过程，将串 S 中从第 pos 个字符开始长度为 len 的字符序列复制到串 Sub 中。显然，本操作不会有需截断的情况，但有可能产生用户给出的参数不符合操作的初始条件，当参数非法时，返回 ERROR。其算法描述如下：

```
/* 将串 S 中从第 pos 个字符开始长度为 len 的字符序列复制到串 Sub 中 */
strtype  SubString (strtype *Sub, strtype *S, int pos, int len)
{    /* 用 Sub 返回串 S 第 pos 个字符起，长度为 len 的子串，其中 1≤pos≤StrLength(S)
且 0≤len≤S.length-pos+1 */
   int i;
  for (i=pos;i<pos+len;i++)
    Sub->ch[i-pos]=S->ch[i-1];
  Sub->length=len;
  Sub->ch[Sub->length]='\0';
 }
```

4. 求串长

```
int StrLength(strtype S)
  { return(S.length);
  }
```

5. 判断串相等

```
int StrEqual(strtype S, strtype T)
  { int i=0;
    if (S.length != T.length)
      return(0);
    else
      { for (i=0;i<S.length;i++)
          if (S.ch[i] != T.ch[i])
            return(0);
        return(1);
      }
   }
```

6. 串定位

```
int Index(strtype S,strtype T)
  { int pos,i,j;
    i=0;j=0;
    while (i<S.length && j<T.length)
      if (S.ch[i] == T.ch[j])
        { i++;
          j++;
        }
```

```
        else
          { i=i-j+1;
            j=0;
          }
      pos=i-j+1;
      if (j>=T.length)
        return(pos);
      else
        return(0);
    }
```

5.3　正文模式匹配

5.3.1　模式匹配

在计算机所处理的各类数据中，有很大一类属于正文数据，也常称为文本型数据，如各种文稿资料、源程序、上网浏览页面的 HTML 文件等。几乎在所有对正文进行编辑的软件中，都提供有“查找”的功能，即要求在正文串中，查询有没有和一个给定的串相同的子串，若存在，则屏幕上的光标移动到这个子串的起始位置。这个操作即为串的定位操作，通常称为正文模式匹配。

串的模式匹配又称为子串定位运算，是串上最重要操作。设 S 和 T 是两个给定串，S=‘$s_1s_2\cdots s_m$’,T=‘$t_1t_2\cdots t_n$’且 $0<n\leqslant m$，子串定位就是在主串 S 中找出一个与子串 T 相同的子串，把 S 称为主串，又称 T 为模式串。因此，将从主串 S 中查找模式串 T 的过程，称为模式匹配。模式匹配成功是指在 S 中找到子串 T(第一个子串)，不成功则是指在 S 中不存在子串 T。例如

```
S ='concatenation',T ='cat'
```

则称主串 S 中存在和模式串 T 相同的子串，起始位置为 4，即 Index(S,T,1)=4。

在 5.2.1 节中曾讨论了实现定位函数 Index(S,T,pos) 的算法，由于模式匹配是正文处理程序中应用最频繁的操作，因此通常应直接在相应的存储结构上实现。

正文模式匹配有多种算法，本文只介绍采用 C 语言中串的定长表示描述算法。

5.3.2　简单模式匹配算法

BF(Brute Force)算法即简单模式匹配算法，又称为朴素的模式匹配算法，其算法思路：从主串 S 中的第 1 个字符开始和模式串 T 的第 1 个字符比较，分别用 i 和 j 指示 S 串与 T 串中正在比较的字符位置。若相等，则继续逐个比较后续字符，否则从主串 S 的第 2 个字符开始重新与模式串 T 的第 1 个字符进行比较。依次类推，直到模式串中的每个字符依次和主串中一个连续字符序列相等，则匹配成功，返回模式串 T 中第 1 个字符在主串 S 中的位置；否则匹配失败，返回零值。该算法过程简单，易于实现，如图 5.4 所示为简单模式匹配过程。

设主串 S＝‘abdcabcefghijklm’，模式串 T＝‘abc’

第 1 趟匹配 a b d c a b c e f g h i j k l m　i=3
　　　　　　a b c　　　　　　　　　　　　　j=3　失败

第 2 趟匹配 a b d c a b c e f g h i j k l m　i=2
　　　　　　　a　　　　　　　　　　　　　　j=1　失败

第 3 趟匹配 a b d c a b c e f g h i j k l m　i=3
　　　　　　　　a　　　　　　　　　　　　　j=1　失败

第 4 趟匹配 a b d c a b c e f g h i j k l m　i=4
　　　　　　　　　a　　　　　　　　　　　　j=1　失败

第 5 趟匹配 a b d c a b c e f g h I j k l m　i=5
　　　　　　　　　　a b c　　　　　　　　　j=1　成功

图 5.4　简单模式匹配过程

主串 S 从第 1 个字符比较到第 3 个字符后，匹配不成功；S 中的第 2 个字符与 T 中的第 1 个字符开始比较，失败；再从 S 中的第 3 个字符开始，依次类推。此时算法的时间复杂度是 O(n* m)。

【算法 5.2】 简单的模式匹配算法。

```
int Index_BF(strtype S, strtype T)
/* S为主串、T为模式串，从主串S的第1个字符开始找首次与串T相等的子串 */
 { int i,j;    /* i,j为串数组的指针，分别指向主串S和模式串T当前待比较的字符位置 */
   int v;      /* v指向匹配成功的第1个字符 */
   i=0;
   j=0;
   while(i<=S.length && j<=T.length)
    { if(S.ch[i]==T.ch[j])
       {++i;++j}                    /* 继续匹配下一个字符 */
      else
       { i=i-j+1;                   /* 新一轮匹配开始，T.ch[0]对应S的开始比较位置 */
         j=0;
       }
    }
   if (j >= T.length)
     v= i-T.lengt+1;                /* 匹配成功，v指向匹配成功的第1个字符 */
   else
    v=0;
   return (v);
 }
```

5.4 串操作应用举例

【例 5.1】 编写算法，删除字符串 S 中第 pos 个字符开始的 len 个字符。字符串采用堆分配存储表示。

【算法分析】

首先判断字符串 S 中要删除的内容是否存在，若存在，则将第 pos+len−1 之后的字符依次前移 len 个位置，达到删除字符串 S 中第 pos 个字符开始的 len 个字符的效果。

堆分配存储结构如 5.1.3 节所定义。

```
int Delstr(Hstring S, int pos, int len)
  { if (pos+len<=S->length)
    { for (i=pos-1;i<=S->length-len;i++)
 /* 第pos+len-1之后的字符都前移len个位置 */
        S->ch[i]=S->[i+len];
      S->length=S->length-len;
      return(1);
    }
   else
     return(0);
  }
```

【例 5.2】 编写对串求逆的算法。

【算法分析】

将字符串 S 中所有字符按照相反顺序存放在 S 中，即将第一个字符与最后一个字符交换，第二个字符与倒数第二个字符交换，依次类推，将字符串 S 所有字符反序。

假设字符串 S 采用定长顺序存储表示。

```
strtype *exchange(strtype *S)
  { int i;
   char temp;
   for (i=0; i<(S->length/2); i++)
     { temp=S->ch[i];
       S->ch[i]= S->ch[S->length-i-1];
       S->ch[S->length-i-1]=temp;
     }
   return(S);
  }
```

【例 5.3】 如果字符串中一个子串(长度大于 1)的各个字符相同，称为等值子串。请设计算法：如果字符串 S 中存在等值子串，输出一个长度最大的等值子串，否则输出无等值子串信息。

【算法分析】

假设字符串 S 采用定长顺序存储表示，并用‘\0’作为结束符。该算法主要功能是在字符串上进行查找，并在查找过程中对等值字符进行统计。

```
void Maxeqstr(strtype *S, strtype *T) /* 由 S 得到最大等值子串，并赋给 T */
  { int i=0;
    int start1=start2=0;         /* start1 存放当前最大的等值子串的起始位置 */
    int len1=len2=1;             /* len1 是当前最大的等值子串 start1 的长度 */
    while (S->ch[i] != '\0')
      { i++;
        if (S->ch[i] == S->ch[start2])
          len2++;
        else
          { if (len2>len1)
              { start1=start2;
                len1=len2;
              }
            start2=i;
            len2=1;
          }
      }
    if (len1<2)
      printf("no equal Substring!\n");
    else
      { SubString (T,S,start1,len1);  /* 调用求子串函数求 S 串中的子串 T */
        printf("%s\n",T);
      }
  }
```

5.5 本 章 小 结

串是一种特殊的线性表，它的应用非常广泛，凡是涉及字符处理的领域都要使用串。很多高级语言都具有较强的串处理功能。

本章主要介绍串的有关概念、存储结构及串的基本运算和实现。堆结构存储方式的串既有顺序存储结构的特点，又有动态存储的特点，应用起来更为灵活，因此在串操作的应用中，经常用来存储串。本章要求掌握字符串的定长顺序存储方式和堆存储方式下的几种基本运算及其算法实现。

5.6 上 机 实 训

5.6.1 实训目的

(1) 掌握串的表示方法和存储结构；

(2) 掌握建立串的基本运算；

(3) 进一步加深对串的理解，培养用理论知识解决实际问题的能力。

5.6.2 实训例题

1. 求子串

【问题描述】

对一顺序串 s，求从第 i 个字符起，长度为 len 的子串 t。

【算法描述】

在前面本书介绍了求子串的算法，结合算法实现本题要求，对于起始位置为 i 的值、子串长度为 len 的值应满足求子串运算的要求。若能正确求出子串，则由函数返回该子串，否则，返回一空串。

【C 语言源程序】

```
#define Maxsize 20
#include <stdio.h>
typedef struct
{ char ch[Maxsize];
  int Length;
 }SeqString;
SeqString sub_string(SeqString s,int 1,int len)
{SeqString t;
 int j;
 if((s.Length-a<b)||(s.Length<a))
   {printf("This can not has a sub string!");
    exit(0);}
  for(j=0;j<len;j++,1++)
   t.ch[j]=s.ch[1];
   t.Length=j;
   return(t);
   }
main()
{  SeqString s,t;
   char c;
   int j;
   clrscr();
   j=0;
   printf("Input String S:");
   while((c=getchar())!='\n')
      s.ch[j++]=c;
   s.Length=j;
   t=sub_string(s,2,3);
   printf("The Sub String is:");
   for(j=0;j<t.Length;j++)
    printf("%c",t.ch[j]);
   }
```

2. 判断两个串是否相等

【问题描述】

判断两个串(主串 s 和模式串 t)是否相等。

【算法描述】

判断两个串是否相等，首先判断两个串的长度是否相等，若相等，再判断两个串中的对应位的字符是否相等，否则，返回两个串不相等的信息。

【C 语言源程序】

```
#define Maxsize 20
#include <stdio.h>
typedef struct                          /* 定义串的结构 */
{ char ch[Maxsize];
  int Length;
 }SeqString;
int equal(SeqString s,SeqString t)      /* 判断两个串相等的函数 */
 { int i;
   if(s.Length!=t.Length)
     return(0);
   else
     { for(i=0;i<s.Length;i++)
     if(s.ch[i]!=t.ch[i])
         return(0);
    return(1);
     }
   }
main()
 { SeqString s,t;
   char c;
   int i=0,j=0;
   printf("Input String S:");                    /* 输入串 s */
   while((c=getchar())!='\n')
       s.ch[i++]=c;
   s.Length=i;
   printf("Input string T:");                    /* 输入串 t */
   while((c=getchar())!='\n')
     t.ch[j++]=c;
   t.Length=j;
   if(equal(s,t)!=0)
     printf("The two strings is equal.\n");
    else
     printf("The two strings is not equal.\n");
   }
```

【思考题】

对上例加以改变，使之用于实现将串 s 中所有出现串 t 的部分用串 t 替换，若串 t 不是串 s 的子串，则返回一特殊标志。

3. 连接两个串

【问题描述】

已知有两个串 s 和 t，现将两个串联接生成一个新串 L。

【算法描述】

在进行两个串的连接运算之前，首先要求判断串 s 和串 t 做连接运算后新生成的串是否突破顺序串定义的最大长度。其次，要注意将两个串 s 和 t 的全部字符连接。

【C 语言源程序】

```
#define Maxsize 20
#include <stdio.h>
typedef struct                                          /* 定义串结构 */
 {char ch[Maxsize];
  int Length;
  }SeqString;
void concat(SeqString s,SeqString t,SeqString L)  /* 连接两串的函数 */
{int i;
 if(s.Length+t.Length<Maxsize)
  { for(i=0;i<s.Length;i++)
      L.ch[i]=s.ch[i];
    for(i=0;i<t.Length;i++)
      L.ch[i+s.Length]=t.ch[i];
    printf("The Concat String is:");
    for(i=0;i<s.Length+t.Length;i++)
      printf("%c",L.ch[i]);
   }
  else
   printf("The two strings can Not Concat!");
  }
 main()
 {SeqString s,t,L;
  void concat();
  int i,j;
  char c;
  i=j=0;
  printf("Input String s:");
  while((c=getchar())!='\n')                            /* 输入串 s */
    s.ch[i++]=c;
    s.Length=i;
  printf("Input String t:");
  while((c=getchar())!='\n')                            /* 输入串 t */
    t.ch[j++]=c;
    t.Length=j;
  concat(s,t,L);                                        /* 生成连接后的串 L */
  printf('\n');
  }
```

【思考题】

在上例的基础上，如何实现将两个串连接，并且除去两个串的首、尾空格。

4. 串的逆置

【问题描述】

实现链串逆置

【算法描述】

首先，假定链串的结点大小为1，即链串中每个结点的数据域中最多只存储一个字符；其次，关于链串的逆置与单链表的逆置类似，仅是链串中不含头结点。

【C语言源程序】

```
#include <stdio.h>
#define LEN sizeof(LinkStrNode)
typedef struct node                                    /* 链串中的结点类型定义 */
{ char data;
  struct node *next;
 }LinkStrNode;
typedef LinkStrNode *LinkString;
LinkString init_string()                               /* 创建链串函数 */
{LinkString p,q,s;
 char ch;
 ch=getchar();
 if(ch!='\n')
  { s=(LinkString)malloc(LEN);
    s->data=ch;
    s->next=NULL;
    p=s;}
  else { printf("The Input String is error!\n");
     exit(0);}
 while((ch=getchar())!='\n')
  { q=(LinkString)malloc(LEN);
    q->data=ch;
    q->next=p->next;
    p->next=q;
    p=p->next;
     return(s); }
void out_string(LinkString s)                          /* 输出链串函数 */
{ LinkString p;
  p=s;
  while(p)
   { printf("%c",p->data);
    p=p->next;}
  printf("\n");
  }
LinkString contray_string(LinkString s)   /* 链串逆置函数 */
{ LinkString p,q;
  p=s;
  s=NULL;
  while(p)
  {  q=p;
     p=p->next;
     q->next=s;
     s=q;
     return(s);}
  }
main()                                                 /* 主函数 */
{  LinkString s=NULL,p;
```

```
    clrscr();
    printf("Input a String:");
    s=init_string();
    printf("The String is:");
    out_string(s);
    pcontray_string(s);
   printf("\nThe Contray String is:");
    out_string(p);
  }
```

【思考题】

编写一个算法，实现顺序串的逆置。

5.7 习题与上机操作

1. 选择题

(1) 若串 str='abcdefg'，其子串的个数是________。

A. 14　　B. 26　　C. 28　　D. 7

(2) 由零个或多个字符组成的有限序列称为________。

A. 数组　　B. 线性表　　C. 列　　D. 串

(3) 已知字符串 S="ABC"，则串长为________。

A. 2　　B. 3　　C. 4　　D. 1

(4) 已知字符串 S="FCEDADCFCDCF"，T="FCEDADCFCDC"，则 StrCompare (S, T)的结果为________。

A. 0　　B. 1　　C. 11　　D. FALSE

(5) 已知 char s1[30]="Stocktom,CA", s2[30]="March 5 1999", s3[30], *p;执行语句 p=strchr(s1,'t')后，p 的值是________。

A. p==&s1[1]　　B. P==s1　　C. P==s2　　D. P==s1[1]

(6) 已知 S="1986"，函数 strchr(s,"8")的值是________。

A. 1　　B. 2　　C. 3　　D. 4

(7) 已知 char s1[30]="Stocktom,CA", s2[30]="March 5 1999", s3[30], *p;在执行下列语句 strcpy(s3,s1)，s3 的值是________。

A. "Stocktom,CA"　　B. "Stocktom"　　C. NULL　　D. 5

(8) 已知 char s1[30]="Stocktom,CA", s2[30]="March 5 1999", s3[30], *p;在执行下列语句 strcat(s1,",")，s3 的值是________。

A. ","　　B. "Stocktom,CA,"

C. "Stocktom,Ca"　　D. NULL

(9) 已知 char s1[30]="Stocktom,CA", s2[30]="March 5 1999", s3[30];在执行下列语句 strcat(s3,",")；strcat(s1,s2)；s1 的值是________。

A. " Stocktom,CA March 5 1999"　　B. "Stocktom,CAMarch 5 1999"

C. "Stocktom,CA，March 5 1999"　　D. NULL

(10) 已知 char s1[30]="Stocktom,CA", s2[30]="March 5 1999"; strlen(strcat(s1,s2))的返回值是______。

A. "Stocktom,CAMarch 5 1999"　　B. "Stocktom,CA，March 5 1999"

C. 23　　D. 24

2. 填空题

(1) 空串是______________________________。

(2) 空白串是______________________________。

(3) 串的存储方式分____________和____________。

(4) 主串是______________________________。

(5) 字符串的存储可以通过____________的方法静态存储。

(6) ____________存储方式易于实现插入、删除操作。

(7) 子串是______________________________。

(8) 目标串和模式串在________________串运算中提到。

(9) 字符在序列中的序号称为____________________。

(10) 当且仅当两个串的__________相等，并且__________相等，我们称为两串相等。

3. 简答题

(1) 两串可以比较大小吗？什么情况两串相等？

(2) 字符位置是什么？子串位置指的什么？

(3) 写出串的链式存储表示的定义。

4. 操作题

(1) 若 S 和 T 是用结点大小为 1 的单链表存储的两个串，试设计一个算法找出 S 中第一个不在 T 中出现的字符。

编程提示：

查找过程是这样的，取 S 中的一个字符(结点)，然后和 T 中所有的字符一一比较，直到比完仍没有相同的字符时，查找过程结束，否则再取 S 中下一个字符，重新进行上述过程。

(2) 一算法 void StrReplace(char *T, char *P, char *S), 将 T 中首次出现的子串 P 替换为串 S。注意：S 和 P 的长度不一定相等。可以使用已有的串操作。

编程提示：

由于 S 和 P 的长度不一定相等，所以在替换时可能要移动字符元素。可以用到前面设计的一系列算法。

第6章 数　　组

教学提示：数组是相同类型数据元素的序列，是常见的数据结构之一。几乎所有程序设计语言都把数组类型设定为固定类型。数组可以看成是线性表的推广，线性结构是原子类型的，而数组的数据结构是结构化类型的，即元素的值是可以再分解的。

本章首先介绍数组的定义及基本运算，然后介绍数组的存储结构，最后讨论两种特殊矩阵、稀疏矩阵及其存储方法。

教学要求：

(1) 理解数组类型的特点及其在高级编程语言中的存储表示和实现方法。

(2) 掌握数组在以行为主的存储表示中的地址计算方法。

(3) 了解对称、三角两种特殊矩阵及其存储方法。

(4) 理解稀疏矩阵的存储压缩方法的特点及其适用范围，掌握以三元组表示稀疏矩阵时进行矩阵运算所采用的处理方法。

6.1 数组的基本概念

6.1.1 数组的定义及逻辑结构

数组是由一组类型相同的数据元素构成的有限序列，且该有限序列存储在一块地址连续的内存单元中。数据元素可以是整数、实数等简单类型，也可以是数组等构造类型。数据元素在数组中的相对位置是由其下标来确定的。若数组只有一个下标，称为一维数组。如果把一维数组中数据元素的下标顺序变成线性表中的序号，则一维数组就是一个线性表。当一个数组的每一个数据元素都含有两个下标，称为二维数组。如图 6.1 所示，就是一个 m 行 n 列的二维数组。

$$A_{m\times n}=\begin{pmatrix} a_{11} & a_{12} & \cdots & a_{1n} \\ a_{21} & a_{22} & \cdots & a_{2n} \\ \vdots & \vdots & \vdots & \vdots \\ a_{m1} & a_{m2} & \cdots & a_{mn} \end{pmatrix}$$

图 6.1　m 行 n 列的二维数组

数组是一个固定格式和数量的数据有序集，每一个数据元素用唯一的一组下标标识。所以，在数组上不能做插入、删除数据元素的操作。通常在各种高级语言中数组一旦定义，每一维的大小和上下界都不能改变。在数组中通常做下面两种操作。

(1) 取值操作：给定一组下标，找到对应的数据元素。

(2) 赋值操作：给定一组下标，存储或修改与其相对应的数据元素。

本书主要研究二维数组，因为二维数组应用最广泛。

6.1.2　数组的顺序存储结构

在内存中，使用一段连续的存储单元来表示数组，称为数组的顺序分配。也就是说，用一维数组来表示多维数组，以线性表作为数组的存储结构。

由于数组类型不作插入和删除的操作，因此只需要通过顺序映像得到它的存储结构，即借助数据元素在存储器中的相对位置来表示数据元素之间的逻辑关系。

对于一维数组，按下标顺序分配即可。对于多维数组，把它的数组元素存储在一维存储器中，通常有两种存储方法：一是以行(序)为主(序)的存储方法，如 BASIC、PASCAL 和 C 语言等程序设计语言中用的是以行为主的存储方法，即一行分配完接着分配下一行。另一种是以列(序)为主(序)的存储方法，如 FORTRAN 语言用的就是以列为主的存储方法，即一列一列地分配。如图 6.2 所示为二维数组的两种存储方式。

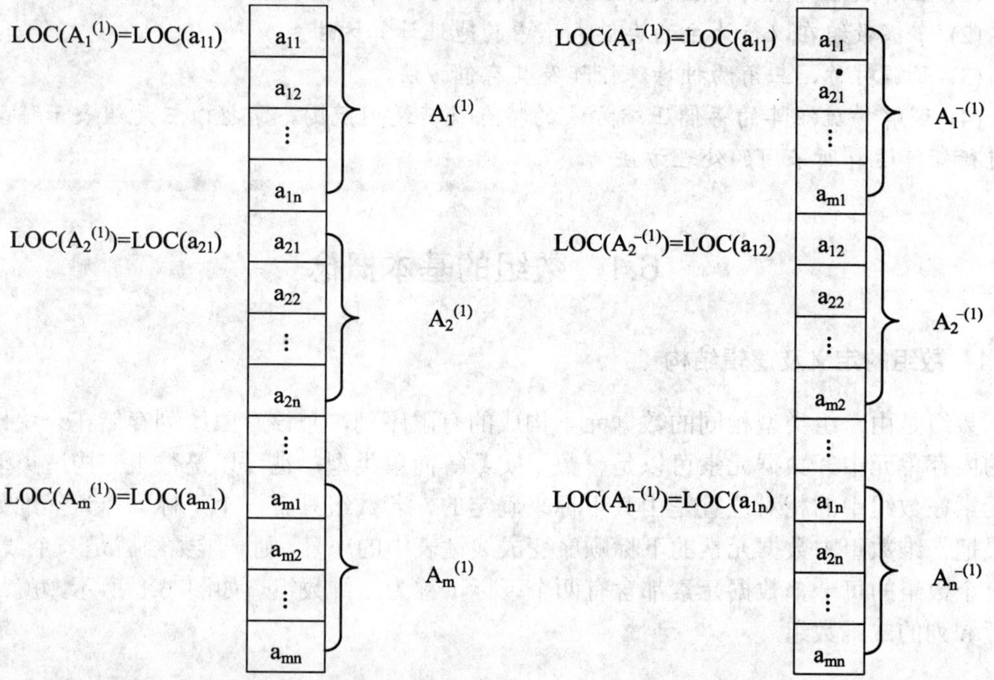

$A^{(2)}=(A_1^{(1)},\ A_2^{(1)},\ \cdots,\ A_m^{(1)})$

$A_i^{(1)}=(a_{i1},\ a_{i2},\ \cdots,\ a_{in})$

(a) 以行序为主序

$A^{(2)}=(A_1^{-(1)},\ A_2^{-(1)},\ \cdots,\ A_n^{-(1)})$

$A_j^{-(1)}=(a_{1j},\ a_{2j},\ \cdots,\ a_{mj})$

(b) 以列序为主序

图 6.2　二维数组的两种存储方式

对于数组，一旦规定了维数和各维的长度，便可为它分配存储空间。反之，只要给出一组下标便可求得相应数组元素的存储位置。

假设每个数据元素占 L 个存储单元，设有一维数组 A(n)，任意数据元素 a_i 的存储位置可用下列公式计算：

$LOC(a_i)=LOC(a_0)+i\times L$　　/* 假设数组的下标界从 0 开始 */

设有 $m \times n$ 的二维数组 $A_{m\times n}$，假设每个数据元素占 L 个存储单元，则任意元素 a_{ij} 按以行为主的存储方法存储，物理地址可用下列公式计算：

$$LOC(a_{ij})=LOC(a_{11})+((i-1)\times n+j-1)\times L$$

这是因为数组元素 a_{ij} 的前面有 i-1 行，每一行的元素个数为 n，在第 i 行中 a_{ij} 的前面有 j-1 个数组元素。在 C 语言中，数组中每一维下标界从 0 开始，则

$$LOC(a_{ij})=LOC(a_{00})+(i\times n+j)\times L$$

推广到一般的二维数组：A[c1…d1][c2…d2]，其中 c1、c2 表示起始行、起始列，d1、d2 表示行数和列数。则 a_{ij} 的物理地址计算函数为

$$LOC(a_{ij})=LOC(a_{c1c2})+((i-c1)\times(d2-c1+1)+(j-c2))\times L$$

同理，对于三维数组 $A_{m\times n\times p}$，对于数组元素 a_{ijk} 的物理地址计算函数为

$$LOC(a_{ijk})=LOC(a_{111})+((i-1)\times n\times p+(j-1)\times p+k-1)\times L$$

【算法 6.1】 试设计算法在 O(n)时间内将数组 A[1…n]划分为左右两个部分，使得左边的所有元素值均为奇数，右边的所有元素值均为偶数，要求所使用的辅助存储空间大小为 O(1)。

```
void part(int A[],int n)
 { int i=0, j=n-1, k;
  while (i<j)
    { while (A[i]%2 != 0)
        i=i+1;                          /* 当A[i]是奇数，数组A左边递增 */
        while (A[j]%2 !=1)
        j=j-1;                /* 当A[i]是偶数，数组A右边递减 */
      if (i<j)
       { k=A[i];
         A[i]=A[j];
         A[j]=k;
         i++;
         j--;
        }
     }
  }
```

【算法 6.2】 已知二维数组 $A_{m\times n}$，求当 m=n 时，对角线上所有数组元素的和。基本思路：本题中一条对角线是 a_{ii}，其中($0\leqslant i\leqslant m-1$)，另一条对角线是 $a_{i,\,m-i-1}$，其中 ($0\leqslant i\leqslant m-1$)，用循环判断实现，算法如下：

```
#define MAX 20;
void proc(int A[] [] , int m, int n)     /* m、n是数组的行和列 */
 {int i,s;
  if (m!=n)
    printf("m≠n");
  else
   {s=0;
    for (i=0;i<m;i++)
      s=s+A[i][i];                              /* 求第一条对角线之和 */
    for (i=0;i<n;i++)
      s=s+A[i][n-i-1];                          /* 累加第二条对角线之和 */
```

```
        printf("s=%4d\n",s);
        }
    }
main()
    {int m,n,i,j;
     int A[MAX][MAX];
     printf("m,n=");
     scanf("%d,%d",&m,&n);
     for (i=0;i<m;i++)                /* 建立数组 A */
       for (j=0;j<n;j++)
         scanf("%d",&A[i][j]);        /* 按行输入数组 A 各数组元素 */
      proc(A,m,n);                    /* 调用 proc 过程 */
     }
```

6.2 矩阵的压缩存储

矩阵是很多科学与工程计算中的数据对象。在数据结构中，感兴趣的不是矩阵本身，而是如何存储矩阵的元素，使数据的各种运算能有效地进行。

在高级语言编程过程中，通常使用二维数组存储矩阵。在数值分析中经常出现一些维数很高的矩阵，同时在矩阵中有很多值相同的元素或者是零元素。这类矩阵通常称为特殊矩阵。为了节省存储空间，可以对这类矩阵进行压缩存储。

压缩存储是指为多个值相同的元素只分配一个存储空间，而对零元素不分配存储空间。压缩存储必须能体现矩阵的逻辑结构。

下面讨论几种特殊矩阵的压缩存储结构。

6.2.1 对称矩阵的压缩存储

1. 对称矩阵

若一个 n 阶矩阵 A 中的元素满足下列性质：

$$a_{ij}=a_{ji} \qquad 0\leqslant i,\quad j\leqslant n-1$$

则称为 n 阶对称矩阵。如图 6.3 所示是一个 4 阶对称矩阵。

$$A=\begin{pmatrix}1&2&3&4\\2&1&4&3\\3&4&1&4\\4&3&4&1\end{pmatrix}$$

图 6.3　4 阶对称矩阵

2. 对称矩阵的存储

对于对称矩阵，可以为每一对对称矩阵元素分配一个存储空间，也就是将 n^2 个元素压缩存储到 n(n+1)/2 个单元，节约了 n(n−1)/2 个存储单元。当 n 较大时，节约的是很可观的一部分存储资源。

一般情况下，以行序为主序存储其下三角(包括对角线)中的元素。

在下三角矩阵中共有 n(n+1)/2 个元素，假设以一维数组 B[n(n+1)/2]作为 n 阶对称矩阵 A 的存储结构，则 B[k]和矩阵中的元素 a_{ij} 之间存在以下一一对应关系：

$$k=\begin{cases} i(i+1)/2+j & \text{当} i\geqslant j \\ j(j+1)/2+i & \text{当} i<j \end{cases}$$

对于任意给定的一组下标(i,j)，均可在 B 中找到矩阵元素 a_{ij}＝B[k]。其中，i≥j 是上三角对称矩阵的对应关系；i<j 是上三角对称矩阵的对应关系。如图 6.4 所示给出了下三角对称矩阵以行序为主序的顺序存储的对应关系。

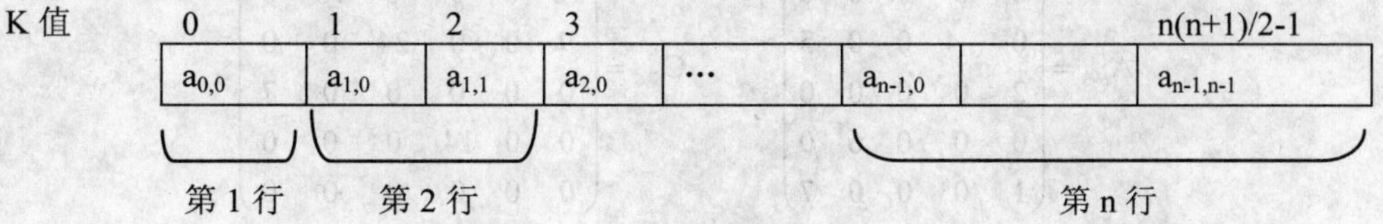

图 6.4　对称矩阵的压缩存储

6.2.2　三角矩阵的压缩存储

1. 三角矩阵

1) 下三角矩阵

一个 n 阶方阵，其主对角线的右上方元素均为零元素或常数 c 的矩阵，即当 i<j 时，a_{ij}=0 或 c，如图 6.5(a)所示。

2) 上三角矩阵

一个 n 阶方阵，其主对角线的左下方元素均为零元素或常数 c 的矩阵，即当 i>j 时，a_{ij}=0 或 c，如图 6.5(b)所示。

$$M=\begin{pmatrix} 6 & 0 & 0 & 0 & 0 \\ 2 & 3 & 0 & 0 & 0 \\ 4 & 5 & 8 & 0 & 0 \\ 1 & 2 & 7 & 9 & 0 \\ 5 & 1 & 6 & 0 & 8 \end{pmatrix} \qquad N=\begin{pmatrix} 6 & 2 & 3 & 4 & 5 \\ c & 4 & 5 & 6 & 3 \\ c & c & 8 & 9 & 7 \\ c & c & c & 1 & 0 \\ c & c & c & c & 9 \end{pmatrix}$$

(a) 下三角矩阵　　(b) 上三角矩阵

图 6.5　三角矩阵

2. 三角矩阵的存储

对于三角矩阵，除了和对称矩阵一样，只存储矩阵的下(上)三角中元素之外，再加上一个常数 c 的存储空间即可。

6.3　稀疏矩阵

6.3.1　稀疏矩阵的概念

如果矩阵中的非零元素的个数远远小于矩阵元素的总数，这样的矩阵称为稀疏矩阵，如图 6.6 所示。对于稀疏矩阵如果用二维数组表示，显然会造成存储空间的浪费，故要对它进行压缩存储。

怎样判断一个矩阵是稀疏矩阵？一般，一个阶数较大的矩阵中的非零元素个数相对于矩阵的总个数十分少时，就可以把该矩阵称为稀疏矩阵。如图 6.6 所示矩阵 A 和 C，在 30、36 个元素中只有 7、8 个非零元素，显然非零元素个数相对于矩阵的总个数较少，是稀疏矩阵。

$$A_{6\times5}=\begin{pmatrix}3&0&0&0&0\\0&0&0&0&0\\0&-4&0&0&5\\2&0&0&0&0\\0&0&0&6&0\\1&0&0&0&7\end{pmatrix}\qquad C_{6\times6}=\begin{pmatrix}0&0&3&0&0&15\\12&0&0&0&18&0\\9&0&0&24&0&0\\0&0&0&0&0&7\\0&0&14&0&0&0\\0&0&0&0&0&0\end{pmatrix}$$

图 6.6　稀疏矩阵 A 和 C

在矩阵中，每一个数组元素均可用它的行下标和列下标唯一确定其位置，如果只需要存储稀疏矩阵中非零元素，用二维数组表示，会造成存储空间的浪费。为此提出另一种存储方法，但稀疏矩阵中非零元素分布没有规律，为了能找到相应的元素，仅存储非零元素的值是不够的，还要记下它所在的行号和列号，于是采取如下存储方法：线性表中的每个结点对应稀疏矩阵的一个非零元素，其中包括 3 个字段，分别为该元素的行下标、列下标和值，结点间的次序按矩阵的行优先顺序排列(跳过零元素)。另外，用第 0 行的第 1 个元素存储矩阵中非零元素的行数目，第 0 行的第 2 个元素存储矩阵中非零元素的列数目，第 0 行的第 3 个元素存储矩阵中非零元素的数目，这个线性表用顺序的方法存储在连续的存储区里，构成一个三元组结构体(i,j,v)，这种方法可以节省存储空间，如图 6.7 所示为稀疏矩阵 A 所对应的三元组表。

A	i	j	v
0	6	5	7
1	1	1	3
2	3	2	−4
3	3	5	5
4	4	1	2
5	5	4	6
6	6	1	1
7	6	5	7

图 6.7　稀疏矩阵 A 对应的三元组表

三元组的类型定义：

```
#define MAX 1024                /* 最大非零元素个数 */
typedef struct{                 /* 非零元素所在行列 */
  int i,j;                      /* 非零元素的值 */
  elemtype v;
```

```
}Pnode;                          /* 存储非零元素的三元组结构体类型 */
typedef struct{
    int rows,cols,terms;         /* 矩阵的行、列及非零元素的实际个数 */
    Pnode data[MAX+1];           /* 三元组表，data[0]未用 */
  }PMatrix;                      /* 稀疏矩阵的三元组表存储类型 */
```

这种存储方法的思路：用一个一维数组存储稀疏矩阵的非零元素。

6.3.2　稀疏矩阵的转置

对于一个 m×n 的矩阵 A，它的转置矩阵 B 是一个 n×m 的矩阵，且 A(i,j)=B(j,i)，其中 1≤i≤m，1≤j≤n。

【算法 6.3】 将 6.3.1 节中稀疏矩阵 A 转置为如图 6.8 所示的稀疏矩阵 B 及 B 对应的三元组表算法。

$$B=\begin{pmatrix}3&0&0&2&0&1\\0&0&-4&0&0&0\\0&0&0&0&0&0\\0&0&0&0&6&0\\0&0&5&0&0&7\end{pmatrix}$$

图 6.8　稀疏矩阵 A 的转置矩阵 B

【算法分析】

对比 A 和 B，B 的行数、列数和非零元的个数等于 A 的列数、行数和非零元的个数，且 B 中的每个非零元和 A 中的非零元相比，它们的值相同，但行列号互换。由于三元组表中元素的顺序约定为以行序为主序，即在 B 中非零元的排列次序是以它们在 A 中的列号为主序的。因此转置的主要操作就是要确定 A 中的每个非零元在 B 的三元组顺序表中的位序，即分析两个矩阵中值相同的非零元分别在 A->data 和 B->data 中的位序之间的关系是什么。

【算法思路】

(1) 求矩阵 A 的每一列中非零元的个数；

(2) 确定矩阵 B 的每一行中第一个非零元在 B->data 中的序号；

(3) 将 A->data 中每个元素依次复制到 B->data 中相应位置。

```
void  transpose(PMatrix A, PMatrix &B)
  int col, p、q、t      /* 采用三元组顺序表存储表示，求稀疏矩阵 A 的转置矩阵 B */
  elemtype num[MAX], rpos[MAX];
  {B.rows = A.cols;
   B.cols = A.rows;
   B.terms = A.terms;
   if (B.terms)
     {for (col=1; col<=A.cols; ++col)
       num[col] = 0;                              /* 初始化 */
      for (t=1; t<=A. terms; ++t)
        ++num[A.data[t].j];                       /* 求 A 中每一列所含非零元的个数 */
      /* 求第 col 列中第一个非零元素在 B.data 中的序号 */
      rpos[1] = 1;
      for (col=2; col<=A.cols; ++col)
```

```
        rpos[col] = rpos[col-1] + num[col-1];
        /* B中每一行的第一个非零元在B.data中的序号 */
      for (p=1; p<=A.terms; ++p)          /* 转置矩阵元素 */
        { col = A.data[p].j;
          q = rpos[col];
          B.data[q].i =A.data[p].j;
          B.data[q].j =A.data[p].i;
          B.data[q].v =A.data[p].v;
          ++rpos[col];
        }
      }
    }
```

上述算法的时间复杂度为O(A.cols+A.terms)。

6.4 本 章 小 结

本章的学习，主要是了解数组的类型定义及其在高级语言中实现的方法。数组作为一种数据类型，它的特点是一种多维的线性结构，并只进行存取或修改某个元素的值，因此它只需要采用顺序存储结构。

矩阵问题是科学计算中常遇到的问题，在数据结构中，矩阵通常采用数组结构存储，一些特殊矩阵也采用压缩存储方式。

对于稀疏矩阵，如果采用二维数组表示，会造成存储空间的浪费，需要对它进行压缩存储，难点是稀疏矩阵在压缩存储表示下实现的算法，本章介绍采用三元组表表示法对其进行处理。

6.5 上 机 实 训

6.5.1 实训目的

(1) 掌握一维、二维数组的实际应用；
(2) 掌握特殊矩阵的压缩存储；
(3) 掌握稀疏矩阵的三元组表表示方法及将其转化为三元组表示算法。

6.5.2 实训例题

1. 编写一个算法，找出二维数组 $A_{m\times n}$ 中的所有鞍点

【问题描述】

鞍点是指：若数组 $A_{m\times n}$ 中存在某个元素 a_{ij}，a_{ij} 是第 i 行上最大，在第 j 列上最小，则称 a_{ij} 为数组A的一个鞍点。

【算法描述】

在二维数组A中求出每一行的最大元素，然后判断其是否是它所在列中的最小值，若

是则打印输出为鞍点，接着处理下一行，如果没有鞍点，输出提示信息。

【C 语言源程序】

```
#include <stdio.h>
#define N 10
#define M 10
void saddle(int A[M][N],int m,int n)
  {int i,j,k,max,maxj,flag1,flag2;
   flag2=0;                          /* flag2 作为数组中是否有鞍点的标志 */
   for (i=0;i<m;i++)
     {max=A[i][0];
      for (j=1;j<n;j++)
        if (A[i][j]>max)
          {max=A[i][j];              /* 找第 i 行第 j 列为第 i 行中的最大值 */
           maxj=j;
          }
       for (k=0,flag1=1;k<m && flag1;k++)
        /* flag1 作为行中的最大值是否就是鞍点的标志 */
          if (max>A[k][maxj])        /* 判断行中的最大值是否也是列中最大值 */
            flag1=0;
        if (flag1)
         {printf("\n%4d%4d%4d\n",i,maxj,max);
          flag2=1;
         }
      }
     if(!flag2)
       printf("\nNOT!\n");
  }  /* saddle */
 main()   /* 主函数 */
   { int i,j,m,n,A[M][N];
     /* 输入二维数组 A */
     printf("please input line:");
     scanf("%d",&m);
     printf("please input row:");
     scanf("%d",&n);
     printf("please input array:\n");
     for (i=0;i<m;i++)
       for (j=0,j<n;j++)
         {printf("please input A[%2d][%2d]:",i,j);
          scanf("%d",&A[i][j]);
         }
      printf("\n");
      /* 输出二维数组 A */
      printf("array:\n");
      for (i=0;i<m;i++)
        { for (j=0;j<n;j++)
            printf("%d\t",A[i][j]);
          printf("\n");
        }
      saddle(A,m,n);/* 寻找鞍点 */
    }
```

2. 三角矩阵

【问题描述】

设已知一个 n×n 的上三角矩阵 x 如图 6.9 所示，其上三角元素已按行序为主序连续存放在数组 y 中。请设计一个函数 tran，将数组 y 中元素按列序为主序连续存放在数组 z 中。

$$x=\begin{pmatrix}1&2&3&4&5\\0&6&7&8&9\\0&0&10&11&12\\0&0&0&13&14\\0&0&0&0&15\end{pmatrix}$$

图 6.9　上三角矩阵 x

y=(1,2,3,4,5,6,7,8,9,10,11,12,13,14,15)

z=(1,2,6,3,7,10,4,8,11,13,5,9,12,14,15)

【算法分析】

解题思路为：用 i 和 j 表示矩阵 x 中元素的行和列下标。用 k 表示矩阵 y 中元素的下标，初始时 i=1,j=1,k=1；将 y[k]=x[i,j]元素存放在 z[j(j−1)+i]中，且当一行没有结束时 j++，否则 i++并修改下一行元素的个数及 i 和 j 的值，直到 k=n(n+1)/2 为止。

【C 语言源程序】

```
#include <stdio.h>
#define N 5
void tran(int y[ ],int n,int z[ ])
  /* 将 y 中元素按列主序连续存放到数组 z 中 */
  { int k,step=n,count=0,i=0,j=0;
    for (k=0;k<n*(n+1)/2;k++)
      { count++;              /* 记录一行是否读完 */
        z[j*(j+1)/2+i]=y[k];
        if (count==step)      /* 一行读完，下一行的行元素个数，行列下标均改变 */
          { step--;
            count=0;
            i++;
            j=i;
          }
         else j++;
      }
    }
main()  /* 主函数：先将 x[n,n]按行序为主序存储在数组 y 中 */
{ int x[N][N],y[N*(N+1)/2],z[N*(N+1)/2],*p=z;
  int i,j,k=0,n=N;
  clrscr();
  for (i=0;i<n;i++)
    for (j=0;j<n;j++)
      x[i][j]=0;            /* 将矩阵 x 置零 */
  printf("please input non zero data of Matrix on line:\n");
  for (i=0;i<n;i++)
```

```
    for (j=I;j<n;j++)
      scanf("%d",&x[i][j]);      /* 按行输入矩阵 x 的非零元素 */
  for (i=0;i<n;i++)
    { for (j=0;j<n;j++)
        printf("%4d",x[i][j]);      /* 输出矩阵 x */
      printf("\n");
    }
  for (i=0;i<n;i++)
    for (j=i;j<n;j++)
      { y[k]=x[i][j];            /* 将矩阵 x 按行序输入数组 y */
        k++;
      }
  for (i=0;i<n*(n+1)/2;i++)
    printf("%4d",y[i]);          /* 输出数组 y */
  printf("\n");
  tran(y,n,p);                  /* 调用函数，将数组 y 中元素按列主序存放在数组 z */
  for (i=0;i<n*(n+1)/2;i++)
    printf("%4d",z[i]);          /* 输出数组 z */
  printf("\n");
}
```

3. 稀疏矩阵问题

【问题描述】

输入一个稀疏矩阵 A，(1)将其转化为三元组的表示形式；(2)在三元组存储矩阵中查找值为 x 的结点是否存于矩阵 A 中，如果存在，输出其位置，否则输出“不存在”提示信息。

【算法描述】

稀疏矩阵用二维数组 A 进行存储，三元组用结构体 B 表示。先将 A 数组中的非 0 元素及它所在的行、列位置信息按行优先顺序存储到 B 中，然后再在 B 中查找值为 x 的结点所在位置，如果存在，输出其位置，否则输出“不存在”提示信息。

【C 语言源程序】

```
#include <stdio.h>
#define MAX 100
typedef int Elemtype;
typedef struct
  { int i,j;
    Elemtype v;
   }Pnode;
typedef struct
  { int rows,cols,terms;
    Pnode data[MAX+1];
   }PMatrix;
PMatrix B;                    /* B 是产生的与 A 相对应的三元组表，将 B 定义为全局变量*/
void crt_matrix(int A[][MAX],int m,int n)
/* 将稀疏矩阵 A 转化为三元组 B 的表示形式*/
  { int i,j,k=1;
    for (i=1;i<=m;i++)     /* 按行优先顺序扫描数组 A 中元素，不为 0 的存入 B 中 */
        for (j=1;j<=n;j++)
```

```
        if (A[i][j]!=0)
            { B.data[k].i=i;
              B.data[k].j=j;
              B.data[k].v=A[i][j];
              k++;
            }
        B.rows=m;
        B.cols=n;
        B.terms=k-1;
      printf("the Matrix-B:\n");
      printf("%4d%4d%4d\n",B.rows,B.cols,B.terms);
      for (i=1;i<=B.terms;i++)
        printf("%4d%4d%4d\n",B.data[i].i,B.data[i].j,B.data[i].v);
  }
int searchval(int x)
  {int flag=0;,t=1;   /* flag 为是否找到 x 标志，t 中存放稀疏矩阵中非 0 元素个数 */
   while (t <= B.terms)
     {if (B.data[t].v == x)
       {printf("The %d is in row:%2d and col:%2d\n",x,B.data[t].i,B.data[t].j);
        flag=1;
       }
      t++;
     }
   if (flag)
    return(1);
   else
     {printf("The %d, is not in the Matrix-A\n",x);
      return(0);
     }
  }
main()
  { int m,n,i,j,x;
    int A[MAX][MAX];
    clrscr();
    printf("please input row,col:");
    scanf("%d,%d",&m,&n);
    printf("please input the Matrix-A:\n");
    for (i=1;i<=m;i++)                    /* 输入稀疏矩阵 A 中各元素 */
      for (j=1;j<=n;j++)
        { printf("please input A[%2d][%2d]:",i,j);
          scanf("%d",&A[i][j]);
        }
    printf("the Matrix-A:\n");
    for (i=1;i<=m;i++)                    /* 输出稀疏矩阵 A */
      { for (j=1;j<=n;j++)
          printf("%4d",A[i][j]);
        printf("\n");
      }
     crt_matrix(A,m,n);   /* 调用函数转化为三元组 B */
     printf("please input x=");
```

```
    scanf("%d",&x);
    searchval(x);       /* 调用函数，在三元组中查找数据为 x 的结点是否存在 */
  }
```

【思考题】

如何将 6.3.2 节中【算法 6.3】上机调试完成？

4. 解决 Josephus 问题

【问题描述】

设有 n 个人围坐一圈，现从第 a 个人(a<n)开始报数，数到 b(b<n)的人出列，然后从出列的下一个人重新开始报数，数到 b 的人出列，……，如此反复，直到所有的人都出列。

【算法描述】

用一维数组 num 存储围坐的 n 个人(用序号表示)，对于任意给定的 a 和 b 值，按出列顺序将数组 num 中的 n 个人重新置入数组 out 中，输出数组 out 即为出列次序。

【C 语言源程序】

```
#include <stdio.h>
#define MAX 50  /* 确定数组大小 */
main()  /* 主函数 */
  { int i,j,k,n,a,b,count;
    int num[MAX],out[MAX];
    clrscr();
    printf("please input number of man:");
    scanf("%d",&n);
    printf("please input the start:");
    scanf("%d",&a);
    printf("please input the end:");
    scanf("%d",&b);
    for (i=0;i<n;i++)
      num[i]=i+1;              /* 从 1 到 n 给每人编号 */
    i=a-1;                     /* i 为循环计次变量 */
    j=0;                       /* j 为出列计次变量 */
    k=0;                       /* k 为按 1,2,3 报数时的计次变量 */
    count=0;                   /* count 为退出人数 */
    while (count<n)
      { if (num[i]!= 0)
          k++;
        if (k == b)     /* 将退出的人的编号置为 0 */
          { out[j]=num[i];
            j++;
            num[i]=0;
            k=0;
            count++;
          }
         i++;
         if (i == n)
           i=0;        /* 报数到尾后，i 恢复为 0 */
      }
    printf("output list:\n");
```

```
    for (j=0;j<n;j++)
      printf("%4d",out[j]);
    printf("\n");
  }
```

6.6 习题与上机操作

1. 选择题

(1) 设一个具有 t 个非零元素的 m×n 大小的稀疏矩阵，采用顺序存储，求其转置矩阵的普通转置算法的时间复杂度为________。

A. O(1)　　B. O(n)　　C. O(n+t)　　D. O(n×t)

(2) 数组 S[-3…5, 0…10]含有元素数目为________。

A. 88　　B. 99　　C. 80　　D. 90

(3) 将一个 A[1…100][1…100]的上三角矩阵，按行优先存入一维数组 B[1…198]中，A 中元素 A[66,65]在数组 B 中的位置 k 为________。

A. 198　　B. 197　　C. 195　　D. 194

(4) 二维数组 A[10…20, 5…10]采用行序方式存储，每个数据元素占 4 个存储单元，且 A[10,5]的存储地址为 1000，则 A[20,9]的地址为________。

A. 1216　　B. 1212　　C. 1368　　D. 1364

(5) 一个 n×n 的对称矩阵，如果以行或列为主序采用压缩存储，其容量为________。

A. n×n　　B. n×n/2　　C. (n+1)×n/2　　D. (n+1)×(n+1)/2

(6) 稀疏矩阵是指________。

A. 行、列数很少的矩阵　　B. 有少量零元素的矩阵

C. 有少量非零元素的矩阵　　D. 元素少的矩阵

(7) 存取数组中任一元素的时间都是相等的，这种存取方式为________。

A. 顺序存取　　B. 随机存取　　C. 线性存取　　D. 非线性存取

(8) 设矩阵 A 是对称矩阵($a_{ij}=a_{ji}$，1≤i，j≤8)，若每个矩阵元素占 3 个单元，将其上三角部分(包括对角线)按行序为主序存放在数组 A 中，A 的首地址为 100，则矩阵元素 a_{67} 的地址为________。

A. 131　　B. 132　　C. 192　　D. 193

(9) 设 n 阶方阵是一个上三角矩阵，则需存储的元素个数为________。

A. n　　B. n^2　　C. n(n+1)　　D. n(n+1)/2

(10) 存取数组中任一元素的时间都是相等的，这种存取方式为________存取方式。

A. 顺序　　B. 随机　　C. 线性　　D. 非线性

(11) 设一个具有 t 个非零元素的 m×n 大小的稀疏矩阵，采用顺序存储，求其转置矩阵的普通算法的时间复杂度为________。

A. O(m)　　B. O(n)　　C. O(n+t)　　D. O(n×t)

2. 填空题

(1)　数组结构是由固定数量的且由一个值和一组下标组成的数据元素构成，其元素间的下标关系是________。

(2)　顺序存储的数组是一种________存取结构。

(3)　________是指非零元素或零元素的分布有一定规律的矩阵。

(4)　已知二维数组 A[m][n]，采用行序为主序存储方式，每个元素占 k 个单元，并且第一个元素的存储地址为 Loc(A[0][0])，则 A[i][j]的地址为________。

(5) 三元组表是________的一种顺序存储结构。

(6) 多个值相同的元素只分配一个存储空间，零元素不分配空间，称为________。

(7) 数组 A 中每个元素占 4 存储单元，行下标 i 从 1 到 8，列下标 j 从 1 到 10，首地址为 1000，按列优先方式存放，元素 A[6][4]的起始地址为________。

(8) 下三角矩阵 A[n][n]的下三角部分按行优先逐行存储到一维数组 B[1…n(n+1)/2]中，则 A[i][j]对应的 B 中的存储地址为________。

(9) 数组元素间的关系由________来限定。

(10) 假设一个 10 阶的下三角矩阵 A 按列优先顺序压缩存储在一维数组 B 中，则数组 B 的大小应为________。

(11) 一维数组的存储结构为________，逻辑结构为________；对于二维数组来说，分为按照________和________两种不同的存储方式。

3. 简答题

(1) 给出 C 语言的三维数组地址计算公式。

(2) 设有二维数组 A(6×5)，每个元素占 4 个字节存储，A[0][0]的起始地址为 1000，请计算：

① 数组 A 的存储量。

② 数组的最后一个元素 A[5][4]的起始地址。

③ 按行优先存放时，元素 A[1][4]的起始地址。

④ 按列优先存放时，元素 A[4][3]的起始地址。

(3)　若稀疏矩阵 A 中非零元素顺序存储于向量 V 中，且用二维数组 B 表示它们在 A 中的位置，即

$$B(i,j)=\begin{cases}0 & \text{当}A(i,j)=0\text{时}\\ 1 & \text{其他条件}\end{cases}$$

稀疏矩阵 A 和向量 V 如图 6.10 所示。

$$A=\begin{pmatrix}1&0&0&0&0&0&1&0\\0&0&0&0&0&0&0&0\\0&0&1&0&0&0&0&0\\0&0&0&1&0&0&0&0\\0&0&0&0&0&0&0&1\end{pmatrix}\qquad V=(6,-3,5,2,1)$$

图 6.10　稀疏矩阵 A 和向量 V

试计算：

① 向量的每个元素占用 2 个字节，求存储如图 6.10 所示的稀疏矩阵共用多少内存空间。

② 若存储具有 t 个非零元素的 m×n 阶稀疏矩阵，每个元素占用 2 个字节，求共占用多少空间。

③ 当 $m=n=10^3$，非零元素 t=100 时，用三元组表存储，每个信息占用 2 个字节，求共占用多少空间。

4. 操作题

(1) 设计一个算法，将数组 A[0…n−1]中的元素循环右移 k 位，要求只用一个元素大小的附加存储空间。

编程提示：

问题中的 n 个数据元素循环右移 k 位，其结果是 A[0]移至 A[k]处，A[1]移至 A[k+1]处……若不考虑元素交换次数的多少，则可以将该问题转化为元素一次移一位，满足于只用一个辅助空间，共移 k 次，因此采用一个循环来实现 k 次移动。

(2) 设二维数组 A[m][n](m≤80，n≤80)，先输入 m 和 n 的值，接着输入全部元素的值，请编写求从 A[0][0]开始互不相邻的各元素之和的算法。

编程提示：

互不相邻是指上、下、左、右、对角线均不相邻，即求第 0，2，4，… 的各行中第 0，2，4，… 列的所有元素之和。

第 7 章　树和二叉树

教学提示：树形结构是一类重要的非线性结构，在这种结构中一个结点最多只能有一个直接前驱，但可有 0 个或多个后继。直观地看，树是以分支关系定义的层次结构。树形结构在日常生活中广泛存在，如社会组织机构、家族关系，且在计算机领域也有广泛的应用，如文件系统、编译系统、目录组织等方面。

教学要求：

(1) 掌握树的定义与二叉树的性质。

(2) 掌握二叉树的存储结构及二叉树的先序、中序、后序遍历算法。

(3) 掌握树与二叉树的转换方法。

(4) 掌握哈夫曼树的构造方法及在日常生活中的应用。

7.1　树的定义和表示方法

7.1.1　树的定义

树是由 n ($n \geqslant 0$)个结点构成的有限集合，n=0 时，称为空树。在任意一棵非空树中：

(1) 有且仅有一个称之为根的结点；

(2) 除根结点外，其余结点分成 m(m>0)个互不相交的有限集合 $T_1, T_2, T_3, \cdots, T_m$，其中每一个集合又都是一棵树，称 $T_1, T_2, T_3, \cdots, T_m$ 为根结点的子树。

可见树的定义是一个递归定义，它反映了树的固有特性，因为一棵树是由根和它的子树构成，而子树又由子树的根和更小的子树构成。树的表示形式如图 7.1 所示。

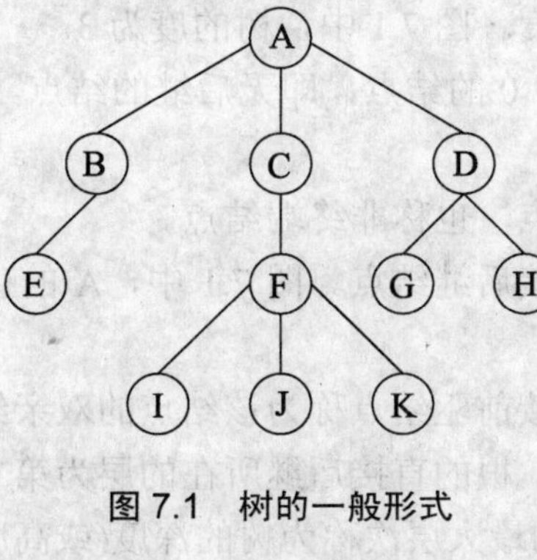

图 7.1　树的一般形式

在图 7.1 所示的树中，A 是根结点，其余结点分成三个互不相交的子集：S_1={B，E}，S_2={C,F,I,J,K}，S_3={D,G,H}，这三个集合分别构成了 A 的三棵子树；在 S2 构成的子树中，C 是根结点，C 又具有一棵子树，F 是 C 子树的根结点，而 F 又有三棵子树，子树树根分别为 I，J，K。对于 I，J，K，它们的子树均为空。

下面给出树的抽象数据类型定义。

```
ADT Tree
```

数据对象 D：一个集合，该集合中的所有元素具有相同的特性。

数据关系 R：若 D 为空集，则为空树。若 D 中仅含有一个数据元素，则 R 为空集，否则 R={H}，H 是如下的二元关系。

(1) 在 D 中存在唯一的称为根的数据元素 root，它在关系 H 下没有前驱；

(2) 除 root 外，D 中每个结点在关系 H 下都有且仅有一个前驱。

树的基本操作如下：

(1) InitTree(T)，初始化一棵树 T 为空树；

(2) ClearTree(T)，若树 T 已存在，则将它置空，使之成为一棵空树；

(3) EmptyTree(T)，判断一棵已存在的树 T 是否是空树，若是返回 1，否则返回 0；

(4) Root(T)，返回树 T 的根；

(5) Child(T, a, i)，返回树 T 中结点 a 的第 i 个孩子结点；

(6) Parent(T, a)，返回树 T 中结点 a 的双亲结点；

(7) Degree(T, a)，返回树 T 中结点 a 的度数；

(8) Depth(T)，返回树 T 的高度(深度)；

(9) NumofNode(T)，返回树 T 中所含结点的个数；

(10) PreOrder(T)，输出树 T 先序遍历的结果；

(11) PostOrder(T)，输出树 T 后序遍历的结果；

(12) DestroyTree(T)，销毁一棵已存在的树 T。

7.1.2　树的常用术语

结点：包含一个数据元素及若干指向其他结点的分支信息。

结点的度：一个结点的子树个数。图 7.1 中，A 的度为 3，B 的度为 1。

树的度：树中结点的最大度。图 7.1 中，树的度为 3。

终端结点(叶子结点)：度为 0 的结点，即无后继的结点。图 7.1 中，E、I、J、K、G、H 都是叶子结点。

分支结点：度不为 0 的结点，也称非终端结点。

孩子结点：一个结点的直接后继结点。图 7.1 中，A 的孩子结点有 B、C、D，B 的孩子结点为 E。

双亲结点：一个结点的直接前驱结点称为该结点的双亲结点。

结点的层次：根为第一层，根的直接后继所在的层为第二层，以此类推。

树的深(高)度：树中结点的最大层次称为树的深度(或高度)。

兄弟结点：同一双亲结点的孩子结点之间互称兄弟结点。

祖先结点：一个结点的祖先是从根到该结点所经分支上的所有结点。图 7.1 中，K 的祖先结点有 A、C、F。

子孙结点：以某结点为根的子树中的任一结点都称为该结点的子孙结点。

有序树：结点的子树从左到右有顺序，否则，称为无序树。图 7.2 中的两棵树，若看成是有序树，它们是不等价的；若看成是无序树，两者相等。

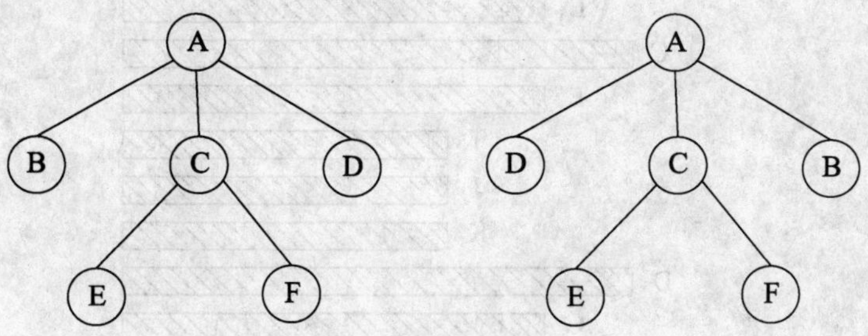

图 7.2　有序树和无序树的比较

森林：若干棵的互不相交的树的集合就是森林，一棵树除去根结点后的子树集合也是森林。

7.1.3　树的表示方法

树有树形结构表示法、括号表示法、凹入表示法和嵌套集合表示法四种形式。

(1) 树形结构表示法：类似自然界倒长的树，如图 7.1 所示。

(2) 嵌套集合表示法：是一些集合的集体，对于其中任何两个集合，或者不相交，或者一个包含另一个的表示法。对于图 7.1 所示的树，用嵌套表示法如图 7.3 所示。

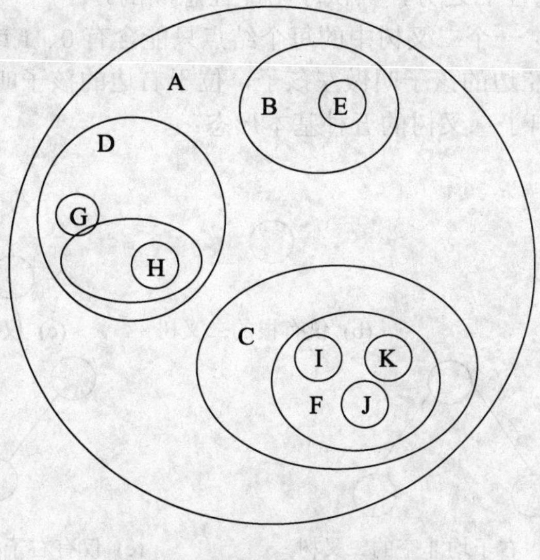

图 7.3　嵌套集合表示法图

(3) 括号表示法：是以广义表的形式表示的，根作为由子树组成的表的名字写在表的左边。对于如图 7.1 所示的树，用括号表示法为

(A(B(E)，C(F(I，J，K))，D(G，H)))

(4) 凹入表示法：根的长度总是大于子树根的长度，且同层子树长度相同，类似书的编目。对于如图 7.1 所示的树，用凹入表示法如图 7.4 所示。

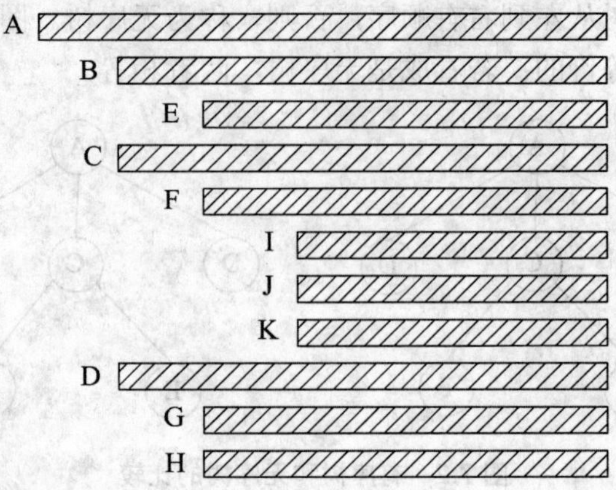

图 7.4　凹入表示法

7.2　二　叉　树

7.2.1　二叉树的定义

把满足以下两个条件的树形结构叫做二叉树：

(1) 每个结点至多只有二棵子树(每个结点的度都不大于 2)；

(2) 二叉树的子树有左右之分，其次序不能任意颠倒。

由此定义可以看出，一个二叉树中的每个结点只能含有 0、1 或 2 个孩子，而且每个孩子有左右之分。把位于左边的孩子叫做左孩子，位于右边的孩子叫做右孩子。

如图 7.5 所示，给出了二叉树的五种基本形态：

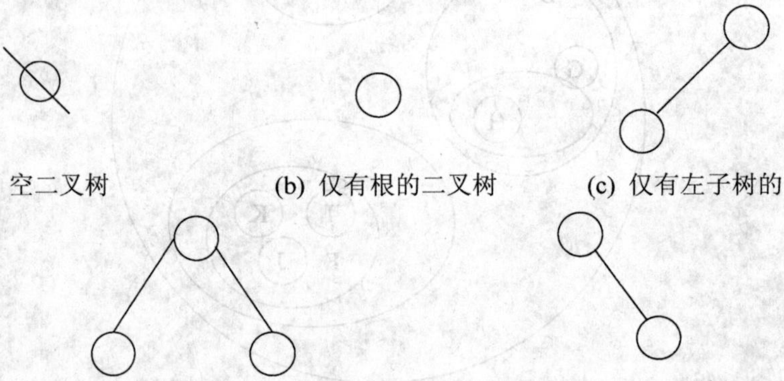

(a) 空二叉树　(b) 仅有根的二叉树　(c) 仅有左子树的二叉树

(d) 左、右子均非空的二叉树　(e) 仅有右子树二叉树

图 7.5　二叉树的基本形态

由于二叉树是一种特殊的树，故前面所介绍的有关树的术语都适用于二叉树。

7.2.2　二叉树的性质

性质 1　在二叉树的第 i 层上至多有 2^{i-1} 个结点(i≥1)。

证明：用数学归纳法。

归纳基础：当 $i=1$ 时，整个二叉树只有一根结点，此时 $2^{i-1}=2^0=1$，结论成立。

归纳假设：假设 $i=k$ 时结论成立，即第 k 层上结点总数最多为 2^{k-1} 个。

现证明当 $i=k+1$ 时，结论成立：

因为二叉树中每个结点的度最大为 2，则第 k+1 层的结点总数最多为第 k 层上结点最大数的 2 倍，即 $2\times2^{k-1}=2^{(k-1)+1}$，故结论成立。

性质 2　深度(高度)为 k 的二叉树最大结点数为 $2^k-1(k>0)$。

证明：深度为 k 的二叉树，若要求结点数最多，则必须每一层的结点数都为最多，由性质 1 可知，最大结点数应为每一层最大结点数之和。即为 $2^0+2^1+\cdots+2^{k-1}=2^k-1$。

性质 3　对任意一棵二叉树，如果叶子结点个数为 n_0，度为 2 的结点个数为 n_2，则有 $n_0=n_2+1$。

证明：设二叉树中度为 1 的结点个数为 n_1，根据二叉树的定义可知，该二叉树的结点数 $n=n_0+n_1+n_2$

又因为在二叉树中，度为 0 的结点没有孩子，度为 1 的结点有 1 个孩子，度为 2 的结点有 2 个结孩子，故该二叉树的孩子结点数为

$$n_0\times0+n_1\times1+n_2\times2$$

而一棵二叉树中，除根结点外所有结点都为孩子结点，故该二叉树的结点数应为孩子结点数加 1，即

$$n=n_0\times0+n_1\times1+n_2\times2+1$$

因此，有

$$n=n_0+n_1+n_2=n_0\times0+n_1\times1+n_2\times2+1$$

最后得到 $n_0=n_2+1$。

为继续给出二叉树的其他性质，先定义两种特殊的二叉树。

满二叉树：深度为 k 且有 2^k-1 个结点的二叉树，称为满二叉树。在满二叉树中，每层结点都是满的，即每层结点都具有最大结点数 2^{k-1} 个。如图 7.6 所示的二叉树，即为一棵满二叉树。

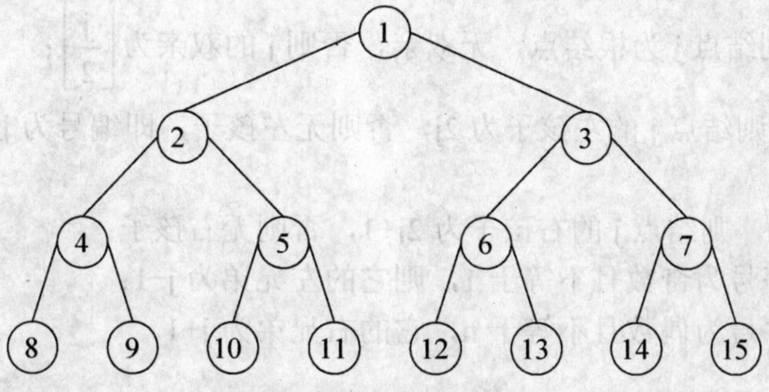

图 7.6　满二叉树

满二叉树的顺序表示，即从二叉树的根开始，层间从上到下，层内从左到右，逐层进行编号(1, 2, ···, n)。例如图 7.6 所示的满二叉树的顺序表示为(1, 2, 3, 4, 5, 6, 7, 8, 9, 10, 11, 12, 13, 14, 15)。

完全二叉树：根据满二叉树的编号原则，深度为 k，结点数为 n 的二叉树，如果其结

点 1～n 的位置序号分别与满二叉树的结点 1～n 的位置序号一一对应，则为完全二叉树，如图 7.7 所示。满二叉树必为完全二叉树，而完全二叉树不一定是满二叉树。

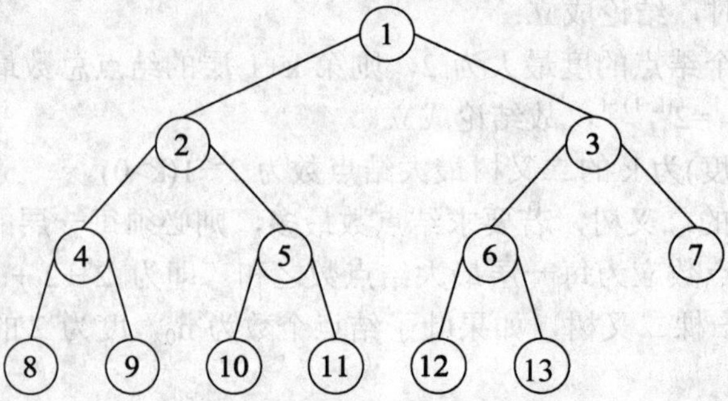

图 7.7　完全二叉树

性质 4　具有 n 个结点的完全二叉树的深度为 $\lfloor \log_2 n \rfloor + 1$。其中 $\lfloor x \rfloor$ 表示不大于 x 的最大整数。

证明：假设 n 个结点的完全二叉树的深度为 k，根据性质 2 可知，k−1 层满二叉树的结点总数为

$$n_1=2^{k-1}-1$$

k 层满二叉树的结点总数为

$$n_2=2^k-1$$

显然有 $n_1<n\leqslant n_2$，进一步可以推出 $n_1+1\leqslant n<n_2+1$

将 $n_1=2^{k-1}-1$ 和 $n_2=2^k-1$ 代入上式，可得 $2^{k-1}\leqslant n<2^k$，即 $k-1\leqslant \log_2 n<k$。

因为 k 是整数，所以 $k-1=\lfloor \log_2 n \rfloor$，$k=\lfloor \log_2 n \rfloor+1$，故结论成立。

性质 5　如果将一棵有 n 个结点的完全二叉树从上到下，从左到右对结点编号为 1，2，…，n，然后按此编号将该二叉树中各结点顺序地存放于一个一维数组中，并简称编号为 j 的结点为 j($1\leqslant j\leqslant n$)，则有如下结论成立：

(1) 若 j=1，则结点 j 为根结点，无双亲，否则 j 的双亲为 $\left\lfloor \frac{j}{2} \right\rfloor$；

(2) 若 $2j\leqslant n$，则结点 j 的左孩子为 2j，否则无左孩子，即编号为 j 且满足 $2j>n$ 的结点为叶子结点；

(3) 若 $2j+1\leqslant n$，则结点 j 的右孩子为 2j+1，否则无右孩子；

(4) 若结点 j 序号为奇数且不等于 1，则它的左兄弟为 j−1；

(5) 若结点 j 序号为偶数且不等于 n，它的右兄弟为 j+1。

7.2.3　二叉树的存储结构

二叉树的存储结构有两种形式：顺序存储结构和链式存储结构。

1. 顺序存储结构

此结构是将二叉树的所有结点，按照一定的次序，存储到一片连续的存储单元中。因此，必须将结点排成一个适当的线性序列，使得结点在这个序列中的相应位置能反映出结

点之间的逻辑关系。这种结构特别适用于完全二叉树。

在一棵具有 n 个结点的完全二叉树中，从树根起，自上层到下层，逐层从左到右给所有结点编号，就能得到一个足以反映整个二叉树结构的线性序列，如图 7.8 所示。

因此，可以对树的类型作如下说明：

```
#define MAX 50
typedef struct
  { ElementType  a[MAX];
     int  count;}BinTree;
```

在结构体类型中，count 成员项用于记录完全二叉树中结点的个数。

将数组下标作为结点名称(编号)，就可将二叉树中所有结点的标号存储在一维数组中。例如，图 7.8 中的二叉树的顺序存储结构如图 7.9 所示。

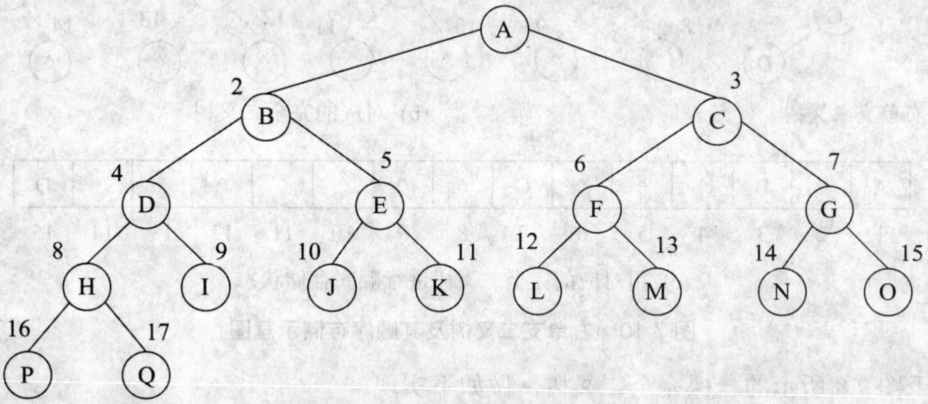

图 7.8　完全二叉树的结点编号

A	B	C	D	E	F	G	H	I	J	K	L	M	N	O	P	Q
1	2	3	4	5	6	7	8	9	10	11	12	13	14	15	16	17

图 7.9　完全二叉树的顺序存储示意图

在二叉树的这种表示方式下，各结点之间的逻辑关系是隐含表示的。完全二叉树中，除最下面一层外，各层都充满了结点。除最底层外，每一层的结点个数恰好是上一层结点个数的 2 倍。因此，从一个结点的编号就可推知其双亲，左、右孩子和兄弟等结点的编号。例如，对于结点 i 有：

(1) 仅当 i=1 时，结点 i 为根结点；

(2) 当 i>1 时，结点 i 的双亲结点为 $\left\lfloor \frac{i}{2} \right\rfloor$；

(3) 结点 i 的左孩子结点为 2i；

(4) 结点 i 的右孩子结点为 2i+1；

(5) 当 i 为奇数且不为 1 时，结点 i 的左兄弟结点为 i−1；

(6) 当 i 为偶数时且小于 n 时，结点 i 的右兄弟结点为 i+1。

由上述关系可知，完全二叉树中结点的层次关系足以反映结点之间的逻辑关系。因此，对完全二叉树而言，顺序存储结构既简单又节省存储空间。

对于一般的二叉树，采用顺序存储时，为了能用结点在数组中的位置来表示结点之间的逻辑关系，也必须按完全二叉树的形式来存储树中的结点。显然，这将造成存储空间的浪费。在最坏情况下，一个只有 k 个结点的右单枝树却需要 2^k-1 个结点的存储空间。例如，只有 4 个结点的右单枝二叉树，添上一些实际不存在的虚结点后，成为一棵完全二叉树，要占用的存储单元个数为 15，如图 7.10 所示。

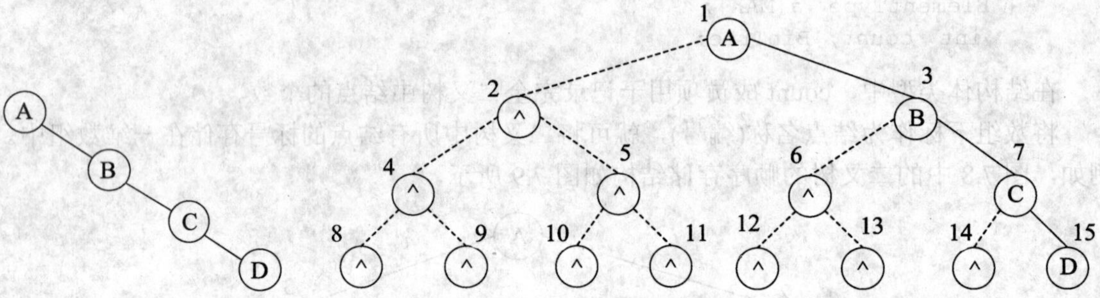

(a) 右单支二叉树　　　(b) 对应的完全二叉树

A	^	B	^	^	^	C	^	^	^	^	^	^	^	D
1	2	3	4	5	6	7	8	9	10	11	12	13	14	15

(c) 用对应的完全二叉树进行顺序存储状态

图 7.10　右单支二叉树及其顺序存储示意图

对于图 7.8 所示的一棵完全二叉树，做如下实现。

(1) 给出某一结点编号 x，求出该结点的左孩子。算法如下：

【算法 7.1】

```
typedef char ElementType
ElementType LChild(BinTree BT,int x)
  {if(x>=1&&2*x<=BT.count)
     return(BT.a[2*x-1];
  else
   {printf("该结点无左孩子");
    return ('#');                /* 用#表示孩子为空 */
   }
  }
```

(2) 给出某一结点的编号 x，求出该结点的双亲。算法如下：

【算法 7.2】

```
ElementType  Parent(BinTree BT,int x)
  {
   if (x<=1||x>BT.count)
    {printf("树中无此结点或无双亲结点");
     return ('#');}
   else
     return(BT.a[x/2-1]);
  }
```

顺序存储方式对于一棵完全二叉树来说非常方便，但对于一般的二叉树，空间的浪费太大，这是顺序存储结构的一大缺点。为解决这一问题，可用链式存储结构来存储树。

2. 二叉链表存储结构

1) 二叉链表表示

将一个结点分成三部分，一部分存放结点本身信息，另外两部分为指针，分别存放左、右孩子的地址。结点形式如下所示：

LChild	Data	RChild

对于图 7.11 所示二叉树，用二叉链表形式描述，如图 7.12 所示。

(a) 完全二叉树　　　　　　　　　　(b) 非完全二叉树

图 7.11　两种不同类型的树

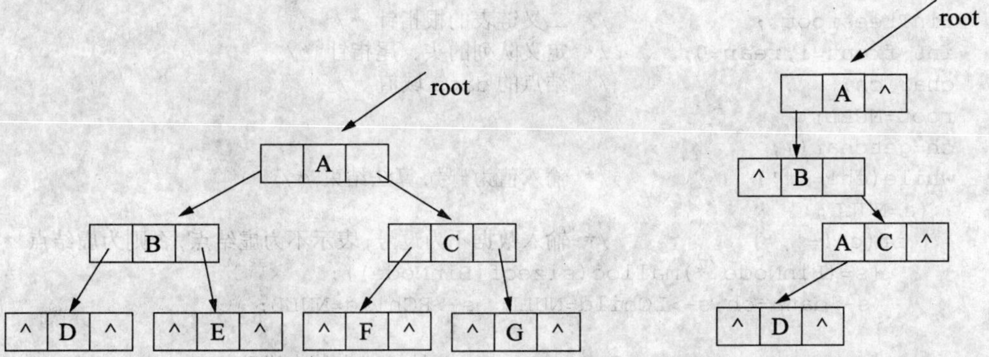

(a) 完全二叉树的二叉链表表示法　　　　　　(b) 非完全二叉树的二叉链表表示法

图 7.12　二叉树的二叉链表表示法

对于一棵二叉树，若采用二叉链表存储时，当二叉树为非完全二叉树时，比较方便，若为完全二叉树时，将会占用较多存储单元(存放地址的指针)。若一棵二叉树有 n 个结点，采用二叉链表作存储结构时，共有 2n 个指针域，其中只有 n−1 个指针指向左右孩子，其余 n+1 个指针为空。

2) 二叉链表的数据类型

数据类型描述如下：

```
typedef  struct  node
  { ElementType  data;
   struct  node  *LChild,*RChild;
  }BinNode,*BinTree;
```

3) 二叉链表的建立

为了用二叉链表表示一棵二叉树，在此介绍建立二叉链表的算法(假设 ElementType 为 char 型)。假设二叉链表的数据类型描述如刚才所述，为建立二叉链表，用一个一维数组来模拟队列，存放输入的结点，但是，输入结点时，必须按完全二叉树形式，才能使结点间满足性质 5，若为非完全二叉树，则必须给定一些假想结点(虚结点)，使之符合完全二叉树形式。为此，在输入结点值时，存在的结点则输入它对应的字符，不存在的结点(虚结点)，输入逗号，最后以一个特殊符号“#”作为输入的结束，表示建二叉链表已完成。建成的二叉链表可以由根指针 root 唯一确定。算法描述如下：

【算法 7.3】

```
#include <stdio.h>
typedef char Elementype;
typedef  struct  node
  {ElementType  data;
   struct  node  *LChild,*RChild;
  }BinNode, *BinTree;
```

建立树的函数如下：

```
BinTree Create()
  {BinTree q[100],s;
  /* 定义 q 数组作为队列存放二叉链表中结点，100 为最大容量，s 为二叉链表中的结点* /
   BinTree root ;            /* 二叉链表的根指针 */
   int front=1,rear=0;       /* 定义队列的头、尾指针 */
   char ch;                  /* 结点的 data 域值 */
   root=NULL;
   ch=getchar();
   while(ch!='#')            /* 输入值为#号,算法结束 */
     {s=NULL;
      if(ch!=',')            /* 输入数据不为逗号,表示不为虚结点,否则为虚结点 */
        {s=(BinNode *)malloc(sizeof(BinNode));
         s->data=ch;s->LChild=NULL; s->RChild=NULL;
        }
      rear++;q[rear]=s;                /* 新结点或虚结点进队 */
      if(rear==1)
         root=s;
      else
        {if((s!=NULL)&&(q[front]!=NULL))
           { if(rear%2==0)             /* rear 为偶数,s 为双亲左孩子 */
                q[front]->LChild=s;
             else                      /* rear 为奇数,s 为双亲右孩子 */
                q[front]->RChild=s;
           }
         if(rear%2==1)
           front++;                    /* 出队 */
        }
      ch=getchar();
     }
   return root;
  }
```

例如，对图 7.13(a)所示的二叉树，建立的二叉链表如图 7.14 所示。

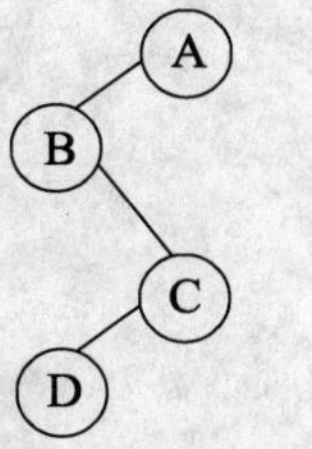

(a) 非完全二叉树

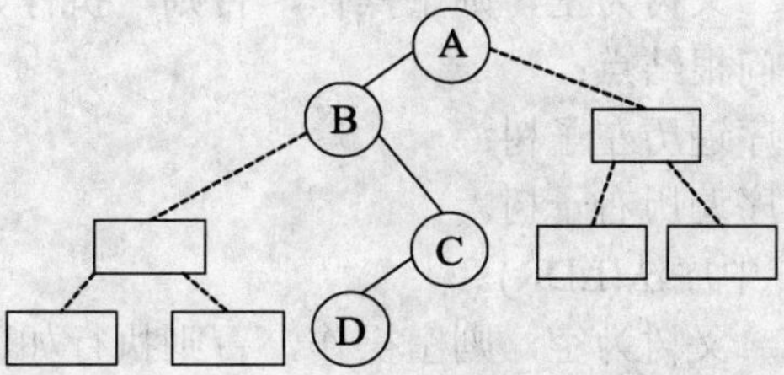

(b) 增加虚结点后假想为完全二叉树

图 7.13　一般二叉树

对图 7.13(a)所示的二叉树，要用算法建成图 7.14 所示的二叉树链表，从键盘输入的数据应为：AB,,C,,,,D#↙ 其中“#”为输入结束，“↙”为回车符。

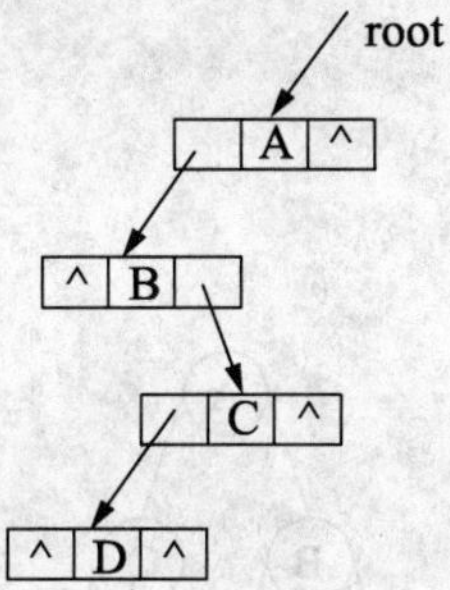

图 7.14　用上述算法建立的二叉链表

7.2.4　二叉树的遍历

二叉树的遍历，是指按一定的规律，访问二叉树的结点，使每个结点被访问一次，且只被访问一次。访问的内容包括查询某元素、修改某元素、输出某元素的值，以及对元素作某种运算等。

遍历的过程就是把非线性结构的二叉树中的结点排成一个线性序列的过程。

从二叉树结构的整体看，二叉树可以分为根结点、左子树和右子树三部分，只要遍历了这三部分，也就遍历了整个二叉树。

设 D 表示根结点，L 表示左子树，R 表示右子树，则对二叉树的遍历顺序有如下六种方式：

(1) 访问根，遍历左子树，遍历右子树，记作 DLR；

(2) 访问根，遍历右子树，遍历左子树，记作 DRL；

(3) 遍历左子树，访问根，遍历右子树，记作 LDR；

(4) 遍历左子树，遍历右子树，访问根，记作 LRD；

(5) 遍历右子树，访问根，遍历左子树，记作 RDL；

(6) 遍历右子树，遍历左子树，访问根，记作 RLD。

日常习惯中，访问顺序一般按先左后右的顺序。若限定先左后右，则只有 DLR，LDR，LRD 三种，分别称为先序法(先根次序法)，中序法(中根次序法)，后序法(后根次序法)。三种遍历的递归算法如下。

1) 先序法(DLR)

若二叉树为空，则空操作，否则，执行如下三个操作：

访问根结点；

先序遍历左子树；

先序遍历右子树。

2) 中序法(LDR)

若二叉树为空，则空操作，否则执行如下三个操作：

中序遍历左子树；

访问根结点；

中序遍历右子树。

3) 后序法(LRD)

若二叉树为空，则空操作，否则执行如下三个操作：

后序遍历左子树；

后序遍历右子树；

访问根结点。

有一棵二叉树，如图 7.15 所示：

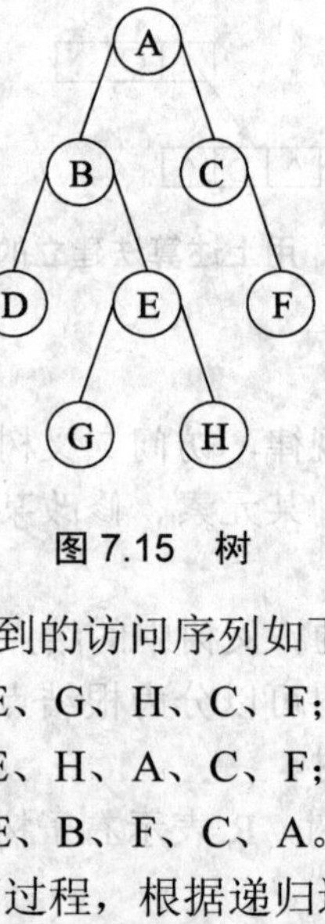

图 7.15　树

则其按先序、中序、后序遍历得到的访问序列如下。

(1) 先序遍历序列：A、B、D、E、G、H、C、F；

(2) 中序遍历序列：D、B、G、E、H、A、C、F；

(3) 后序遍历序列：D、G、H、E、B、F、C、A。

来分析图 7.14 所示树的先序遍历过程，根据递归遍历定义：

(1) 访问树根 A，遍历树 A 的左子树 B，由于 B 是子树树根，访问树根 B，再遍历树 B 的左子树，由于树 D 是子树树根，访问树根 D，遍历树 D 的左子树结果树 D 的左子树为空，则已遍历完树 D 左子树，再遍历树 D 的右子树，为空，则相对于树 B 的左子树 D 遍历完；

(2) 再遍历树 B 的右子树 E，E 为右子树树根，访问 E 后，遍历树 E 的左子树 G，访问左子树树根 G，遍历以 G 为根的树的左子树为空，遍历以 G 为根的树的右子树为空，此时树 E 的左子树遍历完；

(3) 再遍历树 E 的右子树 H，访问根 H，遍历以 H 为根的树的左子树为空，遍历以 H 为根的树的右子树为空，此时树 E 右子树遍历完；

(4) 以 E 为根树的右子树也遍历完，此时以 B 为根的子树已全部遍历完，即 A 的左子树遍历完；再遍历树 A 的右子树 C；访问右子树树根 C，遍历以 C 为根的树的左子树为空，C 的左子树遍历完；

(5) 再遍历 C 的右子树 F，访问右子树树根 F，遍历以 F 为根的树的左子树为空，遍历以 F 为根的树的右子树为空，此时树 F 遍历完，即以 C 为根的子树全部遍历完；

(6) 此时树 A 的右子树已全部遍历完，即树 A 全部遍历完。

所以得到结点的访问序列为 A、B、D、E、G、H、C、F。

同样，根据树的中序、后序的递归遍历算法，可得到树的中序、后序遍历序列如上所示。

用二叉树可以表示数学表达式，如 a+b×(c−d)−e/f，其二叉树的表示形式可如图 7.16 所示。

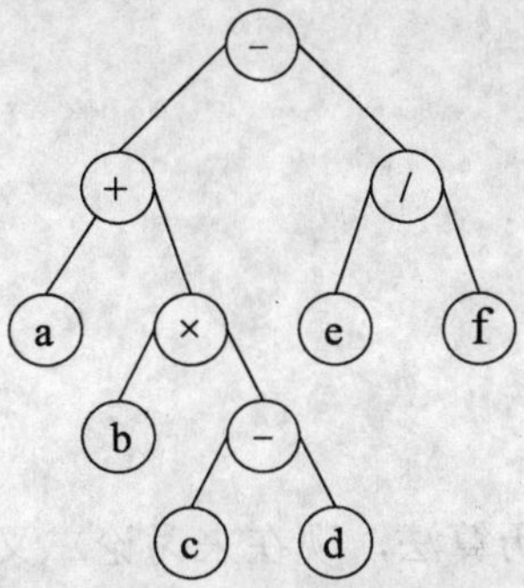

图 7.16　用树表示的数学式

对表示二叉树的表达式进行前序、中序、后序遍历，可以得到二叉树的前序、中序、后序遍历序列，这正是表达式的前缀、中缀、后缀表示。图 7.15 中的二叉树得到的前缀、中缀、后缀分别为

前缀：－+a×b–cd/ef

中缀：a+b×c–d–e/f

后缀：abcd–×+ef/–

其中，表达式的前缀表示称为波兰式，表达式的后缀表示称为逆波兰式，由于逆波兰式用的较多，习惯上称为波兰式。在计算机中，对表达式的计算，一般使用逆波兰式(即后缀表达式)，这样做，不必考虑运算符的优先级，可从左到右机械进行，因而大大提高了计算速度。

以二叉链表作为存储结构，描述二叉树的递归遍历算法如下。

(1) 先序遍历算法，算法如下：

【算法 7.4】

```
void PreOrder(BinTree r)
{if (r!=NULL)                    /* NULL 值为 0，也可用 if(r) */
  { Visit(r->data);              /* 访问根结点 */
    PreOrder(r->LChild);         /* 先序遍历左子树 */
    PreOrder(r->RChild);         /* 先序遍历右子树 */
  }
}
```

(2) 中序遍历算法，算法如下：

【算法 7.5】

```
void InOrder(BinTree r)
{if (r)
   { PreOrder(r->LChild);          /* 中序遍历左子树 */
     Visit(r->data);               /* 访问根结点 */
     PreOrder(r->RChild);          /* 中序遍历右子树 */
   }
}
```

(3) 后序遍历算法，算法如下：

【算法 7.6】

```
void PostOrder(BinTree r)
{if (r)
   { Visit(r->data);
     PreOrder(r->LChild);
     PreOrder(r->RChild);
     Visit(r->data);
   }
}
```

上面介绍了二叉树的递归遍历算法，现在来讨论二叉树的非递归遍历算法。多数情况下，递归算法的实现可借助于循环来完成，但复杂的情况下递归无法直接转换成循环，所以需要借助工作栈来消除递归。工作栈提供一种控制结构，当递归算法进层时需要将信息保留，当递归算法出层时需要从栈区退出上层信息。下面来看基于栈的递归消除的算法。

分析算法以前，事先定义好符号常量及栈如下：

```
#define MAXSIZE 30
#define TRUE 1
#define FALSE 0
typedef struct ss{BinTree data[MAXSIZE];
          int top;}seqstack;
seqstack se;
```

(1) 基于栈递归消除的中序算法，算法如下：

【算法 7.7】

```
InOrder(BinTree t)
{seqstack *s=&se;
s->top=-1;
do{
 while(t!=NULL)                           /* 遍历左子树 */
  {
   if(s->top==MAXSIZE-1)
   {printf("overflow");return;}
   else
    {s->top=s->top+1;
     s->data[s->top]=t;
     }
```

```
    t=t->LChild;
    }
    if(s->top!=-1)
     {t=s->data[s->top];
      s->top=s->top-1;
      printf("\t%c \n",t->data);              /* 访问根结点 */
      t=t->RChild;                            /* 遍历右子树 */
      }
    }while((s->top!=-1)||(t!=NULL));
   }
```

(2) 基于栈递归消除的先序算法，算法如下：

【算法 7.8】

```
PreOrder(BinTree t)
{seqstack *s=&se;
s->top=-1;
do
 {while(t!=NULL)
  {printf("%c",t->data);              /* 访问根结点 */
   if(s->top==MAXSIZE-1)
    {printf("stack full");
    return;}
   else
    {s->top++;
    s->data[s->top]=t;}
    t=t->LChild;                       /* 遍历左子树 */
   }
  if(s->top!=-1)
   {t=s->data[s->top];
    s->top--;
    t=t->RChild;                       /* 遍历右子树 */
   }
  }while((s->top!=-1)||(t!=NULL));
}
```

在分析了基于栈的递归消除的先序、中序算法后，基于栈递归消除的后序算法，由读者自己完成，在此不再详述。

7.2.5 二叉树遍历的应用

对二叉树可进行的操作有建立一棵二叉树、对二叉树进行遍历、输出二叉树中的叶子结点、求出二叉树的高度、求出二叉树中结点的个数等。前面对二叉树的遍历进行了详细讨论，现在再来讨论二叉树的一些应用算法。

1. 建立二叉链表方式存储的二叉树

前面给定了一棵二叉树，可按先序、中序、后序遍历得到树的遍历序列。反之给定一棵二叉树的遍历序列，也可以创建以二叉链表方式存储的二叉树。这里所说的遍历序列是指一种扩展的遍历序列，通常的遍历序列不含空子树，而在扩展的遍历序列中必须用特殊

的数据来表示空子树。如图 7.14 所示的二叉树的扩展的遍历序列中，用“#”表示空子树，其扩展先序遍历序列为

```
ABD##EG##H##C#F##
```

建立该二叉树对应的二叉链表的算法如下。

【算法 7.9】

```
void CreateBinTree(BinTree *root)
  /* 主函数调用该函数时一定传递指向根的指针变量的地址 */
{char ch;
 ch=getchar();
 if (ch=='#')
   *root=NULL;
 else
   {
    *root=(BinTree)malloc(sizeof(BinNode));
    (*root)->data=ch;
    CreateBinTree(&((*root)->LChild));
 /* 注意此处一定是把左孩子地址传递过去,在子函数执行过程中把地址值赋于该结点的左孩子域 */
   CreateBinTree(&((*root)->RChild));
   }
}
```

2. 输出二叉树中的所有叶子结点

由于可用先序、中序、后序遍历法，因此在遍历二叉树并输出其叶子结点时可采用上述三种遍历方法中的任何一种。在遍历过程中，只要结点的左、右孩子均为空，则该结点一定为叶子结点。在此以先序算法为例，算法如下：

【算法 7.10】

```
void  PrePrintLeaf(BinTree root)
{
if (root!=NULL)
  {
  if (root->LChild==NULL && root->RChild==NULL)
    printf("%c",root->data);
  PrePrintLeaf(root->LChild);
  PrePrintLeaf(root->RChild);
  }
}
```

3. 计算叶子结点总数

在对二叉树的递归遍历算法中，如果树为空，则叶子结点的个数为 0；如果树只有一个结点，则叶子结点的个数为 1；否则，树的叶子结点数为树的左右子树的叶子结点数的和。算法如下：

【算法 7.11】

```
int CountLeafs(BinTree root)
{
 int num1,num2;
 if(root==NULL)
    return(0);
 else if(root->LChild==NULL&&root->RChild==NULL)
    return(1);
 else
  {
    num1=CountLeafs(root->LChild);
    num2=CountLeafs(root->RChild);
    return(num1+num2);
  }
 }
```

4. 计算结点总数

同上例相似，在对二叉树的递归遍历算法中，如果树为空，则树的结点个数为 0；如果树只有一个结点，则树的结点的个数为 1；否则，树的结点数为树的左右子树的结点数之和加 1。算法如下：

【算法 7.12】

```
int CountNode(BinTree root)
{
 int num1,num2;
 if(root==NULL) return(0);
 else if(root->LChild==NULL&&rooot->RChild==NULL)
 return(1);
 else
  {
   num1=CountNode(root->LChild);
   num2=CountNode(root->RChild);
   return(num1+num2+1);
  }
}
```

5. 求树的高度

函数表示二叉树的高度，则递归定义为

(1) 若树为空，则树的高度为 0；

(2) 二叉树非空，其高度等于左右子树的最大高度加 1。

二叉树的高度为二叉树中结点层次的最大值，即结点的层次自根结点起递推。设根结点层次为 1，则第 h 层结点的左右孩子结点在 h+1 层，可通过先序遍历计算结点的层次，最大的层次值即为二叉树的高度。在此以后序遍历算法求出二叉树的高度。算法如下：

【算法 7.13】

```
int Depth(BinTree T)
{
  int dep1,dep2;
  if(T==NULL) return(0);
  else
    {
     dep1=Depth(T->LChild);
     dep2=Depth(T->RChild);
     if(dep1>dep2) return(dep1+1);
     else return(dep2+1);
}
```

6. 以二叉树表为存储结构，写出在二叉树中查找值为 x 的结点在树中层数的算法

采用先序遍历结点的思路，由于在遍历时无论是遍历左子树还是右子树层数都是原层数值加 1，设一变量 h 记录所访问结点的层数，用变量 count 记录找到结点时 x 所在的层数 h，当找不到时 count 值为 0。算法如下：

【算法 7.14】

```
int count=0;char x='c';          /* 赋初值，count 记录 x 所在层数 */
Level(BinTree T,int h)           /* 求 X 结点在树只的层树 */
 {
  if(T==NULL)
     h=0;
  else if (T->data==x)
     count=h;
  else
   {
     Level(T->LChild,h+1);
     Level(T->RChild,h+1);
   }
  }
}
```

7. 按树状打印二叉树

这实际是一个二叉树的横向显示问题，因为二叉树的横向显示应是二叉树竖向显示的 90°旋转，又由于二叉树的横向显示算法一定是中序遍历算法，所以把横向显示的二叉树算法改为先右子树再根结点再左子树的 RDL 结构，实现算法如下：

【算法 7.15】

```
void PrintTree(BinTree root,int layer)
{ int i;
if (root==NULL)
  return;
PrintTree(root->RChild,layer+1);
```

```
  for(i=0;i<layer;i++)
    printf(" ");
  printf("%c\n",root->data);
  PrintTree(root->LChild,layer+1);
  }
```

7.3　线索二叉树

7.3.1　线索二叉树的定义及结构

1. 线索二叉树的定义

按照某种遍历方式对二叉树进行遍历，可以把二叉树中所有结点排列为一个线性序列。在该序列中，除第一个结点外，每个结点有且仅有一个直接前驱结点；除最后一个结点外，每个结点有且仅有一个直接后继结点。但以二叉链表作为存储结构时，只有找到结点的孩子信息，而不能直接得到该结点的前驱和后继信息。为了保留结点在某种遍历序列中直接前驱和直接后继的位置信息，可以利用二叉树的二叉链表存储结构中的那些空指针域来指示。这些指向直接前驱结点和指向直接后继结点的指针被称为线索，加了线索的二叉树称为线索二叉树。

2. 线索二叉树的结构

一个具有 n 个结点的二叉树若采用二叉链表存储结构，共有 2n 个指针域，其中只有 n-1 个指针域非空，用来存储孩子结点的地址，而另外 n+1 个指针域存放的都是空地址。因此，若某结点有左孩子，则该结点的左指针域存放左孩子的地址，否则可以利用该结点空的左指针域指出该结点在某种遍历序列中的直接前驱结点的存储地址；同样，若某结点有右孩子，则该结点的右指针域存放右孩子的地址，否则利用结点空的右指针域指出该结点在某种遍历序列中的直接后继结点的存储地址。区别某结点的指针域内存放的是孩子地址还是前驱或后继地址的方法常可以为结点增加两个标志域，如下所示：

Ltag	LChild	data	RChild	Rtag

其中，

$$\text{Ltag}=\begin{cases}0 & \text{LChild指向结点的左孩子}\\ 1 & \text{LChild指向结点的前驱结点}\end{cases}$$

$$\text{Rtag}=\begin{cases}0 & \text{RChild指向结点的右孩子}\\ 1 & \text{RChild指向结点的后继结点}\end{cases}$$

由于序列可由不同的遍历方法得到，因此，线索树有先序线索二叉树、中序线索二叉树和后序线索二叉树三种。把二叉树改造成线索二叉树的过程称为线索化。

对图 7.17(a)所示的二叉树进行线索化，得到先序线索二叉树、中序线索二叉树和后序线索二叉树分别如图 7.17(b)、图 7.17(c)、图 7.17(d)所示。图中实线表示指针，虚线表示线索。

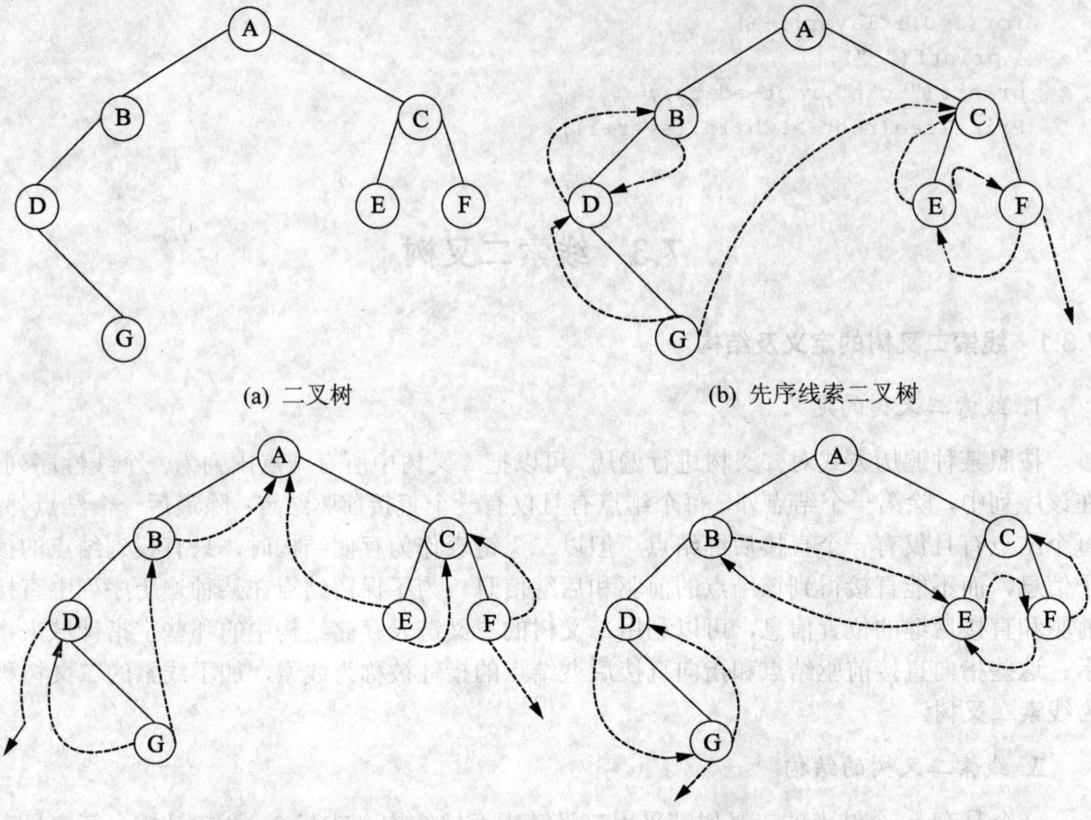

(a) 二叉树　　(b) 先序线索二叉树

(c) 中序线索二叉树　　(d) 后序线索二叉树

图 7.17　树及线索化的二叉树

7.3.2　线索二叉树的基本运算

在线索二叉树中，结点的结构可以定义为如下形式：

```
typedef char Elementype;
typedef struct thread{
    ElementType data;
    struct thread *LChild;
    struct thread *RChild;
    short int  Ltag;
    short int  Rtag;
  }ThreadNode,*ThreadTree;
```

下面以中序线索二叉树为例，讨论线索二叉树的建立、线索二叉树的遍历以及在线索二叉树上查找前驱结点、查找后继结点、插入结点和删除结点等操作的实现算法。

1. 建立一棵中序线索二叉树

建立线索二叉树，或者说对二叉树线索化，实质上就是遍历一棵二叉树。在遍历过程中，访问结点的操作是检查当前结点的左、右指针域是否为空，如果为空，将它们改为指向前驱结点或后继结点的线索。为实现这一过程，设指针 pre 始终指向刚刚访问过的结点，即若指针 p 指向当前结点，则 pre 指向它的前驱，以便增设线索。

下面是建立中序线索二叉树的递归算法，其中 pre 为全局变量，且其初始值为 NULL。算法如下：

【算法 7.16】

```
pre=MULL
void  InThread(ThreadTree root)
{
 if (root!=NULL)                                  /* 线索化左子树 */
   {InThread(root->LChild)
    if (root->LChild==NULL)                       /* 置前驱线索 */
    {root->Ltag=1;
     root->LChild=pre;
    }
   if (pre!=NULL && pre->RChild==NULL)            /* 置后继线索 */
    {pre->RChild=root;
     pre->Rtag=1;
    }
  pre=root;
  InThread(root->RChild);                         /* 线索化右子树 */
 }
}
```

2. *在中序线索二叉树上查找任意结点的中序前驱结点*

对于中序线索二叉树上的任一结点，寻找其中序的前驱结点，有以下两种情况：

(1) 如果该结点的左标志 Ltag 为 1，那么其左指针域所指向的结点便是它的前驱结点；

(2) 如果该结点的左标志 Ltag 为 0，表明该结点有左孩子，根据中序遍历的定义，它的前驱结点是以该结点的左孩子为根结点的子树的最右结点，即沿着其左子树的右指针链向下查找，当某结点的右标志 Rtag 为 1 时，它就是所要找的前驱结点。

在中序线索二叉树上寻找结点 p 的中序前驱结点的算法如下：

【算法 7.17】

```
ThreadNode *PreNode(ThreadNode *p)
{ThreadNode  *pre,*q;
 if(p->Ltag==1)
  pre=p->LChild;
 else
  {
   for(q=p->LChild; q->Rtag==0;q=q->RChild);  /* 在p的左子树中查找最右下端结点 */
   pre=q;
  }
 return(pre);
}
```

3. *在中序线索二叉树上查找任意结点的中序后继结点*

对于中序线索二叉树上的任一结点，寻找其中序的后继结点，有以下两种情况：

(1) 如果该结点的右标志 Rtag 为 1，那么其右指针域所指向的结点便是它的后继结点；

(2) 如果该结点的右标志 Rtag 为 0，表明该结点有右孩子，根据中序遍历的定义，它的后继结点是以该结点的右孩子为根结点的子树的最左结点，即沿着其右子树的左指针链向下查找，当某结点的左标志 Ltag 为 1 时，它就是所要找的后继结点。

在中序线索二叉树上寻找结点 p 的中序后继结点，并用 succ 指针返回结果的算法如下：

【算法 7.18】

```
ThreadNode  *InPostNode(ThreadNode *p)
{ThreadNode *succ,*q;
 if(p->Rtag==1)
  succ=p->RChild;
 else
  {
   for(q=p->RChild; q->Ltag==0;q=q->LChild);  /* 在p的右子树中查找最右下端结点 */
   succ=q;
  }
 return(succ);
}
```

以上给出的仅是在中序线索二叉树中寻找某结点的前驱结点和后继结点的算法。在先序线索二叉树中寻找结点的后继结点以及在后序线索二叉树中寻找结点的前驱结点可以采用同样的方法分析和实现，在此就不再讨论了。

4. 在中序线索二叉树上查找值为 x 的结点

利用在中序线索二叉树上寻找后继结点和前驱结点的算法，就可以遍历到二叉树的所有结点。比如，先找到按某序遍历的第一个结点，然后再依次查询其后继；或先找到按某序遍历的最后一个结点，然后再依次查询其前驱。这样，既不用栈也不用递归就可以访问到二叉树的所有结点。

在中序线索二叉树上查找值为 x 的结点，实质上就是在线索二叉树上进行遍历，将访问结点的操作具体写为结点的值与 x 比较的语句。下面给出在以 p 为头结点的中序线索二叉树中查找值为 x 的结点的算法。

【算法 7.19】

```
ThreadNode *Search (ThreadTree p,ElementType x)
{
 while (p->Ltag==0&&p!=head) p=p->LChild;          /* 找到第一个访问结点 */
 while(p!=NULL && p->data!=x) p=InPostNode(p);    /* 依次问后继结点 */
 if (p==NULL)
   { printf("Not Found the data!\n");
    return(NULL);
   }
 else  return(p);
}
```

5. 在中序线索二叉树上的更新

线索二叉树的更新是指，在线索二叉树中插入一个结点或者删除一个结点。一般情况下，这些操作有可能破坏原来已有的线索，因此，在修改指针时，还需要对线索做相应的修改。一般来说，这个过程的代价几乎与重新进行线索化相同。这里以中序线索二叉树为例，说明线索二叉树的插入和删除运算。

1) 插入结点运算

在中序线索二叉树中插入一个结点 p，使它成为结点 s 的右孩子。

下面分两种情况来分析：

(1) 若 s 的右子树为空，如图 7.18(a)所示，则插入结点 p 之后成为图 7.18(b)所示的情形。在这种情况中，s 的后继将成为 p 的中序后继，s 成为 p 的中序前驱，而 p 成为 s 的右孩子。二叉树中其他部分的指针和线索不发生变化。

(2) 若 s 的右子树非空，如图 7.19(a)所示，插入结点 p 之后如图 7.19(b)所示。S 原来的右子树变成 p 的右子树，由于 p 没有左子树，故 s 成为 p 的中序前驱，p 成为 s 的右孩子；又由于 s 原来的后继成为 p 的后继，因此还要将 s 原来的本来指向 s 的后继的左线索，改为指向 p。

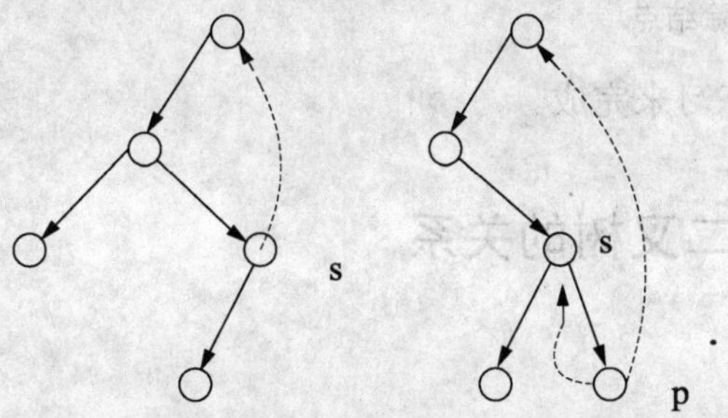

(a) s 的右子树为空　(b) 插入结点 p

图 7.18　中序线索树更新位置右子树为空

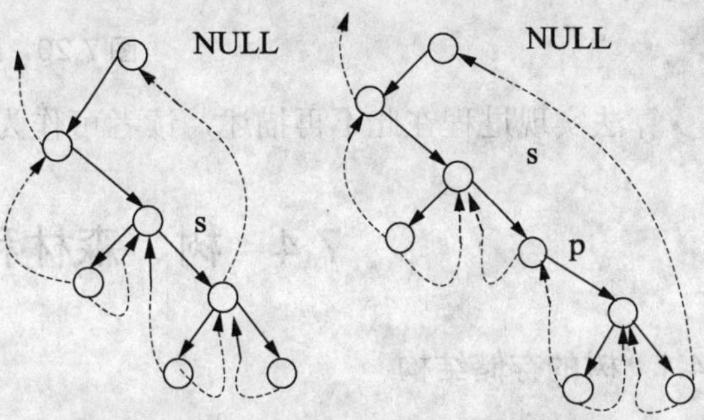

(a) s 的右子树非空　(b) 插入结点 p

图 7.19 中序线索树更新位置右子树不为空

下面给出上述操作的算法。

【算法 7.20】

```
void InsertThrRight(ThreadNode*s, ThreadNode *p)
{/* 在中序线索二叉树中插入结点 p 使其成为结点 s 的右孩子 */
 ThreadNode *w;
  p->RChild=s->RChild;
  p->rtag=s->rtag;
  p->LChild=s;
  p->ltag=1;          /* 将 s 变为 p 的中序前驱 */
  s->RChild=p;
  s->rtag=0;          /* p 成为 s 的右孩子 */
  if(p->rtag==0)      /* 当 s 原来右子树不空时，找到 s 的后继 w，变 w 为 p 的后继，p 为 w
                         的前驱 */
    { w=InPostNode(p);
      w->LChild=p;
    }
}
```

2) 删除结点运算

与插入操作一样，在线索二叉树中删除一个结点也会破坏原来的线索，所以需要在删除的过程中体现二叉树的线索化。显然，删除操作与插入操作是一对互逆的过程。

在中序线索二叉树中删除结点 p 的过程如图 7.20 所示。

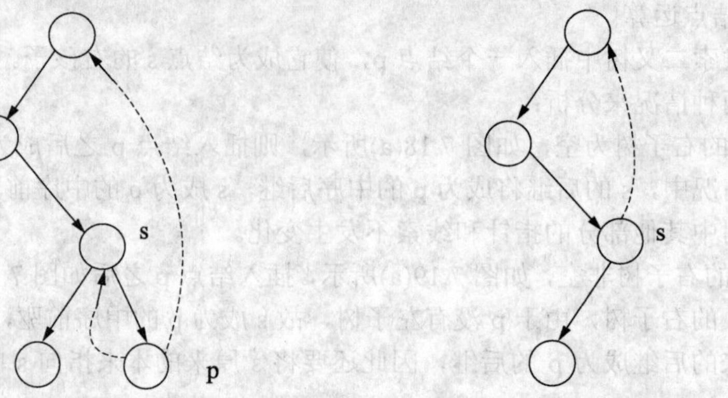

(a) 删除结点 p 前　(b) 删除结点 p 后

图 7.20　删除结点

算法实现过程在此不再描述，读者可作为练习来完成。

7.4　树、森林和二叉树的关系

7.4.1　树的存储结构

在计算机中，树的存储有多种方式，既可以采用顺序存储结构，也可以采用链式存储结构，但无论采用何种存储方式，都要求存储结构不但能存储各结点本身的数据信息，还要能唯一地反映树中各结点之间的逻辑关系。下面介绍几种基本的树的存储方式。

1. 双亲表示法

在树中，除根结点没有双亲外，其他每个结点的双亲都是唯一的。因此，根据树的这种性质，存储树中结点时，应该包含两方面的信息：结点的值 data 和体现结点之间相互关系的属性——该结点的双亲。借助于每个结点的这两个信息便可唯一地表示任何一棵树，这种表示方法称为双亲表示法。为了查找方便，可以将树中所有结点存放在一个一维数组中，具体类型定义如下。

```
#define MaxSize 100                /* 树中结点个数的最大值 */
typedef struct                     /* 结点的类型 */
  { Elementype  data;
    int  parent;                   /* 结点双亲的下标 */
   } TreeNode;
typedef struct                     /* 树的类型 */
  {
   TreeNode  tree[MaxSize];     /* 存放结点的数组 */
   Int  nodenum;                       /* 树中实际所含结点的个数 */
   } ParentTree;
ParentTree T;
```

其中，Elementype 应根据结点值的具体类型给出定义，在此假设为字符型。这里值得一提的是，根结点在树中有着与其他结点不同的地位，树根的位置是非常关键的，正如单链表中抓住了表头指针，就掌握了整个链表一样，树中只要知道树根在哪里，便可以访问到树中所有的结点，因此树的存储结构中要特别考虑根结点的存储。

如图 7.21 所示，给出了一棵树及其双亲表示法。

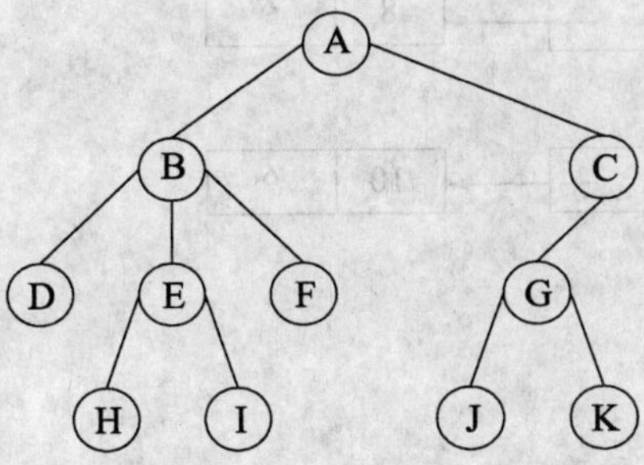

(a) 一棵树

	Data	Parent
0	A	-1
1	B	0
2	C	0
3	D	1
4	E	1
5	F	1
6	G	2
7	H	4
8	I	4
9	J	6
10	K	6

(b) 树的双亲表示

图 7.21　树的双亲表示法

其中，parent 的值为-1 表示结点的双亲不存在。本树中 root 域的值为 0，表示树的根结点存放在数组的第一个元素中。

2. 孩子表示法

通常把每个结点的孩子排列起来形成一个单链表，称为孩子链表，这样 n 个结点就形成 n 个单链表，其中叶子结点的孩子链表为空链表。而 n 个单链表的头指针又组成一个线性表，为了查找方便，可以使用数组方式加以存储，称这种孩子表示法为链表方式的孩子表示法。

其具体数据结构定义如下：

```
#define MAXSIZE 50
typedef  struct  chnode {              /* 孩子链表结点的类型 */
   int child;
   struct chnode  *next;
} chnode, * chpoint;
typedef struct  {                      /* 顺序表中每个结点的类型 */
   ElementType data;
   chpoint FirstChild;                 /* 指向第一个孩子结点的指针 */
} node;
typedef struct {                       /* 树的类型 */
  node TreeList [MAXSIZE];
  int  length, root;                   /* 树中实际所含结点的个数和根结点的位置 */
} tree;
```

如图 7.22 所示，给出了图 7.21(a)的链表方式孩子表示法的表示。

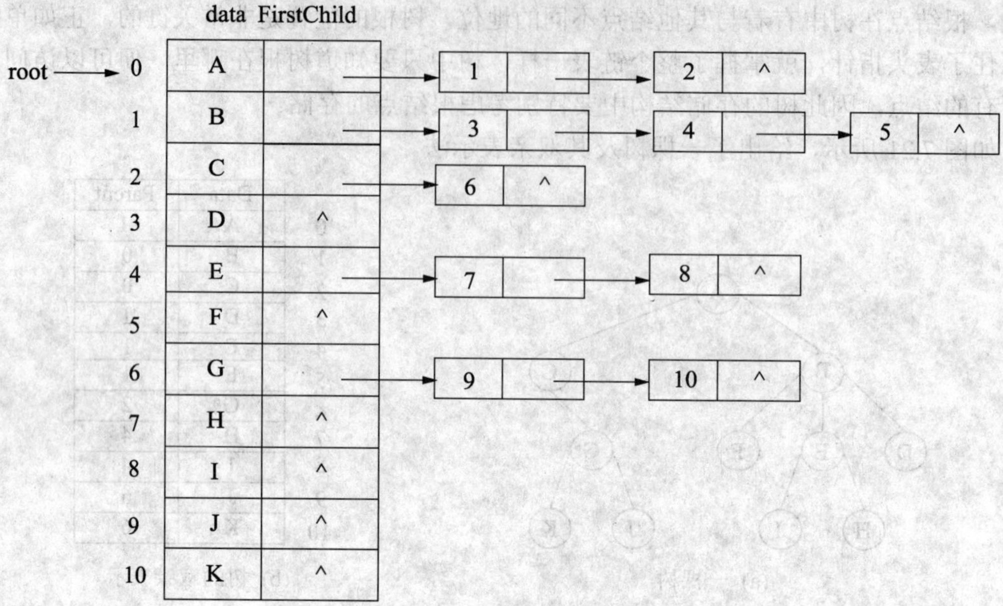

图 7.22　树的链表方式的孩子表示法

3. 孩子兄弟表示法

所谓孩子兄弟表示法，即在存储树中每个结点时，除了包含该结点值域外，还设置两个指针域 FirstChild 和 RightSibling，分别指向该结点的第一个孩子和其右兄弟，即以二叉链表方式加以存储，因此该方法也常被称为二叉树表示法。如图 7.23 所示，给出了图 7.21(a)中的孩子兄弟表示法的表示。

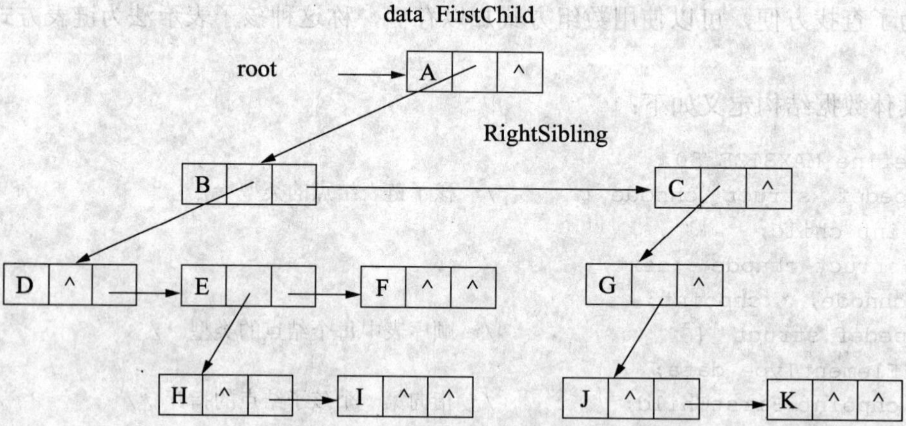

图 7.23　树的孩子兄弟表示法

其中，root 为指向根结点的指针。树的孩子兄弟表示法的数据结构定义如下。

```
typedef struct node {            /* 树中每个结点的类型 */
    ElementType data;
    struct node  * FirstChild, *RightSibling;
} node,  *pnode;
pnode  root;                     /* 指向树根结点的指针 */
```

这种存储结构便于实现树的各种操作，如果要访问结点 x 的第 i 个孩子，则只要先从 FirstChild 域找到第一个孩子结点，然后沿着这个孩子结点的 RightSibling 域连续走 i-1 步，便可找到 x 的第 i 个孩子。

7.4.2　树、森林与二叉树的转换

从树的孩子兄弟表示法可以看到，如果设定一定规则，就可用二叉树结构表示树和森林，这样，对树的存储可以借助二叉链表存储，对树的操作可利用二叉树上的操作来实现。本节将讨论树和森林与二叉树之间的转换方法。

1. 树转换为二叉树

对于一棵无序树，树中结点的各孩子的次序是无关紧要的，而二叉树中结点的左、右孩子结点是有区别的。为避免发生混淆，约定树中每一个结点的孩子结点按从左到右的次序顺序编号。如图 7.24 所示的一棵树，根结点 A 有 B、C、D 三个孩子，可以认为结点 B 为 A 的第一个孩子结点，结点 C 为 A 的第二个孩子结点，结点 D 为 A 的第三个孩子结点。

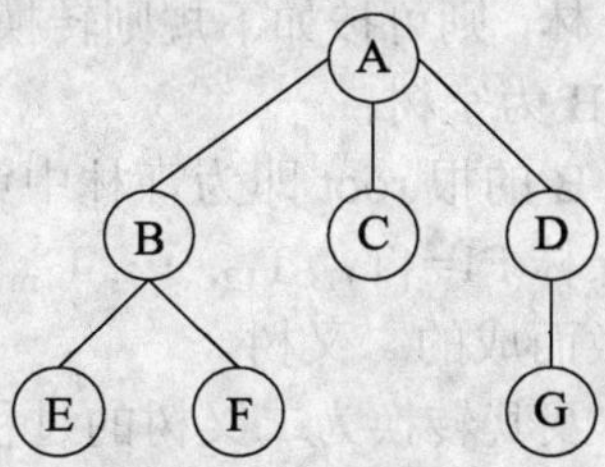

图 7.24　一棵树

将一棵树转换为二叉树的方法是：

(1) 树中所有相邻兄弟之间加一条连线；

(2) 对树中的每个结点，只保留它与第一个孩子结点之间的连线，删去它与其他孩子结点之间的连线；

(3) 以树的根结点为轴心，将整棵树顺时针转动一定的角度，使之结构层次分明。

可以证明，树作这样的转换所构成的二叉树是唯一的。图 7.25(a)、图 7.25(b)、图 7.25(c)给出了图 7.24 所示的树转换为二叉树的转换过程示意图。

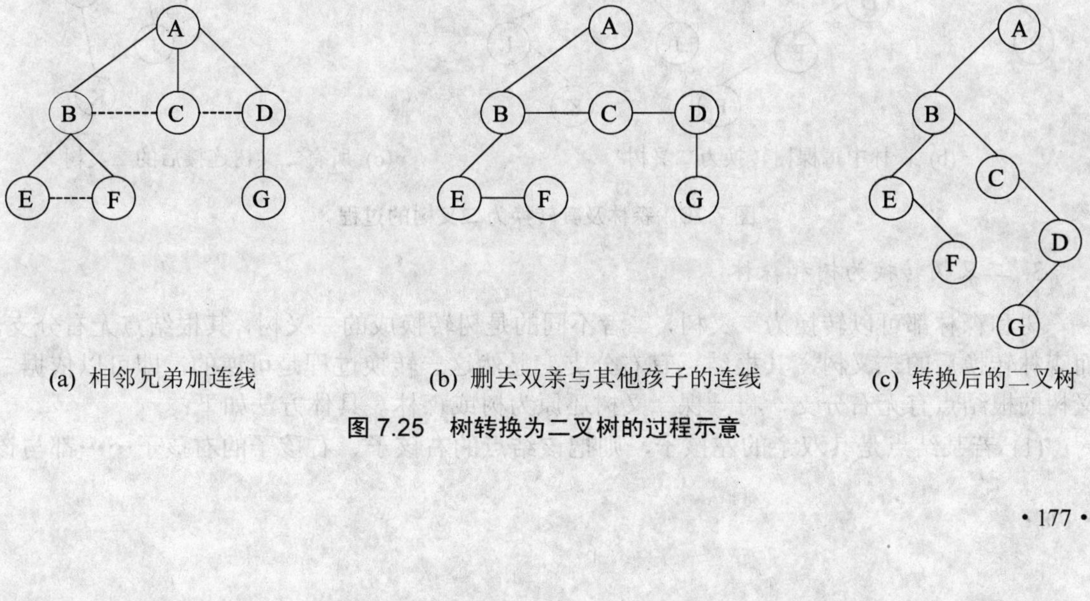

(a) 相邻兄弟加连线　(b) 删去双亲与其他孩子的连线　(c) 转换后的二叉树

图 7.25　树转换为二叉树的过程示意

由上面的转换可以看出，在二叉树中，左分支上的各结点在原来的树中是父子关系，而右分支上的各结点在原来的树中是兄弟关系。由于树的根结点没有兄弟，所以变换后的二叉树的根结点的右孩子必为空。

事实上，一棵树采用孩子兄弟表示法所建立的存储结构与它所对应的二叉树的二叉链表存储结构是完全相同的。

2. 森林转换为二叉树

由森林的概念可知，森林是若干棵树的集合，只要将森林中各棵树的根视为兄弟，森林就可以用孩子兄弟链表表示，这样，森林就可以用二叉树表示。

森林转换为二叉树的方法如下：

(1) 将森林中的每棵树转换成相应的二叉树。

(2) 第一棵二叉树不动，从第二棵二叉树开始，依次把后一棵二叉树的根结点作为前一棵二叉树根结点的右孩子，当所有二叉树连起来后，此时所得到的二叉树就是由森林转换得到的二叉树。

如果 $F=\{T_1, T_2, \cdots, T_m\}$ 是森林，则可按如下规则转换成一棵二叉树 B=(root，LB，RB)。

(1) 若 F 为空，即 m=0，则 B 为空树；

(2) 若 F 非空，即 $m\neq0$，则 B 的根 root 即为森林中第一棵树的根 Root(T1)；B 的左子树 LB 是从 T1 中根结点的子树森林 $F1=\{T_{11}, T_{12}, \cdots, T_{1m}\}$ 转换而成的二叉树；其右子树 RB 是从森林 $F'=\{T_2, T_3, \cdots, T_m\}$ 转换而成的二叉树。

如图 7.26 所示，给出了森林及其转换为二叉树的过程。

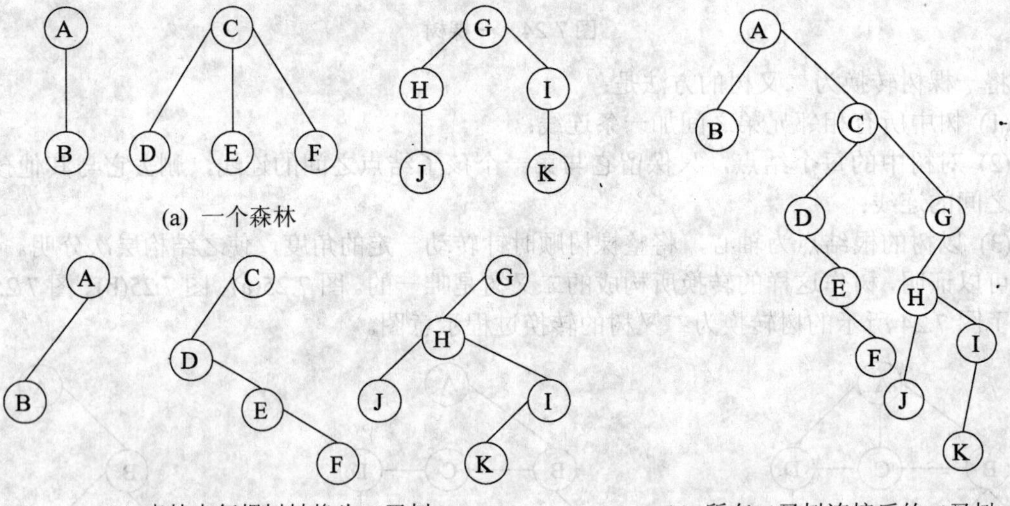

(a) 一个森林　(b) 森林中每棵树转换为二叉树　(c) 所有二叉树连接后的二叉树

图 7.26　森林及其转换为二叉树的过程

3. 二叉树转换为树和森林

树和森林都可以转换为二叉树，二者不同的是树转换成的二叉树，其根结点无右分支，而森林转换后的二叉树，其根结点有右分支。显然这一转换过程是可逆的，即可以依据二叉树的根结点有无右分支，将一棵二叉树还原为树或森林，具体方法如下：

(1) 若某结点是其双亲的左孩子，则把该结点的右孩子、右孩子的右孩子……都与该结点的双亲结点用线连起来；

(2) 删去原二叉树中所有的双亲结点与右孩子结点的连线；

(3) 整理由(1)、(2)两步所得到的树或森林，使之结构层次分明。

如果 B=(root，LB，RB)是一棵二叉树，则可按如下规则转换成森林 F={T_1, T_2, …, T_m}。

(1) 若 B 为空，则 F 为空；

(2) 若 B 非空，则森林中第一棵树 T1 的根 ROOT(T1)即为 B 的根 root；T1 中根结点的子树森林 F1 是由 B 的左子树 LB 转换而成的森林；F 中除 T1 之外其余树组成的森林 F'={T_2, T_3, …, T_m}是由 B 的右子树 RB 转换而成的森林。

如图 7.27 所示，给出了一棵二叉树还原为森林的过程示意。

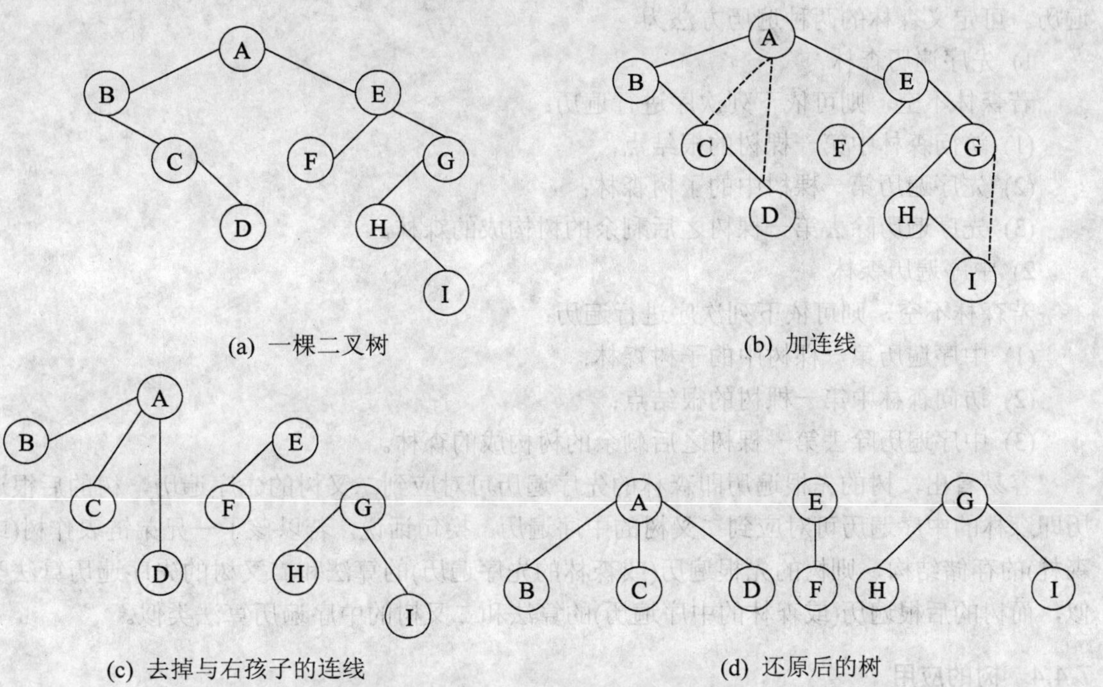

图 7.27 二叉树还原为树的过程示意

7.4.3 树和森林的遍历

1. 树的遍历

树的遍历通常有以下两种方式。

1) 先根遍历

若树非空，则遍历的方法为

(1) 访问根结点；

(2) 按照从左到右的顺序先根遍历根结点的每一棵子树。

按照树的先根遍历的定义，对图 7.24 所示的树进行先根遍历，得到的结果序列为 A B E F C D G。

2) 后根遍历

若树非空，后根遍历的方法为

(1) 按照从左到右的顺序后根遍历根结点的每一棵子树；

(2) 访问根结点。

按照树的后根遍历的方法，对图 7.24 所示的树进行后根遍历，得到的结果序列为

E F B C G D A。

根据树与二叉树的转换关系以及树和二叉树的遍历定义可以推知，树的先根遍历与其转换的相应二叉树的先序遍历的结果序列相同；树的后根遍历与其转换的相应二叉树的中序遍历的结果序列相同。因此树的遍历算法是可以采用相应二叉树的遍历算法来实现的。

2. 森林的遍历

森林是树的集合，由此可以对森林中的每一棵树依次从左到右进行先根遍历或者后根遍历。可定义森林的两种遍历方法为

1) 先序遍历森林

若森林不空，则可依下列次序进行遍历：

(1) 访问森林中第一棵树的根结点；

(2) 先序遍历第一棵树中的子树森林；

(3) 先序遍历除去第一棵树之后剩余的树构成的森林。

2) 中序遍历森林

若森林不空，则可依下列次序进行遍历：

(1) 中序遍历第一棵树中的子树森林；

(2) 访问森林中第一棵树的根结点；

(3) 中序遍历除去第一棵树之后剩余的树构成的森林。

容易看出，树的先根遍历即森林的先序遍历可对应到二叉树的先序遍历，树的后根遍历即森林的中序遍历可对应到二叉树的中序遍历。换句话说，若以孩子—兄弟链表作树(或森林)的存储结构，则树的先根遍历(或森林的先序遍历)的算法和二叉树的先序遍历算法类似，而树的后根遍历(或森林的中序遍历)的算法和二叉树的中序遍历算法类似。

7.4.4 树的应用

树的应用十分广泛，在排序和查找两项常用技术中，就有以树结构组织数据进行操作的，将在后面的章节中学习。

树可用于判定问题的描述和解决，如著名的 8 枚硬币问题：设有 8 枚硬币，分别表示为 a,b,c,d,e,f,g,h，其中有且仅有 1 枚硬币是假币，假币与真币外形一样，但重量不同(可能轻，也可能重)。若以天平为称量工具，希望以最少的称量次数，从中找出假币，并指出假币是重于还是轻于真币，找出算法。

算法如下：

(1) 首先取 6 枚硬币分别放在天平的两端，即每边三枚，设为 a+b+c 和 d+e+f 进行比较后，有三种情况出现：

第 1 种：a+b+c=d+e+f，此时只有 g 或 h 中有 1 枚是假币。

第 2 种：a+b+c<d+e+f，此时假币在此 6 枚之中。

第 3 种：a+b+c>d+e+f，此时假币在此 6 枚之中。

(2) 针对第 2、3 种情况，天平两边分别拿走 1 枚硬币，假设是 c 和 f，同时将 a 和 d

交换位置，出现 3 种情况：

第 4 种：b+d=a+e，此时假币肯定是 c 和 f 中 1 枚，并且对第 2 种情况 c 比 f 轻，对第 3 种情况 c 比 f 重。

第 5 种：b+d>a+e，此时对第 2 种情况假币肯定是 a 和 d 中 1 枚，并且 a 比 d 轻，对第 3 种情况假币肯定是 b 和 e 中 1 枚，并且 b 比 e 重。

第 6 种：b+d<a+e，此时对第 2 种情况假币肯定是 b 和 e 中 1 枚，并且 b 比 e 轻，对第 3 种情况假币肯定是 a 和 d 中 1 枚，并且 a 比 d 重。

第 7 种：对于第 1 种情况，只要将 g 和 h 进行比较，确定哪 1 枚重或轻。

(3) 只要确定了步骤(2)后，用 1 枚可能是假币的硬币与真币比较后即可确定出假币，并能够确定假币比真币是轻还是重。

问题的解决过程如图 7.28 所示，解决过程的一系列判断构成了树结构，称这样的树为判定树。

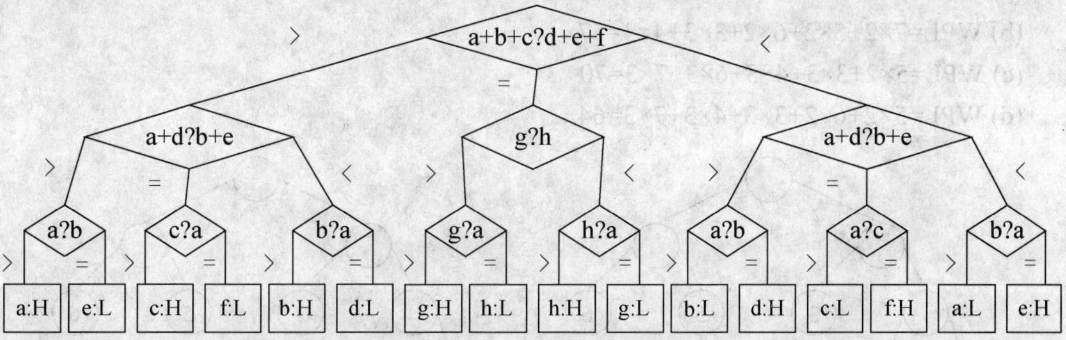

图 7.28　判定树

7.5　哈夫曼树及其应用

7.5.1　哈夫曼树的定义

在介绍哈夫曼树之前首先介绍路径和路径长度的概念。从树的根结点到其余结点的分支构成一条路径，路径上的分支数目称路径长度。一般情况下，树的路径长度指的是从树根到树中其余每个结点的路径长度之和。

在实际应用中，人们常给树的每个结点赋予一个具有某种实际意义的数值，称该数值为结点的权。结点的带权路径长度则定义为从树根到该结点之间的路径长度与该结点上所带权值的乘积。假设树上有 n 个叶子结点，且每个叶子结点上带有权值为 W_k (k=1,2,…,n)，则树的带权路径长度定义为树中所有叶子结点的带权路径长度之和，通常记作：

$$WPL=\sum_{k=1}^{n} W_k \cdot L_k$$

式中，W_k 是第 k 个叶子结点的权值；L_k 是第 k 个叶结点的路径长度。如图 7.29 所示的二叉树，它的带权路径长度值 WPL=2×2+4×2+5×2+3×2=28。

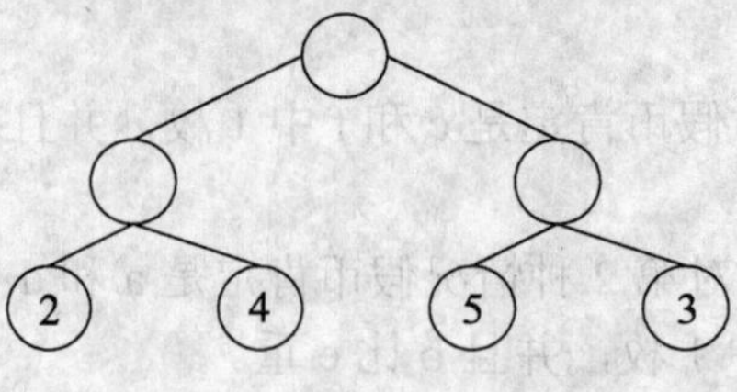

图 7.29　一棵带权的二叉树

在给定一组具有确定权值的叶子结点，可以构造出不同的带权二叉树。例如，给出 5 个叶子结点，设其权值分别为 3，4，5，6，7，可以构造出形状不同的多个二叉树。这些形状不同的二叉树的带权路径长度将各不相同。如图 7.30 所示，给出了其中 4 个不同形状的二叉树。

这 4 棵树的带权路径长度分别为

(a) WPL=3×2+5×2+6×2+7×3+4×3=61

(b) WPL=7×2+5×2+6×2+3×3+4×3=57

(c) WPL=5×2+3×3+4×3+6×3+7×3=70

(d) WPL=5×2+6×2+3×3+4×3+7×3=64

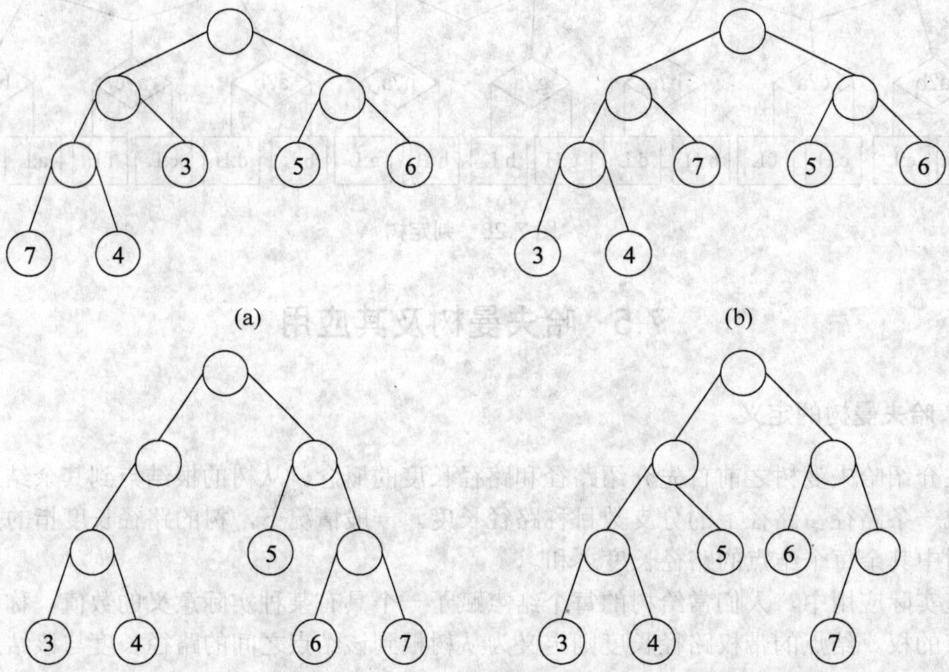

图 7.30　具有相同叶子结点和不同带权路径长度的二叉树

由此可见，由相同权值的一组叶子结点所构成的二叉树有不同的形态和不同的带权路径长度。

为了构造带权路径长度最小的二叉树，哈夫曼(Haffman)给出了构造这种树的规律，用哈夫曼提供的构造树的方法构造的树，称为哈夫曼树。

7.5.2　哈夫曼树的构造

1. 哈夫曼树的构造

如何找到带权路径长度最小的二叉树(即哈夫曼树)呢？根据哈夫曼树的定义，一棵二叉树要使其 WPL 值最小，必须使权值越大的叶结点越靠近根结点，而权值越小的叶结点越远离根结点。哈夫曼依据这一特点提出了一种方法，这种方法的基本思想是：

(1) 由给定的 n 个权值$\{W_1,W_2,\cdots,W_n\}$构造 n 棵只有一个叶结点的二叉树，从而得到一个二叉树的集合 $F=\{T_1,T_2,\cdots,T_n\}$；

(2) 在 F 中选取根结点的权值最小和次小的两棵二叉树作为左、右子树构造一棵新的二叉树，这棵新的二叉树根结点的权值为其左、右子树根结点权值之和；

(3) 在集合 F 中删除作为左、右子树的两棵二叉树，并将新建立的二叉树加入到集合 F 中；

(4) 重复(2)、(3)两步，当 F 中只剩下一棵二叉树时，这棵二叉树便是所要建立的哈夫曼树。

如图 7.31 所示，给出了前面提到的叶结点权值集合为 W={3，4，5，6，7}的哈夫曼树的构造过程，可以计算出其带权路径长度为 57。由此可见，对于同一组给定叶结点所构造的哈夫曼树，树的形状可能不同，但带权路径长度值是相同的，一定是最小的。

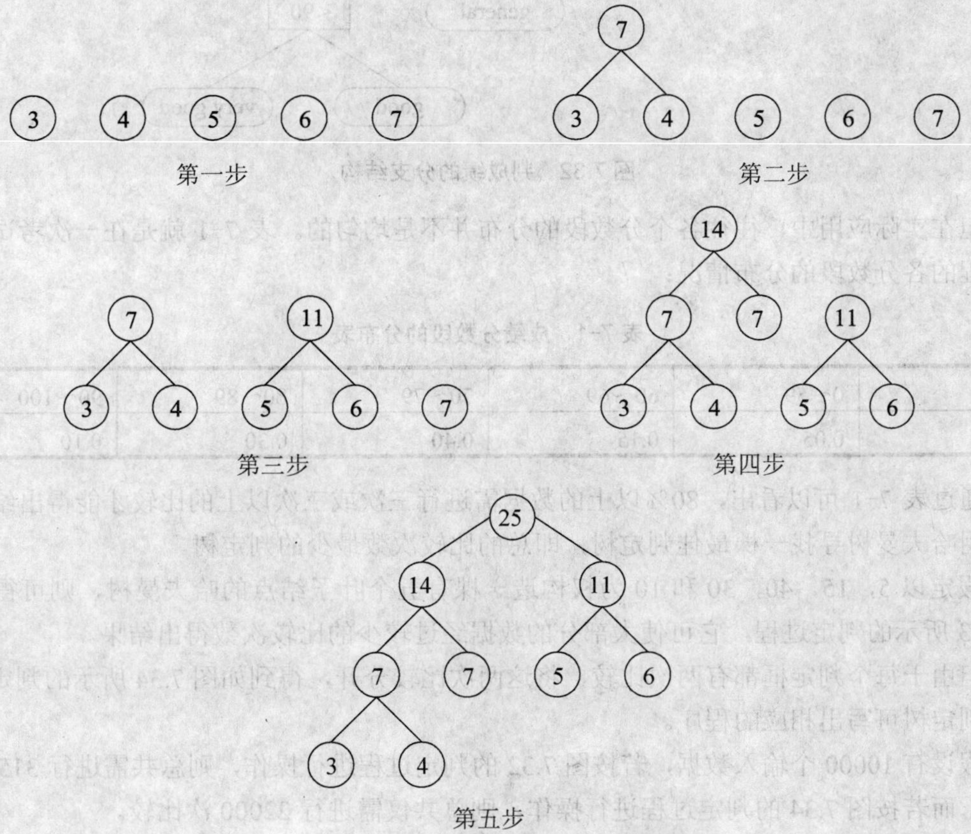

图 7.31　哈夫曼树的建立过程

2. 哈夫曼树的应用

在很多问题的处理过程中，需要进行大量的条件判断，这些判断结构的设计直接影响着程序的执行效率。例如，编制一个程序，将百分制转换成五个等级输出。大家可能认为这个程序很简单，根据图 7.32，并且很快就可以用下列形式编写出来：

```
if (socre<60) printf("bad");
    else if (socre<70) printf("pass");
        else if (score<80) printf("general");
              else if (score<90) printf("good");
                       esle printf("very good");
```

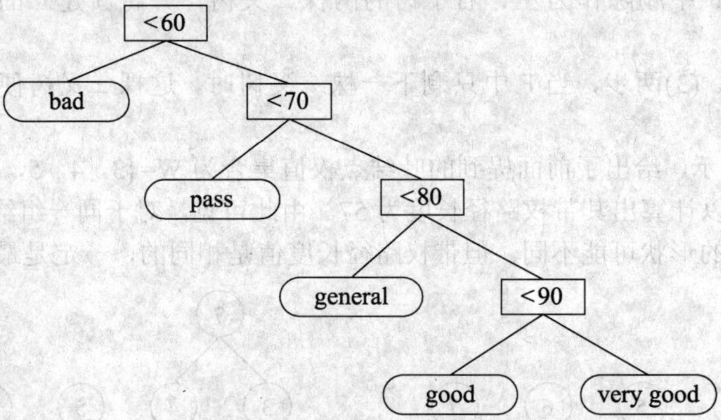

图 7.32　判成绩的分支结构

但在实际应用中，往往各个分数段的分布并不是均匀的。表 7-1 就是在一次考试中某门课程的各分数段的分布情况：

表 7-1　成绩分数段的分布表

分数	0～59	60～69	70～79	80～89	90～100
比例	0.05	0.15	0.40	0.30	0.10

通过表 7-1 可以看出，80%以上的数据需进行三次或三次以上的比较才能得出结果。可利用哈夫曼树寻找一棵最佳判定树，即总的比较次数最少的判定树。

假定以 5，15，40，30 和 10 为权构造一棵有五个叶子结点的哈夫曼树，则可得到如图 7.33 所示的判定过程，它可使大部分的数据经过较少的比较次数得出结果。

但由于每个判定框都有两次比较，将这两次比较分开，得到如图 7.34 所示的判定树，按此判定树可写出相应的程序。

假设有 10000 个输入数据，若按图 7.32 的判定过程进行操作，则总共需进行 31500 次比较；而若按图 7.34 的判定过程进行操作，则总共仅需进行 22000 次比较。

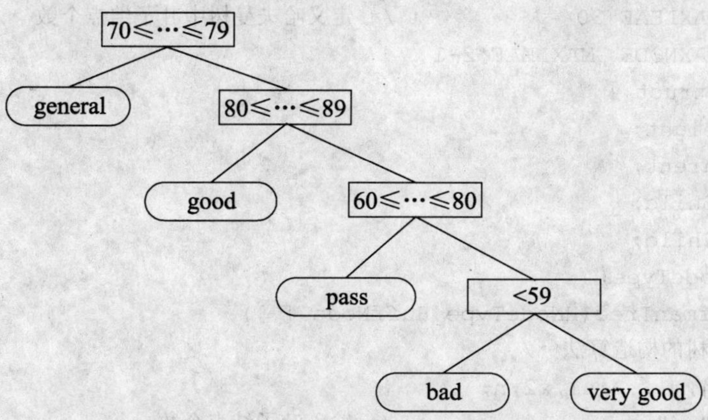

图 7.33　由哈夫曼树构成的分支结构

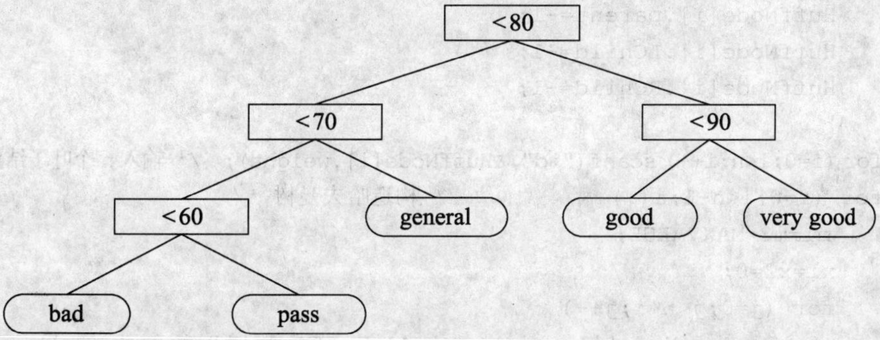

图 7.34　最优分支结构

3. 哈夫曼树的构造算法

在构造哈夫曼树时，可以设置一个结构数组 HuffNode 保存哈夫曼树中各结点的信息，根据二叉树的性质可知，具有 n 个叶子结点的哈夫曼树共有 2n-1 个结点，所以数组 HuffNode 的大小设置为 2n-1，数组元素的结构形式如下：

weight	LChild	RChild	parent

其中，weight 域保存结点的权值，LChild 和 RChild 域分别保存该结点的左、右孩子结点在数组 HuffNode 中的序号，从而建立起结点之间的关系。为了判定一个结点是否已加入到要建立的哈夫曼树中，可通过 parent 域的值来确定。初始时 parent 的值为-1，当结点加入到树中时，该结点 parent 的值为其双亲结点在数组 HuffNode 中的序号，就不会是-1 了。

构造哈夫曼树时，首先将由 n 个字符形成的 n 个叶结点存放到数组 HuffNode 的前 n 个分量中，然后根据前面介绍的哈夫曼方法的基本思想，不断将两个小子树合并为一个较大的子树，每次构成的新子树的根结点顺序放到 HuffNode 数组中的前 n 个分量的后面。

下面给出哈夫曼树的构造算法。

【算法 7.21】

```
#define MAXVALUE 10000              /* 定义最大权值 */
```

```
#define MAXLEAF 30                /* 定义哈夫曼树中叶子结点个数 */
#define MAXNODE  MAXLEAF*2-1
typedef struct {
    int weight;
    int parent;
    int LChild;
    int RChild;
   }HuffNodeType;
void  HaffmanTree(HNodeType HuffNode [ ])
{/* 哈夫曼树的构造算法 */
   int i,j,m1,m2,x1,x2,n;
   scanf("%d",&n);                /* 输入叶子结点个数 */
   for (i=0;i<2*n-1;i++)          /* 数组 HuffNode[ ]初始化 */
     { HuffNode[i].weight=0;
       HuffNode[i].parent=-1;
       HuffNode[i].LChild=-1;
       HuffNode[i].RChild=-1;
     }
   for (i=0;i<n;i++) scanf("%d",&HuffNode[i].weight);  /* 输入n个叶子结点的权值 */
   for (i=0;i<n-1;i++)              /* 构造哈夫曼树 */
     { m1=m2=MAXVALUE;
       x1=x2=0;
       for (j=0;j<n+i;j++)
        { if (HuffNode[j].weight<m1 && HuffNode[j].parent==-1)
           { m2=m1;     x2=x1;
             m1=HuffNode[j].weight;    x1=j;
           }
          else if (HuffNode[j].weight<m2 && HuffNode[j].parent==-1)
               { m2=HuffNode[j].weight;
                 x2=j;
               }
        }
      /* 将找出的两棵子树合并为一棵子树 */
      HuffNode[x1].parent=n+i;            HuffNode[x2].parent=n+i;
      HuffNode[n+i].weight= HuffNode[x1].weight+HuffNode[x2].weight;
      HuffNode[n+i].LChild=x1;  HuffNode[n+i].RChild=x2;
     }
}
```

7.5.3 哈夫曼编码

1. 哈夫曼编码

在某些通信场合，需将传送的文字转换成由二进制字符组成的字符串。通常有两类二进制编码：一类为等长编码，这类编码的二进制串的长度取决于电文中不同的字符个数，假设需传送的电文中只有四种字符，只需两位字符的串便可分辨，但如果电文中可能出现 26 种不同字符，则等长编码串的长度为 5；另一类是不等长编码，即各个字符的编码长度不等。

在传送电文时，为了使其二进制位数尽可能地少，可以将每个字符的编码设计为不等长的，使用频度较高的字符分配一个相对比较短的编码，使用频度较低的字符分配一个比较长的编码。例如，可以为 A，B，C，D 这 4 个字符分别分配 0，00，1，01，并可将上述电文用二进制序列 000011010 发送，其长度只有 9 个二进制位，但随之带来了一个问题，接收方接到这段电文后无法进行译码，因为无法断定前面 4 个 0 是 4 个 A，1 个 B、2 个 A，还是 2 个 B，即译码不唯一。为使变长编码译码唯一，则编码必须满足一个条件：任意一个编码不能成为其他任意编码的前缀。满足这样条件的编码叫做前缀编码。

为了使编码最短，且译码唯一，采用哈夫曼编码，哈夫曼编码的过程为

(1) 利用字符集中每个字符的使用频率作为权值构造一个哈夫曼树；

(2) 从根结点开始，为到每个叶子结点路径上的左分支赋予 0，右分支赋予 1，并从根到叶子结点方向形成该叶子结点的编码。

在哈夫曼树中，每个字符结点都是叶子结点，它们不可能在根结点到其他字符结点的路径上，所以一个字符的哈夫曼编码不可能是另一个字符的哈夫曼编码的前缀，从而保证了译码的非二义性。

假设有一个电文字符集中有 8 个字符 S、A、F、G、T、E、P、I，每个字符的使用频率分别为 0.05、0.29、0.07、0.08、0.14、0.23、0.03、0.11，以此为例设计哈夫曼编码。

哈夫曼编码设计过程为

(1) 为方便计算，将所有字符的频度乘以 100，使其转换成整型数值集合，得到 {5,29,7,8,14,23,3,11}；

(2) 以此集合中的数值作为叶子结点的权值构造一棵哈夫曼树，如图 7.35 所示；

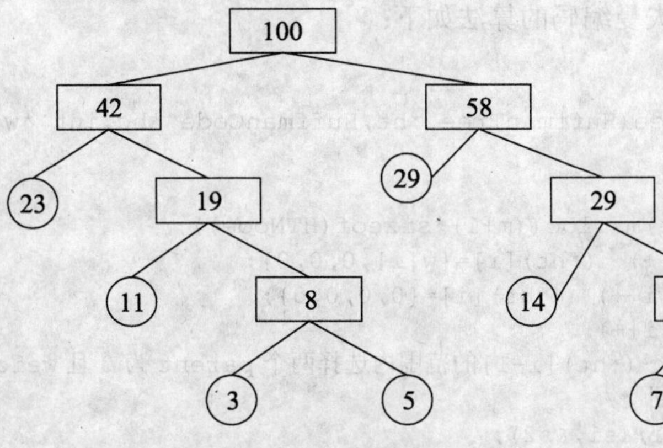

图 7.35　按权值构造的哈夫曼树

(3) 按照哈夫曼编码的原则，对每个字符进行编码，如表 7-2 所示。

表 7-2　字符的哈夫曼编码

字　符	字符的使用频率	编　码
S	0.05	0111
A	0.29	10
F	0.07	1110
G	0.08	1111
T	0.14	110
E	0.23	00
P	0.03	0110
I	0.11	010

比如，发送一段编码为 0000011011010010，则接收方可以准确地通过译码得到 EEPTAI。

2. 哈夫曼编码算法的实现

由于哈夫曼树中没有度为 1 的结点，则一棵有 n 个叶子结点的哈夫曼树共有 2×n-1 结点，可以用一个大小为 2×n-1 的一维数组存放哈夫曼树的各个结点。由于每个结点同时还包含其双亲信息和孩子结点的信息，所以构成一个静态三叉链表。静态三叉链表描述如下：

```
typedef struct
{
unsigned int weight;
unsigned int parent,Lchild,Rchild;
}HTNode,*HuffmanTree;
typedef char **HuffmanCode;
```

创建哈夫曼树并求哈夫曼编码的算法如下：

【算法 7.22】

```
void CrtHuffmanTree(HuffmanTree *ht,HuffmanCode *hc,int *w,int n)
{
  m=2*n-1;
  ht=(HuffmanTree)malloc((m+1)*sizeof(HTNode));
  for(i=1;i<=n;i++)  (*ht)[i]={w[i],0,0,0};
  for(i=n+1;i<=m;i++)  (*ht)[i]={0,0,0,0};
  for(i=n+1;i<=m;i++)
  { /* 在(*ht)[1]～(*ht)[i-1]的范围内选择两个 parent 为 0 且 weight 最小的结点，
其序号分别赋值给 s1、s2 返回 */
    select(ht,i-1,&s1,&s2);
    (*ht)[s1].parent=i;(*ht)[s2].parent=i;
    (*ht)[i].LChild=s1;(*ht)[i].RChild=s2;
    (*ht)[i].weight=(*ht)[s1].weight+(*ht)[s2].weight;
  }   /* 哈夫曼树建立完毕 */
  /* 从叶子结点到根，逆向求每个叶子结点对应的哈夫曼编码 */
  *hc=(HuffmanCode)malloc((n+1)*sizeof(char *))
  cd=(char *)malloc(n* sizeof(char));
```

```
    cd[n-1]='\0';
    for(i=1;i<=n;i++)
    {
      start=n-1;
      for(c=i,p=(*ht)[i].parent;p!=0;c=p,p=(*ht)[p].parent)
      if((*ht)[p].LChild==c)  cd[--start]='\0';
      else cd[--start]='1';
      (*ht)[i]=(char *)malloc((n-start)*sizeof(char));
      strcpy((*hc)[i],&cd[start]);
    }
  free(cd);
  }
```

数组 ht 的前 n 个分是叶子结点，最后一个分是量表示根结点。每个叶子结点对应的编码长度不等，但最长不超过 n。

7.6 本 章 小 结

本章学习了树与二叉树的的基本概念、二叉树的性质，对二叉树的性质应重点掌握；对二叉树的存储形式应以掌握链表存储结构为主，了解其顺序存储形式；学习了二叉树的遍历与线索化，对二叉树的遍历算法应明确递归算法与非递归算法的算法思路；要掌握二叉树操作的一些算法；学习了树、森林、二叉树的关系，这部分内容应做到理解并掌握它们之间的转换方法；学习了哈夫曼树及哈夫曼编码，这部分内容应该与实际相结合，做到灵活运用。

7.7 上 机 实 训

7.7.1 实训目的

(1) 掌握二叉树的链式存储结构；
(2) 掌握二叉树的建立方法及对二叉树的遍历方法；
(3) 掌握哈夫曼树的存储结构；
(4) 能建立哈夫曼树并构造哈夫曼编码。

7.7.2 实训例题

1. 判断二叉树是否是完全二叉树

【问题描述】

完全二叉树是指在一棵二叉树中除最后一层外，其余层都是满的，并且最后一层或者是满的，或者在右边缺少连续若干结点。

【算法描述】

要判定一棵二叉树是否完全二叉树，应先建立一棵二叉树，此例采用链式存储结构的先序算法建立一棵二叉树。判定一棵二叉树是否是完全二叉树，可以使用队列，在层次遍历的过程中利用完全二叉树“若某结点无左孩子，就一定没有右孩子”的原则进行判断。

【C 语言源程序】

```
#include <stdio.h>
typedef char Elementtype;
typedef struct node
{  Elementtype data;
   struct node *LChild,*RChild;
}BinNode, *BinTree;

void CreateBinTree(BinTree *root)
{char ch;
 ch=getchar();
 if (ch=='#')
   *root=NULL;
 else
   {
    *root=(BinTree)malloc(sizeof(BinNode));
    (*root)->data=ch;
    CreateBinTree(&((*root)->LChild));
    CreateBinTree(&((*root)->RChild));
   }
}
int JudgeComplete(BinTree bt)  /* 判断二叉树是否是完全二叉树，是返回 1，不是返回 0 */
{
   int tag=0,front,rear;
   BinTree p=bt,Q[50];           /* Q 是队列，元素是二叉树结点指针，容量足够大 */
   if(p==NULL) return 1;
   front=rear=0;
   Q[++rear]=p;                  /* 初始化队伍，根结点指针入队 */
   while(front!=rear)
   {p=Q[++front];
      if(p->LChild&&!tag)
          Q[++rear]=p->LChild;  /* 左孩子入队 */
      else if(p->LChild) return 0;   /* 前边已有结点为空，本结点不空 */
      else tag=1;                /* 首次出现结构为空 */
      if(p->RChild&&!tag)
          Q[++rear]=p->RChild;  /* 右孩子入队 */
      else if(p->RChild) return 0;
      else tag=1;
   }
return 1;
}
main()
{int y;
BinTree bt;
printf("请输入结点数据：");
CreateBinTree(&bt);
```

```
    y=JudgeComplete(bt);
    if(y==1)
       printf("该二叉树是完全二叉树\n");
     else
       printf("该二叉树不是完全二叉树\n");
    }
```

【测试数据】

请输入结点数据：ab##c##

该二叉树是完全二叉树

请输入结点数据：abc###d##

该二叉树是完全二叉树

请输入结点数据：ab#c##d##

该二叉树不是完全二叉树

2. 用链式存储结构建立一棵排序二叉树

【问题描述】

建立一个排序二叉树，用链式存储结构建立一棵排序二叉树。所谓排序二叉树，就是将各结点数据元素顺序插到一棵二叉树中，即在插入过程中，始终保持二叉树中每个结点的值都大于其左子树上每个结点的值，小于或等于其右子树上每个结点的值，每个结点存放结点值及左右孩子的指针。

【算法描述】

程序执行过程中，bt 指针始终指向根结点，p 指针指向当前已找到的结点，q 指针不断向下寻找新的结点。插入可用下面的方法进行：

(1) 若二叉排序树是空树，则插入结点为二叉排序树的根；

(2) 若二叉排序树非空，则将关键字值与二叉排序树的根进行比较，若小于根结点的值，则插入左子树，若大于根结点的值，则插入右子树。

【C 语言源程序】

```
    #include<stdio.h>
    #define null 0
    int counter=0;
    typedef struct btreenode
    {
       int data ;
       struct btreenode * lchild;
     struct btreenode * rchild;
       } bnode;
    bnode * creat(int x,bnode * lbt,bnode * rbt)  /* 生成一棵以 x 为根结点，以 lbt
和 rbt 为左右子树的二叉树 */
    { bnode * p;
     p=(bnode *) malloc(sizeof(bnode));
     p->data=x;
     p->lchild=lbt;
     p->rchild=rbt;
     return(p);
```

```
}
bnode * ins_lchild(bnode *p,int x)    /* x 作为左孩子插入到二叉树中 */
{
 bnode * q;
if(p== null)
printf("illgeal insert");
else
   {
    q=(bnode *)malloc(sizeof(bnode));
    q->data=x;
    q->lchild=null;
    q->rchild=null;
    if(p->lchild!=null)  /* 若 p 有左孩子，则将原来的左孩子作为结点 x 的右孩子 */
    q->rchild=p->lchild;
    p->lchild=q;     /* x 作为 p 的左孩子 */
   }
}
bnode * ins_rchild(bnode * p,int x)    /* x 作为右孩子插入到二叉树中 */
 {
   bnode * q;
   if (p==null)
      printf("illgeal insert");
   else
     {
      q=(bnode *)malloc(sizeof(bnode));
      q->data=x;
      q->lchild=null;
      q->rchild=null;
      if(p->rchild!=null) /* 若 p 有右孩子，则将原来的右孩子作为结点 x 的左孩子 */
         q->lchild=p->rchild;
       p->rchild=q;     /* x 作为 p 的右孩子 */
      }
  }
void prorder(bnode * p)    /* 输出二叉树的结构 */
 {
  if(p==null)
     return;
  printf("%d\t%u\t%d\t%u\t%u\n",++counter,p,p->data,p->lchild,p->rchild);
  if (p->lchild!=null)
     prorder(p->lchild);
   if(p->rchild!=null)
     prorder(p->rchild);
  }

main()
 {
   bnode *bt, *p, *q;
   int x;
   printf("input root :");
   scanf("%d",&x);
   p=creat(x,null,null);                /* 建立一棵只有根结点的二叉树 */
```

```
    bt=p;                                 /* 使bt,p都指向根结点 */
    scanf("%d",&x);                       /* 输入新的结点值 */
    while(x!=-1)                          /* 建立二叉排序树 */
      {  p=bt;
         q=p;
         while(x!=p->data&&q!=null)       /* q记录当前根结点 */
           {  p=q;
              if(x<p->data)
                 q=p->lchild;
              else
                 q=p->rchild;
           }
     if(x==p->data)
        {printf("该元素已插入到二叉树中。");
           return;
           }
          else
             if(x<p->data)
               ins_lchild(p,x);
             else
               ins_rchild(p,x);
      scanf("%d",&x);
       }
     p=bt;
     printf("structure of binary tree:\n");
     printf("number\taddress\tdata\tlchild\trchild\n");
     prorder(p);
  }
```

【测试数据】

程序运行时结果示意如下：

```
input root:6 3 4 2 8 7 9 -1
structure of the binary tree:
number    adress    data    lchild    rchild
1         2358      6       2374      2422
2         2374      3       2406      2390
3         2406      2        0         0
4         2390      4        0         0
5         2422      8       2438      2454
6         2438      7        0         0
7         2454      9        0         0
```

程序运行时，生成的排序二叉树如图 7.36 所示。

3. 哈夫曼树及哈夫曼编码的实现

【问题描述】

(1) 输入 n 个叶子结点的权值构造哈夫曼树；

(2) 根据哈夫曼树构造哈夫曼编码，以指向字符串的指针数组来存放，从叶子到根逆向求每个叶结点的哈夫曼编码。

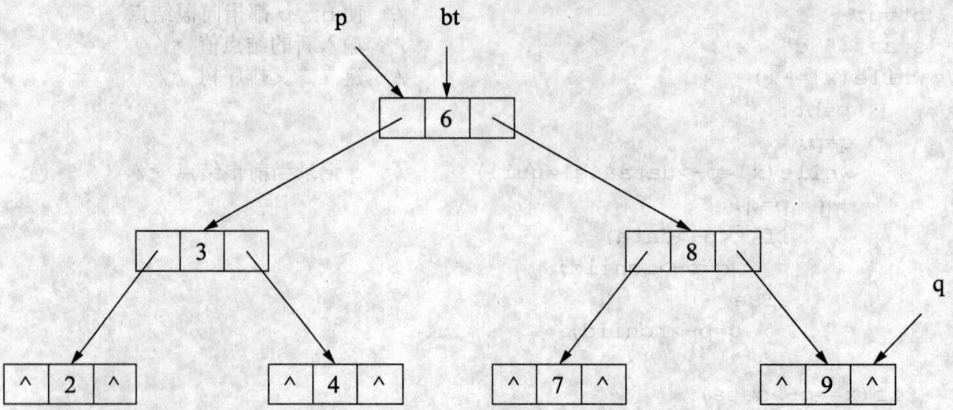

图 7.36　生成的二叉排序树

【算法描述】

将 T[0…m−1]中 2n−1 个结点里的 3 个指针均置空，且权值置为 0；读入 n 个叶子的权值存于向量的前 n 个分量中，它们是初始森林中 n 个根结点的权值；对森林中的树共进行 n−1 次合并，所产生的结点依次放入向量 T 的第 i 个分量中(n≤i≤m−1)；再按哈夫曼树构造编码输出。

【C 语言源程序】

```
#include <stdio.h>
#include <string.h>
typedef struct{
        int  weight;
        int  parent, lchild, rchild;
  }HTNode,*HuffmanTree;
typedef char ** huffmancode;
HuffmanTree ht;
huffmancode hc;
int n;
void  huffmancoding()
{int i,j,m,c,f;
int s1,s2,w1,w2;
int start;
HuffmanTree p;
char *cd;
m=2*n-1;
ht=(HuffmanTree)malloc((m+1)*sizeof(HTNode));
for(p=ht+1,i=1;i<=m;++i,++p)   /* 初始化各结点 */
 { p->weight=0;
   p->parent=p->lchild=p->rchild=NULL;
 }
printf("\ninput %d weight : ",n);
for(i=1;i<=n;++i)
   scanf("%d",&ht[i].weight);
for(i=n+1; i<=m; ++i)           /* 构造哈夫曼树 */
 { s1=s2=1;
   w1=w2=100;
```

```
  for(j=1;j<=i-1;j++)             /* 找权值最小的两个结点 */
   if(ht[j].parent==0)
     if(ht[j].weight<w1)
      { w2=w1;
        w1=ht[j].weight;
        s2=s1; s1=j;
       }
   else  if(ht[j].weight<w2)
     { w2= ht[j].weight;
       s2=j;
      }
     ht[s1].parent =ht[s2].parent = i;
     ht[i].lchild=s1;
     ht[i].rchild=s2;
     ht[i].weight=ht[s1].weight+ht[s2].weight;
  }     /* for(i=n+1; i<=m; ++i) */
  hc=(huffmancode)malloc((n+1)*sizeof(char*));
  cd=(char *)malloc(n*sizeof(char));
  cd[n-1]='\0';
  for(i=1;i<=n;++i)     /* 生成哈夫曼编码 */
  { start=n-1;
    for(c=i,f=ht[i].parent;f;c=f,f=ht[f].parent)
       if(ht[f].lchild==c)
          cd[--start]='0';
       else
          cd[--start]='1';
     hc[i]=(char*)malloc((n-start)*sizeof(char));
     strcpy(hc[i],&cd[start]);
  }
  free(cd);
  printf("\noutput huffmancode : \n");
   for(i=1;i<=n;i++)
    printf("\n%2d : %s",ht[i].weight,hc[i]);
}
main()
 {
  printf("\ninput n :  ");
  scanf("%d",&n);
  huffmancoding();
  getchar();
  getchar();
}
```

【测试数据】

input n: 8
input 8 weight: 5 29 7 8 14 23 3 11
output huffmancode:
5:0001
29:10
7:1110

8:1111

14:110

23:01

3:0000

11:001

7.8 习题与上机操作

1. 选择题

(1) 假定一棵二叉树中，双分支结点数为 15，单分支结点数为 30，则叶子结点数为________。

A. 15　B. 16　C. 17　D. 47

(2) 假定一棵二叉树的结点数为 50，则它的最小高度为________。

A. 5　B. 6　C. 7　D. 8

(3) 在一棵二叉树的第 5 层的结点数最多为________。

A. 8　B. 16　C. 15　D. 32

(4) 用顺序存储的方法将完全二叉树中的所有结点逐层存放在数组 R[1…n]中，结点 R[I]若有左孩子，则左孩子是________。

A. R[2I+1]　B. R[2I]　C. R[I/2]　D. R[2I−1]

(5) 任何一棵二叉树的叶结点在先序、中序和后序遍历序列中的相对次序________。

A. 不发生改变　B. 发生改变　C. 不能确定　D. 以上都不对

(6) 由带权为 9，2，5，7 的四个叶子结点构造的一棵哈夫曼树，该树的带权路径长度为________。

A. 23　B. 37　C. 46　D. 44

(7) 设 a，b 为一棵二叉树上的两个结点，在中序遍历时，a 在 b 前的条件是________。

A. a 在 b 右方　B. a 在 b 左方　C. a 是 b 祖先　D. a 是 b 孩子

(8) 线索二叉树是一种________结构。

A. 逻辑　B. 逻辑和存储　C. 物理　D. 线性

(9) 判断线索二叉树中某结点 p 有左孩子的条件是________。

A. p!=null　B. p->lchild!=null　C. p->ltag= =0　D. p->ltag= =1

(10) 根据使用频率为 5 个字符设计的哈夫曼编码不可能是________。

A. 111,110,10,01,00　B. 000,001,010,011,1

C. 100,11,10,1,0　D. 001,000,01,11,10

2. 填空题

(1) 假定一棵树的广义表表示为 A(B(E),C(F(H,I,J),G),D)，则该树的度为________，树的深度为________，终端结点的个数为________，双分支结点的个数为________，三分支结点的个数为________，C 结点的双亲结点为________，其孩子结点为________和________。

(2) 由 a，b，c 三个结点的构成的二叉树，共有________种不同的结构。

(3) 在一棵二叉树中，度为 0 的结点个数为 n_0，度为 2 的结点个数为 n_2，则 n_0=________。

(4) 对于一个具有 n 个结点的二叉树，当它为一棵________二叉树时具有最小高度，即为________，当它为一棵单枝树时具有________高度，即为________。

(5) 一棵深度为 K 的满二叉树的结点总数为________，一棵深度为 K 的完全二叉树的结点总数的最小值为________，最大值为________。

(6) 已知二叉树有 50 个叶子结点，且仅有一个孩子的结点数为 30，则总结点数为________。

(7) 已知二叉树有 50 个叶子结点，则二叉树的总结点数至少是________。

(8) 对于一棵具有 n 个结点的二叉树，当进行链接存储时，其二叉链表中的指针域的总数为________个，其中________个用于孩子结点，________个空闲着。

(9) 设 F 是一个森林，B 是由 F 转换得到的二叉树，F 中有 n 个非终端结点，则 B 中右指针域为空的结点有________个。

(10) 由带权为 3，9，6，2，5 的 5 个叶子结点构成一棵哈夫曼树，则带权路径长度为________。

(11) 具有 m 个叶结点的哈夫曼树共有________个结点。

3. 程序填空题

(1) 下面的函数是输出二叉树的各结点。读程序并在每个空格处填写一个语句或表达式。

```
#define max 100
 typedef struct tnode{
      int data;
      struct tnode  *lchild, *rchild;
     } tnode;
typedef struct stack {
                tnode *elem[max];
                int top;
                } stack;
void printtree (tnode *bt)
{stack s; tnode *p;
p= ____(1)_____ ; s.top=0;
while (p||s.top!=0)
          { while (______(2)_____)
                {s.elem[s.top++]=p; _______(3)______ ; }
            if (s.top>0) { _______(4)________ ;printf ("%d",p->data);
                        ________(5)_________ ;}
        }
}
```

(2) 下面的非递归程序是将二叉树 t 中所有结点的左右子树进行交换，程序中用一个链栈存放还未处理完毕的子树的根结点地址。读程序并在每个空格处填空一个语句或一个表达式。

```
typedef struct tnode{
     char data;
     struct tnode * lchild, * child;
     }tnode;
```

```
typedef struct snode{ tnode* addr;
            struct snode * link;
            }snode;
void exchange(tnode  *t)
{ snode *top, * s;
  tnode * p;
  top= (snode *)malloc(sizeof(snode));
  ____(1)______; top -> link = null;
  while (________(2)________)
  {
      t =______(3)_________;
      s=top; top= top ->link; free(s);
      if (________(4)_______)
        { p = t -> lchild;
         t -> lchild= t -> rchild;
         t -> rchild= p;
         s = (snode *)malloc (sizeof (snode));
         s ->addr= _______(5)_______ ;
         s -> link= top;
         top= s;
         s = ( snode * ) malloc ( sizeof (snode) );
         s ->addr= _____(6)______ ;
         s -> link= top;top= s;
         }
    }
}
```

4. 应用题

(1) 用树的三种存储表示法，画出树(A(B(E,F(I,J,K)),C,D(G,H)))的存储结构。

(2) 假设一棵二叉树的先序遍历序列为 ABDCEF，其中序遍历序列为 BDAEFC，请画出该二叉树的树形结构。

(3) 给出满足下列条件的所有二叉树：

前序和中序相同；

中序和后序相同；

前序和后序相同。

(4) 画出如图 7.37 所示树的二叉树形式。

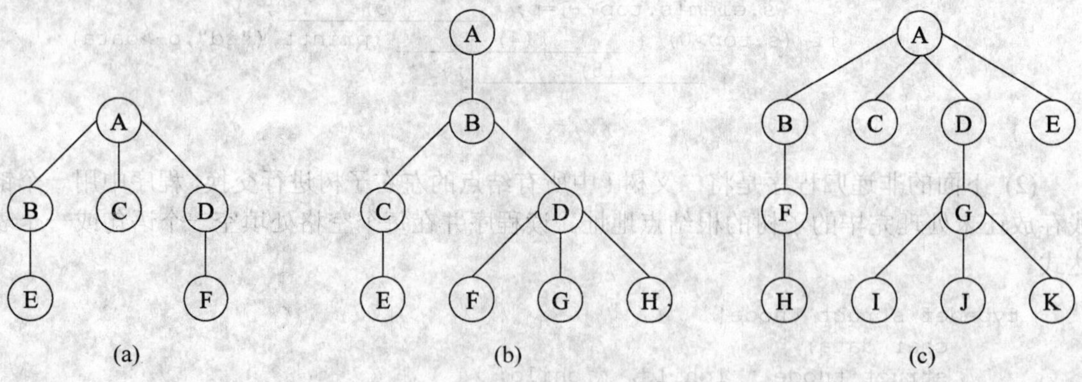

图 7.37　树

(5) 有森林如图 7.38 所示，画出该森林转换成的二叉树形式。

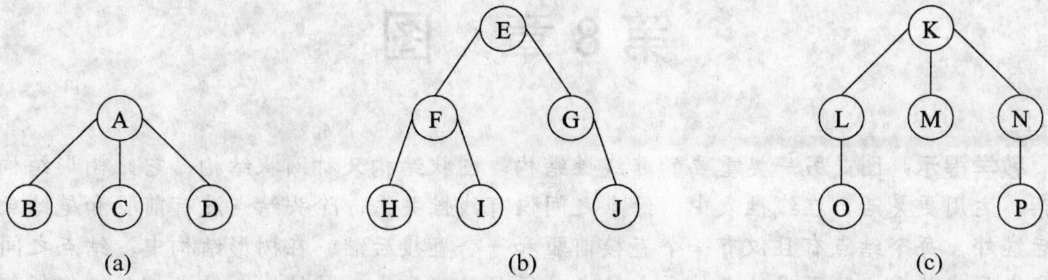

图 7.38　森林

(6) 在一段文字中 10 个常用汉字及出现的频度如下：的 26，地 6，得 4，于 15，个 7，和 6，为 8，在 5，是 18，有 5。为这些汉字设计哈夫曼编码表。

5. 编程题

(1) 设计一个算法，判定给定二叉树是否为二叉排序树。

(2) 试写出对一棵二叉树中所有结点的左右子树相互交换的算法。

(3) 设计一个算法，要求该算法把二叉树的叶子结点按从左到右的顺序连成一个单链表，表头指针为 head。二叉树按二叉链表方式存储，链接时用叶子结点的右指针域来存放单链表指针。

(4) 已知一棵以线索链表为存储结构的中序线索二叉树 T，设计一个算法，试在该二叉树上求任意结点 x 的中序后继。

6. 操作题

(1) 已知一棵二叉树按顺序方式存储在数组 A[1⋯n]中。设计算法，求出下标分别为 i 和 j 的两个结点的最近的公共祖先结点的值。

编程提示：

二叉树顺序存储，是按完全二叉树的格式存储，利用完全二叉树双亲结点与孩子结点编号间的关系，求下标为 i 和 j 的两结点的双亲，双亲的双亲等，直至找到最近的公共祖先。

(2) 假设以双亲表示法作树的存储结构，写出双亲表示的类型说明，并编写求给定的树的深度的算法(注：已知树中结点数)

编程提示：

由于以双亲表示法作树的存储结构，找结点的双亲容易。因此可求出每一结点的层次，取其最大层次就是树的深度。对每一结点，找其双亲，双亲的双亲，直至结点双亲为 0 为止。

第 8 章　图

教学提示：图是另一类重要的非线性结构，图状结构又称网状结构，它比树形结构更复杂、运用更灵活。在线性表中，结点之间仅有线性关系，除头结点没有前驱和尾结点没有后继外，每个结点有且仅有一个直接前驱和一个直接后继；在树形结构中，结点之间具有分支层次关系，除了根结点外每个结点必须且只能和上一层的一个结点相关，但任何结点都可以和下一层的 0 个或多个结点相关；而在图结构中，结点间的关系是任意的，任意两个结点都可能相关。图结构可以描述更为复杂的数据对象，因此在数学、物理、化学、计算机科学等领域有着更为广泛的应用。

教学要求：

(1) 掌握图的定义和相关术语。

(2) 熟练掌握图的存储结构及图的建立方法。

(3) 熟练掌握深度和广度优先搜索方法及其算法实现。

(4) 掌握图的生成树和最小生成树的概念及求图的最小生成树的算法。

(5) 掌握最短路径的概念及其求最短路径的算法。

(6) 掌握拓扑排序的方法并了解其实现算法。

8.1　图的基本概念

8.1.1　基本概念

图状结构又称网状结构，在图状结构中，结点间的关系是任意的，即任意两个结点都可能相关。如图 8.1 所示，在该图中，结点间没有分支层次关系，而是呈现出一种杂乱无章的网状。它是比树形结构更为复杂的一种数据结构，可以表示现实生活中更为复杂的关系。

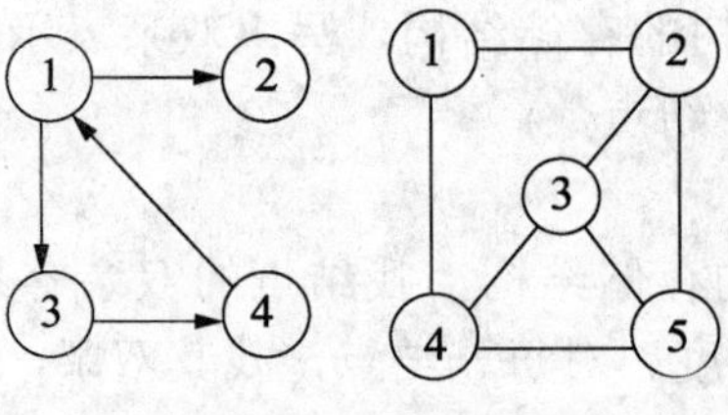

(a) 有向图　　(b) 无向图

图 8.1　图的示例

可以这样给图下定义：图是由有限个顶点(Vertex)集合及顶点间的关系(也称为边)集合组成的一种非线性数据结构。通常可以用图的形式性描述来定义

$G=(V,E)$

$V=\{V_i \mid V_i \in \text{dataobject}\}$

$E=\{(V_i, V_j) \mid V_i,V_j \in V$ 且 $P(V_i, V_j)\}$

其中，G 表示一个图，V 是图 G 中顶点的集合，E 是图 G 中的边的集合。谓词 $P(V_i, V_j)$ 定义了顶点 V_i 和顶点 V_j 之间的关系，即存在一条边或弧。

根据边的类型，图可以分为两种：若图中的边是有方向的，则图为有向图，有向图中的边称为弧(Arc)，假设有向图中从顶点 x 到顶点 y 有一条弧，称 x 为弧尾(起始点)，称 y 为弧头(终端点)，记为<x，y>。<x，y>和<y，x>表示不同的弧。若图中的边是无方向的，则图为无向图，无向图中的边称为边(Edge)，假设无向图中顶点 x 和顶点 y 之间有一条边，则记为(x，y)，(y，x)则被认为是同一条边。

如图 8.1 所示，其中的两个图分别表示为

$G_1=(V_1, E_1)$

其中，

$V_1=\{1, 2, 3, 4\}$

$E_1=\{<1, 2>, <1, 3>, <3, 4>, <4, 1>\}$

$G_2=(V_2, E_2)$

其中，

$V_2=\{1, 2, 3, 4, 5\}$

$E_2=\{(1, 2), (1, 4), (2, 3), (2, 5), (3, 4), (3, 5), (4, 5)\}$

8.1.2　基本术语

1. 完全图、稀疏图和稠密图

设 n 表示完全图(Completed graph)中顶点的个数，用 e 表示图中边(弧)的数目，不考虑图中每个顶点到其自身的边(弧)及边(弧)的重复，则 e 的最小值为 0。对于无向图而言，e 的最大值为从 n 个元素中任意取两个元素的组合数即 $n\times(n-1)/2$，有 $n\times(n-1)/2$ 条边(图中每个顶点和其余 n-1 个顶点都有边相连)的无向图为无向完全图；对于有向图而言，e 的最大值为从 n 个元素中任意取两个元素的排列数即 $n\times(n-1)$，称有 $n\times(n-1)$条弧(图中每个顶点和其余 n-1 个顶点间都有一对弧)的有向图为有向完全图。称 $e \ll n\times(n-1)/2$ 的图为稀疏图(Sparse graph)，反之则称为稠密图(Dense graph)。

2. 子图

设有两个图 G=(V，E)和图 G′=(V′，E′)，若 V′是 V 的子集且 E′是 E 的子集，则称图 G′为 G 的子图(Subgraph)。如图 8.2 所示，其中，图 8.2(b)和图 8.2(c)均为图 8.2(a)的子图。

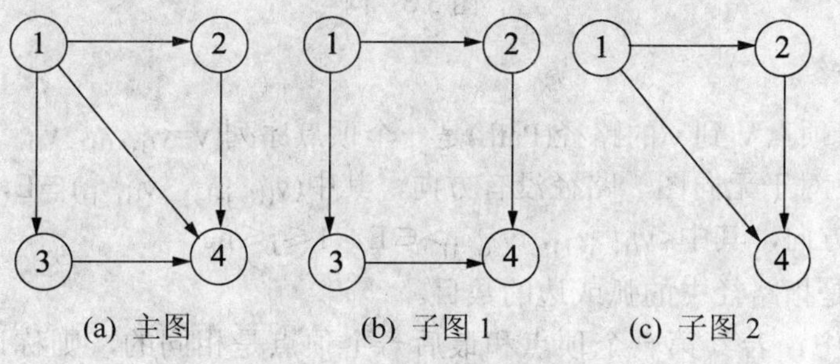

图 8.2　图与子图示例

3. 邻接点

对于无向图 G=(V, E)，如果边(v, v′)∈E，则称顶点 v，v′互为邻接点(Adjacent Vextex)，即 v，v′相邻接，称边(v，v′)和顶点 v，v′相关联。

对于有向图 G=(V，A)，如果弧<v，v′>∈A，则称顶点 v 邻接到顶点 v′，顶点 v′邻接自顶点 v，称弧<v，v′>和顶点 v，v′相关联。

4. 度、入度和出度

对于无向图而言，顶点 v 的度(Degree)是指和 v 相关联的边的数目。记作 TD(v)。如图 8.1 所示的图 8.1(b)中顶点 3 的度是 3，顶点 1 的度是 2。

在有向图中顶点 v 的度有出度(OutDegree)和入度(InDegree)两部分，其中以顶点 v 为弧头(Head)(终点)的弧的数目称为该顶点的入度，记作 ID(v)，以顶点 v 为弧尾(Tail)(始点)的弧的数目称为该顶点的出度，记作 OD(v)，顶点 v 的度 TD(v)=ID(v)+ OD(v)。如图 8.1 所示，图 8.1(a)中顶点 1 的入度是 ID(1)=1，出度 OD(1)=2，顶点 1 的度 TD(1)=ID(1)+OD(1)=3。

若图中有 n 个顶点，e 条边或弧，因为对于每条边(弧)来说，在计算度的时候与其相关联的两个顶点均计算一次，所以图中顶点的度 $TD(V_i)$与边(弧)的数目的关系为

$$e = \frac{\sum_{i=1}^{n} TD(V_i)}{2}$$

5. 权与网

在实际应用中，图的边或弧往往与具有一定意义的数有关，与边或弧相关的数称为该边(弧)的权(Weight)，这些权可以表示从一个顶点到另一个顶点的距离、时间耗费或经济耗费等信息。带权的图叫做赋权图或网(Network)，如图 8.3 所示。

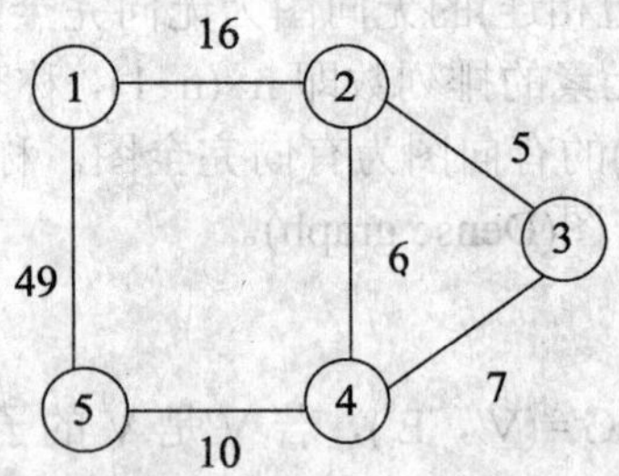

图 8.3 网

6. 路径与回路

G=(V,E)中从顶点 v 到 v′的路径(Path)是一个顶点序列($v=v_{(i,0)}$，$v_{(i,1)}$，$v_{(i,2)}$，…，$v_{(i,n-1)}$，$v_{(i,n)}=v'$)，对于无向图，路径没有方向，其中($v_{(i,j-1)}$，$v_{(i,j)}$)∈E，1≤j≤n；对于有向图，路径也有方向，其中<$v_{(i,j-1)}$，$v_{(i,j)}$>∈E，1≤j≤n。

路径的长度是指路径中的弧或边的数目。

在一个路径中，若其第一个顶点和最后一个顶点是相同的，则称该路径为一个回路(Cycle)或环。若表示路径的顶点序列中的顶点各不相同，则称这样的路径为简单路径。除了第一个和最后一个顶点外，其余各顶点均不重复出现的回路为简单回路。

例如：图 8.1(a)中(1,3,4)构成简单路径，(1,3,4,1)构成简单回路，图 8.1(b)中(1,2,3,5,2,1)构成回路，但不是简单回路。

7. 连通图与连通分量

在无向图 G=(V,E)中，若从 v_i 到 v_j 有路径相通，则称顶点 v_i 与 v_j 是连通的。如果对于图中的任意两个顶点 v_i，$v_j \in V$，vi，v_j 都是连通的($v_i \neq v_j$)，则称该无向图 G 为连通图(Connected Graph)。图 8.1(b)是连通图。无向图中的极大连通子图称为该无向图的连通分量(Connected Component)，如图 8.4 和图 8.5 所示。连通图的连通分量是其自身。

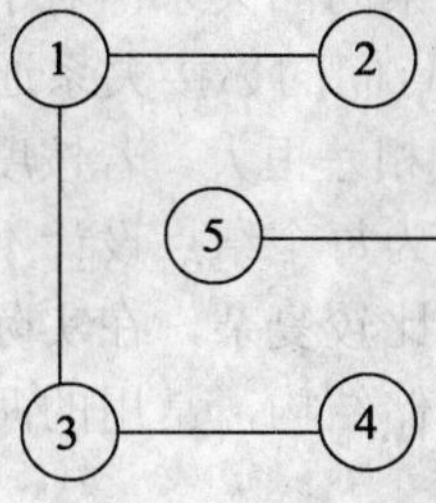

图 8.4 非连通图

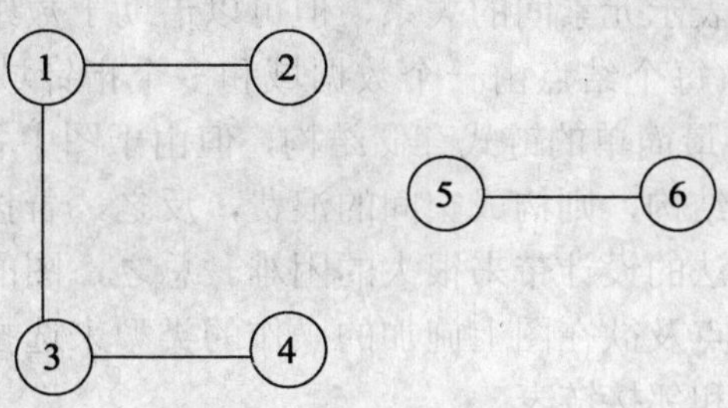

图 8.5 图 8.4 中非连通图的连通分量

在有向图 G=(V,A)中，若对于每对顶点 v_i、$v_j \in V$ 且 $v_i \neq v_j$，从 v_i 到 v_j 和 v_j 到 v_i 都有路径，则称该有向图为强连通图。有向图的极大强连通子图称作有向图的强连通分量，强连通图的强连通分量是其自身，如图 8.6 和图 8.7 所示。

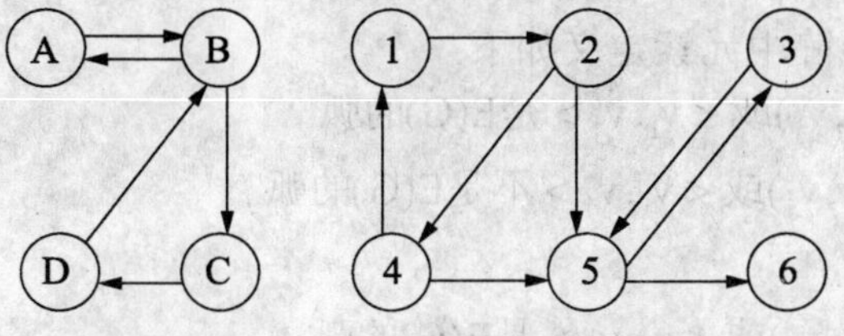

(a) 强连通图 (b) 非强连通图

图 8.6 强连通图和非强连通图

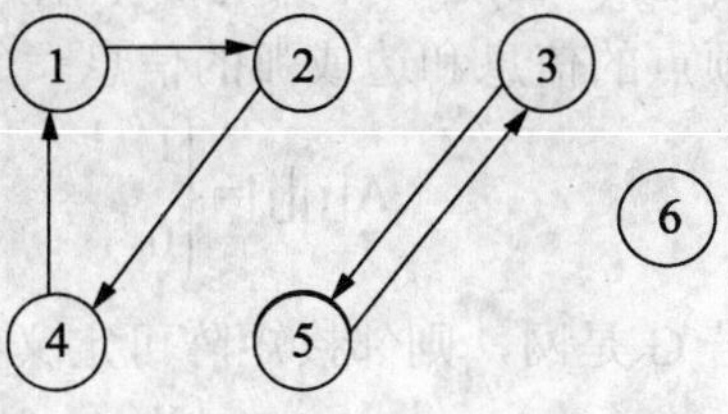

图 8.7 图 8.6(b)的强连通分量

8.1.3 基本操作

设 V 是具有相同特性的数据元素的集合(顶点集)，E 是图中边(或弧)的集合，v 和 w 是图中的两个顶点，则有关图的基本操作为

(1) CreatGraph(&G, V ,E)：输入图 G 的顶点和边，构造图 G。

(2) GetVex(G, v)：返回图 G 中顶点 v 的值。

(3) PutVex(&G, v, info)：对图 G 中的顶点 v 赋值为 info。

(4) FirstAdjvex(G, v)：返回图 G 中顶点 v 的第一个邻接点，如其没有邻接点则返回“空”。

(5) NextAdjvex(G, v, w)：已知 v 是图 G 中的某个顶点，w 是其邻接点，求 v 相对于 w 的下一个邻接点。

(6) InsertVex(&G, v)：在图 G 中增加新顶点 v。

(7) DeleteVex(&G, v)：在图 G 中删除顶点 v 及其相关的边(弧)。

(8) InsertArc(&G, v, w)：增加顶点 v 到顶点 w 的边(弧)。

(9) DeleteArc(&G, v, w)：删除顶点 v 到顶点 w 的边(弧)。

8.2　图的存储结构

数据的存储结构分为两类：顺序存储结构和链式存储结构。对于前者，由于图的逻辑结构比较复杂，任意两个顶点之间都可能存在联系，因此不可能用数据元素在存储区中的物理位置来表示元素间的关系，但可以借助于数组来表示元素间的关系；对于后者，多重链表表示法(每个结点由一个数据域和多个指针域组成，顶点间的邻接关系通过指针来表示)，是一种最简单的链式存储结构，但由于图中各顶点的度相差很大，若按度数最大的顶点设计结点结构，则构成空间的浪费，反之，若按实际度数为每个结点设计不同的结点结构，则给算法的设计带来很大的困难。总之，图的存储结构比较复杂，在实际应用中，要根据图的特点及欲在图上施加的操作的类型来选择合适的存储结构，常用的两种存储结构是邻接矩阵和邻接链表。

8.2.1　邻接矩阵表示法

图的邻接矩阵表示法也称作数组表示法。它采用两个数组来表示图：一个是用于存储顶点信息的一维数组；另一个是用于存储图中顶点之间关联关系的二维数组(邻接矩阵)。

若 G=(V,E)是一个具有 n 个顶点的图，图 G 的邻接矩阵是一个二维数组 A[n][n]，用来存放顶点的信息和边或弧的信息。邻接矩阵中元素定义如下：

$$A[i][j]=\begin{cases}1 & 若(v_i,v_j)或<v_i,v_j>是E(G)的弧\\ 0 & 若(v_i,v_j)或<v_i,v_j>不是E(G)的弧\end{cases}$$

若 G 是网，则邻接矩阵可定义为

$$A[i][j]=\begin{cases}W_{ij} & 若(v_i,v_j)或<v_i,v_j>是E(G)的弧\\ \infty & 若(v_i,v_j)或<v_i,v_j>不是E(G)的弧\end{cases}$$

式中，W_{ij} 表示边(v_i，v_j)或<v_i，v_j>上的权值；∞可以设定为计算机所能表示的最大值，表示两个顶点之间没有边或弧。图 8.1(a)和图 8.1(b)的邻接矩阵如图 8.8 中的 A_1 和 A_2 所示。

$$A_1=\begin{pmatrix}0&1&1&0\\0&0&0&0\\0&0&0&1\\1&0&0&0\end{pmatrix}$$

(a) 邻接矩阵

$$A_1=\begin{pmatrix}0&1&0&1&0\\1&0&1&0&1\\0&1&0&1&1\\1&0&1&0&1\\0&1&1&1&0\end{pmatrix}$$

(b) 邻接矩阵

图 8.8　图的邻接矩阵表示法

邻接矩阵表示法的类型定义 C 语言描述如下：

```
#define  INFINITY  INT_MAX                    /* 用于表示无穷大值 */
#define  MaxSize  20
```

```
typedef  enum {DG, DN, UDG, UDN} GraphKind; /* 用于表示图的类型 */
typedef  struct
  { VextexType   vexs[MaxSize];                /* 一维数组存放图的各顶点的值 */
    ArcType  arcs[MaxSize][ MaxSize];          /* 二维数组用于表示图的各边(弧) */
    int  vexnum, arcnum;                       /* 表示图的顶点数和边(弧)的数目 */
    GraphKind  kind;                           /* 表示图的类型 */
  }AdjMatrix;
```

其中，DG、DN、UDG、UDN 分别表示有向图、有向网、无向图和无向网，用此方法表示比较直观，读者也可以用 4 个整数来代替。

有向网及其邻接矩阵示例如图 8.9 所示。

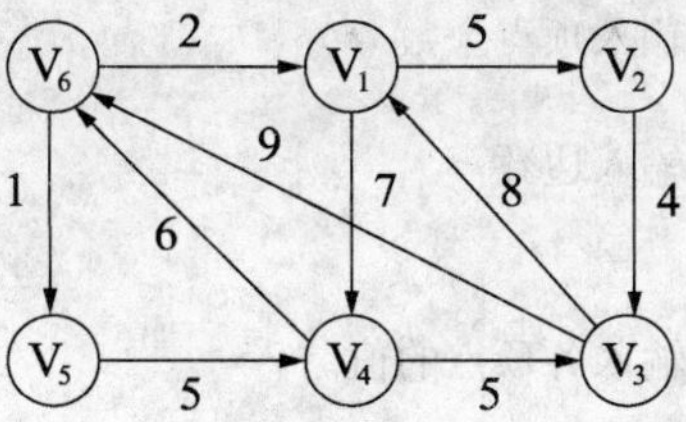

$$\begin{pmatrix} \infty & 5 & \infty & 7 & \infty & \infty \\ \infty & \infty & 4 & \infty & \infty & \infty \\ 8 & \infty & \infty & \infty & \infty & 9 \\ \infty & \infty & 5 & \infty & \infty & 6 \\ \infty & \infty & \infty & 5 & \infty & \infty \\ 2 & \infty & \infty & \infty & 1 & \infty \end{pmatrix}$$

图 8.9　有向网及其邻接矩阵

邻接矩阵表示法的特点有如下几种。

(1) 存储空间：对于无向图而言，因其邻接矩阵是对称矩阵，所以可以采用特殊矩阵的压缩存储法，一个具有 n 个顶点的无向图 G，它的邻接矩阵需要 n(n+1) /2 个存储空间即可。但有向图的邻接矩阵不一定是对称矩阵，对于有向图的邻接矩阵的存储则需要 n^2 个存储空间。

(2) 对于运算：采用邻接矩阵表示法，便于判定图中任意两个顶点之间是否有边相连，只需根据 A[i][j]的值进行判断即可。另外还便于求得各个顶点的度。

① 对于不带权值的无向图而言，其邻接矩阵第 i 行(列)元素之和就是图中第 i 个顶点的度

$$TD(V_i) = \sum_{j=1}^{n} A[i, j]$$

② 对于不带权的有向图，其邻接矩阵第 i 行元素之和就是图中第 i 个顶点的出度

$$OD(V_i) = \sum_{j=1}^{n} A[i, j]$$

③ 对于不带权的有向图，其邻接矩阵第 i 列元素之和就是图中第 i 个顶点的入度

$$ID(V_i) = \sum_{j=1}^{n} A[j, i]$$

④ 对于带权图，只需求其对应的非∞的元素的个数即可。

下面给出在邻接矩阵存储结构上图的构造算法，它根据图的类型调用相应的构造算法。

【算法 8.1】 采用邻接矩阵表示法构造图。

```
#define  G  (*G1)
Void CreateGraph1(AdjMatrix  G1)
```

```
  { scanf("%d", &G.kind);
    switch (G.kind)
     { case  DG: return CreateDG1(G1);           /* 构造有向图 G */
       case  DN: return CreateDN1(G1);           /* 构造有向网 G */
       case  UDG: return CreateUDG1(G1);         /* 构造无向图 G */
       case  UDN: return CreateUDN1(G1);         /* 构造无向网 G */
       default: return ERROR;}                   /* end of  switch */
  }                                              /* end of  CreateGraph1 */
```

【算法 8.2】 构造邻接矩阵表示的无向网。

```
#define  G (*G1)
Void  CreateUDN1(AdjMatrix  G1)
{ scanf("%d", &G.vexnum);          /* 输入顶点个数 */
  n= G.vexnum;
  scanf("%d", &G.arcnum);          /* 输入边数 */
  e= G.arcnum;

   for  (i=1;i<=n;i++)             /* 输入各顶点的值 */
    scanf("%d",&G.vexs[i]);
  for  (i=1;i<=n;i++)              /* 初始化邻接矩阵中的每个元素为无穷大 */
    for  (j=1;j<=n;j++)
       G.arcs[i][j]= INFINITY;
  for  (k=1;k<=e;k++)              /* 输入各边的邻接点及其权值并修改邻接矩阵 */
   { scanf("%d,%d,%d"&i, &j, &w);
     G.arcs[i][j]=w;
     G.arcs[j][i]=w; }
  return  OK; }
```

【思考题】

若为其他三种类型的图，该算法应如何修改？

【算法分析】

构造一个有 n 个顶点，e 条边的无向网，该算法的执行时间为 $O(n^2+e+n)$，因 $e< n^2$，所以其时间复杂度为 $O(n^2)$。

邻接矩阵表示法的优点：算法简单，各种基本操作易于实现。

8.2.2 邻接表表示法

图的邻接矩阵表示法(即图的数组表示法)，虽然有其自身的优点，但对于稀疏图来讲，特别是当稀疏图中和边相关的信息较多时，因其空间是固定的，不管有没有边都要占据空间，所以用邻接矩阵表示方法会造成存储空间的很大浪费。此时可以使用链式存储结构。

邻接表表示法是图的一种链式存储结构。在邻接表中，对图中的每个顶点建立一个带头结点的单链表，对于无向图，第 i 个单链表中的各结点分别表示依附于顶点 v_i 的各条边，对于有向图，第 i 个单链表中的各结点则表示以 v_i 为弧尾的各条弧。称除了头结点外的其他结点为边(弧)结点。每个单链表的头结点共同构成一个表头结点表。

表头结点的结构为

data	firstarc

其中，data 域存放顶点的值，firstarc 域为指针域，指向单链表中的第一个弧结点。

弧结点的结构为

adjvex	info	nextarc

其中，adjvex 域表示边(弧)所依附的另一个顶点的位置；info 域表示与该边(弧)相关的其他信息(如权值信息等)；nextarc 为指向下一个弧结点的指针域。

图 8.1(a)和图 8.1(b)的邻接表如图 8.10 所示。其中，表头结点表采用顺序结构，便于顶点的随机存取。这样，一个 n 个顶点的图的邻接表表示由一个表头结点表(虚线以左)与 n 个单链表组成的边表(虚线以右)两部分构成。

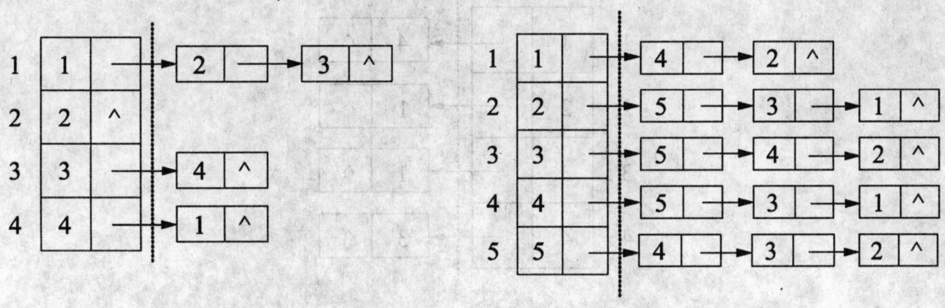

(a) 图 8.1(a)的邻接表　　　　(b) 图 8.1(b)的邻接表

图 8.10　邻接表

邻接表存储结构的类型定义如下。

弧结点类型定义：

```
typedef  struct  ArcNode
  { int adjvex;                    /* 该弧所依附的另一个顶点的位置 */
    struct  ArcNode  *nextarc;     /* 指向下一个弧结点的指针 */
    otherInfo  info;               /* 与该弧相关的其他信息 */
  } ArcNode;
```

头结点类型定义：

```
typedef  struct  VertexNode
  { VertexType    data;            /* 顶点数据域 */
    ArcNode     *firstarc;         /* 指向该顶点所对应的单链表中第一个弧结点的指针域 */
   } VertexNode;
```

图的邻接表存储结构的类型定义：

```
typedef  struct
   { VertexNode  vertex[MaxSize];  /* 表头结点表 */
     int  vexnum, arcnum;          /* 图的顶点数和弧数 */
     int  kind;                    /* 图的类型 */
   }AdjList;
```

此处 kind 域采用了整型类型，不妨假设 kind 域取 0、1、2、3 分别表示有向图、有向网、无向图和无向网。

邻接表存储结构有如下特点。

(1) 存储空间：对于有 n 个顶点，e 条边的无向图而言，需要 n 个表头结点和 2e 个表结点(有向图有 e 个表结点)。

(2) 无向图的度：无向图的邻接表中，顶点 v_i 的度恰好就是第 i 个单链表上结点的个数。

(3) 有向图的度：在有向图中的邻接表中，第 i 个单链表上结点的个数是顶点 v_i 的出度，只需通过表头向量表找到第 i 个顶点的单链表的头指针，实现顺链查找即可。如果要求顶点的入度，则需要搜索所有的单链表，在所有的单链表中 adjvex 域为 i 的结点的个数即为 v_i 的入度，这样比较麻烦，如果经常需要计算顶点的入度，可以考虑建立逆邻接链表，使第 i 个单链表表示以第 i 个顶点为终点的所有的弧，如图 8.11 所示，但求出度不方便了。所以存储结构取决于要进行的运算。

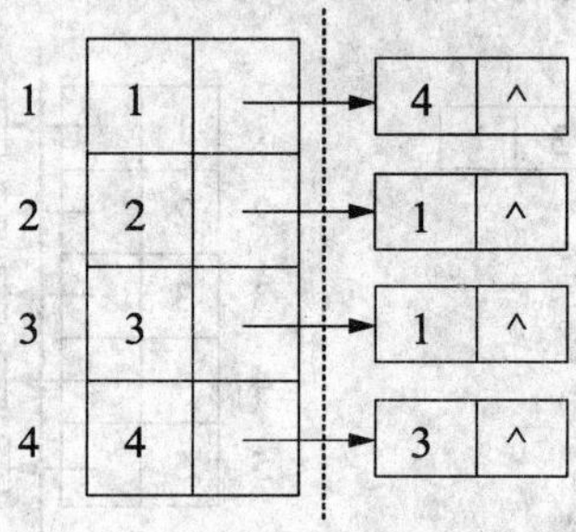

图 8.11　图 8.1(a)的逆邻接表

对于有向图，其链式结构还可以使用十字链表结构，该结构是将邻接表和逆邻接表结合起来得到的一种链式结构；对于无向图，其链式结构也可以采用邻接多重表结构，此结构中每一条边用一个弧结点表示。本书对此两种结构不作介绍，感兴趣的读者可以在本科生使用教材中查看。

下面给出以邻接表表示的图的构造算法。

【算法 8.3】 采用邻接表表示法构造图。

```
#define  G (*G1)
Void CreateGraph2(AdjList  G1)
  { scanf(&G.kind);
   switch (G.kind)
    { case  0: return CreateDG2(G1);        /* 构造有向图 G */
     case  1: return CreateDN2(G1);         /* 构造有向网 G */
     case  2: return CreateUDG2(G1);        /* 构造无向图 G */
     case  3: return CreateUDN2(G1);        /* 构造无向网 G */
     default: return ERROR;}                /* end of  switch */
  }                                         /* end of  CreateGraph2 */
```

【算法 8.4】 构造邻接表表示的无向网。

思路：依次输入各顶点的值，建立表头结点表；再依次输入各边的两个端点及其权值，在各单链表中插入对应的弧结点。

算法：(思考题：若为其他三种类型的图，该算法应如何修改？)

```
#define  G (*G1)
Void  CreateUDN2(AdjList  G1)
{ scanf("%d", &G.vexnum);                   /* 输入顶点个数 */
  n= G->vexnum;
```

```
    scanf("%d", &G->arcnum);           /* 输入边数 */
    e= G->arcnum;

     for(i=1;i<=n;i++)
      {scanf("%d"&G->vextex[i].data);
      G->vextex[i].firstarc=NULL;
       }                               /* 对各表头结点赋值 */
     for(k=1;k<=e;k++)
        /* 输入各边的邻接点及其权值并在各单链表中插入相应的弧结点 */
      { scanf("%d,%d,%d",&I,&j,&w); /* 端点和权值 */
                                      /* 头插法在第 i 个单链表中插入弧结点 */
        p=malloc(sizeof(ArcNode ));
        p->adjvex=j;
        p->info=w;
        p->nextarc= G->vertex[i].firstarc;
        G->vertex[i].firstarc=p;
                                      /* 头插法在第 j 个单链表中插入弧结点 */
        q=malloc(sizeof(ArcNode ));
        q->adjvex=i;
        q->info=w;
        q->nextarc= G->vertex[j].firstarc;
        G->vertex[j].firstarc=q;
      } /* end of for */
    return  OK; }
```

【算法分析】

构造一个有 n 个顶点，e 条边的无向网，其时间复杂度为 O(n+e)。

【思考题】

同一个图的邻接表表示是唯一的，对吗？如果不唯一，取决于什么因素？

邻接矩阵和邻接表两种存储方法的比较：

(1) 邻接矩阵表示法算法简单；邻接表表示法因有指针操作算法较为复杂。

(2) 在邻接表(或逆邻接表)表示中，对于一个具有 n 个顶点 e 条边的图 G，若 G 是无向图，则它的邻接表表示中有 n 个表头结点和 2e 个弧结点；若 G 是有向图，则它的邻接表表示和逆邻接表表示中均有 n 个表头结点和 e 个弧结点。因此邻接表或逆邻接表表示的空间复杂度为 S(n，e)=O(n+e)。而邻接矩阵表示法的空间复杂度为 S(n，e)=O(n+ n^2)，在稀疏图中边的数目远远小于 n^2(即 e≪n^2)，这时用邻接表表示比用邻接矩阵表示节省存储空间；若 e 接近于 n^2 (准确地说，无向图 e 接近于 n×(n-1)/2，有向图 e 接近于 n×(n-1))，考虑到邻接表中要附加链域，则应取邻接矩阵表示法为宜。

(3) 在有向图中求顶点的度，采用邻接矩阵表示比邻接表表示更方便。在邻接表表示中，易于求出度，但求入度较困难，若采用逆邻接表表示，则与邻接表表示相反，求顶点的入度容易，而求顶点出度较难。

(4) 在邻接矩阵表示中，很容易判定(v_i，v_j)或<v_i，v_j>是否是图的一条边(弧)，只要判定矩阵中的第 i 行第 j 列上的那个元素的值即可；但是在邻接表表示中，需扫描第 i 个边表，最坏情况下要耗费 O(n)时间。

(5) 在邻接矩阵中求边的数目 e，必须检测整个矩阵，所耗费的时间是 $O(n^2)$，与 e 的大小无关；而在邻接表表示中，只要对每个边表的结点个数计数即可求得 e，所耗费的时间是 O(e+n)。因此，当 $e \ll n^2$ 时，采用邻接表表示更节省时间。

综上所述，不能简单地说某一种存储结构较其他结构更优秀，在实际应用中要根据实际需要选用最合适的存储结构。

8.3 图的遍历

和树的遍历类似，从图中的某一顶点出发，对图中的每个顶点访问而且仅访问一次，这个过程称为图的遍历。图的遍历算法是图的许多应用算法的基础。

因图的结构的复杂性，图的遍历比树的遍历复杂得多。图的遍历中需要解决以下两个问题：

问题一，因为图中存在环路，所以在访问了某个顶点后，可能沿着某条路径搜索后又回到该顶点上，即不能保证图中的各顶点在遍历过程中仅被访问一次。解决办法：为每个顶点设一个访问标志。设置一个访问标志数组 visited［n］，用于表示图中每个顶点是否被访问过，它的初始值为 0(“假”)，表示顶点均未被访问；一旦访问过顶点 v_i，则置访问标志数组中的 visited［i］为 1(“真”)，以表示该顶点已访问，在访问某顶点前对该数组对应元素进行判断，若为假值，再进行访问。

问题二，因为图可能是不连通的，所以从一个顶点出发可能到达不了所有的结点。解决办法：以多个点为出发点多次调用遍历连通图的算法。所以图的遍历算法需由两部分组成：遍历连通图的算法和遍历图的算法，后者需多次调用前者。

下面介绍两种遍历图的算法：深度优先搜索遍历算法和广度优先搜索遍历算法。这两种方法均适用于有向图和无向图，以下以无向图为例进行描述，对于有向图同样适用。

8.3.1 图的深度优先搜索遍历

深度优先搜索(Depth-First Search，DFS)是指按照深度方向搜索，它类似于树的先根遍历，是树的先根遍历的推广。

深度优先搜索连通子图的基本思想是

(1) 从图中某个顶点 v_0 出发，首先访问 v_0；

(2) 依次以 v_0 的未被访问的邻接点为新的出发点进行深度优先搜索，直到图中所有和 v_0 有路径相通的顶点均被访问过；

(3) 若此时图中还有顶点未被访问，则另选图中一个未被访问的顶点作为起始点，重复上述深度优先搜索过程，直至图中所有顶点均被访问过为止。

其中(1)和(2)两个步骤可以实现连通图的遍历，第(1)步类似于二叉树的先根遍历中的访问根结点，第(2)步则类似于二叉树的先根遍历中的遍历左子树和遍历右子树。第(3)步则是对前两步的多次调用，实现非连通图的遍历。

用邻接矩阵和邻接表作为存储结构的图的深度优先搜索的算法分别如下:

【算法 8.5】 深度优先遍历以邻接矩阵为存储结构的图的连通分量。

```
int visited[MaxSixe]
void dfs1(AdjMatrix G, int v)
/* 假设图 G 为不带权的图，以 v 号结点为出发点进行遍历 */
 { int w;
   visit(v);                    /* 访问出发点，访问函数根据实际需要进行编写 */
   visited[v]=1;                        /* 访问标志置为"真" */
   for ( w=1;w<G.vexnum; w++)
    if (!visited[w] && G.arcs[v][w] = =1)   /* 未被访问过的邻接点 */
     dfs1(G, w);                          /* 深度遍历连通子图 */
 }
```

【算法 8.6】 深度优先遍历以邻接矩阵为存储结构的图。

```
void TraverseGraph1 (AdjMatrix G)
 { int v;
   for (v=1; v<G.vexnum; v++)
   visited[v]=0 ;                          /* 访问标志数组初始化 */
   for( v=1; v<G.vexnum; v++)
    if (! visited[v] ) dfs1(G, v);
      /* 以未被访问过的点为出发点遍历一个连通子图 */
 }
/* 调用深度遍历连通子图的操作，若图 G 是连通图，则此循环中调用函数只执行一次 */
```

【算法 8.7】 深度优先遍历以邻接表为存储结构的图的连通分量。

```
void dfs2(AdjList G, int v)     /* 以 v 号结点为出发点进行遍历 */
 { visit(v);                    /* 访问出发点，访问函数根据实际需要进行编写 */
   visited[v]=1;                /* 访问标志置为"真" */
   p=G.vertex[v].firstarc;
   while ( p!=NULL)
    {w=p->adjvex;               /* 邻接点的序号 */
     if (!visited[w])           /* 未被访问过的邻接点 */
      dfs2(G, w);               /* 深度遍历连通子图 */
    p=p->nextarc;
    }
 }
```

【算法 8.8】 深度优先遍历以邻接表为存储结构的图。

```
void TraverseGraph2 (AdjList G)
 { for (v=1; v<G.vexnum; v++)
   visited[v]=0 ;                    /* 访问标志数组初始化 */
   for( v=1; v<G.vexnum; v++)
    if (! visited[v]) dfs2(G, v);  /* 以未被访问过的点为出发点遍历一个连通子图 */
 }
```

如图 8.12 所示，不失一般性，假定以 A 为出发点，首先访问 A(1)((1)表示访问的次序)；因 A 未被访问的邻接点有 B、D、E 三个，选择 B(也可以选择 D 或 E)为出发点继续进行深度优先搜索，访问 B(2)；B 未被访问的邻接点有 C、E，选择 C(也可以选择 E)为出发点继续进行深度优先搜索，访问 C(3)；C 未被访问的邻接点只有 F，以 F 为出发点继续进行深度优先搜索，访问 F(4)；因 F 没有未被访问的邻接点，返回到 C；C 也没有未被访问的邻接点，返回到 B；因 B 未被访问的邻接点有 E，选择 E 为出发点继续进行深度优先搜索，访问 E(5)；E 未被访问的邻接点有 G，选择 G 为出发点继续进行深度优先搜索，访问 G(6)；因 G 未被访问的邻接点有 D、H，选择 D 为出发点继续进行深度优先搜索，访问 D(7)；因 D 没有未被访问的邻接点，返回到 G；因 G 未被访问的邻接点有 H，选择 H 为出发点继续进行深度优先搜索，访问 H(8)；因 H 未被访问的邻接点有 I，选择 I 为出发点继续进行深度优先搜索，访问 I(9)；因 I 没有未被访问的邻接点，返回到 H；因 H 没有未被访问的邻接点，返回到 G；G 没有未被访问的邻接点，返回到 E；E 没有未被访问的邻接点，返回到 B；因 B 没有未被访问的邻接点，返回到 A；因 A 没有未被访问的邻接点，算法结束。最后得出该图的深度优先遍历序列为 ABCFEGDHI。初学者可以用堆栈帮助分析返回顺序。

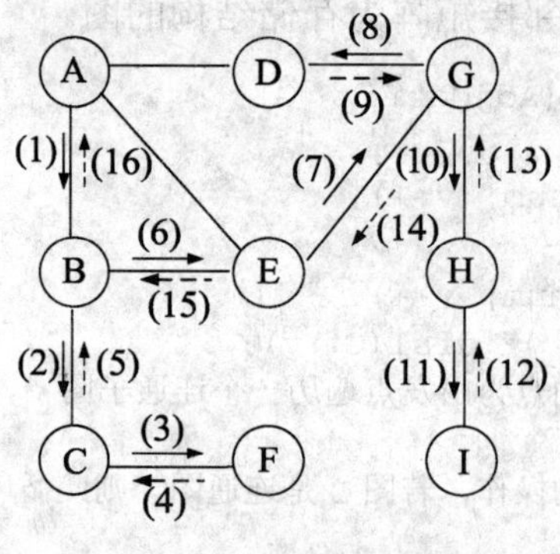

图 8.12　图的深度优先搜索遍历过程图示

8.3.2　图的广度优先搜索遍历

广度优先搜索(Breadth-First Search，BFS)是指照广度方向搜索，它类似于树的层次遍历，是树的层次遍历的推广。

广度优先搜索的基本思想是从图中的某个顶点 v 出发，在访问了 v 之后，依次访问其所有的邻接点，然后再分别从这些邻接点出发按广度优先搜索遍历图的其他结点，直到所有的结点均被访问过。和二叉树的层次遍历类似，此算法需借助队列来实现。图的广度优先搜索遍历的过程如图 8.13 所示。

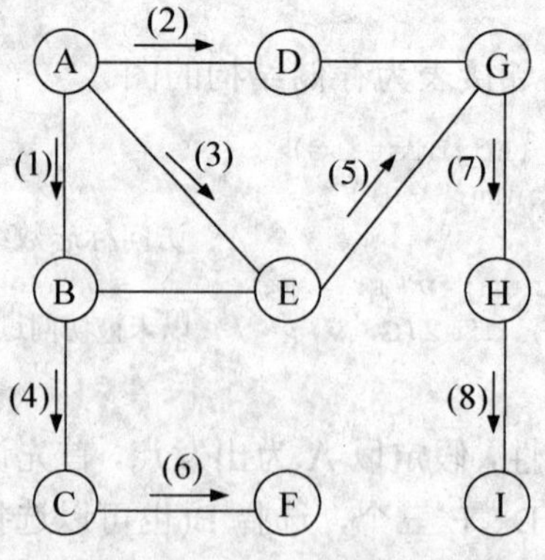

图 8.13　图的广度优先搜索遍历过程图示

不失一般性，假定以A为出发点，首先访问A(1)，A入队；A出队，访问A的所有未被访问过的邻接点B(2)、E(3)、D(4)，并在访问的同时入队；B出队，访问B的所有未被访问过的邻接点C(5)，并将C入队；E出队，访问E的所有未被访问过的邻接点G(6)，并将G入队；D出队，D没有未被访问过的邻接点，不访问任何顶点；C出队，访问C的所有未被访问过的邻接点F(7)，并将F入队；G出队，访问G的所有未被访问过的邻接点H(8)，并将H入队；F出队，F没有未被访问过的邻接点，不访问任何顶点；H出队，访问H的所有未被访问过的邻接点I(9)，并将I入队；I出队，I没有未被访问过的邻接点，不访问任何顶点；队列为空，算法结束。

最后得出该图的广度优先遍历序列为ABDECGFHI。

【算法8.9】 广度优先遍历以邻接矩阵为存储结构的图的连通分量。

```
void bfs1(AdjMatrix  ga, int  k)        /* k为出发点的序号 */
  { r=0;
   f=0;                                  /* 置队空 */
   visit(k);                             /* 访问出发点并入队 */
   visited[k]=1;
   r++;
   qu[r]=k;
   while  (r!=f)
     { f++;  i=qu[f];                    /* 出队 */
        for  (j=0;j<=ga.vexnum;j++)      /* 访问所有未被访问过的邻接点并将其入队 */
           if   (ga.arcs[i][j]= =1&&!(visited[j]))
               { visit(j);
                 visited[j]=1;
                 r++; qu[r]=j;}
     }
  }
```

【算法8.10】 广度优先遍历以邻接表为存储结构的图的连通分量。

```
void bfs2(AdjList  ga, int  k)          /* k为出发点的序号 */
  {
   r=0;  f=0;                            /* 置队空 */
   visit(k);                             /* 访问出发点并入队 */
   visited[k]=1;
   r++;
   qu[r]=k;
   while  (r!=f)
     { f++;  i=qu[f];                    /* 出队 */
       p=ga.vertex[i].firstarc;
       while  (p!=NULL)   /* 访问所有未被访问过的邻接点并将其入队 */
          { j=p->adjvex;
             if   (!(visited[j]))
               { visit(j);
                 visited[j]=1;
                 r++;
                 qu[r]=j;}
```

```
            p=p->nextarc;
        }
      }
  }
```

将【算法 8.6】和【算法 8.8】稍作改动，即可实现非连通图的广度优先遍历，在此不做叙述。

8.4 连通网的最小生成树

在本节中讨论图的连通性问题，并讨论连通网的最小代价生成树问题。

8.4.1 求无向图的连通分量

图遍历时，对于连通图，无论是广度优先搜索还是深度优先搜索，仅需要调用一次搜索过程，即从任一个顶点出发，便可以遍历图中的各个顶点。对于非连通图，则需要多次调用搜索过程，而每次调用得到的顶点访问序列恰为各连通分量中的顶点集。

【算法 8.11】 求以邻接矩阵为存储结构的无向图的连通分量

```
void  component(AdjMatrix  g )
 {
   int count=0;
   for  (i=1; i<n; i++)
     visited[i]=0;
   for  (i=1; i<n; i++)
       if  (!visited[i])
          { count++; dfs1(g, i);
            printf("comp end\n");
          }
   printf("total  components:%d\n",count);
 }
```

应学会举一反三，会书写其他的图的应用的算法。

8.4.2 生成树的概念

一个连通图的生成树是指包含图中所有 n 个顶点的极小连通子图。

生成树具有以下特点：

(1) 有且仅有 n-1 条边。因为对于有 n 个顶点的图来讲，除了第一个点外，其他每连上一个点需要一条边，故至少需要 n-1 条边使其构成连通图，小于 n-1 条边则不可能连通；极小连通子图则应有 n-1 条边。

(2) 在生成树中任意加一条边，必构成回路。因为该边所依附的两个点之间有两条路径，同一对端点间的两条路径构成环。

(3) 不唯一性，例如连通图在遍历时所经过的边和其所有的顶点构成一棵生成树，而对于深度优先遍历和广度优先遍历其所经历的边是不相同的(见图 8.12 和图 8.13)，故构成不同的生成树。

【思考题】

有 n−1 条边的图是否一定是生成树？

有向树和生成森林：如果一个有向图恰有一个顶点入度为 0，其余顶点入度均为 1，则是一棵有向树。有向图的生成森林由若干棵有向树组成，含有图中所有顶点，但只有足以构成若干棵不相交的有向树的弧。

8.4.3 最小生成树

在一个连通网的所有生成树中，各边的权值之和最小的那棵生成树称为该连通网的最小代价生成树(Minimum Cost Spanning Tree)，简称为最小生成树(MST)。

最小生成树在实际生活中应用很多。例如要在 n 个城市之间建立通信网络，在每两个城市之间都可以设一条通信线路，相应的要付出一定的经济代价，一共可以设置 $n\times(n-1)/2$ 条线路，如何在这 $n\times(n-1)/2$ 条线路中选择 n−1 条使其既能满足各城市间可以相互通信的需要又使总的经济代价最小呢？

解决办法：将每个城市看作一个顶点，每对顶点间画一条边，两城市间建立通信网络所需的经济支出作为该边的权值，上述问题即转化为求该无向网的最小生成树的问题。

最小生成树的重要性质：

设 N=(V,E)是一连通网，U 是顶点集 V 的一个非空子集。若(u,v)是一条具有最小权值的边，其中 $u\in U$，$v\in V-U$，则存在一棵包含边(u,v)的最小生成树。

证明：假设 G 的任何一棵最小生成树中都不含边(u,v)。设 T 是 G 的一棵最小生成树，但不包含边(u,v)。由于 T 是生成树，肯定是连通的，因此 T 中有一条从 u 到 v 的路径，且该路径上必有连接两个顶点集 U 和 V-U 的边(u′,v′)(否则 u 和 v 不连通)，其中 $u'\in U$，$v'\in V-U$，且 u 和 u′，v 和 v′间均有路径相通。当把边(u,v)加入树 T 时，得到一个含有边(u,v)的回路。删去边(u′,v′)，上述回路即被消除，由此得到另一棵生成树 T′，T′和 T 的区别仅在于用边(u,v)取代了 T 中的边(u′,v′)。因为(u,v)的权值不高于(u′,v′)的权值，故 T′的各边权值之和不高于 T 的各边权值之和，因此 T′也是 G 的最小生成树，它包含边(u,v)，与假设矛盾！假设不成立。

下面介绍两种构造最小生成树的算法：普里姆(Prim)算法和克鲁斯卡尔(Kruskal)算法，均利用了上面的关于最小生成树的重要性质。值得提出的是图的最小生成树不是唯一的，但不管有几种方案，各方案中各边的权值之和是相同的。

1. 普里姆算法

【算法要点】

按照将顶点逐个连通的步骤，设 G=(V,E)是连通网，集合 U 为已连通的顶点的集合，初始值为空。首先任选一个顶点放入 U 中，然后每次从一个顶点在 U 中，另一个顶点在 V−U 中的各条边中选取一条权值最小的边作为生成树的一条边，并把该边所依附的在集合 V−U 中的顶点并入集合 U 中，直到全部顶点都已连通，即生成最小生成树。

【算法描述】

假设 G=(V,E)是连通网，TE 为最小生成树中边的集合。

(1) 初始 $U=\{u_0\}(u_0\in V)$，TE=φ；

(2) 在所有 $u \in U$，$v \in V-U$ 的边中选一条代价最小的边 (u_0,v_0) 并入集合 TE，同时将 v_0 并入 U；

(3) 重复(2)，直到 U=V 为止。

此时，TE 中必含有 n−1 条边，T=(V,TE)为 G 的最小生成树。可以看出，普利姆算法逐步增加 U 中的顶点，可称为“加点法”。

下面以图 8.14 中的无向网为例说明用普里姆算法生成最小生成树的步骤。

初始时，$U=\{V_1\}$，$V-U=\{V_2,V_3,V_4,V_5,V_6\}$；

在 U 和 V−U 之间权值最小的边为 (V_1,V_3)，因此选中该边作为最小生成树的第一条边，并将顶点 V_3 加入集合 U 中，$U=\{V_1,V_3\}$，$V-U=\{V_2,V_4,V_5,V_6\}$；

在 U 和 V−U 之间权值最小的边为 (V_3,V_6)，因此选中该边作为最小生成树的第一条边，并将顶点 V_6 加入集合 U 中，$U=\{V_1,V_3,V_6\}$，$V-U=\{V_2,V_4,V_5\}$；

在 U 和 V−U 之间权值最小的边为 (V_4,V_6)，因此选中该边作为最小生成树的第一条边，并将顶点 V_4 加入集合 U 中，$U=\{V_1,V_3,V_6,V_4\}$，$V-U=\{V_2,V_5\}$；

在 U 和 V−U 之间权值最小的边为 (V_2,V_3)，因此选中该边作为最小生成树的第一条边，并将顶点 V_2 加入集合 U 中，$U=\{V_1,V_3,V_6,V_4,V_2\}$，$V-U=\{V_5\}$；

在 U 和 V−U 之间权值最小的边为 (V_2,V_5)，因此选中该边作为最小生成树的第一条边，并将顶点 V_5 加入集合 U 中，$U=\{V_1,V_3,V_6,V_4,V_2,V_5\}$，$V-U=\{\ \}$；

此时 U=V，算法结束。

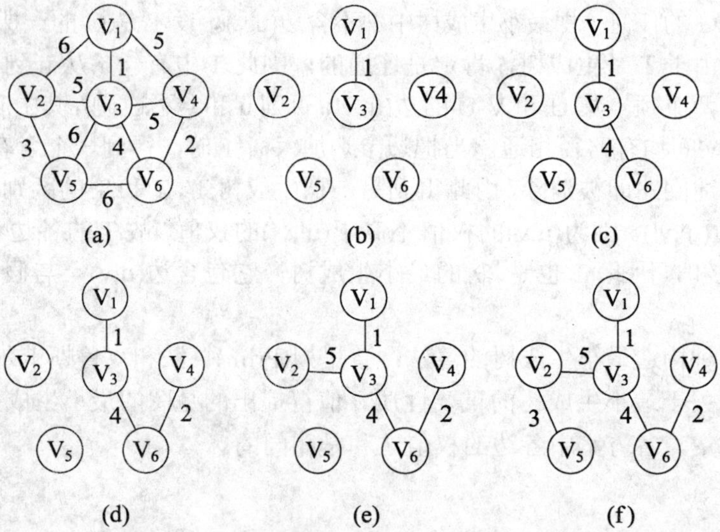

图 8.14　普里姆算法构造最小生成树的过程

为具体实现这一算法，需附设一辅助数组 closedge 以记录从 V−U 中的各顶点到 U 中顶点的边及其权值。对每个顶点 v 在该数组中设一分量 closedge[v]，该分量包含两个域，域 adjvex 用于存放依附于边的在 U 中的顶点，域 lowcost 用于存放该边的权值。初始时，因为 U 中只有 V_1，所以各分量中的 adjvex 只能为 V_1，域 lowcost 表示 V_1 到各顶点的边的权值，以后每次在 U 中新加入一个顶点，应对各分量的值进行修正。普里姆算法各参量的变化如表 8-1 所示。

表 8-1 普里姆算法各参量的变化

closedge[i] \ i	0	1	2	3	4	5	U	e	k_0	(u_0,v_0)
adjvex		v_1	v_1	v_1	v_1	v_1	$\{v_1\}$	1	2	(v_1,v_3)
lowcost	0	6	1	5	∞	∞				
adjvex		v_3		v_1	v_3	v_3	$\{v_1,v_3\}$	2	5	(v_3,v_6)
lowcost	0	5	0	5	6	4				
adjvex		v_3		v_6	v_6		$\{v_1,v_3,v_6\}$	3	3	(v_6,v_4)
lowcost	0	5	0	2	6	0				
adjvex		v_3			v_6		$\{v_1,v_3,v_6,v_4\}$	4	1	(v_3,v_2)
lowcost	0	5	0	0	6	0				
adjvex					v_2		$\{v_1,v_3,v_6,v_4,v_2\}$	5	4	(v_2,v_5)
lowcost	0	0	0	0	3	0				
adjvex							$\{v_1,v_3,v_6,v_4,v_2,v_5\}$			
lowcost	0	0	0	0	0	0				

2. 克鲁斯卡尔算法

【算法要点】

令最小生成树的初始状态只有 n 个顶点没有边，即有 n 个连通分量，每个分量只有一个顶点；每次选择连接两个不同的连通分量的权值最小的边作为最小生成树的边，并且令连通分量的个数减 1，直到所有的点全在一个连通分量时为止。

【算法描述】

假设 N=(V,E)是连通网，将 N 中的边按权值从小到大的顺序排列：

(1) 将 n 个顶点看成 n 个集合，各自构成一个连通分量；

(2) 按权值由小到大的顺序选择边，如果所选边的两个顶点不在同一个连通分量内，将该边放到生成树边的集合中，否则，将该边舍去；

(3) 重复(2)，直到所有的顶点都在同一个连通分量内。

可以看出，克鲁斯卡尔算法逐步增加生成树的边，与普里姆算法相比，可称为“加边法”。

下面以图 8.15 中的无向网为例说明用克鲁斯卡尔算法生成最小生成树的步骤。为了算法的具体实现，需增设一附加数组 edge 用于表示各边，每条边对应于一个分量，每个分量有三个域，分别表示各边所依附的顶点及其权值。各分量按权值大小排列如表 8-2 所示。

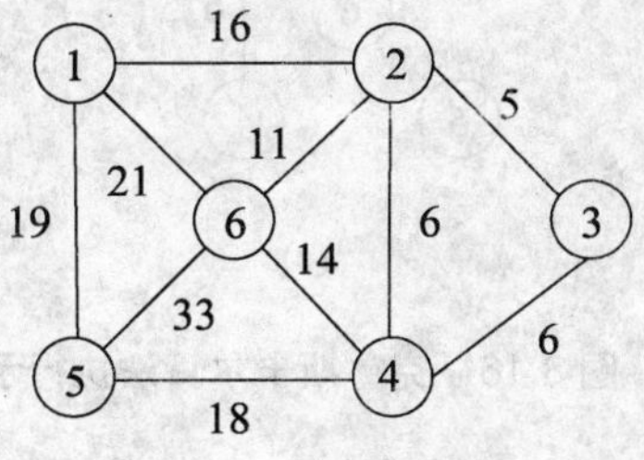

图 8.15 无向网

表 8-2　按权值从小到大排列的数组 edge 的各分量的值

序号	0	1	2	3	4	5	6	7	8	9
顶点 1	2	2	3	2	4	1	4	1	1	5
顶点 2	3	4	4	6	6	2	5	5	6	6
权值	5	6	6	11	14	16	18	19	21	33

初始时，6 个顶点各自构成一连通分量：

对于 edge[0]，因其两个顶点 2 和 3 分属于两个不同的连通分量，选择该边作为最小生成树的边；

对于 edge[1]，因其两个顶点 2 和 4 分属于两个不同的连通分量，选择该边作为最小生成树的边；

对于 edge[2]，因其两个顶点 3 和 4 属于同一个连通分量，不选择；

对于 edge[3]，因其两个顶点 2 和 6 分属于两个不同的连通分量，选择该边作为最小生成树的边；

对于 edge[4]，因其两个顶点 4 和 6 属于同一个连通分量，不选择；

对于 edge[5]，因其两个顶点 1 和 2 分属于两个不同的连通分量，选择该边作为最小生成树的边；

对于 edge[6]，因其两个顶点 4 和 5 分属于两个不同的连通分量，选择该边作为最小生成树的边。

此时各边均属于同一个连通分量，算法结束，图 8.16 中的图(f)即为最小生成树。

【思考题】

该图是否还有其他的最小生成树？如果有，请画出，并计算其权值之和，比较其是否和图 8.16 中的图(f)的权值之和相等？

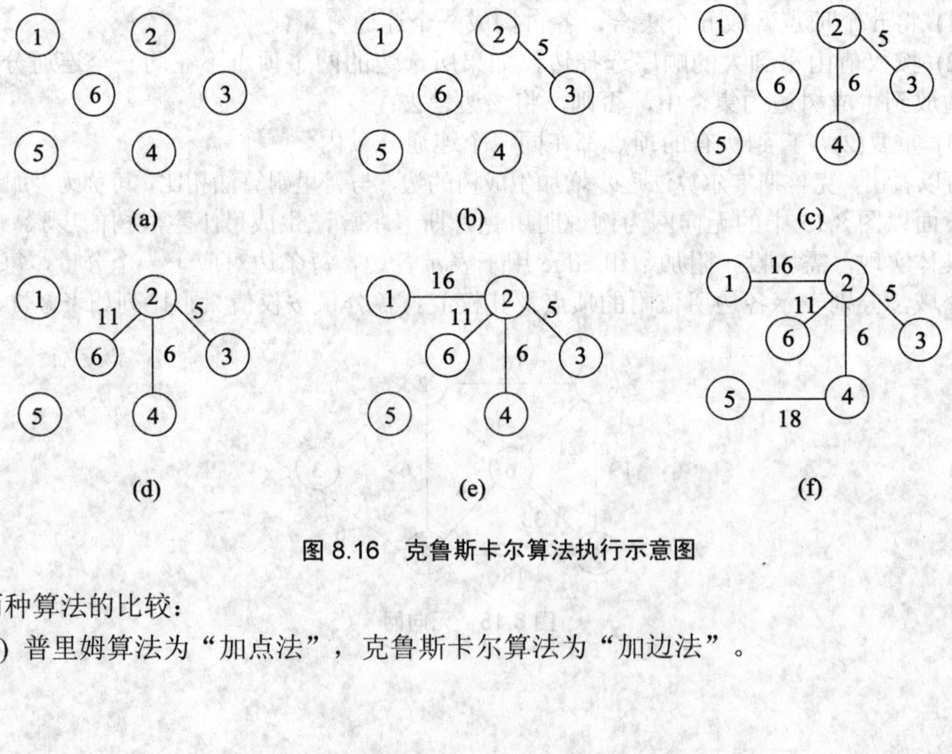

图 8.16　克鲁斯卡尔算法执行示意图

两种算法的比较：

(1) 普里姆算法为“加点法”，克鲁斯卡尔算法为“加边法”。

(2) 设 n 为无向网中的顶点数，e 为其边的数目，可以证明普里姆算法的时间复杂度为 $O(n^2)$，克鲁斯卡尔算法的时间复杂度为 O(e*log e)。具体算法请参见本科生使用教材。前者与边数无关，适合于较稠密的图，后者则与边数相关，适合于稀疏图。

8.5 最短路径

在网中寻找两个结点间的最短路径是图的较为常见的应用之一。最短路径的含义非常广泛，例如对于每个城市用一个顶点表示，城市间的公路用边表示的交通网络，对于不喜欢换车的人来说，最短路径意味着包含边数最少的路径(假设每一站都需要换车)；对于司机来讲，最短路径意味着以两城市间里程数作为边的权值，两点间权值之和最小的路径；对于赶时间的人来说，最短路径则意味着以时间消耗作为边的权值，两点间权值之和最小的路径。对于求 A 到 B 之间包含边数最少的路径的问题比较容易解决，只需要以 A 为起点，对图作广度优先搜索，一旦遇到 B 就终止，由此所得的广度优先搜索树上从 A 到 B 的路径即为所求。本节主要讲述带权图中求两点间权值之和最小的路径的问题，另外，考虑到上坡、下坡、顺水、逆水等因素，交通图应该是有向图，所以本节内容针对带权有向图进行介绍，并按习惯称路径上的第一个顶点为源点，最后一个顶点为终点。

8.5.1 求某一顶点到其他各顶点的最短路径——迪杰斯特算法

设有向网 G=(V,E)如图 8.17 所示，求以 V_0 为源点，到图中其他各顶点的最短路径。迪杰斯特(Dijkstra)提出了一个按路径长度递增的顺序求最短路径的方法。

【基本思想】

把图中所有的顶点分为两组，一组为 S，其中包含已求得最短路径的顶点，初始时只包含源点；另一组为 V−S，其中包含尚未确定最短路径的顶点，初始时包含除源点之外的所有顶点。然后按路径长度递增的顺序计算源点到各顶点间的最短路径，每求得一个最短路径把该路径的终点并入 S，直到 V=S，算法结束。

例如对于图 8.17 中的有向网，设源点为 V_0，初始时，$S=\{V_0\}$；按路长度从小到大的顺序求得的最短路径如表 8-3 所示。集合 S 的值依次为$\{V_0\}$，$\{V_0,V_2\}$，$\{V_0,V_2,V_3\}$，$\{V_0,V_2,V_3,V_1\}$，$\{V_0,V_2,V_3,V_1,V_4\}$，$\{V_0,V_2,V_3,V_1,V_4,V_5\}$(和 V 相等时，算法结束)。

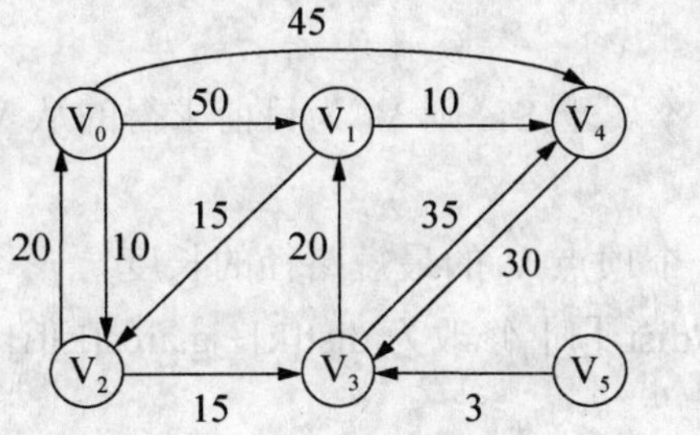

$$\begin{pmatrix} 0 & 50 & 10 & \infty & 45 & \infty \\ \infty & 0 & 15 & \infty & 10 & \infty \\ 20 & \infty & 0 & 15 & \infty & \infty \\ \infty & 20 & \infty & 0 & 35 & \infty \\ \infty & \infty & \infty & 30 & 0 & \infty \\ \infty & \infty & \infty & 3 & \infty & 0 \end{pmatrix}$$

图 8.17　一个带权有向图及其邻接矩阵

注意：最短路径不一定是边数最少的路径，例如 V_0 到 V_1，最短路径为(V_0,V_2,V_3,V_1)，而边数最少的路径为直接路径(V_0,V_1)。

从表 8-3 中可以看出一个重要的特点：设 S 为已求得最短路径的点的集合，下一条最短路径(设终点为 x)或为(V_0,x)，或是中间只经过 S 中的顶点而最后到达顶点 x 的路径。可以用反证法进行证明：假设下一条最短路径(从 V_0 到 x)上包含一个不在 S 中的顶点 u，则 V_0 到 u 的路径长度必小于 V_0 到 x 的路径长度，即存在一条终点不在 S 中而路径长度比下一条最短路径短的路径，这与“按路径长度递增的顺序产生最短路径”相矛盾，故假设不成立，原结论成立。

表 8-3　V_0 到其他顶点的最短路径

源　点	终　点	最　短　路　径	路　径　长　度
V_0	V_2	V_0,V_2	10
	V_3	V_0,V_2,V_3	25
	V_1	V_0,V_2,V_3,V_1	45
	V_4	V_0,V_4	45
	V_5	V_0,V_5	∞

下面介绍算法实现的思路：其中规定在邻接矩阵中，若< V_i,V_j>不存在，则 g.arcs[i][j]=∞(计算机中的最大数)；若<V_i,V_j>存在，则 g.arcs[i][j]为该弧上的权值；g.arcs[i][j]=0。该算法需要一个顶点集合 S 用于存放已求出的最短路径的终点，还需要一个数组 dist，每个顶点 V_i 对应着一个分量 dist[i]，用于存放当前从 V_0 到 V_i 只经过 S 中的顶点的最短路径(但并不是最后真正的最短路径，因为 S 之外的顶点尚未考虑)，每加入一个 S 外的顶点到 S 中，要考虑以刚加入的点为桥梁，终点不在 S 中的各最短路径的值是否会变小，若变小，则对数组 dist 中对应分量的值进行修正。具体描述如下：

设 g 为用邻接矩阵表示的带权图，n 为其顶点个数，源点为 V_0

(1) 初始化。

```
S←{ V0}
dist[i]= g.arcs[V0][ Vi]
```

(2) 选择 k。使 dist[k]=min(dist[i])| V_i 不属于 S，则 V_k 为目前求得的从 V_0 出发的最短路径的终点，将其并入集合 S。

(3) 修改从 V_0 出发到集合 V-S 上每一个顶点 V_i 的最短路径的长度。

如果 dist[k]+ g.arcs[k][i]<dist[i]，则将 dist［i］修改为 dist[k]+ g.arcs[k][i]。即如果经过 V_k 中转会使路径长度更短则修改路径长度。

(4) 重复(2)、(3)共 n−1 次，即可按最短路径长度的递增顺序，逐个求出 V_0 到图中其他每个顶点的最短路径。

对图 8.17 中所示的有向网执行以上算法，各分量的值的变化如表 8-4 所示。

表 8-4 迪杰斯特算法执行过程中参量的变化

循 环	S	k	dist[0]…dist[5]
初始化	{0}	—	0 50 10 ∞ 45 ∞
1	{0,2}	2	0 50 10 25 45 ∞
2	{0,2,3}	3	0 45 10 25 45 ∞
3	{0,2,3,1}	1	0 45 10 25 45 ∞
4	{0,2,3,1,4}	4	0 45 10 25 45 ∞
5	{0,2,3,1,4,5}	5	0 45 10 25 45 ∞

8.5.2 求任意一对顶点间的最短路径

求任意一对顶点间的最短路径常用的方法有两种。第一，依次以每个顶点为源点，重复执行上述迪杰斯特算法 n 次；第二，采用专门解决此类问题的算法——弗罗伊德(Floyed)算法。

弗罗伊德算法的基本思想：首先以 V_i 到 V_j 的直接路径作为 V_i 到 V_j 的最短的路径，然后每次在路径中加入一个顶点共进行 n 次测试和修正，分别得到中间顶点序号不大于 0 的最短路径、中间顶点序号不大于 1 的最短路径、中间顶点序号不大于 n−2 的最短路径，最后一次得到中间顶点序号不大于 n−1 的最短路径即为最终的最短路径。具体描述如下：

(1) 初始化时，将 V_i 到 V_j 的最短的路径长度初始化为 g.arcs[i][j]。

(2) 在 V_i、V_j 间加入顶点 V_0，比较(V_i,V_0,V_j)和(V_i,V_j)的路径的长度，取其中较短的路径作为 V_i 到 V_j 的中间顶点序号不大于 0 的最短路径。

(3) 在 V_i、V_j 间加入顶点 V_1，得(V_i,…,V_1)和(V_1,…,V_j)，其中(V_i,…,V_1)是 V_i 到 V_1 的中间顶点号不大于 0 的最短路径，(V_1,…,V_j)是 V_1 到 V_j 的中间顶点号不大于 0 的最短路径，这两条路径在第(2)步中已求出。将(V_i,…,V_1,…,V_j)的路径长度与第(2)步已求出的 V_i 到 V_j 中间顶点号不大于 0 的最短路径的长度比较，取其中较短的路径作为 V_i 到 V_j 的中间顶点号不大于 1 的最短路径。

(4) 在 V_i、V_j 间加入顶点 V_2，得(V_i,…,V_2)和(V_2,…,V_j)，其中(V_i,…,V_2)是 V_i 到 V_2 的中间顶点号不大于 1 的最短路径，(V_2,…,V_j)是 V_2 到 V_j 的且中间顶点号不大于 1 的最短路径，这两条路径在第(3)步中已求出。将(V_i,…,V_2,…,V_j)的路径长度与第(3)步已求出的 V_i 到 V_j 中间顶点号不大于 1 的最短路径的长度比较，取其中较短的路径作为 V_i 到 V_j 的中间顶点号不大于 2 的最短路径。

(5) 重复上面步骤，在第 n 步，将求得 V_i 到 V_j 的中间顶点号不大于 n−1 的最短路径，这必是从 V_i 到 V_j 的最短路径。

下面以图 8.18 为例来讲述上面算法的执行过程。二维数组 D 中存放两点间最短路径的路径长度，二维数组 P 中存放两点间的最短路径。各参量的变化如表 8-5 所示。

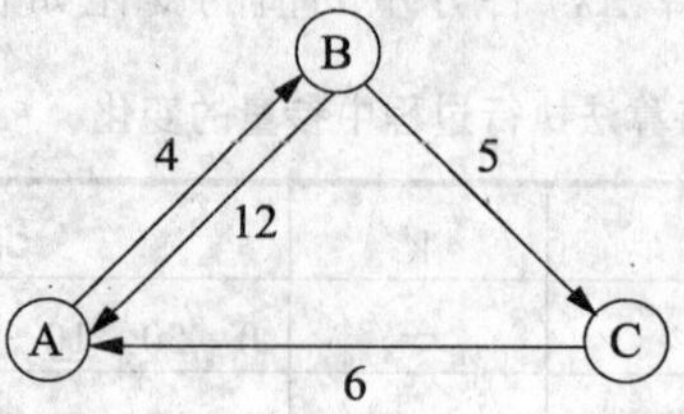

$$\begin{pmatrix} 0 & 4 & \infty \\ 12 & 0 & 5 \\ 6 & \infty & 0 \end{pmatrix}$$

图 8.18　一个带权有向图及其邻接矩阵

表 8-5　弗罗伊德算法执行过程中参量的变化

D	$D^{(0)}$			$D^{(1)}$			$D^{(2)}$			$D^{(3)}$		
	1	2	3	1	2	3	1	2	3	1	2	3
1	0	4	∞	0	4	∞	0	4	9	0	4	9
2	12	0	5	12	0	5	12	0	5	11	0	5
3	6	∞	0	6	10	0	6	10	0	6	10	0
P	$P^{(0)}$			$P^{(1)}$			$P^{(2)}$			$P^{(3)}$		
	1	2	3	1	2	3	1	2	3	1	2	3
1		AB			AB			AB	ABC		AB	ABC
2	BA		BC	BA		BC	BA		BC	BCA		BC
3	CA			CA	CAB		CA	CAB		CA	CAB	

初始化时，数组 D 表示为 $D^{(0)}$，其中各分量的值与邻接矩阵中对应元素的值相等，数组 P 表示为 $P^{(0)}$，其中各分量的值均为直接路径。

第一步，在 V_i、V_j 间加入顶点 A，比较(V_i,A,V_j)和(V_i,V_j)的路径长度，取其中较短者作为 V_i 到 V_j 的中间顶点号不大于 0 的最短路径。本例中只需考虑 B->C 和 C->B，其中，(C,B)的路径长度的当前值∞大于(C,A,B)的路径长度 10，对数组中相应元素进行修正；B->C 的路径长度经 A 中转后并未变短，保持不变。最后得到 $D^{(1)}$ 和 $P^{(1)}$。

第二步，在 V_i、V_j 间加入顶点 B，比较(V_i,…,B)+(B,…,V_j)和(V_i,…,V_j)的路径的长度，其中(V_i,…,B)、(B,…,V_j)和(V_i,…,V_j)均为 $D^{(1)}$中对应的值，取其中较短的路径作为 V_i 到 V_j 的且中间顶点号不大于 1 的最短路径。本例中只需考虑 A->C 和 C->A，其中，(A,…,B)+(B,…,C)的路径长度 9 小于(A,…,C)的路径长度的当前值∞，对数组中相应元素进行修正；C->A 的路径长度经 B 中转后并未变短，保持不变。最后得到 $D^{(2)}$ 和 $P^{(2)}$。

第三步，在 V_i、V_j 间加入顶点 C，比较(V_i,…,C)+(C,…,V_j)和(V_i,…,V_j)的路径的长度，其中(V_i,…,C)、(C,…,V_j)和(V_i,…,V_j)均为 $D^{(2)}$ 中对应的值，取其中较短的路径作为 V_i 到 V_j 的且中间顶点号不大于 2 的最短路径。本例中只需考虑 A->B 和 B->A，其中，(B,…,C)+(C,…,A)的路径长度 11 小于(B,…,A)的路径长度的当前值 12，对数组中相应元素进行修正；A->B 的路径长度经 C 中转后并未变短，保持不变。最后得到 $D^{(3)}$和 $P^{(3)}$即为所求。

8.6 拓扑排序

8.6.1 AOV 网

在日常生活中，一个大的工程往往可以分为若干个阶段或子过程，称这些阶段或子过程为“活动”，各“活动”之间往往存在着某种制约关系例如先后次序关系。例如，要对房间进行清洁，墙的清洁肯定要放在地板的清洁之前；再如，计算机应用专业的课程设置中，《数据结构》课程必须安排在某一门高级语言课程之后进行等。各活动间的次序关系可以用一个有向图来描述，图中的顶点表示“活动”，弧表示活动间的优先关系，称这种图为用顶点表示活动的网(Activity On Vextex Network)，简称 AOV 网。

表 8-6 列出了计算机专业的 9 门课程间的先行关系，其对应的 AOV 网如图 8.19 所示。

表 8-6 课程关系

课程编号	课程名称	先修课程
C_1	高等数学	无
C_2	C 语言程序设计	无
C_3	离散数学	C_1 C_2
C_4	数据结构	C_2 C_3
C_5	算法语言	C_2
C_6	编译原理	C_4 C_5
C_7	操作系统	C_4 C_9
C_8	物理	C_1
C_9	计算机组成原理	C_8

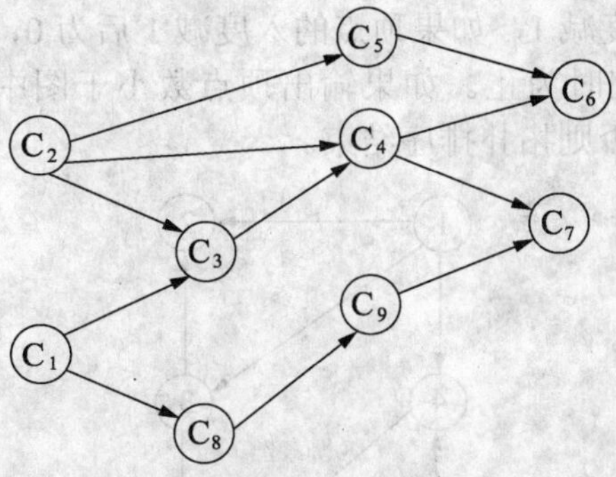

图 8.19 表示课程之间优先关系的 AOV 网

AOV 网须具有以下特点：

(1) 先行关系具有可传递性：若 V_i 为 V_j 的先行活动(称 V_i 为 V_j 的前驱)，V_j 为 V_k 的先行活动，则 V_i 必为 V_k 的先行活动。

(2) 反自返性：任何顶点不能以其自身作为前驱，即在 AOV 网中不能存在回路，否则无法执行。因为任何活动不可能以自身的完成作为前提条件。

在有向图 G=(V,E)中，V 中顶点的线性序列($V_{i1},V_{i2},V_{i3},\cdots,V_{in}$)称为拓扑序列(topological sort)，序列必须满足如下条件：对序列中任意两个顶点 V_i、V_j，若在 G 中有一条从 V_i 到 V_j 的路径，则在序列中 V_i 必排在 V_j 之前。

由 AOV 网得到拓扑序列的过程称为拓扑排序。其实质为将部分序嵌入到线性次序当中。

判断由多活动组成的一个工程是否能正常进行，如果能，应按照什么顺序进行，是网络问题经常需要解决的问题，此问题可以由拓扑排序来解决。若拓扑序列中包含所有的顶点，则说明 AOV 网中必定不存在环，工程能正常进行，各活动可以按照序列中的次序进行；否则，工程不能正常进行。

值得提出的是：AOV 网的拓扑序列不一定是唯一的。例如，图 8.19 中的 AOV 网的拓扑序列可以为 C1，C2，C3，C4，C5，C8，C9，C7，C6，也可以为 C1，C2，C3，C8，C4，C5，C9，C7，C6。

8.6.2　拓扑排序的过程

拓扑排序的基本思想：

(1) 从有向图中选一个无前驱的顶点输出；

(2) 将此顶点和以它为起点的弧删除；

(3) 重复(1)、(2)，直到不存在无前驱的顶点。

若此时输出的顶点数小于有向图中的顶点数，则说明有向图中存在回路，否则各顶点按输出的顺序所组成的序列即为一个拓扑序列。

拓扑排序的算法实现：为了避免重复查找无前驱的顶点，在该算法中需设一堆栈，用于存放入度为 0 的顶点，假设以邻接表为存储结构，算法具体描述如下。

(1) 在邻接表查找入度为 0 的顶点并入栈；

(2) 若栈非空进行以下操作：

① 输出栈顶元素 V_i，并退栈；

② 在邻接表中查找 V_i 的所有的直接后继(只需对第 i 个单链表中的结点逐个扫描即可)，将每个直接后继的入度减 1，如果顶点的入度减 1 后为 0，则将其入栈；

(3) 重复(2)，直到栈空时为止。如果输出顶点数小于图中的顶点数，则 AOV 网(见图 8.20)中必须存在回路，否则拓扑排序结束。

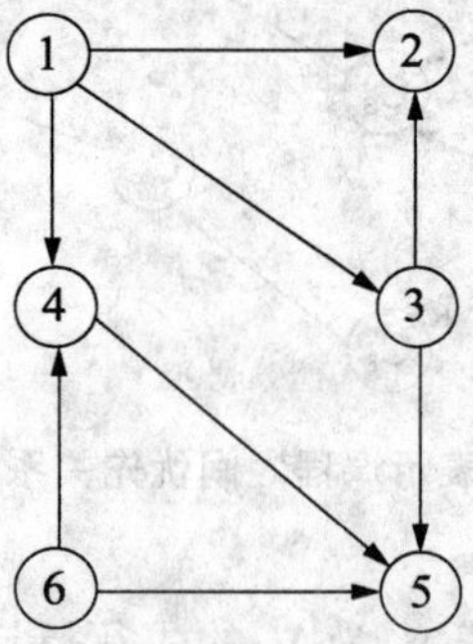

图 8.20　AOV 网

如图 8.20 所示的 AOV 网执行以上算法，各参量变化如表 8-7 所示，最后得到拓扑序列 V_6,V_1,V_4,V_3,V_5,V_2。

表 8-7 拓扑排序过程中的参量变化

循 环	栈 S	顶点 1～6 的入度	输出的顶点序列
初始化	1 6	0 2 1 2 3 0	—
1	1	0 2 1 1 2 0	6
2	3 4	0 1 0 0 2 0	6 1
3	3	0 1 0 0 1 0	6 1 4
4	2 5	0 0 0 0 0 0	6 1 4 3
5	2	0 0 0 0 0 0	6 1 4 3 5
6		0 0 0 0 0 0	6 1 4 3 5 2

8.7 图的应用举例

为了能更好地理解本章的内容，下面给出两个算法实现的程序清单。8.7.1 节中程序的功能是建立以邻接矩阵为存储结构的无向图，并可以按深度优先搜索和广度优先搜索进行遍历。8.7.2 节中程序的功能是进行拓扑排序。

8.7.1 图的建立及遍历实用程序

```
#include <stdio.h>
#define  MaxSize  30
typedef  int  VextexType;
typedef  int  ArcType;
typedef  struct
  { VextexType   vexs[MaxSize];               /* 一维数组存放图的各顶点的值 */
    ArcType  arcs[MaxSize][ MaxSize];         /* 二维数组用于表示无向图的各边 */
    int  vexnum;
    int  arcnum;                              /* 表示图的顶点数和边的数目 */
  }AdjMatrix;
int visited[MaxSize];

void CreateGraph(AdjMatrix *G)
{
 int n,e,i,j,k;
 printf("\n 请输入顶点数:");
 scanf("%d",&G->vexnum);                     /* 输入顶点个数 */
 n= G->vexnum;
 printf("请输入边数:");
 scanf("%d",&G->arcnum);                     /* 输入边数 */
 e= G->arcnum;
 printf("请输入顶点的值\n");
 for  (i=1;i<=n;i++)                         /* 输入各顶点的值 */
   scanf("%d",&G->vexs[i-1]);
 for  (i=1;i<=n;i++)                         /* 初始化邻接矩阵中的每个元素为 0 */
   for  (j=1;j<=n;j++)
     G->arcs[i-1][j-1]= 0;
```

```
 for  (k=1;k<=e;k++)                    /* 输入各边所依附的顶点并修改邻接矩阵 */
   {
   printf("请输入第%d 条边所依附的两个顶点\n", k);
   scanf("%d%d",&i,&j);
   G->arcs[i-1][j-1]=1;
   G->arcs[j-1][i-1]=1; }}

void visit(int v)
{ printf("%d ",v);}
void dfs(AdjMatrix G,int v)
/* 假设图 G 为不带权的图，以 v 号结点为出发点进行遍历 */
{
 int w;
 visit(G.vexs[v]);                      /* 访问出发点，访问函数根据实际需要进行编写 */
 visited[v]=1;                          /* 访问标志置为"真" */
 for ( w=0;w<G.vexnum; w++)
    if (!visited[w] && G.arcs[v][w] ==1)  /* 未被访问过的邻接点 */
      dfs(G,w); }                       /* 深度遍历连通子图 */

void  Traverse_dfs(AdjMatrix  G)
{
   int v;
   for (v=0; v<G.vexnum; v++)
   visited[v]=0 ;                       /* 访问标志数组初始化 */
  for( v=0; v<G.vexnum; v++)
if (!visited[v])  dfs(G,v); }           /* 以未被访问过的点为出发点遍历一个连通子图 */

void  bfs(AdjMatrix ga,int k)           /* k 为出发点的序号 */
{
void visit(int);
int r,f,i,j;
VextexType qu[MaxSize];
r=0;  f=0;                              /* 置队空 */
visit(ga.vexs[k]);                      /* 访问出发点并入队 */
visited[k]=1;
r++;  qu[r]=k;
while  (r!=f)
  { f++;   i=qu[f];                     /* 出队 */
   for  (j=0;j<ga.vexnum;j++)           /* 访问所有未被访问过的邻接点并将其入队 */
     if   (ga.arcs[i][j]==1   &&  !(visited[j]))
        { visit(ga.vexs[j]);
          visited[j]=1;
          r++;
          qu[r]=j;}
}}

void  Traverse_bfs(AdjMatrix  G)
{  int v;
   for (v=0; v<G.vexnum; v++)
```

```
  visited[v]=0 ;                     /* 访问标志数组初始化 */
  for( v=0; v<G.vexnum; v++)
     if (!visited[v])  bfs(G,v);     /* 以未被访问过的点为出发点遍历一个连通子图 */
}

main()
{
void  CreateGraph(AdjMatrix *G);
void  dfs(AdjMatrix G,int v);
void  Traverse_dfs(AdjMatrix  G);
void  bfs(AdjMatrix  ga,int  k);
void  Traverse_bfs(AdjMatrix  G);
int sel , s;
AdjMatrix G;
AdjMatrix *G1;
G1=&G;
do
 {
 system("cls");
 printf("\n           主菜单");
 printf("\n  1: 创建以邻接矩阵为存储结构的无向图");
 printf("\n  2: 深度优先搜索遍历图");
 printf("\n  3: 广度优先搜索遍历图");
 printf("\n  4: 结束程序的运行");
 printf("\n--------------------");
 do
   {printf("\n请选择:");
   scanf("%d",&sel);
   }while (sel<0 || sel>4);
 switch (sel)
   {case 1:CreateGraph(G1);break;
   case 2:Traverse_dfs(G);
   do
   {printf("\n继续吗?1-继续, 其他数字-暂停\n");
   scanf("%d",&s);
   }while (s!=1);
   break;
   case 3:Traverse_bfs(G);
   do
   {printf("\n继续吗?1-继续 , 其他数字-暂停\n");
   scanf("%d",&s);
   }while (s!=1);
   break;
   case 4:exit(0);
   }
 }while (sel>=1 && sel<=4);}
```

运行过程：(以图 8.1(b)为例)

输入：

```
1                        /* 选择 1，建立图 */
```

```
5                           /* 顶点数 */
7                           /* 边数 */
1 2 3 4 5                   /* 5个顶点的值 */
1 2                         /* 7条边所依附的顶点 */
1 4
2 3
2 5
3 4
3 5
4 5
2                           /* 选择2，深度优先搜索遍历图 */
输出结果为：1 2 3 4 5
输入：3                     /* 选择3，广度优先搜索遍历图 */
输出结果为：1 2 4 3 5
输入：4                     /* 选择4，结束程序运行 */
程序终止
```

8.7.2 图的拓扑排序实用程序

```
#include <stdio.h>
#include <alloc.h>
#define MaxSize 30
#define VertexType int
typedef  struct  ArcNode
{ int   adjvex;
  struct  ArcNode   *nextarc;
} ArcNode;
typedef  struct  VertexNode
{ int id;                   /* 入度域 */
  VertexType    data;
  ArcNode    *firstarc;
} VertexNode;
typedef  struct
{ VertexNode   vertex[MaxSize];
  int  vexnum,arcnum;
  int  kind;
}AdjList;

AdjList creat_graph()  /* 创建以邻接表为存储结构的有向图 */
{
ArcNode *p;
int i,n,e,begin,end;
AdjList g;
g.kind=0;                   /* 表示有向图 */
printf("请输入图的顶点数和边数:");
scanf("%d%d",&n,&e);
g.vexnum=n;
g.arcnum=e;
for  (i=0;i<g.vexnum;i++)
  {printf("请输入第%d 个顶点的值域:",i+1);
```

```
   scanf("%d",&g.vertex[i].data);
   g.vertex[i].firstarc=NULL;
   g.vertex[i].id=0;  }
for (i=0;i<g.arcnum;i++)
 {
  do
    {printf("请输入第%d条弧的起点和终点的序号，范围为[1, vexnum]:",i+1);
     scanf("%d%d",&begin,&end);
    }while (begin<1 || begin>g.vexnum || end<1 || end>g.vexnum);
  begin--;
  end--;
  /* 在第begin个链表中用头插法插入弧结点 */
  p=malloc(sizeof(ArcNode));
  p->adjvex=end;
  p->nextarc=g.vertex[begin].firstarc;
  g.vertex[begin].firstarc=p;
  g.vertex[end].id++;
  }
return g;}

void topsort(AdjList g)
{
int i,j,k,n,m,top;
ArcNode *p;
n=g.vexnum;
top=-1;
for(i=0;i<n;i++)
  if (g.vertex[i].id==0)   /* 入度为0的顶点入栈 */
     { g.vertex[i].id=top;
       top=i;}
m=0;
while (top!=-1)
  {j=top;
   top=g.vertex[top].id;   /* 出栈 */
   printf("%4d",g.vertex[j].data);
   m++;
   p=g.vertex[j].firstarc;
   while (p!=NULL)          /* 把所有以第j个结点为弧尾的弧的弧头结点的入度减1 */
     { k=p->adjvex;
       g.vertex[k].id--;
       if (g.vertex[k].id==0)
     { g.vertex[k].id=top;
       top=k;}
       p=p->nextarc;  }
  }
   if (m<n)
     printf("有向图中有环\n");}

main()
 {
 AdjList g;
```

```
    system("cls");
    g=creat_graph();
    topsort(g);}
```

运行过程(以图 8.20 为例):

输入:

```
6 8          /* 顶点数和弧的数目 */
1            /* 第 1 个顶点的值域 */
2            /* 第 2 个顶点的值域 */
3            /* 第 3 个顶点的值域 */
4            /* 第 4 个顶点的值域 */
5            /* 第 5 个顶点的值域 */
6            /* 第 6 个顶点的值域 */
1 2          /* 第 1 条弧的起点和终点序号 */
1 4          /* 第 2 条弧的起点和终点序号 */
1 3          /* 第 3 条弧的起点和终点序号 */
3 2          /* 第 4 条弧的起点和终点序号 */
6 4          /* 第 5 条弧的起点和终点序号 */
3 5          /* 第 6 条弧的起点和终点序号 */
4 5          /* 第 7 条弧的起点和终点序号 */
6 5          /* 第 8 条弧的起点和终点序号 */
```

输出结果为：6 1 4 3 2 5

本程序中，在邻接表的表头结点中加入了存放顶点入度的域 id，每个顶点的入度域初始值均为 0，随着弧的输入动态地累计得到各顶点的入度。

在拓扑排序的过程中，没有为堆栈专门开辟空间，而是利用表头结点数组中入度为 0 的顶点的 id 域链接形成链栈。

8.8 本 章 小 结

本章主要介绍了图的定义及其相关术语，图在计算机内的邻接矩阵存储结构和邻接表存储结构，图的遍历方法及其算法实现，图的最小生成树的概念及相关算法，最短路径问题及其算法，拓扑排序的概念及其算法等。图是软件设计中较常用的数据结构，是实际应用领域中许多具体数据的抽象表示形式，在实际应用时可赋予不同的实际含义。学习本章除了掌握基本概念外，还应领会各种算法的思路，并能够在实际问题中加以利用。

8.9 上 机 实 训

8.9.1 实训目的

(1) 掌握图的表示方法；

(2) 掌握建立图的算法；

(3) 进一步加深对图的理解，培养用理论知识解决实际问题的能力。

8.9.2 实训例题

1. 图的建立及遍历

【问题描述】

建立无向连通图的邻接表，用深度优先搜索算法进行遍历。

【算法描述】

在前面本书介绍了构造邻接表表示的无向网的算法【算法 8.4】和深度优先遍历以邻接表为存储结构的图的连通分量的算法【算法 8.7】，只需将【算法 8.4】中关于权值的操作删除，将以上两个算法结合即可实现本题要求。

本程序共需以下三个模块：

函数 1：创建无向图的邻接表；

函数 2：对无向连通图进行深度优先搜索遍历；

主函数：调用函数 1 和函数 2。

【C 语言源程序】

```
/* 建立无向连通图的邻接表，用 DFS 进行遍历 */
#define MAX 40
typedef  struct  ArcNode
{
   int   adjvex;                     /* 该弧所依附的另一个顶点的位置 */
   struct  ArcNode   *nextarc;       /* 指向下一个弧结点的指针 */
} ArcNode;

typedef  struct  VertexNode
{  int data;                       /* 顶点数据域 */
   ArcNode *firstarc;              /* 指向该顶点所对应的单链表中第一个弧结点的指针域 */
} VertexNode;

typedef  struct{
    VertexNode vertex[MAX];        /* 表头结点表 */
    int  vexnum,arcnum;            /* 图的顶点数和弧数 */
}AdjList;

#include <stdio.h>
#include <alloc.h>
int visited[MAX];
AdjList creat()
  {ArcNode *p,*q;
   int i,j,k,e,n;
   AdjList g;
   printf("\n 请输入顶点数");
   scanf("%d",&n);
   g.vexnum=n;
   printf("\n 请输入边数");
   scanf("%d",&e);
   g.arcnum=e;
   for  (i=1;i<=n;i++)
```

```
    {
     printf("\n请输入第%d个顶点的值",i);
     scanf("%d",&g.vertex[i].data);
     g.vertex[i].firstarc=NULL;
    } /* 对各表头结点赋值 */
  for  (k=1;k<=e;k++)
  /* 输入各边的邻接点并在各单链表中插入相应的弧结点 */
    { printf("请输入第%d条边的端点，用逗号分开",k);
      scanf("%d,%d",&i,&j);  /* 端点 */
     /* 头插法在第i个单链表中插入弧结点 */
      p=malloc(sizeof(ArcNode ));
      p->adjvex=j;
      p->nextarc= g.vertex[i].firstarc;
      g.vertex[i].firstarc=p;
       /* 头插法在第j个单链表中插入弧结点 */
      q=malloc(sizeof(ArcNode ));
      q->adjvex=i;
      q->nextarc= g.vertex[j].firstarc;
      g.vertex[j].firstarc=q;
     }  /* end  of  for */
  return  g; }

void dfs(AdjList g,int v)              /* 以v号结点为出发点进行遍历 */
{
 ArcNode *p;
 int w;
 printf("%d ",g.vertex[v].data);       /* 访问出发点 */
 visited[v]=1;                         /* 访问标志置为"真" */
 p=g.vertex[v].firstarc;
 while (p!=NULL)
   {w=p->adjvex;                       /* 邻接点的序号 */
    if (!visited[w])                   /* 未被访问过的邻接点 */
    dfs(g,w);                          /* 深度遍历连通子图 */
    p=p->nextarc;
   }}
 main()
 {
  AdjList  g;
  int begin,i;
  g=creat();
  for (i=1;i<=g.vexnum;i++)
    visited[i]=0;
  printf("\n\n请输入深度优先遍历的起始顶点(1--%d):",g.vexnum);
  scanf("%d",&begin);
  printf("\n\n深度优先遍历的结果是:");
  dfs(g,begin);
  printf("\n\n");
 }
```

【测试数据】

请输入顶点数 4↙
请输入边数 3↙
请输入第 1 个顶点的值 11↙
请输入第 2 个顶点的值 22↙
请输入第 3 个顶点的值 33↙
请输入第 4 个顶点的值 44↙
请输入第 1 条边的端点，用逗号分开 1,4↙
请输入第 2 条边的端点，用逗号分开 2,3↙
请输入第 3 条边的端点，用逗号分开 3,4↙
请输入深度优先遍历的起始顶点(1--4):4↙
深度优先遍历的结果是:44　33　22　11

2. 图的遍历算法的应用

【问题描述】

在连通图中查找值为指定值的顶点的序号及其所有邻居接点的值。

【算法描述】

本题需先建立图(以邻接表为例，同 8.9.2 节中所述)，然后将表头结点的值域逐一和指定值进行比较，比较结果共有三种情况：(1)若找到值为指定值的结点，且其对应的单链表不空，则访问其所对应的单链表，在访问过程中，根据单链表中所提供的邻接点的序号到表头结点表中找到相应的结点值域并输出；(2)若该单链表为空，说明其没有邻居结点；(3)若没有与指定值匹配的结点，说明指定结点不存在。

本程序共需以下三个模块：

函数 1：创建无向图的邻接表；

函数 2：对图进行查找；

主函数：调用函数 1 和函数 2。

【C 语言源程序】

```
/* 在图中查找值为指定值的结点，并输出其所有邻居接点的值 */
#define MAX 40
typedef  struct  ArcNode
{
   int    adjvex;                  /* 该弧所依附的另一个顶点的位置 */
   struct  ArcNode  *nextarc;  /* 指向下一个弧结点的指针 */
} ArcNode;

typedef  struct  VertexNode
{ int data;                        /* 顶点数据域 */
   ArcNode *firstarc;              /* 指向该顶点所对应的单链表中第一个弧结点的指针域 */
} VertexNode;

typedef  struct{
    VertexNode vertex[MAX];        /* 表头结点表 */
    int  vexnum,arcnum;            /* 图的顶点数和弧数 */
```

```
}AdjList;

#include <stdio.h>
#include <alloc.h>
int visited[MAX];
AdjList creat()
  {ArcNode *p,*q;
   int i,j,k,e,n;
   AdjList g;
   printf("\n 请输入顶点数");
   scanf("%d",&n);
   g.vexnum=n;
   printf("\n 请输入边数");
   scanf("%d",&e);
   g.arcnum=e;
   for  (i=1;i<=n;i++)
    {
     printf("\n 请输入第%d 个顶点的值",i);
     scanf("%d",&g.vertex[i].data);
     g.vertex[i].firstarc=NULL;
    } /* 对各表头结点赋值 */
   for  (k=1;k<=e;k++)
  /* 输入各边的邻接点并在各单链表中插入相应的弧结点 */
  { printf("请输入第%d 条边的端点,用逗号分开",k);
    scanf("%d,%d",&i,&j);  /* 端点 */
   /* 头插法在第 i 个单链表中插入弧结点 */
    p=malloc(sizeof(ArcNode ));
    p->adjvex=j;
    p->nextarc= g.vertex[i].firstarc;
    g.vertex[i].firstarc=p;
   /* 头插法在第 j 个单链表中插入弧结点 */
    q=malloc(sizeof(ArcNode ));
    q->adjvex=i;
    q->nextarc= g.vertex[j].firstarc;
    g.vertex[j].firstarc=q;
   }  /* end  of  for */
   return  g; }
void search(AdjList g,int sdata)      /* 查找值为 data 的结点 */
 {
  ArcNode *p;
  int w,i;
  for (i=1;i<=g.vexnum;i++)
    if (g.vertex[i].data==sdata)
     {printf("值为%d 的结点的编号为%d\n",sdata,i);
      p=g.vertex[i].firstarc;
      if (p==NULL) {printf("该结点没有邻居接点\n");return;}
      printf("其邻居接点的值为:\n");
      while (p!=NULL)
        {w=p->adjvex;                             /* 邻接点的序号 */
         printf("%d ",g.vertex[w].data);      /* 输出邻接点的值 */
```

```
        p=p->nextarc;
       }
     return;}
   printf("该结点不存在\n");
   }
   main()
    {
     AdjList  g;
     int data;
     g=creat();
     printf("请输入待查找的结点的值:\n");
     scanf("%d",&data);
     search(g,data);
     printf("\n\n");
    }
```

【测试数据 1】

请输入顶点数 5↙

请输入边数 3↙

请输入第 1 个顶点的值 11↙

请输入第 2 个顶点的值 22↙

请输入第 3 个顶点的值 33↙

请输入第 4 个顶点的值 44↙

请输入第 4 个顶点的值 55↙

请输入第 1 条边的端点，用逗号分开 1,4↙

请输入第 2 条边的端点，用逗号分开 2,3↙

请输入第 3 条边的端点，用逗号分开 3,4↙

请输入待查找的结点的值:

22↙

值为 22 的结点的编号为 2

其邻居接点的值为:

33

【测试数据 2】

请输入顶点数 5↙

请输入边数 3↙

请输入第 1 个顶点的值 11↙

请输入第 2 个顶点的值 22↙

请输入第 3 个顶点的值 33↙

请输入第 4 个顶点的值 44↙

请输入第 4 个顶点的值 55↙

请输入第 1 条边的端点，用逗号分开 1,4↙

请输入第 2 条边的端点，用逗号分开 2,3↙

请输入第 3 条边的端点，用逗号分开 3,4↙

请输入待查找的结点的值:
66↙
该结点不存在

【测试数据 3】

请输入顶点数 5↙
请输入边数 3↙
请输入第 1 个顶点的值 11↙
请输入第 2 个顶点的值 22↙
请输入第 3 个顶点的值 33↙
请输入第 4 个顶点的值 44↙
请输入第 4 个顶点的值 55↙
请输入第 1 条边的端点，用逗号分开 1,4↙
请输入第 2 条边的端点，用逗号分开 2,3↙
请输入第 3 条边的端点，用逗号分开 3,4↙
请输入待查找的结点的值:
55↙
值为 55 的结点的编号为 5
该结点没有邻接点

3. 求最短路径问题

【问题描述】

设 A 城市是一个有 n 个景点的旅游胜地，公交公司为方便游客，在每个景点都设置了公共汽车站，并开通了 m 条单向的公交线路。每条公交线路从设置在某个景点的公交车站出发，途经若干个景点，最后到达终点。

设一名游客位于编号为 start 的景点，他要去编号为 end 的景点，编程求解从 start 到 end 的最少换车次数。

【算法描述】

旅游景点和对应的公交线路可用一个有向图描述，有向图的顶点是景点，若从景点 1 到景点 2 之间有直达公交车，则从景点 1 所对应的顶点到景点 2 所对应的顶点引一条权值为 1 的弧。假设用于创建图的数据及其含义如表 8-8 所示，则根据表中数据构造的有向图如图 8.21 所示。

表 8-8　创建图的数据及含义

输入数据	含　义
7 3	共 7 个旅游景点(从 0～6 依次编号)，开设了 3 条单向公交线路
0 6	起始景点和终止景点
5 6 -1	线路一：从 5 号景点出发，到达 6 号景点，-1 表示本条线路结束
3 6 2 5 -1	线路二：从 3 号景点出发，依次经过 6 号景点、2 号景点，到达 5 号景点
1 0 2 4 -1	线路三：从 1 号景点出发，依次经过 0 号景点、2 号景点，到达 4 号景点

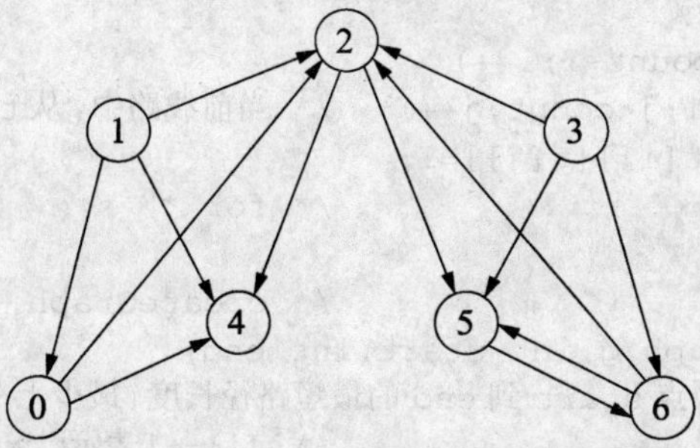

图 8.21 旅游景点及公交线路设置情况示意图

这样，从景点 x 到景点 y 的最少上车次数就是顶点 x 到顶点 y 的最短路径长度，最少上车次数减 1 就是最少的换车次数。

本程序共需以下三个模块：

函数 1：创建有向图；

函数 2：求最短路径长度；

主函数：调用函数 1 和函数 2 求最少换车次数。

【C 语言源程序】

```
#include<stdio.h>
#include<stdlib.h>
#define INFINITY  9999
#define MAXVNUM  30
typedef struct {
      int Vnum;
      int arcs[MAXVNUM][MAXVNUM];    /* 图的存储结构为邻接矩阵 */
}Graph;
int createGraph(Graph *g, int * start, int * end)  /* 读入数据，建立有向图 */
  { int n,m,i,j,k,s,count;
    int t[MAXVNUM];
    printf("输入旅游景点数目和公交线路条数:");
    scanf("%d%d",&n,&m);
    if(n<=1 || m<1)
    return -1;
    printf("输入起始景点编号和终止景点编号: ");
    scanf("%d%d",start,end);
    if(*start<0 || *start>n-1 || *end<0 || *end>n-1)
    return -1;
    g->Vnum=n;
    for(i=0;i<n;i++)
      for(j=0;j<n;j++)
         g->arcs[i][j]=INFINITY;    /* 邻接矩阵初始化 */
     for(s=0;s<m;s++){
       printf("请输入第%d 条公交线路途经各景点的编号: \n",s+1);
       scanf("%d",&k);
       count=0;
       while(k!=-1){                    /* t[]暂时存储当前公交线路途经的各个景点 */
          t[count++]=k;scanf("%d",&k);
```

```
        }/* while */
        for(i=0;i<count-1;i++)
           for(j=i+1;j<count;j++)    /* 当前线路中,从t[i]到t[j]有直达公交车 */
           g->arcs[t[i]][t[j]]=1;
       }                             /* for */
      return 0;
     }                               /* createGraph */
int findMinmum(Graph g,int start,int end)
/* 找出并返回图中从顶点start到end的最短路径长度(最少上车次数) */
{ int s[MAXVNUM];                    /* s[i]==1表示已求出到达景点i的最少上车次数 */
  int i,j,u,* dist;
  int min;
  if (start==end)
    return 0;
  dist=(int *)malloc(sizeof(int));  /* 存储start到各景点的最少上车次数 */
  if (dist==NULL)
    return -1;
  for(i=0;i<g.Vnum;i++){
    dist[i]=g.arcs[start][i]; /* 从start可直达的景点的上车次数置1 */
    s[i]=0;                   /* 所有景点i的最少上车次数还未找到 */
  }/* for * /
  s[start]=1;                 /* 已找到景点start的最少上车次数 */
  dist[start]=0;              /* 从景点start到start的最少上车次数初始化为0 */
  for(i=0;i<g.Vnum;++i){
    min=INFINITY;u=start;
    for(j=0;j<g.Vnum;++j)
/* u是从start出发能够到达的所有景点中上车次数最多者 */
      if(s[j]==0 && dist[j]<min)
         {min=dist[j];u=j;}
    s[u]=1;
     /* 已经找到从景点start到u的最少上车次数, 将u加入集合s */
    for(j=0;j<g.Vnum;++j)
     /* 更新当前情况下其他景点的最少上车次数 */
      if(s[j]==0&& min+g.arcs[u][j]<dist[j])  dist[j]=min+g.arcs[u][j];
   }/* for */
   return dist[end];        /* 返回从景点start到endr 的最少上车次数 */
 }                          /* findMinum */
void main(void)
{ int start, end ,m;
 Graph G;
 if(createGraph(&G,&start,&end)= = -1){
 printf("创建有向图失败! \n");
 return;
   }/* if */
 m=findMinmum(G,start,end);        /* 求从start到end的最少上车次数 */
 if (m<INFINITY)
   printf("\n从景点%d到%d的最少换车次数为: %d",start,end,m-1);
 else printf("\n无解! ");
 }
```

【测试数据】

运行程序，按信息提示要求输入：

输入旅游景点数目和公交线路条数：7　3↙

输入起始景点编号和终止景点编号：0　6↙

请输入第 1 条公交线路途经各景点的编号：

5　6　-1↙

请输入第 2 条公交线路途经各景点的编号：

3　6　2　5　-1↙

请输入第 3 条公交线路途经各景点的编号：

1　0　2　4　-1↙

从景点 0 到 6 的最少换车次数为：2

请同学们自行设计两组数据进行测试。

【思考题】

若图的存储结构为邻接表存储，该程序应如何修改？试写出其程序并上机调试。

8.10　习题与上机操作

1. 选择题

(1) 在一个图中，所有顶点度数之和等于所有边数的________倍。

A. 1/2　　B. 1　　C. 2　　D. 4

(2) 一个有 n 个顶点的无向图最多有________条边。

A. n　　B. n(n−1)　　C. n(n−1)/2　　D. 2n

(3) 一个有 n 个顶点的有向图最多有________条边。

A. n　　B. n(n−1)　　C. n(n−1)/2　　D. 2n

(4) 具有 6 个顶点的无向图至少有________条边才能确保其为一个连通图。

A. 5　　B. 6　　C. 7　　D. 8

(5) 图的深度优先遍历算法类似于二叉树的________遍历。

A. 先序　　B. 中序　　C. 后序　　D. 层次

(6) 图的广度优先遍历算法类似于二叉树的________遍历。

A. 先序　　B. 中序　　C. 后序　　D. 层次

(7) 一个有 n 个顶点的无向完全图的边的数目为________。

A. n　　B. n(n−1)　　C. n(n−1)/2　　D. 2n

(8) 一个有 n 个顶点的有向完全图的弧的数目为________。

A. n　　B. n(n−1)　　C. n(n−1)/2　　D. 2n

(9) 具有 n 个顶点、e 条边的无向图的邻接表存储结构中，表头向量的大小为________。

A. n　　B. 2n　　C. e　　D. 2e

(10) 具有 n 个顶点、e 条边的无向图的邻接表存储结构中，边结点的个数为________。

A. n　　B. 2n　　C. e　　D. 2e

2. 填空题

(1) 在一个有向图中所有顶点的出度之和等于所有顶点的入度之和的________倍。

(2) 具有 n 个顶点的有向图的邻接矩阵其元素个数为________。

(3) 具有 n 个顶点的无向图至少有________条边才能确保其为一个连通图。

(4) 具有 n 个顶点的无向图的邻接矩阵若采用压缩存储，其中的元素个数为________。

(5) 最小生成树的重要性质是________。

(6) 图 8.22 中从 5 号顶点出发按深度优先搜索算法遍历得到的顶点序列是________，按广度优先搜索算法遍历得到的顶点序列是________。(要求序号大者优先)

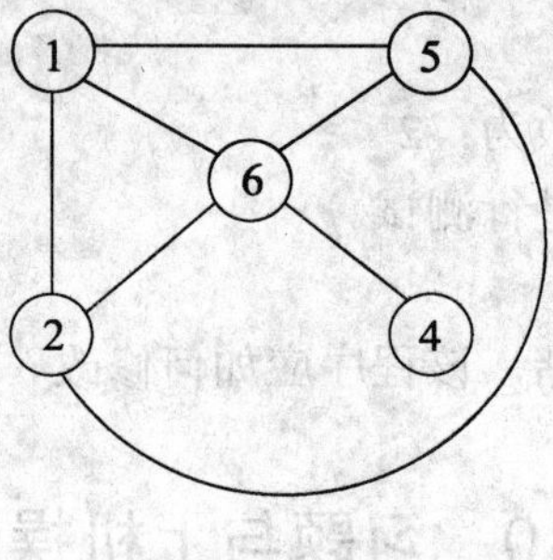

图 8.22　图 g0

(7) 图(Graph)G 是由集合 V 和 E 组成的二元组，记为 G=(V，E)。图中的数据元素称为顶点(Vertex)，V 是图中顶点的________集合，用于表示图中的数据对象；相关联的顶点的偶对称为边(Edge)，E 是边的有穷集合，用于表示图中对象间的关系，________是空集。

(8) 图常用的两种存储结构是________和________。

(9) 普里姆算法和克鲁斯卡尔算法均用于________。前者俗称________，后者俗称________。

(10) 迪杰斯特算法是一个按________次序产生________的算法。

3. 简答题

(1) 对于存储结构采用邻接矩阵的无向图，如何判断下列有关问题？

① 图中有多少条边？

② 任意两顶点间是否有边相连？

③ 任意一个顶点的度是多少？

(2) 对于存储结构采用邻接表的有向图，如何判断下列有关问题？

① 图中有多少条边？

② 图中是否存在从 V_i 到 V_j 的边？

③ 如何求顶点 V_i 的入度和出度？

4. 画图题

(1) 已知无向图 g1 描述如下：

g1=(V,E)，V={V_1,V_2,V_3,V_4,V_5}

E={(V_1,V_2)，(V_1,V_4)，(V_2,V_4)，(V_2,V_5)，(V_3,V_4)，(V_3,V_5)}

画出 g1 的图示，然后给出 g1 的邻接矩阵和邻接表，并写出每个顶点的度。

(2) 已知有向图 g2 描述如下：

g2=(V,E)，$V=\{V_1,V_2,V_3,V_4,V_5,V_6\}$

$E=\{<V_2,V_1>, <V_5,V_1>, <V_4,V_5>, <V_2,V_4>, <V_6,V_2>, <V_6,V_1>, <V_6,V_5>\}$

(1) 画出 g2 的图示。

(2) 给出 g2 的邻接矩阵、邻接表和逆邻接表，并写出每个顶点的入度和出度。

(3) 图 8.23 所示的无向图 g3 是连通图吗？为什么？如果不是请画出其连通分量。

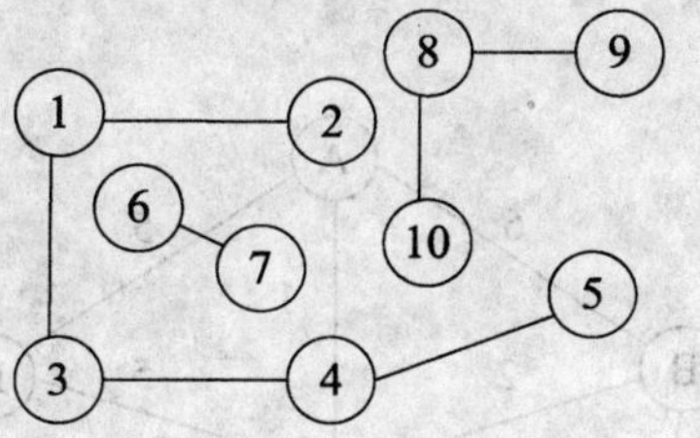

图 8.23 无向图 g3

(4) 图 8.24 所示的有向图 g4 是强连通图吗？为什么？如果不是请画出其强连通分量。

(5) 画出图 8.25 所示有向图 g5 的邻接矩阵。

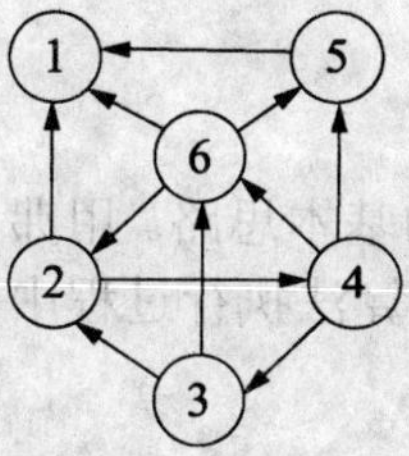

图 8.24 有向图 g4

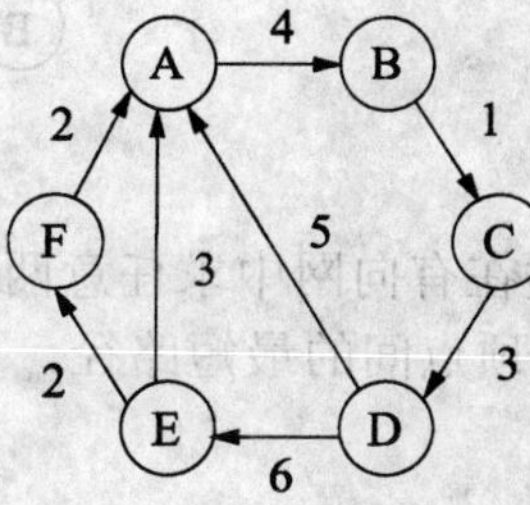

图 8.25 有向图 g5

(6) 已知某工程有 7 个活动，分别表示为 C1、C2、C3、C4、C5、C6、C7，每项活动要求的前驱活动如表 8-9 所示，画出该工程所对应的 AOV 网，并给出其拓扑序列。(要求：下标小者优先进行)

表 8-9 每项活动要求的前驱活动

活动编号	前驱活动编号
C1	C2，C5，C6
C2	C3，C6
C3	C4
C4	无
C5	C4，C6
C6	C3，C4
C7	C5

5. 分析题

(1) 图 8.26 为某新发现的风景区的各景点间的分布示意图，每条边上的数字表示修建两景点间公路所需的费用(单位：百万元)，请分析在保证任意两个景点间均有路可走(可以是非直接路径)的前提下如何以最少的费用来修建公路，费用为多少？

要求：用两种方法求解，并写出具体的求解过程。

① 利用普里姆算法，并从 A 点出发进行求解。

② 利用克鲁斯卡尔算法，并从 C 点出发进行求解，并比较两种方法求得的结果是否相同？

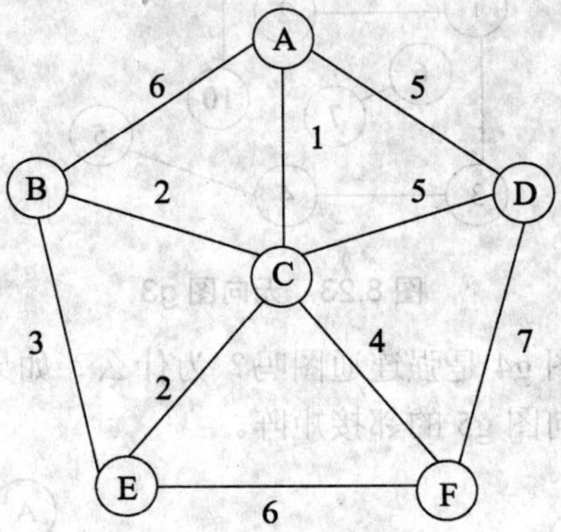

图 8.26　图 g6

(2) 请简述在有向网中求任意两个顶点间的最短路径的基本思路。用弗罗伊德算法求图 8.27 中每对顶点间的最短路径，要求以表格的形式写出算法执行过程中各参量的值的变化。

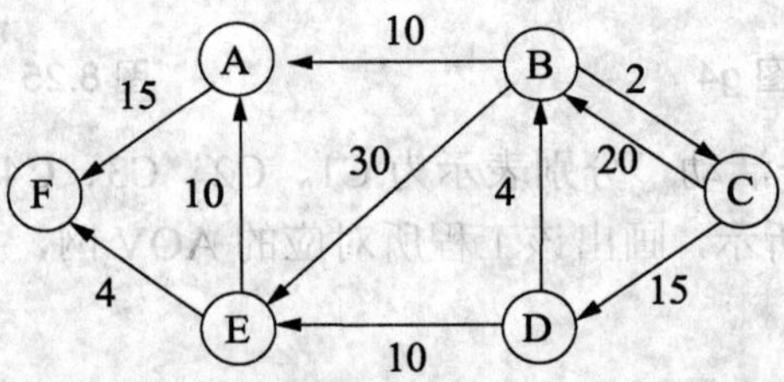

图 8.27　图 g7

6. 程序设计题

(1) 设计算法判断图中顶点 m 到顶点 n 之间是否存在路径，并输出判断结果。

(2) 建立无向网的邻接表，并输出。

7. 操作题

(1) 建立无向连通图的邻接表，并用广度优先搜索算法进行遍历。

编程提示：

直接使用本书所讲的邻接表的建立算法和广度优先搜索遍历连通分量的算法即可。

(2) 设计算法判断图是否是连通的，输出判断结果。

编程提示：

首先建立图(以邻接矩阵为例)，然后对图的任意一个连通分量进行遍历(以深度优先遍历为例)，设置全局变量 num，其初始值为 0，在访问每一个结点时，将其值加 1，若连通分量遍历结束时，num 的值与图的结点个数相等，则说明该图是连通图，否则，说明其为非连通图。

(3) 写出将一个无向图的邻接矩阵转换成邻接表的算法。

编程提示：

首先建立图的邻接矩阵(参考邻接矩阵的建立算法)，并输出其模拟图，然后根据邻接矩阵中所存储的数据建立邻接表(可以参考邻接表的建立算法)并输出邻接表的模拟图。

第 9 章　查　找　表

教学提示：计算机在处理大量数据时，经常会遇到对特定数据的查找问题，本章给出在数据结构中查找的概念和一些术语，介绍线性表、树和散列表的查找方法、算法实现以及各种查找方法的时间性能(平均查找长度)分析。

教学要求：

(1) 理解“查找表”的结构特点。

(2) 熟练掌握以顺序表或有序表表示静态查找表时的查找方法。

(3) 熟悉静态查找树的构造方法和查找算法，理解静态查找树和折半查找的关系。

(4) 熟练掌握二叉查找树的构造和查找方法。

(5) 了解二叉平衡树的构造过程。

(6) 熟练掌握哈希表的构造方法，深刻理解哈希表与其他结构的表的实质性的差别。

9.1　查找表的基本概念

9.1.1　基本概念

查找和生活息息相关。为了得到一个或一批数据，必须扫描某一范围的数据，这个扫描过程就是查找。例如，在字典中查阅某个词的读音和注解，在电话号码簿中查询所需要的电话号码等，这些操作都是查找，而字典和电话号码簿都可视作是一张查找表。利用计算机去查询特定的信息，就需要在计算机内存中包含该特定信息的表，而这张表的结构类型的不同，会影响查找的效率。例如，个人的电话号码簿，如果是任意地顺序存储，或是依据亲戚、同事、同学等分类形式存放，或是将全部的姓名依英文字母顺序存放，则不同的分类方法，在查找效率上也是有很大差别的。即查找的方式可以决定数据的结构，因此，可以让不同的数据类型采用与之适应的查找方法，以获得较高的查找效率。

9.1.2　术语

1. 关键字

用各种数据结构(如数组、链表等)组成一个表，表中每个记录都有一个关键字域(简称关键字)。关键字是数据元素(或记录)中某个数据项的值，用它可以标识一个数据元素(或记录)。唯一标识一个数据元素(或记录)的关键字，称为主关键字，不能唯一确定一个数据元素(或记录)的关键字，称为次关键字。如查询电话号码时，“电话号码”是主关键字，而“单位”或“人名”是次关键字。

决定查找操作的是关键字。所以在这一章里，只关注数据元素(或记录)中的关键字域，而一概忽略数据元素(或记录)中的其他域的信息。

2. 查找表

查找表是一种非常灵活的数据结构，是一种以同类型的数据元素(或记录)构成的集合为逻辑结构，以查找为核心运算，同时包括其他运算的数据结构。对查找表进行的操作包括以下几点。

(1) 查找某个特定元素是否包含在查找表中。

(2) 检索某个特定元素的各种属性。

(3) 插入某个元素到查找表。

(4) 在查找表中删除某个元素。

3. 静态查找表和动态查找表

在实际应用中的查找表通常可分两类：

若查找的数据在查找之前，就以某种特定方式存储，如由小到大排序，其数据不会再增加、删除和修改，查找表在使用时主要作前两种统称为“查找”的操作，称此类查找表为静态查找表。

若在对查找表进行查找的过程中，同时需要随时插入、删除和修改当前查找表中的数据元素，则称此类查找表为动态查找表。

4. 查找、内查找和外查找

根据给定的某个值，在查找表中确定一个关键字等于给定值的数据元素(或记录)的过程，称为查找。若表中存在这样的一个元素，则称查找成功，此时查找的结果为给出整个数据元素(或记录)的信息，或指示该数据元素(或记录)在查找表中的位置；若表中不存在这样的元素，则称查找不成功，此时查找的结果可给出一个“null”元素(或空指针)。

查找分为内部查找和外部查找。

如果所有要查找的数据都存放在主存储器中，这样的查找称为内部查找，简称内查找。如果要查找的数据量很大，无法同时全部存放在主存储器中，必须利用硬盘等辅助存储器，在查找过程中要访问外存的查找，称为外部查找，简称外查找。由于使用外查找的机会较少，因此在本章主要讨论内查找。

5. 平均查找长度

要衡量一种查找算法的优劣，主要是看给定值和关键字的比较次数。

为确定数据元素(记录)在表中的位置，查找过程中所进行的给定值和关键字比较的次数的期望值称为查找算法的平均查找长度，简称 ASL。

如果将找到给定值和关键字的比较次数的平均值来作为衡量一个查找算法好坏的标准，那么对于一个含有 n 个元素的表，查找成功时的平均查找长度可表示为

$$ASL=\sum_{i=1}^{n} p_i c_i$$

式中，p_i 为查找表中第 i 个数据元素(记录)的概率，且认为查找每个数据元素(记录)的概率相等，即 $p_i=\frac{1}{n}$，c_i 是查找第 i 个数据元素所需要的比较次数。

本章内容涉及的关键字类型和数据结构类型说明如下：

```
typedef struct
  { keytype key ;  /* 关键字字段 */
    ⋮              /* 其他信息 */
  }elemtype ;
```

9.2　静态查找表

静态查找表是指对数据元素及其属性进行查找操作，不进行插入和删除。静态查找表一般是将数据元素组织为一个线性表，其存储结构可以是基于顺序存储的数组、也可以是链表结构。

静态查找表的顺序存储结构类型定义：

```
typedef struct
  { elemtype elem[MAX+1] ;
  /* 查找表数据元素存储空间基址，建表时按实际长度分配，0 号单元留空 */
    int length ;                /* 表中元素个数 */
  }SStable ;                    /* 顺序表类型 */
```

静态查找表的链式存储结构结点类型定义：

```
typedef struct  node
  { elemtype elem ;             /* 结点的值域 */
    struct node *next;          /* 下一个结点指针域 */
  }Nodetype ;
```

顺序表是顺序存储结构的线性表，是最简单的一种表的组织方式。一个线性表由若干个记录(结点)组成，各记录由若干个数据项组成。

如表 9-1 所示是班级学生登记表，存放着班级全体学生基本情况的记录，每个学生记录包括：学号、姓名、性别、年龄和籍贯 5 个数据项。其中学号是主关键字，是唯一标志一个记录的数据项。姓名、性别、年龄和籍贯是次关键字，因为不能排除有相同数值的情况。

表 9-1　学生登记表

学　号	姓　名	性　别	年　龄	籍　贯
2006010201	张星	男	18	东北
2006010202	李丽	女	20	河南
2006010203	王武	男	19	北京
2006010204	刘云	男	19	云南
⋮	⋮	⋮	⋮	⋮

在查找过程中，若在线性表中找到关键字与给定值相同的记录，称为查找成功，否则称为查找失败。查找成功时，返回该记录在线性表中的位置，查找失败时，返回一个失败标志。当查找作为插入、删除或修改的前驱工作时，查找返回的信息由其后续工作决定。

9.2.1 顺序表查找

顺序表查找也称为线性查找，是一种最简单的查找方法。

基本思想：从表的一端开始，顺序扫描线性表，逐个进行各结点的关键字和给定值的比较，若找到某个结点的关键字和给定值相等，则查找成功；若直到最后一个结点，其关键字和给定值都不等，则查找失败。执行顺序查找时，存储结构可以是顺序存储结构，也可以是链式存储结构。

要求在此表中查找出关键字值为 K 的元素的位置。若查找成功，则返回其位置，否则，返回一个表示元素不存在的标志。

查找可以从表中第一个结点开始，也可从表中最后一个结点开始，为节省时间通常从最后一个结点开始。从表中最后一个结点开始，逐个进行结点的关键字值和给定值的比较，若某个结点的关键字值和给定值相等，则查找成功，找到所查记录；若一直找到第一个结点，表中关键字值和给定值都不相等，则表明数组中没有所查结点，查找失败。其算法如下：

【算法 9.1】 顺序查找算法：在表 ST 中查找关键字为 key 的结点，若找到，返回该结点在数组中的下标，否则返回 0。

```
int S_Search(SStable ST, keytype kx)
   {int i ;
    ST.elem[0].key=kx;                /* 设置哨兵 */
   i=ST.length;
    while (ST.elem[i].key != kx )   /* 从表尾开始查找 */
      i-- ;
    if (i ==0)
     printf("Searching Fail!\n");
    else
     printf("Searching Success!\n");
    return( i ) ;                     /* 找到，返回结点的序号，否则返回 0 */
  }
```

顺序查找性能分析：

对于 n 个结点的表，给定值 kx 与表中第 i 个结点关键字相等，即找到第 i 个结点，需要比较 n-i+1 次，既 C_i=n-i+1。若查找每个结点的概率相等，既 $P_i=\frac{1}{n}$，则查找成功时的平均查找长度为

$$ASL=\sum_{i=1}^{n}p_ic_i=\sum_{i=1}^{n}\tfrac{1}{n}(n-i+1)=\frac{n+1}{2}$$

注：查找成功的平均查找长度约为表长的一半。

查找不成功时，每个关键字都要比较一次，直到哨兵，必须比较 n+1 次。

顺序查找算法的基本操作是关键字的比较，所以，算法的时间复杂度为 O(n)。

顺序查找的优点是算法简单，对表的结点的存储结构没有要求，无论是用顺序存储或用链表存储结点，也不要求结点有序。缺点是平均查找长度较大，特别是 n 很大时，查找效率低。

9.2.2 折半查找

当静态表中的结点元素按照关键字有序(递增或递减)排列，可以采用一种效率较高的查找方法——折半查找。

基本思想：在有序表中，选定中间位置结点作为比较对象(这个中间位置结点将有序表分成两个子表)，若给定值与中间位置结点的关键字相等，则查找成功；若不相等且给定值大于中间位置结点的关键字，则在中间位置结点的右子表继续查找；否则，在中间位置结点的左子表继续查找。不断重复上述过程，直到找到满足条件的结点，或者确定表中没有这样的结点。可以看出，由于查找范围成指数地缩小，因此，折半查找的速度明显要快于顺序查找。

设 LAB 为顺序存储的有序表，则在 LAB 中查找关键字为 kx 的基本步骤：

(1) 设 low=1，high=LAB.length;

(2) 若 low≤high，重复操作：取 mid=$\left\lfloor \frac{low+high}{2} \right\rfloor$；/*取不大于 $\frac{low+high}{2}$ 的最大整数 */

(3) 若 kx<LAB.elem[mid].key，修改 high=mid-1，转(2)；

(4) 若 kx>LA.elem[mid].key，修改 low＝mid+1，转(2)；

(5) 若 kx=LAB.elem[mid].key，返回结点在表中的位置；

(6) 当 low>high 时，返回查找失败信息。

【例 9.1】 有如下有序表：6，14，25，31，40，58，67，75，86，91，99

用折半查找方法查找关键字为 31 和 83 的数据。

(1) 查找关键字 kx=31 的过程：

1	2	3	4	5	6	7	8	9	10	11
6	14	25	31	40	58	67	75	86	91	99
↑					↑					↑
low					mid					high

因为 31<58，修改 high=mid-1=5，重新选择 mid。

1	2	3	4	5	6	7	8	9	10	11
6	14	25	31	40	58	67	75	86	91	99
↑		↑		↑						
low		mid		high						

因为 31>25，修改 low=mid+1=4，重新选择 mid。

1	2	3	4	5	6	7	8	9	10	11
6	14	25	31	40	58	67	75	86	91	99
			↑↑	↑						
low			low=mid	high						

这时 LAB.elem[mid].key=31 即为所求，返回该 mid 值。

(2) 查找关键字 kx=83 的过程：

1	2	3	4	5	6	7	8	9	10	11
6	14	25	31	40	58	67	75	86	91	99
↑ low					↑ mid					↑ high

因为 83>58，修改 low=mid+1=7，重新选择 mid。

1	2	3	4	5	6	7	8	9	10	11
6	14	25	31	40	58	67	75	86	91	99
						↑ low		↑ mid		↑ high

因为 83<86，修改 high=mid-1=8，重新选择 mid。

1	2	3	4	5	6	7	8	9	10	11
6	14	25	31	40	58	67	75	86	91	99
						↑↑ Low=mid	↑ high			

因为 83>67，修改 low=mid+1=8，重新选择 mid。

1	2	3	4	5	6	7	8	9	10	11
6	14	25	31	40	58	67	75	86	91	99
							↑↑↑ low=mid=high			

因为 83>75，修改 low=mid+1=9，此时 low>high，说明表中没有关键字等于 83 的结点，查找不成功。

【算法 9.2】 折半查找算法：在有序表 LAB (升序或降序)中查找关键字为 kx 的结点，若找到，返回结点的位置，没找到，返回 0。

```
Bin_search(SStable LAB,keytype kx)
 {int low,mid,high;
   low=1; high=LAB.length;                  /* 置区间初值  应为 low=1 */
   while (low<=high)                        /* 取中间位置 */
     { mid=(low+high)/2;
       if (LAB.elem[mid].key==kx)
         return (mid);                      /*  查找成功，返回 mid */
       else
         if (LAB.elem[mid].key>kx)
           high=mid-1;                      /* 继续在左子表中查找 */
         else
           low=mid+1;                       /* 继续在右子表中查找 */
     }
   return (0 );
 }
```

折半查找每次查找都是以表的中(间)点为比较对象，将表分为两个子表，对分隔的子表又进行同样的操作，所以折半查找过程可以用二叉树来形象地描述，把当前查找区间的中间位置上的结点作为根，左子表和右子表中的结点分别作为根的左子树和右子树，由此得到的二叉树，称为描述折半查找的判定树，如图 9.1 所示。

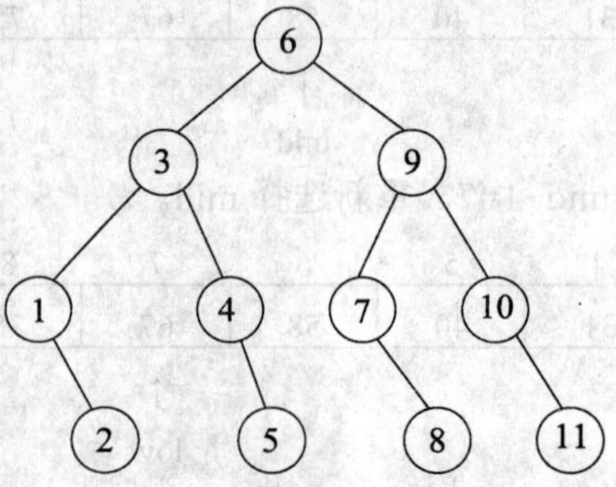

图 9.1　折半查找的判定树

由此得到，查找表中任意结点的过程，即是判定树中从根到该结点路径上各结点关键字比较次数，也就是该结点在树中的层次数。如上图中查找表中的第 5 个结点值，需要依次比较第 6、3、4、5 个结点，比较 4 次。所以，树的深度为 k，则有 $2^{k-1}-1<n<2^k-1$，即 $k-1<\log_2(n+1)\leqslant k$，即 $k=\lceil\log_2(n+1)\rceil$(不小于 $\log_2(n+1)$ 的最小整数)。即进行折半查找时，所进行的关键字比较次数最多为 $\lceil\log_2(n+1)\rceil$。

折半查找的时间复杂度为 $O(\log_2 n)$。

9.2.3　索引顺序查找

如果所使用的英文字典是杂乱无章地存放单词，要快速查找某个单词几乎就是不可能的。相反，如果把单词按英文字母顺序 a，b，c，…，z 顺序分类索引，这样就可以在查找某个单词时，根据其第一个字母直接确定查找的子范围，这样可以提高查找效率。

基本思想：索引顺序表又叫做分块查找表，是对顺序表查找方法的改进，其基本思想是；将查找表分成若干块，块的大小可以不等，块内可以无序，但块之间必须按关键字有序。即第 i-1 块中任一结点的关键字值都必须小于第 i 块中任一结点的关键字值。对查找表进行分块后，就建立了一个索引表，每个索引项包括关键字项(值为该块内的最大关键字)和指针项(指示该块的第一个结点在表中的位置)。

索引顺序查找由索引表查找和子表查找两步完成。索引表按关键字有序，可以采用顺序表查找和折半查找。子表内结点无序，只能进行顺序查找。

【例 9.2】　设顺序表中结点关键字集合为

22，4，14，8，7，20，34，48，25，47，24，61，86，75，49，55

按结点关键字值 22，48，86 分为三块建立的索引表和查找表如图 9.2 所示。

一般情况，索引顺序查找的平均查找长度为 $ASL=ASL_{索引表}+ASL_{子表}$。

索引顺序查找的效率是介于顺序查找和折半查找之间，对于数据量巨大的线性表，是一种较好的查找方法。索引顺序查找不一定将表分成大小相等的若干块，而是根据表的特征进行分块，这在日常生活中更具有一般性，如前所述英文字典的编排。此外，其优点还体现在，在表中插入或删除一个结点时，只要找到该结点所在的块，就可以在块内进行操作，因为块内结点是任意存放的，插入或删除不需要移动大量结点。索引顺序查找的主要代价是增加了一个辅助数组的存储空间和将初始表分块排序的运算。

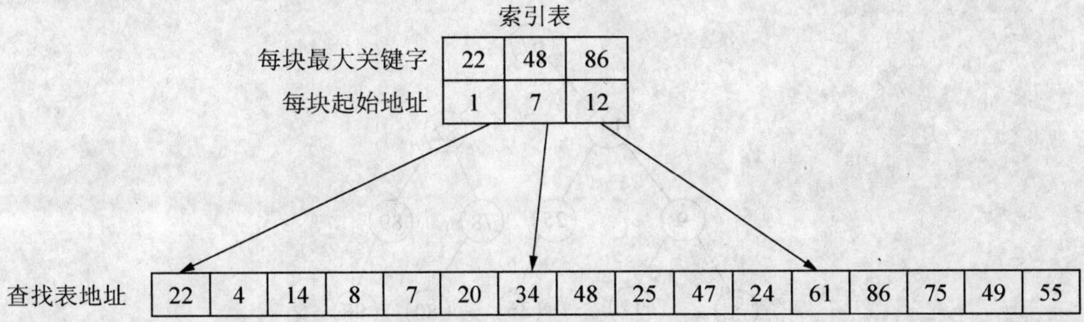

图 9.2　索引顺序查找示例

将静态查找的三种查找方法进行比较，可以得出：

三种方法对于表的结构、表的存储和平均查找长度体现出各自的特点。从表的结构来看，顺序表查找对于表有序、无序均适用，折半查找仅适用于有序表，索引顺序查找则要求所谓的块间有序；从表的存储来看，顺序表查找和索引顺序查找对于表的顺序和链式存储结构均适用，而折半查找只适用于顺序存储；最后，就平均查找长度而言，折半查找最小，索引顺序查找次之，顺序表查找最大。对于不同的表类型，应采用不同的查找方法。

9.3　动态查找表

在 9.2 节中，讨论了三种静态查找方法，其中折半查找效率最高。但如果采用折半查找，查找结果失败，想把待查的关键字所对应的结点插入到原有序表中，或者在查找成功时，想把找到的结点从原有序表中删除，即让有序表随着查找算法的进行动态地变化起来，此时折半查找就需要花费大量时间调整有序表中的结点，使表仍然有序。它的效率对于动态结构是很低的。动态查找表的特点是：在查找过程中尚需进行“插入”或“删除”的操作。因此，表示动态查找表的结构应不仅便于查找，还应便于插入和删除。为了更好地解决表的动态变化时的查找问题，将在本节介绍树表中的二叉查找树。

9.3.1　二叉查找树的定义

如果一棵二叉树的每个结点对应一个关键字，整个二叉树各结点对应的关键字组成一个关键字集合，并且此关键字集合中的各个关键字在二叉树中是有序的，则称此二叉树为二叉查找树，或称为二叉排序树。

二叉查找树或者是一棵空树，或者是具有下列性质的二叉树：

(1) 若左子树不空，则左子树上的所有结点的值均小于根结点的值；

(2) 若右子树不空，则右子树上的所有结点的值均大于根结点的值；

(3) 左右子树也都是一棵二叉查找树。

例如：对应关键字集合 K={67，14，82，9，25，78，89，5，12，36，80，98}的二叉查找树如图 9.3 所示。

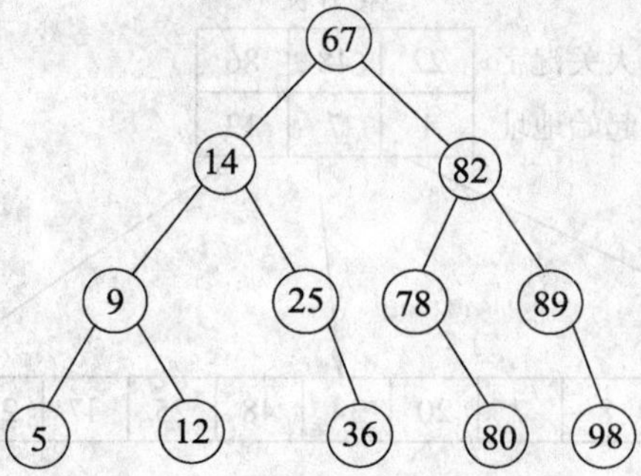

图 9.3 二叉查找树示例

下面以二叉链表作为二叉查找树的存储结构，二叉链表结点的类型定义如下：

```
typedef struct Bitnode
  {elemtype elem;                              /* 结点的值域 */
  struct Bitnode *lchild, *rchild;             /* 左、右指针域 */
  }Bitree;                                     /* 二叉链表结点类型 */
```

9.3.2 二叉查找树的查找过程

对于二叉查找树构成的查找表，根据二叉查找树的基本特点，查找集合中关键字等于给定值的查找过程，若查找树为空树，查找失败；否则

(1) 若给定值 key 等于根结点的关键字，则查找成功；

(2) 若给定值 key 小于根结点的关键字，则继续在左子树中查找；

(3) 若给定值 key 大于根结点的关键字，则继续在右子树中查找。

显然，这是一个递归查找过程。由此得出，在二叉查找树中进行查找的过程为从根结点出发，沿着左分支或右分支递归进行查询，直至关键字等于给定值的结点；或者从根结点出发，沿着左分支或右分支递归进行查询直至子树为空树止。查找算法如下。

【算法 9.3】 二叉查找树查找算法。

```
int SearchB(Bitree t,Bitree **p, Bitree **q,keytype key)
/* 在二叉查找树 t 上查找关键字为 key 的结点，若找到，返回 1，且*q 指向该结点，*p 指向父结点；否则返回 0，且*p 指向失败前的最后一个结点 */
  {int flag=0;
   *q=t;
   while (*q)                              /* 从根结点开始查找 */
     {if (key<(*q)->elem.key)              /* key 小于当前结点*q 的关键字值 */
        {*p=*q;
         *q=(*q)->lchild;}                 /* 将当前结点*q 的左子树置为新根 */
      else
        { if (key>(*q)->elem.key)          /* key 大于当前结点*q 的关键字值 */
           {*p=*q;
            *q=(*q)->rchild;}              /* 将当前结点*q 的右子树置为新根 */
          else
            {flag=1;break;}                /* 查找成功 */
        }
```

```
    }
    return(flag);
  }
```

9.3.3 二叉查找树的插入操作

二叉查找树是一种动态的树表。树结构通常不是一次生成的，而是在查找过程中生成。对于动态查找表，在查找不成功时尚需进行插入，即当二叉查找树中不存在其关键字等于给定值的结点时，需插入一个关键字等于给定值的结点。

二叉查找树插入一个结点的算法：若二叉查找树为空，则插入结点为新的根结点；否则，在二叉查找树进行查找，若查找成功，则不需要插入该结点；查找不成功，则作为查找失败前的最后一个结点的孩子结点插入该结点。

【算法 9.4】 二叉查找树插入算法。

```
int insertB(Bitree **t, keytype key)
  /* 在二叉查找树*t 上插入关键字为 key 的结点 */
 {Bitree *p,*q,*s;
  int flag=0;
  p=t;
  if (!SearchB(*t,&p,&q,key))        /* 在根结点为*t 的树上查找 */
    {s=(Bitree*) malloc(sizeof(Bitree));
     s->elem.key=key;                /* 申请结点并赋值 */
     s->lchild=NULL;
     s->rchild=NULL;
     flag=1;                         /* 设置插入成功标志 */
     if (p==NULL)
       *t=s;                         /* 空树的插入 */
     else
      {if (key<p->elem.key)
         p->lchild=s;                /* 插入为 p 的左孩子 */
       else
         p->rchild=s;                /* 插入为 p 的右孩子 */
      }
  }
  return(flag);
}
```

从空树出发，经过一系列的查找插入操作，可生成一棵二叉查找树。即二叉查找树的构造过程就是逐个插入结点的过程。

【例 9.3】 设查找的关键字序列为{32, 58, 42, 16, 38, 45, 8}，则生成的二叉查找树如图 9.4 所示。

对上述二叉查找树进行中序遍历，就可以得到相应数据集的有序序列。由此可见，对于一个无序集，通过建立其二叉查找树，可使其成为一个有序集。这也是二叉查找树的基本特性。

二叉查找树在每次插入新结点时，不必移动其他结点，只需要改动某个结点的指针由空变为非空，这就相当于在一个有序序列上插入一个结点而不需要移动其他结点，表明二叉查找树既有类似于折半查找的特性，又采用链表存储，是动态查找表的一种比较适合的表示，因此，对于需要经常进行插入运算的表，适合采用二叉查找树结构。

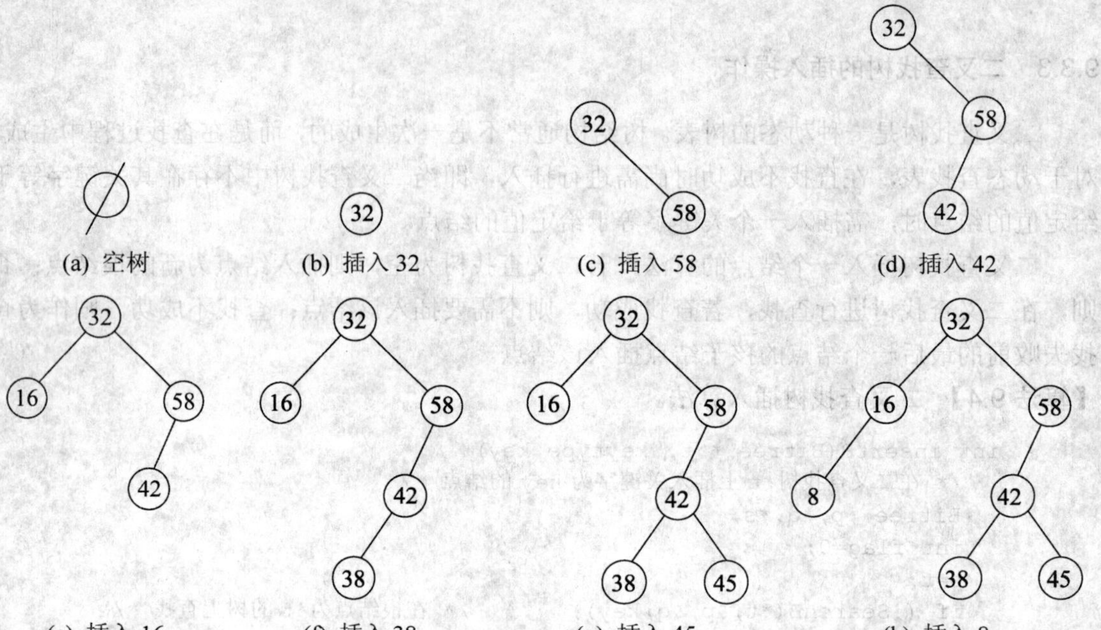

(a) 空树　(b) 插入 32　(c) 插入 58　(d) 插入 42

(e) 插入 16　(f) 插入 38　(g) 插入 45　(h) 插入 8

图 9.4　二叉查找树的插入生成过程

9.3.4　二叉查找树的删除操作

从二叉查找树中删除一个结点，要保持删除后所得的二叉树仍满足二叉查找树的性质。删除结点需要从以下三种情况讨论：

(1) 被删结点为叶子结点，此时删除该结点不影响其他结点之间的关系，因此仅需修改其双亲结点的相应指针即可。

如图 9.5 所示，删除结点 5，将其父结点 10 的左指针改为 NULL。删除结点 48，将其父结点 45 的右指针改为 NULL。

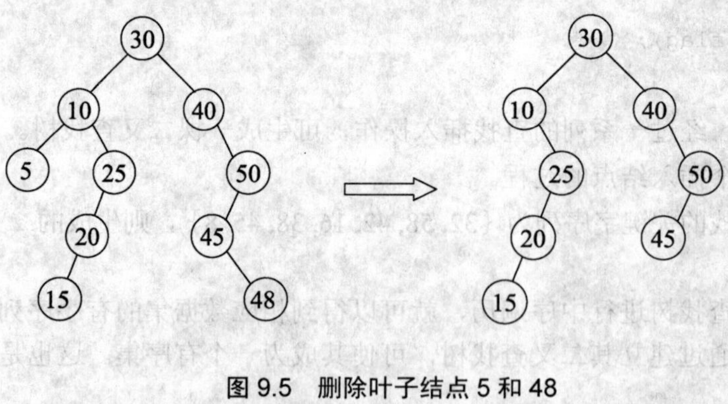

图 9.5　删除叶子结点 5 和 48

(2) 被删结点只有左子树或右子树，则只需保持该结点的子树和其双亲之间原有的关系即可，即删除该结点之后，它的子树中的结点仍在其双亲的左子树或右子树上，因此只需要将其左子树或右子树直接链接到其双亲结点成为为其双亲的子树即可。

如图 9.6 所示，删除结点 25，将其父结点 10 的右指针指向被删结点 25 的左子树 20。删除结点 40，将其父结点 30 的右指针指向被删结点 40 的右子树 50。

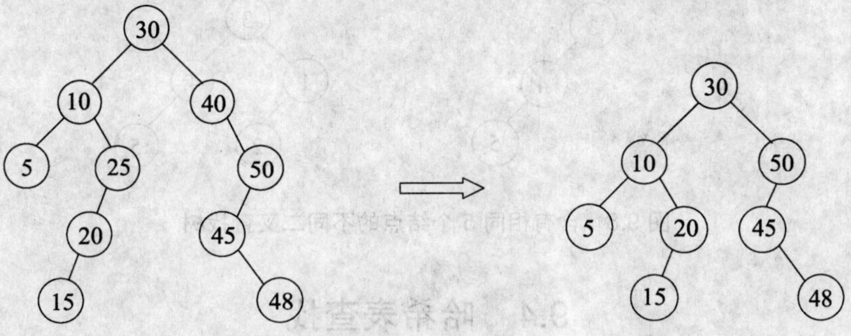

图 9.6　删除只有一棵子树的结点 25 和 40

(3) 被删结点的左右子树均不空。此时若将二叉查找树看作一个有序序列，为保持其左子树和右子树间的有序关系，可用中序遍历的直接前驱结点替代被删结点，即将被删结点赋值为中序遍历的直接前驱结点，然后从二叉查找树上删去这个前驱结点，使得删除一个结点之后的二叉查找树上其余结点之间的有序关系不变，而其前驱结点由于只有左子树容易删除。

如图 9.7 所示，删除结点 30，将其中序遍历的直接前驱结点 25 替代被删结点 30，然后从二叉查找树上删去这个前驱结点 25。

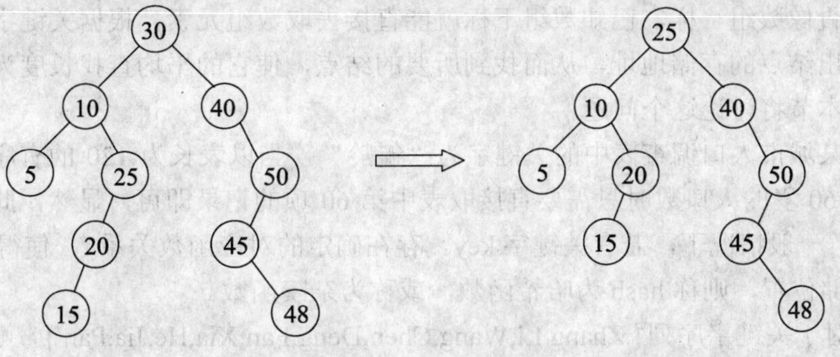

图 9.7　删除有两棵子树的结点 30

9.3.5　二叉查找树的性能分析

从二叉查找树的查找过程可见，含有相同结点的二叉查找树是不唯一的，因此有 n 个结点的二叉查找树的平均查找长度和树有关。

如图 9.8 所示，由关键字序列｛1,2,3,4,5｝构造而得的二叉查找树，ASL=(1+2+3+4+5)/5=3，由关键字序列｛3,1,2,4,5｝构造而得的二叉查找树，ASL=(1+2+3+2+3)/5=2.2。

由此可见，当关键字递增有序时，二叉查找树是一棵右单只(枝)树，在其上进行的查找即为顺序查找。平均查找长度 ASL=(n+1)/2。最好的情况是二叉查找树的形态和折半查找的判定树相同。在随机情况下，二叉查找树的平均查找长度 ASL 与 $\log_2 n$ 是等数量级的。

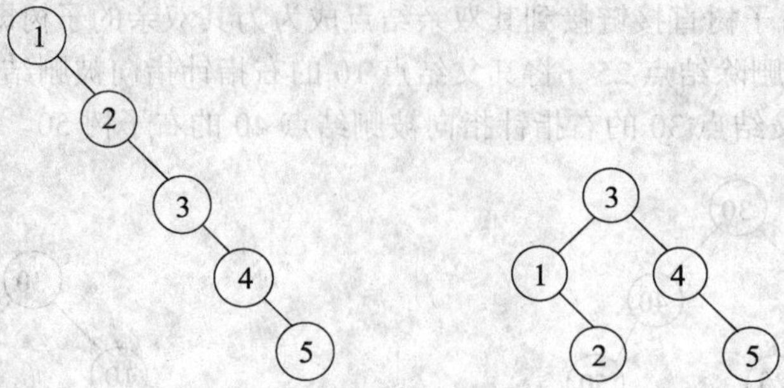

图 9.8　含有相同 5 个结点的不同二叉查找树

9.4　哈希表查找

9.4.1　哈希表的基本概念

从以上讨论得知，平均查找长度是对查找效率的一种度量，其含义为，在查找表中进行一次查找所需进行的给定值和关键字比较次数的平均值。

前面讨论的静态查找和动态查找，它们的平均查找长度不仅不可能为 0，并且都随 n(关键字集合的大小)的增长而增长。因为无论是在表示静态查找表的顺序表和有序表中，还是动态查找树表中，数据元素在结构中的位置都是随机的，和它的关键字无关。在这样的结构中进行查找的主要操作就是将给定值和表中关键字进行依次比较，其查找效率取决于比较次数。能否像数组一样，已知数组下标就能直接去取数组元素，根据关键字值，不用比较直接计算出结点的存储地址，从而找到所要的结点，使它的平均查找长度为零呢？回答是肯定的，本节将讨论这个问题。

例如，某城市人口调查表中的关键字为“年龄”，当以表长为 120 的有序表表示时，查询年龄为 60 岁的人口数时只需要直接取表中第 60 项的记录即可，显然，此时的平均查找长度为 0。一般情况下，若有关键字 key，存在确定的对应函数关系 f，使得 hash(key)作为 key 的存储位置，则称 hash 为哈希函数，或称为杂凑函数。

例如，对于关键字序列{ Zhang,Li,Wang,Chen,Deng,Fan,Xia,He,Jia,Pan }，可设关键字的哈希函数如下：

$$hash(key)=\lfloor (Ord(ch)-Ord('A')+1)/2 \rfloor$$

式中，ch 表示关键字中第 1 个字母的 ASCII 码值；Ord 为字符的次序函数。则以表长为 14 的顺序表表示的查找表如表 9-2 所示。

表 9-2　简单的哈希函数

key	Zhang	Li	Wang	Chen	Deng	Xia	Ye	Jia	He	Pan
Hash(key)	13	6	11	1	2	12	12	4	5	8

显然，此查找表的平均查找长度为 0，若给定值为 Xia，由上述关键字函数得到函数值 12，即为存储关键字为 Xia 记录的地址，称为哈希地址。但哈希地址为 12 的还有其他记录，

例如关键字 Ye。由此看出：哈希函数是一个映象，其设定比较灵活，只要使得任意关键字的哈希函数值落在表长允许范围之内即可。如果在建立哈希表时，哈希函数是一对一的函数，则在查找时，只需要根据哈希函数对给定值进行某种运算，就可以得到待查结点的存储位置。但是，对于不同的关键字，根据哈希函数可能得到同一个哈希地址，即 key1≠key2，而 hash(key1)=hash(key2)，则称这两个关键字(对于该哈希函数而言)为同义词，这种现象称为冲突。如以上例子中的 Xia 和 Ye 就是同义词。对于动态查找表，很难找到不存在同义词的哈希函数，唯一弥补的办法是，在发生冲突时设法解决之，例如将关键字 Ye 存入表中地址为 0 的空缺中等。

综上所述，可如下定义哈希表：

根据设定的哈希函数 Hash(key)和所选中的处理冲突的方法，将一组关键字映象到一个有限的、地址连续的地址集(区间)上，并以关键字在地址集中的像作为相应记录在表中的存储位置，这种表被称为哈希表，这一映象的过程亦被称为哈希。

哈希法查找必须研究两个主要问题：

(1) 构造一个计算简单而且冲突尽量少的哈希函数；

(2) 确定一个解决冲突的办法。

下面分别就哈希函数和处理冲突的方法进行讨论。

9.4.2 构造哈希表的方法

从理论上讲，哈希函数的构造本无定则可言，因为哈希(Hash)的原义是“杂凑”。但从实用上说，设定的哈希函数不仅要求其函数值必须落在预设的表长范围内，而且应对当前所讨论的关键字集合尽可能少地产生冲突，称这样的哈希函数为好的哈希函数。

构造哈希函数有很多种方法，其构造的原则是使集合中的任意一个记录关键字通过哈希函数映射到它的存储地址，其存储地址的分布要尽量均匀。即对任意一个关键字，hash(key)对应不同地址的概率是相等的，目的是为了尽可能减少冲突。

对数值型的关键字，常用的构造均匀的哈希函数的方法有如下几种：

1. 直接定址法

取关键字本身或关键字的某个线性函数值作为哈希表地址，即

Hash(key)=key 或 Hash(key)=a*key+b (a,b 为常数)

例如，设关键字集合 {10, 30, 40, 50, 80, 90}，选取哈希函数为 Hash(key)=key/10，则生成的哈希表如表 9-3 所示。

表 9-3 哈希表

Key		10		30	40	50			80	90
Hash(key)	0	1	2	3	4	5	6	7	8	9

又如，有一张建国后出生人口的调查表，关键字是年份，哈希函数取关键字减去常数，即：Hash(key)=key−1948。则其哈希表如表 9-4 所示。

表 9-4　哈希表

key	1949	1950	…	1968	1969	…
Hash(key)	01	02	…	20	21	…
人口	2600	3600	…	7600	7900	…

那么，如果要查找 1969 年出生的人数，直接查找第 21 项(1969-1948=21)即可。

直接定址法应用简单，不会发生冲突，但往往因为关键字的不连续性造成存储空间的严重浪费，在实际中能够使用这种哈希函数的情况很少。

2. 数字分析法

如果事先知道关键字的集合，并且各个关键字的位数比哈希表的地址位数多，则可采用数字分析法来建立哈希函数。数字分析法要点是：从关键字中选出分布较均匀的几位作为哈希函数的结果，即关键字的存储地址。

例如，已知一组 8 位的关键字集合，假设哈希表表长为 100，即地址为 00～99。需要构造一个哈希函数，从每个 8 位十进制数中取出的二位数，作为该记录的存储地址。

对关键字的分析看出，由于关键字的第①，②，③和⑧位上的数字取值集中在某几个数上，所以可以从剩余的 4 位中任取两位或其中两位与另两位之叠加和(舍去进位)作为哈希地址。本例可定义哈希函数为 $Hash(key)=Hash(d_1d_2d_3d_4d_5d_6d_7d_8)=d_6d_7$。如图 9.9 所示，给出的是取⑥和⑦两位的情形。

关键字	哈希函数值
98146532	53
98172242	24
98287427	42
98201367	36
98228817	81
98232982	98
98354152	15
98368545	54
98319327	32
98395715	71
①②③④⑤⑥⑦⑧	

图 9.9　用数字分析法建立哈希函数

3. 平方取中法

如果关键字的所有各位分布都不均匀，平方取中法较为常用。其构造方法是将关键字先平方，然后取其中几位为哈希地址。采用这种方法先通过平方扩大差别，使关键字的每一位都在哈希函数中起作用。

例如，对于关键字集合{1160,1213,2061,2411,3424,4629,5728,6515}，无法用数字分析

法直接得到较均匀地哈希函数。取平方的第 5、6 位值作为哈希函数值，如图 9.10 所示，其哈希函数的结果值。

关键字	关键字平方值	哈希地址
1160	01345600	56
1213	01471369	13
2061	04247721	77
2411	05812921	29
3424	11723776	37
4629	21427641	76
5728	32809984	99
6515	42445225	52

图 9.10 平方取中法建立哈希函数

4. 折叠法

如果关键字的位数比地址码的位数多，且各位的数字分布大致均匀，不宜用数字分析法去掉某些位,可以考虑用折叠法。即将关键字分割成位数相等的几部分(最后一部分位数可以不等)，然后取这几部分的叠加和(舍去进位)作为哈希地址。折叠法又分移位叠加和间界叠加，移位叠加是将各部分的最低位对齐，然后相加；间界叠加是从一端向另一端沿分割界来回折叠，然后对齐相加。

例如，每一种图书都有一个国际标准图书编号(ISBN)，比如 0-442-20586-4 ,它是一个 10 位的十进制数字，以它们作为关键字建立一张哈希表，若表长为 10000，采用折叠法可得出其哈希地址如下所示:

采用移位叠加	采用间界叠加
5864	5864
4220	0224
+ 04	+ 04
10088	6092

其移位叠加得到的哈希地址为 0088，间界叠加得到的哈希地址为 6092。

5. 除留余数法

该方法是找出一个尽可能大且不大于哈希表表长的合适的正整数 p，为避免冲突，一般取 p 为素数，取关键字除以 p 的余数作为哈希函数的值，即

Hash(key)=key % p　(p≤m，m 为表的长度)

除留余数法不仅可以对关键字直接取模，也可以在折叠、平方取中等运算后取模。对于除留余数法求哈希地址，关键在于模 p 的选择，它直接关系到哈希地址的均匀性。实验证明，如果选 p 为偶数，则它将把奇数的关键字转换到奇数地址，把偶数的关键字转换到偶数地址，这当然不好。如果选 p 是关键字的基数的幂次也不好，因为那就等于选择关键字的最后几位数字作为地址。例如，关键字是十进制数，若选 p=1000，这实际上就是取关键字最后三位作为地址。一般选 p 为小于或等于哈希表长度 m 的某个最大素数较好。

例如，关键字集合为｛25,74,36,40,82,65,57｝,表长为 13，由上述分析，选择 p=13。

```
Hash(25)=25 % 13=12
Hash(74)=74 % 13=9
Hash(36)=36 % 13=10
Hash(40)=40 % 13=1
Hash(82)=82 % 13=4
Hash(65)=65 % 13=0
Hash(57)=57 % 13=5
```

则对应的哈希表如图 9.11 所示。

0	1	2	3	4	5	6	7	8	9	10	11	12
65	40			82	57				74	36		25

图 9.11　除留余数法建立哈希函数

若 p 选择为含质因子 c 的合数，则将使所有含质因子 c 的关键字映像到"c 的倍数"的地址上，从而增加了冲突的可能性。

例如，假设哈希表表长为 10，取 p=9，则关键字序列｛12,39,24,36,81,78,60｝对应的哈希地址依次为：3,3,6,0,0,6,6。显然，Hash(key)=key % 9 对这组关键字不是一个好的哈希函数。

6. 随机数法

通常当关键字长度不等时，可取关键字的某个随机函数值作为它的哈希地址，即

```
Hash(key)=Random(key)
```

式中，Random 为随机函数。

哈希函数的取法还要结合实际应用，通常要考虑的因素有

(1) 计算哈希函数的时间；

(2) 关键字的长度；

(3) 哈希表的大小；

(4) 关键字的分布情况；

(5) 记录的查找频率。

对于非数值型关键字，则需先将它们转化为数字。实际造表时，采用何种构造哈希函数的方法取决于建表的关键字集合的情况(包括关键字的范围和形态)，这些情况都需要综合考虑，才能设计出较理想的哈希函数。总的原则是使产生冲突的可能性降到尽可能地小。

9.4.3　处理冲突的方法

如前所述，均匀的哈希函数可以减少冲突，但完全避免是不可能的，因此如何处理冲突是构造哈希表时的一个十分重要的问题。如何处理冲突？假设哈希表的地址集为 0,1,…,(n−1)，冲突是指由关键字得到的哈希地址为 j(0≤j≤n−1)的位置上已存在记录，则处理冲突就是为该关键字的记录找到另一个空的哈希地址。在处理冲突过程中可能得到一个地址序列 H_i(i=1，2，…，k)，其中 $H_i \in [0，n-1]$。也就是说，在处理哈希地址的冲突时，若得到另一个哈希地址 H_1 仍然发生冲突，则要求下一个地址 H_2，若 H_2 仍冲突，再要求 H_3，依次

类推，直到 H_k 不发生冲突为止，那么 H_k 就是记录在表中的地址。

通常处理冲突的方法分为两类：开放定址法和链地址法。

1. 开放定址法

开放定址法处理冲突的做法是：设法为发生冲突的关键字找到哈希表中另一个尚未被记录占用的位置。即当由 Hash(key)算出的位置不空，发生冲突时，用一个函数 H_i 在哈希表中形成一个探查序列，沿着此序列逐个单元进行查找，以找出一个新的空位置将新结点放入。其中：

$$H_i=(Hash(key)+d_i)\%\ m\quad i=1,2,\cdots,s\quad (s\leqslant m)$$

哈希表的表长为 m (即哈希表中可用地址为 0～m−1)，若对于某个关键字 key，哈希表中地址为 Hash(key)的位置已被占用，则为该关键字试探下一个地址 H_1=(Hash(key)+ d_1)%m，若也已被占用，则试探再下一个地址 H_2=(Hash(key)+ d_2) % m，…，依次类推直至找到一个地址 H_s=(Hash(key)+ d_s) % m 未被占用为止。即 H_i 是为解决冲突生成的一个地址序列，其值取决于增量序列 d_i。对于 d_i 通常可有三种设定方法：

1) 线性探测再散列法

d_i=1,2,3,…,m−1，称这种处理冲突的方法为线性探测再散列法。

在本方法中，d_i=c*i，c 为常数。通常的情况下一般取 c=1，这样就将哈希表看成是一个环形表。若地址为 d 的单元发生冲突，则依次探查 d+1,d+2,…，直到找到一个空单元为止。

例如，关键字序列为{19,01,23,14,55,68,11,86,37}，表长 m=11，哈希函数为 Hash(key)= key % 11，发生冲突时由线性探测再散列法解决。则构造哈希表的过程如下所示：

初始时哈希表为空

0	1	2	3	4	5	6	7	8	9	10

通过计算 Hash(19)=19 % 11=8,Hash(01)=1 % 11=1 得到记录 19 和 1 的哈希地址，并将其插入

0	1	2	3	4	5	6	7	8	9	10
	01							19		

再计算得到 Hash(23)=1，但该地址中已有记录，根据线性探查法找下一位置，H_1(23)=(1+1) % 11=2，地址 2 目前空闲，将其插入

0	1	2	3	4	5	6	7	8	9	10
	01	23						19		

随后，计算得到 Hash(14)=3,Hash(55)=0 分别插入

0	1	2	3	4	5	6	7	8	9	10
55	01	23	14					19		

再计算 Hash(68)=2，地址 2 中已有记录，再计算 H_1(68)=(2+1) % 11=3，但地址 3 已被占用，继续进行线性探查，H_2(68)=(2+2) % 11=4，地址 4 目前空闲，将其插入

0	1	2	3	4	5	6	7	8	9	10
55	01	23	14	68				19		

计算 Hash(11)=0，发生冲突，计算 $H_1(11)=1$, $H_2(11)=2$, $H_3(11)=3$, $H_4(11)=4$ 均冲突，再计算 $H_5(11)=5$，地址空闲，将 11 插入

0	1	2	3	4	5	6	7	8	9	10
55	01	23	14	68	11			19		

同样，可以计算出 Hash(86)=9, $H_2(37)=6$ 时有空闲地址，分别插入即可

0	1	2	3	4	5	6	7	8	9	10
55	01	23	14	68	11	37		19	86	

在运用线性探测再散列法处理冲突时，可能会出现这样的情况：某一连续的存储区已经存放满了，因此在经过这一区域往后搜索空位置时，需要比较较多的元素，从而导致查找长度增大。对这一问题下面的二次探查法进行了改善。

2) 平方探测再散列法

$d_i=1^2,-1^2,2^2,-2^2,3^2,\cdots,\pm k^2\ (k\leqslant m/2)$，称这种处理冲突的方法为平方探测再散列。

在这种方法中，当冲突发生时，在发生冲突的地址左右进行跳跃式探查，比较灵活。

如上例，关键字集合为{19，01，23，14，55，68，11，86，37}，表长 m=11，哈希函数为 Hash(key)=key % 11，发生冲突时采用平方探测再散列法解决。则构造哈希表的过程如下所示：

初始时哈希表为空

0	1	2	3	4	5	6	7	8	9	10

计算 Hash(19)=8,Hash(01)=1,地址均空闲，将它们插入

0	1	2	3	4	5	6	7	8	9	10
	01							19		

再计算 Hash(23)=1,发生冲突，采用二次探查法，$H_1(23)=(1+1^2)\ \%\ 11=2$,地址空闲，插入

0	1	2	3	4	5	6	7	8	9	10
	01	23						19		

计算得到 Hash(14)=3,Hash(55)=0,地址空闲，将它们插入

0	1	2	3	4	5	6	7	8	9	10
55	01	23	14					19		

计算 Hash(68)=2,地址已被占用，再计算 $H_1(68)=(2+1^2)\ \%\ 11=3$, $H_2(68)=(2-1^2)=1$, 仍冲突继续计算 $H_3(68)=(2+2^2)=6$,地址空闲，将记录 68 插入

0	1	2	3	4	5	6	7	8	9	10
55	01	23	14			68		19		

再计算 Hash(11)=0, $H_1(11)=1$,发生冲突，直至计算到 $H_2(11)=10$,得到了插入的空闲地址

0	1	2	3	4	5	6	7	8	9	10
55	01	23	14			68		19		11

最后计算出 Hash(86)=9,Hash(37)=4,地址空闲完成插入

0	1	2	3	4	5	6	7	8	9	10
55	01	23	14	37		68		19	86	11

3) 随机探测再散列法

采用随机探测再散列法处理冲突时，d_i 或者是一组伪随机数列，或者 d_i=i*Hash(key)。所谓伪随机数列是指 d_i～d_{m-1} 是 1，2，…,m−1 的一个随机排列。

如上例，关键字集合为{19，01，23，14，55，68，11，86，37}，表长 m=11，哈希函数为 Hash(key)=key % 11，发生冲突时采用随机探测再散列法解决。则构造哈希表的过程如下所示：

首先，设随机序列由 d_i =key % 10+1 产生。初始时仍然表空

0	1	2	3	4	5	6	7	8	9	10

计算 Hash(19)=8,Hash(01)=1, 无冲突，将记录插入

0	1	2	3	4	5	6	7	8	9	10
	01							19		

再计算 Hash(23)=1，产生冲突，此时 H_1(23)=(1+ (23 % 10 +1))% 11=5,该地址空闲，将记录 23 插入

0	1	2	3	4	5	6	7	8	9	10
	01				23			19		

对于记录 14，55，68，经计算，无冲突，插入之

0	1	2	3	4	5	6	7	8	9	10
55	01	68	14		23			19		

这时，因为 Hash(11)=0，发生了冲突，计算 H_1(11)=(0+(11 % 10 +1)) % 11=2,仍冲突，再计算 H_2(11)=(2+(11 % 10 +1))% 11=4，地址空闲，将其插入

0	1	2	3	4	5	6	7	8	9	10
55	01	68	14	11	23			19		

再计算 Hash(86)=9,哈希地址空闲,可以插入

0	1	2	3	4	5	6	7	8	9	10
55	01	68	14	11	23			19	86	

最后，计算 Hash(37)=4，地址冲突，于是计算 H_1(37)=(4+(37 % 10+1)) % 11=1，此地址仍然冲突，再次计算 H_2(37)=(1+(37 % 11 + 1))% 11=9,地址再次冲突，继续计算 H_3(37)=(9+(37 % 10 + 1))% 11=6,该哈希地址空闲，插入记录 37，完成插入

0	1	2	3	4	5	6	7	8	9	10
55	01	68	14	11	23	37		19	86	

注意：开放定址法中的 d_i 应具有完备性，即

(1) 增量序列中的各个 d_i 值均不相同；

(2) 由此得到的 m−1 个地址值必能覆盖哈希表中所有地址。

线性探测的增量自然满足上述要求；平方探测则只能在哈希表的表长 m 为形如 4j+3(j 为整数)的素数(如 7,11,19,…等)时才能满足上述要求；随机探测则要求增量哈希函数 $H_2(key)$ 的值和表长 m 互为素数，若 m 本身为素数，则 $H_2(key)$的值可以是 1 至 m−1 之间的任何数；若表长 m 为 2 的幂次，则 $H_2(key)$的值只能取 1 和 m−1 之间任意奇数。

2. 链地址法

链地址法解决冲突的做法是：将所有关键字为同义词的记录链接在一个线性链表中。此时的哈希表以指针数组的形式出现，数组内各个分量存储相应哈希地址的链表的头指针。即若哈希函数的地址在区间[0,m−1]上，则可将哈希表定义为一个由 m 个头指针组成的指针数组 HF[m]，凡是哈希地址为 i 的结点，均插入到以 HF[i]为头指针的单链表中。

例如，关键字集合为{14,01,23,11,19,55,36,68,82}，表长 m=7，哈希函数为 Hash(key)= key % 7，发生冲突时采用链地址法解决。则构造的哈希表如图 9.12 所示。

与开放地址法相比，链地址法有以下几个优点：链地址法中单个链上的结点空间是动态申请的，所以它适合于在建表前无法确定表长的情况；在用链表法构造的哈希表中，删除结点的操作易于实现，只需简单地删除链表上相应的结点即可。而对于开放地址法构造的哈希表，删除结点不能简单地将删除结点的空间置为空，否则将截断在它之后插入表中的同义词结点的查找路径，必须在被删除结点上作删除标记。

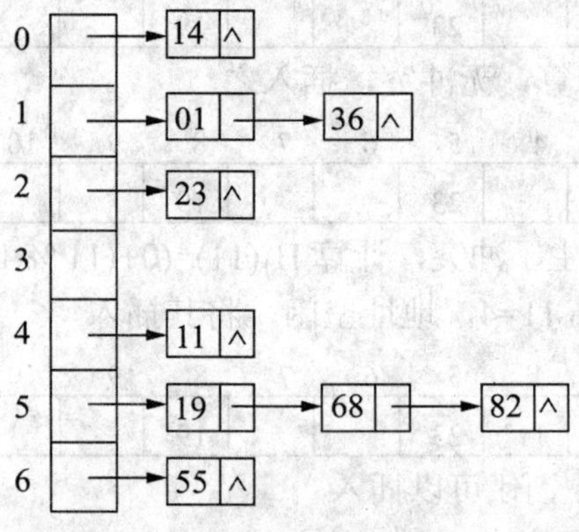

图 9.12　链地址法处理冲突时的哈希表

链地址法的缺点是：指针需要额外的空间。所以当结点规模较小时，开放地址法较节省空间。

9.4.4　哈希表的查找性能

对于哈希函数的查找基本上是和造表一样，一些关键字可通过哈希函数转换的地址直接找到，但由于冲突的存在，哈希表的查找过程仍然是一个和关键字比较的过程，所以对哈希表的查找效率，仍然用平均查找长度来衡量。

【例 9.4】设哈希函数为 Hash(key)=key%7，哈希表地址空间为[0…6]，对关键字序列{32,13,49,55,22,38,21}，求(1)利用线性探测再散列法解决冲突，构造哈希表，并计算平均查找长度；(2)利用链地址法解决冲突，构造哈希表，计算平均查找长度。

解：由题意，首先计算出各关键字的初始哈希地址为

Hash(32)=4，Hash(13)=6，Hash(49)=0，Hash(55)=1，Hash(22)=2，Hash(38)=3，Hash(21)=0

采用线性探测再散列法，得到哈希表及各关键字比较的次数如表 9-5 所示。

表 9-5　哈希表及各关键字比较的次数

地址	0	1	2	3	4	5	6
关键字	49	55	22	38	32	21	13
比较次数	1	3	2	1	1	6	1

则 $ASL=\frac{1}{7}(1+3+2+1+1+6+1)=\frac{15}{7}\approx 2.14$

采用链地址法，得到哈希表及查找次数(标于关键字上方)如图 9.13 所示。

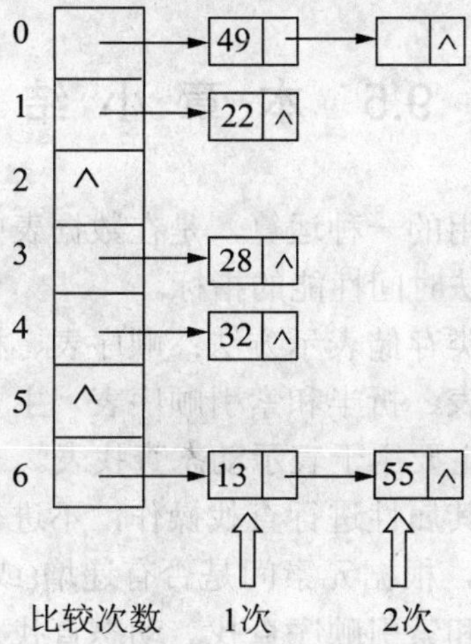

图 9.13　链地址法处理冲突时的哈希表

则 $ASL=\frac{1}{7}(1+2+1+1+1+1+2)=\frac{9}{7}\approx 1.29$

从上面的例子可以看出，用不同的解决冲突的方法构造的哈希表，其平均查找长度可能会不相等。平均查找长度的值与装填因子 α 是密切相关的。

哈希表的装填因子 α 定义为

$$\alpha=\frac{\text{表中填入的记录}}{\text{哈希表的长度}}$$

α 标志哈希表的装配程度。α 越大，装入表中的元素越多，产生冲突的可能性就越多，比较次数就越多；α 越小，填入表中的元素越少，产生冲突的可能性越小。

可以证明，采用不同的冲突处理方法时哈希表的平均查找长度基本如表 9-6 所示。

表 9-6 不同处理冲突方法的平均查找长度

处理冲突的方法	平均查找长度	
	查找成功时	查找失败时
线性探测再散列法	$\frac{1}{2}(1+\frac{1}{1-\alpha})$	$\frac{1}{2}(1+\frac{1}{(1-\alpha)^2})$
平方探测再散列法	$-\frac{1}{\alpha}\ln(1-\alpha)$	$\frac{1}{1-\alpha}$
链地址法	$1+\frac{\alpha}{2}$	$\alpha+e^{-\alpha}$

可见，哈希查找的平均查找长度只与装填因子α有关，与关键字的个数无关，在关键字数据量很大时是非常有效的。哈希查找的方法存取速度快，也较节省空间，静态查找和动态查找均适用。由于关键字是按哈希地址存取的，因此不便于顺序查找。

9.5 本章小结

查找是数据处理中经常使用的一种运算，是在数据表中找出以给定关键字为特定值的元素。查找长度是描述查找算法时间性能的指标。

本章中介绍了查找表的三类存储表示方法：顺序表、树表和哈希表。这里的顺序表指的是顺序存储结构，包括顺序表、折半和索引顺序表，主要用于表示静态查找表；树表讲述二叉查找树，树表和哈希表主要用于表示动态查找表。

静态查找只对数据元素及其属性进行查找操作，不进行插入、删除。静态查找一般是将数据元素组织为一个线性表，根据元素间是否有递增(或递减)关系，有三种相应的查找方法：顺序表查找、折半查找和索引顺序查找。动态查找是在查找不成功时，将该数据元素插入到查找表或将已存在的某个数据元素从查找表中删除。动态查找介绍了二叉排序树，二叉排序树是特殊的二叉树，其中每个结点的值大于其左子树中所有结点的值，小于其右子树中所有结点的值。在二叉排序树中查找元素就是根据其大小关系进行的。构造二叉排序树是通过逐个插入元素来进行的；哈希表是通过哈希函数计算出元素在表中的地址。由于有冲突出现，故需要选择好的哈希函数以减少冲突，另一方面，需要妥善处理冲突。开放地址法和链地址法是两种常用的处理冲突的方法。

9.6 上机实训

9.6.1 实训目的

(1) 掌握顺序表上查找的实现及监视哨的作用；

(2) 掌握折半查找所需的条件、折半查找的过程和实现方法；

(3) 掌握二叉排序树的创建过程，掌握二叉排序树查找过程的实现；

(4) 掌握哈希表的基本概念，熟悉哈希函数的选择方法，掌握使用线性探测法和链地址法进行冲突解决的方法。

9.6.2 实训例题

通过几个具体算法程序，进一步加深对各种查找方法的掌握，以及对实际应用中问题解决的方法的掌握。

1. 顺序查找

【问题描述】

首先创建一个顺序表，从键盘上任意输入一个值，在顺序表中进行查找。

【算法描述】

顺序查找是一种简单的查找方法。本实验中，首先调用创建顺序表函数建立顺序表，再调用查找函数，在顺序表中查找关键字等于给定值的结点的位置，查找成功时，显示查找成功的标志并返回该键值，查找不成功时，显示查找不成功的标志。

【C 语言源程序】

```
/* 本程序用于实现从键盘上输入一个数据序列生成一个顺序表，然后任意输入一个值，并在顺序表中进行查找 */
#include <stdio.h>
#define MAX 100
#define keytype int
typedef struct
  { keytype key;
  }elemtype;
typedef struct
  { elemtype elem[MAX+1];
    int length;
  }SStable;
main()                                  /* 主函数 */
   { SStable *list;                     /* 定义顺序表 list */
     keytype key;
     int i;
     clrscr();
     printf("please input the length of the list:");
     scanf("%d",&list->length);
     create_seq(list);
     for (i=0;i<list->length;i++)
       printf("list.elem[%d].key=%d\n",i+1,list->elem[i].key);
     printf("the search key is:");
     scanf("%d",&key);
     seq_search(list,key);
   }
int create_seq(SStable *list)           /* 创建顺序表 list 的函数 */
  { int i;
    printf("Please input records keys:\n");
    for(i=0;i<list->length;i++)
     { printf("list.elem[%d].key=",i+1);
       scanf("%d",&list->elem[i].key);
```

```
    }
  }
 int seq_search(SStable *list,keytype k)  /* 在顺序表中查找给定值k */
  { int i=0,flag=0;
   while(i<list->length)
     { if (list->elem[i].key==k)
        { printf("The key is found.\n");
          flag=1;
          printf("list.elem[%d].key=%d\n",i+1,k);
         }
       i++;
      }
    if (flag==0)
     printf("Number %d is no found!\n",k);
   return(flag);
  }
```

2. 折半查找

【问题描述】

在本实验中，任意输入一组数据作为各数据元素的键值，首先将此序列进行排序，然后在该有序表上使用折半查找算法进行对给定值 key 的查找。

【算法描述】

折半查找的效率比顺序查找高，但是折半查找要求查找表是有序表。本实验中，首先调用创建顺序表函数建立顺序表，再调用排序函数进行排序(用冒泡法进行)，待排序后，方可调用查找函数在此有序表上进行折半查找。

【C 语言源程序】

```
#include <stdio.h>
#define MAX 100
typedef struct
  { int elem[MAX+1];
    int length;
  }Stable;
main()                          /* 主函数 */
  { Stable *list;
    int key;
    clrscr();
    printf("please input the length of the list:");
    scanf("%d",&list->length);
    create_seq(list);           /* 创建顺序表，同上一题函数 */
    sort_seq(list,length);      /* 排序后生成有序表 */
    printf("\nthe search key is:");
    scanf("%d",&key);
    bin_search(list,key,1,list->length);
  }
int creat_seq(Stable *list)
  { int i;
    printf("Please input records keys:\n");
```

```
    for (i=1;i<=list->length;i++)
      { printf("list[%d]=",i);
       scanf("%d",&list->elem[i]);
      }
  }
int sort_seq(Stable *list)
/* 本函数用于对顺序表进行排序，生成有序表，排序方法选用冒泡法 */
  {int i,j,flag;
   for(i=1;i<list->length;i++)
     { flag=0;
       for(j=1;j<list->length-i+1;j++)
         if(list->elem[j]>list->elem[j+1])
           { list->elem[0]=list->elem[j+1];    /* list->elem[0]作中间变量 */
             list->elem[j+1]=list->elem[j];
             list->elem[j]=list->elem[0];
             flag=1;
           }
         if (flag==0)
           { for (i=1;i<=list->length;i++)
               printf("%4d",list->elem[i]);
             printf("\n");
             return;
           }
     }
  }
 int bin_search(Stable *list[],int k,int low,int high)
  /* 本函数是进行折半查找的递归函数 */
  { int mid;
    if (low>high)
      { printf("Number %d is not found.\n",k);
        return(0);
      }
    mid=(low+high)/2;
    if(list->elem[mid]==k)
      { printf("The key is found.\n");
        printf("list[%d]=%d\n",mid,k);
        return(mid);
      }
    else
      if(list->elem[mid]<k)
        return(bin_search(list,k,mid+1,high));
      else
        return(bin_search(list,k,low,mid-1));
  }
```

【思考题】

上述源程序是在输入数据完成后进行排序的，若在输入时就能进行排序的话，那么该程序应如何修改？

3. 二叉排序树查找

【问题描述】

任意输入一组数据作为二叉排序树中结点的键值，首先创建一棵二叉排序树，然后在此二叉排序树上实现对给定值 k 的查找过程。

【算法描述】

由于二叉排序树的性质，对于二叉排序树的创建过程，首先创建根结点，然后根据键值关系进行左、右子树的创建；二叉排序树创建完成后，即可在该二叉排序树进行查找操作。本实验中，首先调用创建二叉排序树函数建立二叉排序树，再调用查找函数在建立二叉排序树中查找是否存在给定值 k 的树结点，最后，按照中序遍历二叉排序树，输出键值序列。

【C 语言源程序】

```
#include <stdio.h>
typedef struct bitnode    /* 定义二叉排序树结点类型 */
  { int key;
    struct bitnode *lchild;
    struct bitnode *rchild;
   }bnode;
void ins_bitree(bnode *p, int k)
/* 本函数用以实现将输入的值 k 作为结点的键值，将该结点插入二叉排序树中 */
  { bnode *q;
    if(p->k>k && p->lchild)
      ins_bitree(p->lchild,k);
    else
      if(p->k<=k && p->rchild)
        ins_bitree(p->rchild,k);
      else
        { q=(bnode *)malloc(sizeof(bnode));
          q->k=k;
          q->lchild=NULL;
          q->rchild=NULL;
          if (p->k>k)
            p->lchild=q;
          else
            p->rchild=q;
            }
    }
void bit_search(bnode *p,int k)
/* 本函数实现在二叉排序树中查找给定值 k */
   { if(p->k>k) && p->lchild}
      bit_search(p->lchild,k);
     else
       if (p->k<k && p->rchild)
         bit_search(p->rchild,k);
       else
         if(p->k==k)
           printf("Search success!\n");
```

```
      else
        printf("The %d is not exist!\n");
  }
void preorder(bnode *p)
/* 本函数实现中序遍历二叉排序树，输出键值序列 */
  { if(p)
     { preorder(p->lchild);
       printf("%4d", p->k);
       preorder(p->rchild);
      }
  }
main()
  { int k;
    bnode *p;
    clrscr();
    p=NULL;
/* 生成二叉排序树的根结点 */
    printf("Please input the bitree node key:\n");
    scanf("%d",&k);
    p=(bnode *)malloc(sizeof(bnode));
    p->k=k;
    p->lchild=NULL;
    p->rchild=NULL;
    /* 按照输入的次序将二叉排序树的结点依次插入，当 k=0 结束输入 */
    scanf("%d",&k);
    while (k>0)
     { ins_bitree(p,k);          /* 以 k 值作为结点键值插入二叉排序树 */
       scanf("%d",&k);}
       printf("\n");
       preorder(p);              /* 中序遍历二叉排序树 */
       printf("\nPlease input the search key:");
       scanf("%d",&k);           /* 输入待查找的给定值 */
       bitree_search(p,k);       /* 二叉排序树上的查找 */
     }
```

【思考题】

试给出在一棵二叉排序树中删除某一结点的程序。

4. 哈希表查找

【问题描述】

任意输入一组数值作为各元素的键值，哈希函数为 Hash(key)=key % 11，用线性探测再散列法解决冲突问题。

【算法描述】

由于哈希函数 Hash(key)=key % 11 已确定，故实现哈希表查找的核心是建立哈希表，而建立哈希表的关键又是冲突的解决方法，本例源程序中使用线性探测法解决冲突。

对于如下的源程序，假设输入的键值序列为{17　9　23　6　5　20　31}，则创建的哈希表为

	23	31			5	17	6		9	20
0	1	2	3	4	5	6	7	8	9	10

若输入待查找的给定值为 31，则结果显示为如图 9.14 所示。

```
hash[2]=31 the search is success!
```

若输入的给定值在哈希表中不存在，则结果显示为

```
the search is error!
```

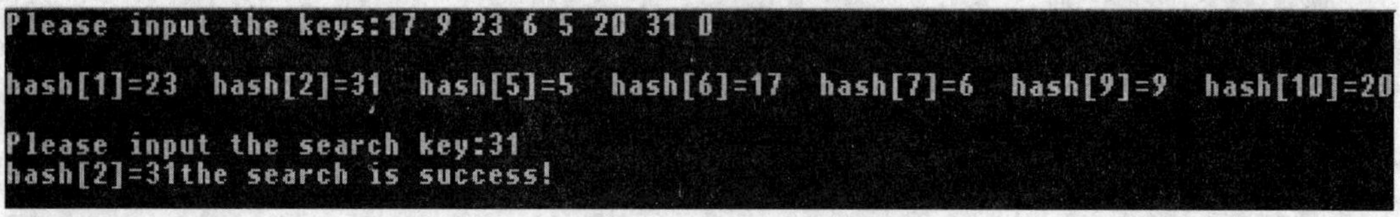

图 9.14　源程序运行结果示意图

【C 语言源程序】

```
#include <stdio.h>
#define MAX 11                              /* 确定哈希表大小 */
void ins_hash(int hash[],int key)
                                            /* 本函数实现将值 key 存入哈希表的相应位置中 */
  { int k,k1,k2;
    k=key%MAX;
    if(hash[k]==0)
      { hash[k]=key;
        return;
      }
     else
      { k1=k+1;
        while(k1<MAX && hash[k1]!=0)
          k1++;
        if(k1<MAX)
          { hash[k1]=key;
            return;
          }
        k2=k-1;
        while(k2<k-1 && hash[k2]!=0)
            k2++;
        if(k2>k-1)
          { hash[k2]=key;
            return;
          }
      }
  }
 void out_hash(int hash[])
/* 本函数实现输出哈希表 */
 { int i;
    for(i=0;i<MAX;i++)
```

```
      if(hash[i])
        printf("hash[%d]=%d  ",i,hash[i]);
  }
void hash_search(int hash[],int key)
/* 本函数实现在哈希表上查找给定值 key */
    { int k,k1,k2,flag=0;
      k=key%MAX;
      if(hash[k]==key)
        { printf("hash[%d]=%d",k,key);
          flag=1;
        }
      else
        { k1=k+1;
          while(k1<MAX && hash[k1]!=key)
            k1++;
          if (k1<MAX)
            { printf("hash[%d]=%d",k1,key);
              flag=1;
            }
           k2=1;
           if (!flag)
             while(k2<k-1 && hash[k2]!=key)
               k2++;
             if(k2<k-1)
              {printf("hash[%d]=%d",k2,key);
               flag=1;
              }
             if(flag)
               { printf("The search is success!\n");
                 return;
               }
              else
                {peintf("The search is error!\n");
                 return;
                }
          }
    }
 main()                              /* 主函数 */
   {int i,key,k,sum=0;
    int hash[MAX];
    clrscr();
    for(i=0;i<MAX;i++)
      hash[i]=0;                     /* 初始化哈希表 */
    printf("Please input the keys:");
    scanf("%d",&key);
    sum++;
    while(key && sum<MAX)            /* 依次输入键值，创建哈希表，当 key=0 结束 */
     { ins_hash(hash,key);
       scanf("%d",&key);
       sum++;
     }
```

```
    printf("\n");
    out_hash(hash);                    /* 输出哈希表中的元素 */
    printf("\n");
    printf("Please input the search key:");
    scanf("%d",&k);
    hash_search(hash,k);               /* 在哈希表中查找给定值 k */
}
```

【思考题】

编制程序，使用链地址法解决冲突，实现哈希表上的查找。

9.7　习题与上机操作

1. 选择题

(1) 顺序查找法适合于存储结构为________的线性表。

A. 哈希存储　　B. 顺序存储或链接存储

C. 压缩存储　　D. 索引存储

(2) 线性表进行折半查找时，要求线性表必须________。

A. 以顺序方式存储

B. 以链接方式存储

C. 以顺序方式存储，且结点按关键字有序排序

D. 以链接方式存储，且结点按关键字有序排序

(3) 采用顺序查找方法查找长度为 n 的线性表时，每个元素的平均查找长度为________。

A. n　　B. n/2　　C. (n+1)/2　　D. (n−1)/2

(4) 采用折半查找方法查找长度为 n 的线性表时，每个元素的平均查找长度为________。

A. O(n*n)　　B. $O(n\log_2 n)$　　C. O(n)　　D. $s(\log_2 n)$

(5) 哈希函数有一个共同的性质，即函数值应当以________取其值域的每个值。

A. 最大概率　　B. 最小概率　　C. 平均概率　　D. 同等概率

(6) 有序表{1,3,7,13,35,44,46,56,67,76,82,95,99}，当折半查找值为 82 的结点时，________次比较后查找成功。

A. 1　　B. 2　　C. 4　　D. 8

(7) 在哈希表查找中，平均查找长度主要与________有关。

A. 装填因子　　B. 哈希表长度　　C. 哈希元素个数　　D. 处理冲突方法

(8) 索引顺序查找的时间效率________。

A. 低于折半查找　　B. 高于顺序表查找而低于折半查找

C. 高于顺序表查找　　D. 低于顺序表查找而高于折半查找

(9) 有数据{53,30,37,12,45,24,96}，从空二叉树开始逐个插入数据来形成二叉排序树，若希望高度最小，则应该选择下面哪个序列插入________。

A. 45，24，53，12，37，96，30　　B. 37，24，12，30，53，45，96

C. 12，24，30，37，45，53，96　　D. 30，24，12，37，45，96，53

(10) 设哈希表长 m＝14，哈希函数 Hash(key)=key % 11，表中已有 4 个结点：

addr(15)=4，addr(38)=5，addr(61)=6，addr(81)=7

如果用平方探测再散列法处理冲突，关键字为 49 的结点的地址是________。

A. 8　　B. 3　　C. 5　　D. 9

2. 填空题

(1) 在各种查找方法中，平均查找长度与结点个数 n 无关的查找方法是________。

(2) 长度为 255 的表,采用索引顺序表查找，则每块的最佳长度是________。

(3) 在 n 个结点的有序表中，进行折半查找，最大的比较次数为________。

(4) 二叉查找树的查找长度不仅与_____有关，也和二叉查找树的________有关。

(5) 在哈希存储中，装填因子的值越大，则存取元素时发生冲突的可能性就________，当装填因子的值越小，则存取元素时发生冲突的可能性就________。

(6) 顺序表查找的平均查找长度为________，折半查找的平均查找长度为________，索引顺序查找(以顺序查找确定块)的平均查找长度为________。

(7) 折半查找的存储结构仅限于________，且是________。

(8) 对于二叉排序树的查找，若根结点元素的值小于被查元素的值，则应该在二叉排序树的________上继续查找。

(9) 在哈希函数 Hash(key)=key % p 中，p 应取________。

(10) 顺序查找 n 个元素的顺序表，若查找成功，则比较关键字的次数最多为________次，当使用监视哨时，查找比较关键字的次数为________次。

3. 应用题

(1) 设线性表中结点是按关键字的升序存放。试写一个简单顺序查找算法，要求将监视哨设在高下标端。然后，分别求出在等概率情况下，查找成功和不成功时的平均查找长度。

(2) 对有序数据表(5,7,9,12,15,18,20,22,25,30,100)，按折半查找方法模拟查找元素 12 和 28，并分别画出其搜索过程。

(3) 有一组关键字为｛7,5,8,16,12,18,14,6,4,10,9,13,15,17,20｝，为使查找速度最快，需要构造最佳二叉排序树(平均查找长度最小)，试画出该二叉排序树，并说明其基本思想。

(4) 设计算法，在二叉排序树 TP 中删除关键字为 kx 的结点，并释放结点空间。

(5) 已知哈希表地址区间为[0…18]，哈希函数为 Hash(key)=key % 13，对于关键字序列{19,1,49,23,14,55,20,84,27,68,11,10,77}，采用开放定址法的平方探测再散列法处理冲突，构造哈希表。

4. 操作题

(1) 设计在二叉排序树中删除一个结点的算法。要求删除结点后的二叉树仍然有序。

编程提示：

设要删除结点由指针 p 指示，其双亲结点由 f 指示，并假设被删除结点是其双亲结点的右孩子。

(2) 设计一个用“开放定址法”解决冲突的哈希表上删除一个指定关键字的算法。

编程提示：

```
设哈希函数为Hash(key)=key % n
```

开放定址法的线性探测再散列法探测公式为

$$d_0=Hash(key)$$
$$d_i=(d_{i-1}+1)\ \%\ n\quad (0\leqslant i\leqslant n-1)$$

对于要删除的关键字 key，先求出所在的位置，将该位置赋值 NULL，然后将后面关联的关键字前移。

第 10 章　排　　序

教学提示：排序在计算机科学中占有相当的地位，不仅由于它有着广阔的应用前景，其本身也具有理论研究意义。本章主要介绍五类内部排序方法的基本思想、排序过程、算法实现、时间和空间性能的分析以及各种排序方法的比较和选择等，并简单介绍了外部排序等内容。

教学要求：

(1) 能深刻理解各类内部排序方法和特点。

(2) 重点掌握快速排序、堆排序、归并排序和基数排序的基本思想及排序过程。

(3) 掌握各种内部排序算法的实现及时空性能分析。

(4) 掌握各种内部排序方法的比较和选择。

10.1 基 本 概 念

10.1.1　概述

排序，用一个比较通俗的说法就是排队。可以理解为按规定的次序重新安排给定的一组对象。在生活中，都知道排队意味着使之有一定的顺序，也明白有序以后的对象在查找起来比杂乱无章的对象更为容易。也就是说排序的目的是便于以后在已经排好的对象集合中查找或检索某一成员。

日常生活中通过排序以便于检索的例子真是屡见不鲜。就以非常熟悉的电话号码本来举例说明。为了便于以后的查找，会更倾向于买按照英文字母排序好的，有相应标志的电话号码本。当在写入电话号码的时侯就会自动的按姓氏拼音写入到相应的某个英文字母这一序列中去。比如，要把“张三”这个人的电话号码写下来的时侯，根据“张“的拼音是 Z 开头，在电话号码本中就会先找到 Z 为开头标志的那些页去写。这样，以后要是查找“张三”这个人的电话号码时，就可以直接到 Z 为开头标志的那些页去查找，大大缩小了查找的范围，从而能够节省检索的时间，提高了检索速度。

除此之外，生活中还有许多比如图书馆管理、仓库的管理、一本书目录表等，这些一切需要对所存储对象进行检索的地方都需要先将对象进行排序处理。

其实不光是生活中对排序的需要，在计算机系统中，对于大量的数据处理工作，排序也是其最基本的运算之一。另外，在系统软件和应用软件的开发设计过程中，都会不可避免地遇到排序问题。在数据库和知识库管理系统中，排序的应用就更是广泛了。在现今的高级计算机体系结构中，花费在排序上的时间占系统 CPU 运行时间的比重相当大。为此有人针对这个，做了一个统计，发现在一些商用的计算机系统中，花费在排序上的时间占系统 CPU 运行时间的 15%，甚至高的可以达到 75%。因此，排序在计算机科学中占有相当重要的地位，不仅仅是因为它具有广阔的应用前景，还因为在已知的各种著名算法中，排序本身也表明它是值得深入研究和认真剖析的有趣的课题。因此了解排序的基本概念和掌握各种排序的基本方法是每一个计算机工作者的重要课题之一。但因篇幅有限，不能对排序作深入的，理论上的研究，仅对几种常用的排序方法作一个简单的介绍。

为了便于以后的讨论，先给出排序的相关概念。

10.1.2　基本术语

1. 排序

有 n 个记录的序列$\{R_1,R_2,\cdots,R_n\}$，其相应关键词的序列是$\{K_1,K_2,\cdots,K_n\}$，相应的下标序列为 1,2,…,n。通过排序，要求找出当前下标序列 1,2,…,n 的一种排列 $p_1,p_2,\cdots,p_n$，使得相应关键词满足如下的非递减(或非递增)关系，即 $K_{p1}\leqslant Kp_2\leqslant\cdots\leqslant Kp_n$，这样就得到一个按关键词有序的记录序列：$\{R_{p1}, R_{p2}, \cdots, R_{pn}\}$。

2. 内部排序与外部排序

根据排序时资料所占用内存的不同，可将排序分为两类。一类是整个排序过程完全在内存中进行，称为内部排序；另一类是由于待排序记录资料量太大，内存无法容纳全部资料，排序需要借助外部存储设备才能完成，称为外部排序。

3. 稳定排序与不稳定排序

上面所说的关键词 K_i 可以是记录 R_i 的主关键词，也可以是次关键词，甚至可以是记录中若干数据项的组合。若 K_i 是主关键词，则任何一个无序的记录序列经排序后得到的有序序列是唯一的；若 K_i 是次关键词或是记录中若干数据项的组合，得到的排序结果将是不唯一的，因为待排序记录的序列中存在两个或两个以上关键词相等的记录。

假设 $K_i=K_j(1\leqslant i\leqslant n,1\leqslant j\leqslant n,i\neq j)$，若在排序前的序列中 R_i 领先于 R_j(即 $i<j$)，经过排序后得到的序列中 R_i 仍领先于 R_j，则称所用的排序方法是稳定的；反之，当相同关键词的领先关系在排序过程中发生变化者，则称所用的排序方法是不稳定的。

无论是稳定的还是不稳定的排序方法，均能排好序。在应用排序的某些场合，如选举和比赛等，对排序的稳定性是有特殊要求的。

证明一种排序方法是稳定的，要从算法本身的步骤中加以证明。证明排序方法是不稳定的，只需给出一个反例说明。

在排序过程中，一般进行两种基本操作：

(1) 比较两个关键词的大小；

(2) 将记录从一个位置移动到另一个位置。

其中操作(1)对于大多数排序方法来说是必要的，而操作(2)则可以通过采用适当的存储方式予以避免。对于待排序的记录序列，有三种常见的存储表示方法。

(1) 向量结构。即将待排序的记录存放在一组地址连续的存储单元中。由于这种存储方式中，记录之间的次序关系由其存储位置来决定，所以排序过程中一定要移动记录才行。

(2) 链表结构。采用链表结构时，记录之间逻辑上的相邻性是靠指针来维持的，这样在排序时，就不用移动记录元素，而只需要修改指针。这种排序方式被称为链表排序。

(3) 记录向量与地址向量结合。即将待排序记录存放在一组地址连续的存储单元中，同时另设一个指示各个记录位置的地址向量。这样在排序过程中不移动记录本身，而修改地址向量中记录的地址，排序结束后，再按照地址向量中的值调整记录的存储位置。这种排序方式被称为地址排序。

本章主要讨论在向量结构上各种排序方法的实现。为了讨论方便，假设待排记录的关键词均为整数，均从数组中下标为 1 的位置开始存储，下标为 0 的位置存储监视哨，或空闲不用。在没有特别说明时，本章以下的各种排序方法中，假定待排序的数据存放在如下定义的存储结构上：

```
typedef int KeyType;
typedef struct
  { KeyType key;
 OtherType other_data;  /* 类型、数据 */
  } RecordType;          /* 定义为一个record型数组类型 */
```

10.2 插 入 排 序

插入排序的基本思想是：在一个已排好序的记录子集的基础上，一步一步将下一个待排序的记录有序插入到已排好序的记录子集中，直到将所有待排记录全部插入为止。也就是说不断地将待排序的数值插入到有序段中，使有序段逐渐扩大，直至所有数值都进入有序段中位置。

打扑克牌时的抓牌就是插入排序一个很好的例子，每抓一张牌，插入到合适位置，直到抓完牌为止，即可得到一个有序序列。

10.2.1 直接插入排序

直接插入排序是一种比较简单的排序方法。它的基本思想是依次将记录序列中的每一个记录插入到有序段中，使有序段的长度不断地扩大。

其具体的排序过程可以描述如下：首先将待排序记录序列中的第一个记录作为一个有序段，将记录序列中的第二个记录插入到上述有序段中形成由两个记录组成的有序段，再将记录序列中的第三个记录插入到这个有序段中，形成由三个记录组成的有序段，…依次类推，每一趟都是将一个记录插入到前面的有序段中，假设当前欲处理第 i 个记录，则应该将这个记录插入到由前 i-1 个记录组成的有序段中，从而形成一个由 i 个记录组成的按关键字值排列的有序序列，直到所有记录都插入到有序段中。一共需要经过 n-1 趟就可以将初始序列的 n 个记录重新排列成按关键字值大小排列的有序序列。

【例 10.1】 设一组关键码为{48,62,35,77,55,14,35,98}，按递增顺序进行排序，基本过程如图 10.1 所示(图中大括号内为当前已排好序的记录子集合)。

假设待排序记录存放在 r[1…n]之中，为了提高效率，附设一个监视哨 r[0]，使得 r[0]始终存放待插入的记录。监视哨的作用有两个：一是备份待插入的记录，以便前面关键词较大的记录后移；二是防止越界。具体算法描述如下：

	{48}	62	35	77	55	14	35	98
第 1 趟	{48	62}	35	77	55	14	35	98
第 2 趟	{35	48	62}	77	55	14	35	98
第 3 趟	{35	48	62	77}	55	14	35	98
第 4 趟	{35	48	55	62	77}	14	35	98
第 5 趟	{14	35	48	55	62	77}	35	98
第 6 趟	{14	35	35	48	55	62	77}	98
第 7 趟	{14	35	35	48	55	62	77	98}

图 10.1　直接插入排序示例

【算法 10.1】 直接插入排序的算法描述。

```
void InsSort(RecordType  r[],int length)  /* 对记录数组 r 做直接插入排序，length 为数组的长度 */
{ for ( i=2 ; i< length ; i++ )
  { r[0]=r[i];   j=i-1;                    /* 将待插入记录存放到监视哨 r[0]中 */
    while (r[0].key< r[j].key )            /* 寻找插入位置 */
      { r[j+1]= r[j];
        j=j-1;
      }
    r[j+1]=r[0];                           /* 将待插入记录插入到已排序的序列中 */
  }
}                                          /* InsSort */
```

【算法要点】

使用监视哨 r[0]临时保存待插入的记录。

(1) 从后往前查找应插入的位置；

(2) 查找与移动用同一循环完成。

【算法分析】

首先从空间角度来看，它只需要一个辅助空间 r[0]。

从时间耗费角度来看，主要时间耗费在关键词比较和移动元素上。

对于一趟插入排序，算法中的 while 循环的次数主要取决于待插记录与前 i-1 个记录的关键词的关系上。

最好情况为(顺序) r[i].key> r[i-1].key，while 循环只执行 1 次，且不移动记录；

最坏情况为(逆序) r[i].key< r[1].key，则 while 循环中关键词比较次数和移动记录的次数为 i-1。

对整个排序过程而言，最好情况是待排序记录本身已按关键词有序排列，此时总的比较次数为 n-1 次，移动记录的次数也达到最小值 2(n-1)(每一次只对待插记录 r[i]移动两次)；

最坏情况是待排序记录按关键词逆序排列，此时总的比较次数达到最大值为，即$\sum_{i=2}^{n} i$，记录移动的次数也达到最大值，即$\sum_{i=2}^{n}(i+1)$。算法执行的时间耗费主要取决于资料的分布情况。若待排序记录是随机的，即待排序记录可能出现的各种排列的概率相同，则可以取上述最小值和最大值的平均值，约为$n^2/4$。因此，直接插入排序的时间复杂度为$T(n)=O(n^2)$，空间复杂度为$S(n)=O(1)$。

说明排序算法的稳定性必须从算法本身加以证明。直接插入排序方法是稳定的排序方法。在直接插入排序算法中，由于待插入元素的比较是从后向前进行的，循环 while (x.key< r[j].key)的判断条件就保证了后面出现的关键词不可能插入到与前面相同的关键词之前。

直接插入排序算法简便，比较适用于待排序记录数目较少且基本有序的情况。当待排记录数目较大时，直接插入排序的性能就不好，为此可以对直接插入排序作进一步的改进。在直接插入排序法的基础上，从减少“比较关键词”和“移动记录”两种操作的次数着手来进行改进。

10.2.2 希尔排序

希尔排序法又称缩小增量排序法，是由希尔(D.L.shell)在 1959 年提出的，是对直接插入排序的一种改进方法。其主要思想是：先选定一个元素的间隔数 d，将整个元素序列按此间隔数从第一个元素开始分成若干子序列，即分别将所有的间隔为 d 的元素为一个子序列，在各个子序列中进行排序；然后减少元素间隔数 d，重新将整个序列按新的 d 分成若干子序列，再分别对各个子序列进行排序；如此下去，直到间隔数 d<1。

希尔排序法的主要特点是：排序的每一趟以不同的间隔数对子序列进行排序，当 d 很大时，被移动的元素是跳跃式进行的；当 d=1 时，序列几乎已经按值有序，不需要进行较多的元素移动，就能最终达到排序的目的。

希尔排序算法通过多重循环来实现，外循环是以各种不同的 d 值对序列进行排序，直到 d=1 为止；第二层循环是在某一个 d 值下对各个子序列进行排序，若在某个 d 值下有元素交换的动作，则该循环还要继续下去，直到各子序列中均无元素交换位置的动作为止，这说明各子序列已经排序好。为了控制这一点，算法中设置一个标志 flag,有

flag=1，说明对某子序列排序时有元素交换的动作；

flag=0，说明对各子序列排序时无元素交换的动作。

每一趟排序开始之前，令 flag=0。内层循环实现对自序列的排序。

另外，对间隔数 d 的取法也很多，通常的取法可以是

$$\begin{aligned} d_1 &= \lfloor n/2 \rfloor \\ d_i &= \lfloor d_{i-1}/2 \rfloor \end{aligned} \quad (i=2,3,4,\cdots)$$

式中，n 为序列中元素的总个数。

下面先看一个例子(表 10-1)，然后给出相应的希尔排序算法。

表 10-1　一个元素序列的希尔排序过程

趟　序	间　隔	排序结果							
初始		49	38	65	97	76	13	27	49
1	d=4	49	13	27	49`	76	38	65	97
2	d=2	27	13	49	38	65	49`	76	97
3	d=1	13	27	38	49	49`	65	76	97

若不设置监视哨，根据上例的分析不难写出希尔排序算法，请读者自行完成之。下面先分析如何设置监视哨，然后给出具体算法。设某一趟希尔排序的增量为 h，则整个文件被分成 h 组：$(R_1,R_{h+1},R_{2h+1},\cdots)$，$(R_2,R_{h+2},R_{2h+2},\cdots)$，$\cdots(R_h,R_{2h},R_{3h},\cdots)$，因为各组中记录之间的距离均为是 h，故第 1 组至第 h 组的哨兵位置依次为 1-h，2-h，…，0。如果像直接插入排序算法那样，将待插入记录 Ri(h+1≤i≤N)在查找插入位置之前保存到监视哨中，那么必须先计 Ri 属于哪一组，才能决定使用哪个监视哨来保存 R_i。为了避免这种计算，可以将 R_i 保存到另一个辅助记录 X 中，而将所有监视哨 R_{1-h}，R_{2-h}，…，R_0 的关键词，设置为小于文件中的任何关键词即可。因为增量是变化的，所以，各趟排序中所需的监视哨数目也不相同，但是可以按最大增量 d_1 来设置监视哨。下面给出具体的算法：

【算法 10.2】 希尔排序的算法描述。

```
Record Type R[n+d1];                    /* R[d1-1]为 d1 个监视哨 */
int d[t];                               /* d[0]到 d[t-1]为增量序列 */
SHELLSORT(R,d)
Record Type R[ ];
int d[ ];
{ int i, j, k, h;
  Record Type temp;
  int maxint=32767;                     /* 机器中最大整数 */
  for (i=0; i<d[0]; i++)
    R[i].key=-maxint;                   /* 设置哨兵 */
  k=0;
  Do{
      h=d[k];                           /* 取本趟增量 */
      for(i=h+di; i<n+d1; i++)          /* R[h+d1]到 R[n+d1-1]插入当前有序区 */
         {temp=R[i]};                   /* 保存待插入记录 R[i] */
          j=i-h;
           while(temp.key<R[j].key)     /* 查找正确的插入位置 */
           {R[j+h]=R[j]};               /* 后移记录 */
            j=j-h;                      /* 得到前一记录位置 */
            }
            R[j+h]=temp;                /* 插入 R[i] */
         }                              /* 本趟排序完成 */
       k++;
    } while (h! =1);                    /* 增量为 1 排序后终止算法 */
  }                                     /* SHELLSORT */
```

对希尔排序的分析提出了许多困难的数学问题，特别是如何选择增量序列才能产生最好的排序效果，至今没有得到解决。希尔本人最初提出取 $d_1=\lfloor n/2 \rfloor$，$d_{i+1}=\lfloor d_{i/2} \rfloor$，$d_t=1$，$t=\lfloor \log_2 n \rfloor$。后来又有人提出其他选择增量序列的方法，如 $d_{i+1}=\lfloor (d_{i-1})/3 \rfloor$，$d_t=1$，$t=\lfloor \log_3 n-1 \rfloor$；以及 $d_{i+1}=\lfloor (d_{i-1})/2 \rfloor$，$d_t=1$，$t=\lfloor \log_2 n-1 \rfloor$。

【算法分析】

为什么希尔排序的时间性能优于直接插入排序呢？直接插入排序在文件初态为正序时所需要时间最少，实际上，当文件初态基本有序时直接插入排序所需的比较和移动次数均较少。另一面，当 n 值较小时，n 和 n^2 的差别也较小，即直接插入排序的最好时间复杂度 O(n)和最坏时间复杂度 $O(n^2)$差别不大。在希尔排序时增量较大，分组较多，每组的记录数目少，故各组内直接插入较快，后来增量 d_i 逐渐缩小，分组数逐渐减少，而各组的记录数目逐渐增多，但由于已经按 d_{i-1} 作为距离排过序，使文件较近于有序状态，所以新的一趟排序过程也较快。因此，希尔排序在效率上较直接插入排序有较大的改进。希尔排序是不稳定的。

10.3 交 换 排 序

基于交换的排序法是一类通过交换逆序元素进行排序的方法。在本节中，首先介绍基于简单交换思想实现的冒泡排序排序法，在此基础上给出了改进方法——快速排序法。

10.3.1 冒泡排序

冒泡排序是一种简单的交换类排序方法，它是通过相邻的数据元素的交换，逐步将待排序序列变成有序序列的过程。冒泡排序的基本思想是：从头扫描待排序记录序列，在扫描的过程中顺次比较相邻的两个元素的大小。

以升序为例，在第一趟排序中，对 n 个记录进行如下操作：若相邻的两个记录的关键词比较，逆序时就交换位置。在扫描的过程中，不断地将相邻两个记录中关键词大的记录向后移动，最后将待排序记录序列中的最大关键词记录换到了待排序记录序列的末尾，这也是最大关键词记录应在的位置。然后进行第二趟冒泡排序，对前 n−1 个记录进行同样的操作，其结果是使次大的记录被放在第 n-1 个记录的位置上。即每一趟排序总能定一个元素应在的位置。就像常说的“石沉大海”，最大的数据由如最沉的石头，总是最先沉到海底。在这，第一趟排序就能把最大的数据排到最后的位置了。然后除去这个最大的数据(因为已定好它的位置了)，余下的数据再如此反复，直到排好序为止(若在某一趟冒泡过程中，没有发现一个逆序，则可结束冒泡排序)，所以冒泡过程最多进行 n−1 趟。图 10.2 给出了一个表示第一趟冒泡排序过程的实例。图 10.3 给出了一个完整的冒泡排序全过程。

48	48	48	48	48	48	48	48	48	48
62	62	35	35	35	35	35	35	35	35
35	35	62	62	62	62	62	62	62	62
77	77	77	77	55	55	55	55	55	55
55	55	55	55	77	14	14	14	14	14
14	14	14	14	14	77	35	35	35	35
35	35	35	35	35	35	77	77	77	77
98	98	98	98	98	98	98	98	22	22
22	22	22	22	22	22	22	22	98	40
40	40	40	40	40	40	40	40	40	98

图 10.2　第一趟冒泡排序示例

48	35	35	35	14	14	14
35	48	48	14	35	35	22
62	55	14	35	35	22	35
55	14	35	48	22	35	**35**
14	35	55	22	40	**40**	
35	62	22	40	**48**		
77	22	40	**55**			
22	40	**62**				
40	**77**					
98						

图 10.3　冒泡排序全过程

下面给出具体算法：

【算法 10.3】 冒泡排序的算法描述。

```
void  BubbleSort(RecordType r[], int length )
  /* 对记录数组 r 做冒泡排序，length 为数组的长度 */
  { n=length;   change=TRUE;
    for ( i=1 ; i<= n-1 && change ;++i )
      { change=FALSE;
        for ( j=1 ; j<= n-i ; ++j)
        if (r[j].key> r[j+1].key )
          { x= r[j];
        r[j]= r[j+1];
        r[j+1]= x;
           change=TRUE;
        }
      }
  } /* BubbleSort */
```

【算法分析】

最坏情况下，待排序记录按关键词的逆序进行排列，此时，每一趟冒泡排序需进行 i 次比较，3i 次移动。经过 n-1 趟冒泡排序后，总的比较次数为 $\sum_{i=1}^{n-1} i = n(n-1)/2$，因此该算法的时间复杂度为 $O(n^2)$，空间复杂度为 O(1)。另外，冒泡排序法是一种稳定的排序方法。

10.3.2　快速排序

在 10.3.1 节讨论的冒泡排序中，由于扫描过程中只对相邻的两个元素进行比较，因此在互换两个相邻元素时只能消除一个逆序。如果能通过两个(不相邻的)元素的交换，能够消除待排序记录中的多个逆序，则会大大加快排序的速度。快速排序(Quick Sort)方法就是想通过一次交换而消除多个逆序。

快速排序是由 C.A.R Hoarse 提出并命名的一种排序方法，被认为是对冒泡排序方法的一种改进。在各种排序方法中，这种方法对元素之间比较次数较少。因而速度也就比较快，被认为是目前最好的排序方法之一。

在冒泡排序方法中，元素的比较和交换动作是在相邻两个元素之间进行的，每次交换只能使元素上移或者下移一个位置，导致总的比较与移动的次数增多。在快速排序方法中，元素之间的比较和交换从两端向中间进行，值较大的元素一次就能交换到后面的某一个位置上，而值较小的元素也能一次交换到前面的某个位置上去，元素移动的间距会较大，因此，总的比较和移动的次数会减少。

快速排序是交换排序的一种。它的基本思想是：在要排序的那些 n 个记录中，任意取一个记录(假如就取第一个记录),以这个记录的键值为标准，将所有记录分为两组，使得第一组中各记录的键值均小于或等于该键值，第二组中各记录的键值均大于该键值。然后把该记录就排在这两组的中间(这也是该记录最终的位置)。此称为一趟快速排序(或一次划分)，对所分成的两组分别重负上述方法，直到所有记录都排在适当位置为止。

一趟快速排序的具体做法是：设两个指针 i 和 j，它们的初值分别为 1、n，且把 r[1]送入工作单元 x 中保存(可用 r[0]作为 x)，然后 j 从 n 逐渐减小进行 r[j].key 和 x.key 的比较,直至找到满足 r[j].key<x.key 的记录时将 r[j]移至 r[i]的位置；再令 i 自 i+1(也就是 i 是向右移动的)起逐渐增大进行 r[i].key 和 x.key 的比较，直至找到满足 r[i].key>x.key 的记录时将 r[i]移至 r[j]的位置；之后 j 自 j-1(也就是 j 是向左移动的)起重复上述过程，直至 i=j，此时 i 便是记录 x 所应在的位置。至此，一趟快速排序完成，将文件 r[n+1]分为 r[1],…。R[i-1]和 r[i+1],…,r[n]两部分。具体过程如图 10.4 所示。

初始的时候，i 所指的位置是第一个位置，也就是 49 所在的位置，以这个位置的键值为标准，j 所指的位置是最后记录的位置(也就是 n 所在的位置)。开始时，i 的值与 j 的值相比较，因为值都是 49，所以不移动位置，接下来 j-1，也就是 j 向左移动，看此时的 j 值与 i 值，是否符合排序的要求，此时 j 所指的键值是 27，它比 i 所指的键值 49 小，也即是满足 r[j].key<x.key 所以发生第一次交换，将 r[j]移至 r[i]的位置上。此时再令 i+1，即 i 向右移动到健值 38 的位置,再比较与此时 j 所指的键值 49,因为 38<49,不需做交换。再令 i+1，即 i 又向右移动到健值 65 的位置上，此时再与 j 所指的键值 49 相比，而这时因为 65>49,所以满足 r[i].key>x.key，于是将 r[i]移至 r[j]的位置，发生第二次交换。以此类推，直至找到第一个元素 49 所在的最终位置。至此，一趟快速排序完成。

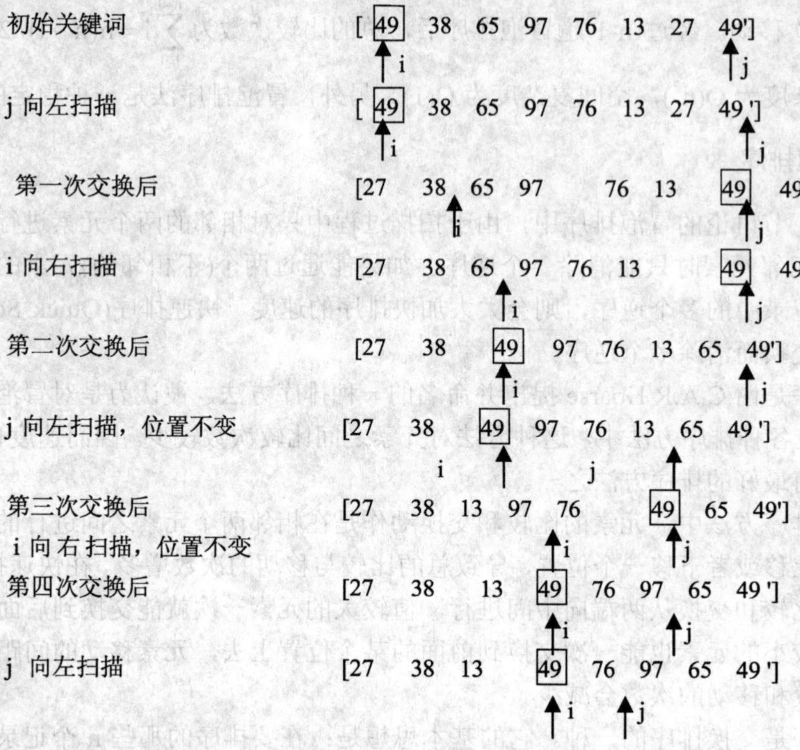

图 10.4　快速排序示例

初始关键词：	[49	38	65	97	76	13	27	49']
一趟排序之后：	[27	38	13]	49	[76	97	65	49']
二趟排序之后：	[13]	27	[38]	49	[49`	65]	76	[97]
三趟排序之后：	13	27	38	49	49`	[65]	76	97
最后的排序结果：	13	27	38	79	79`	65	76	97

注意：算法实现中，键值为 49 的记录在每次“交换”中并不移动它的存储位置；仅在第四次交换之后，即找到它的“正确”位置之后，才移入该位置。

【算法 10.4】下面给出一趟快速排序的算法。

```
void quickpass(list r,int h,int p,int i)
        /* 对 r[h],r[h+1],…,r[p]子序列进行一趟快速排序 */
{
   i=h;j=p;x=r[i];/* 置初值 */
   while(i<j)
    {
       while((r[j].key>=x.key)&&(i<j))
        j--;                              /* 自尾端进行比较 */
       if(i<j)
       {
```

```
          r[i]=r[j];  i++;      /* 将 r[j].key<x.key 的记录移至 i 所指位置 */
          while((r[i].key<=x.key)&&(i<j))
             i++;               /* 自首端进行比较 */
          if(i<j)
            r[j]=r[i];j--;      /* 将 r[i].key>x.key 的记录移至 j 所指位置 */
        }
      }
    r[i]=x;                     /* 一趟快速排序结束，将 x 移至正确位置 */
  }
```

完整的快速排序可写成如下递归算法。

```
void quicksort(list r,int s,int t)  /* 对 r[s],r[s+1],…,r[t]进行快速排序 */
{ if(s<t)
   { quickpass(r,s,t,i);
     quicksort(r,s,i-1);
     quicksort(r,i+1,t);
   }
}
```

图 10.4 展示了一次划分的过程及整个快速排序的过程。图中方括号表示无序区，方框表示作为基准的关键词，它未参加真正的交换，只是在划分完成时才将它放入正确的位置上。

【算法分析】

来分析一下快速排序的时间耗费，共需进行多少趟，取决于递归调用深度。

(1) 快速排序的最好情况是每趟将序列一分两半，正好在表中间，将表分成两个大小相等的子表。同折半查找$[\log_2 n]$总比较次数 $C(n)\leqslant n+2C(n/2)$。

(2) 快速排序的最坏情况是已经排好序，第一趟经过 n−1 次比较，第 1 个记录定在原位置，左部子表为空表，右部子表为 n−1 个记录。第二趟 n−1 个记录经过 n−2 次比较，第 2 个记录定在原位置，左部子表为空表，右部子表为 n−2 个记录，以此类推，共需进行 n−1 趟排序。假设文件长度 n=2k，那么总的比较次数为

$C(n)\leqslant n+2C(n/2)$

$\leqslant n+2[n/2+2C(n/22)]=2n+4C(n/22)$

$\leqslant 2n+4[n/4+2C(n/23)]=3n+8C(n/23)$

$\leqslant\vdots$

$\leqslant kn+2kC(n/2k)=n\log_2 n+nC(1)$

$=O(n\log_2 n)$

注意： 式中 C(1)为一常数：$k=\log_2 n$

因为快速排序的记录移动次数不大于比较的次数，所以，快速排序的最坏时间复杂度应为 $O(n^2)$，最好时间复杂度 $O(\log_2 n)$。为了改善最坏情况下的时间性能，可采用三者取中的规则，即在每一趟划分开始前，首先比较 R[1].key，R[h].key 和 R[[(1+h)/2]].key，令三者中取中值的记录和 R[1]交换之。

可以证明：快速排序的平均时间复杂度也是 $O(n\log_2 n)$，它是目前基于比较的内部排序方法中速度最快的，快速排序亦因此而得名。快速排序需要一个栈空间来实现递归。若每次划分均能将文件均匀分割为两部分，则栈的最大深度为 $[\log_2 n]+1$，所需栈空间为 $O(\log_2 n)$。最坏情况下，递归深度为 n，所需栈空间为 O(n)。即若初始记录序列按关键词有序或基本有序时，快速排序将蜕变为冒泡排序，其时间复杂度为 $O(n^2)$ 快速排序是不稳定的，请读者自行检验。

10.4　选 择 排 序

选择排序的基本思想是：每一趟在 n−i+1(i=1，2，…，n−1)个纪录中选取关键词最小的纪录作为有序序列中第 i 个记录。主要介绍直接选择排序和堆排序。

10.4.1　直接选择排序

设参加排序的序列为 $K=(k_1,k_2,\cdots,k_n)$，选择排序法的主要思想是：每一趟排序从序列的后 n-i+1(i=1,2,…, n-1)个元素中选择一个值最小的元素与该 n−i+1 个元素的最前面那个元素交换位置，即与整个序列的第 i 个位置的元素交换位置。如此下去，直到 i=n−1 时，排序结束。这里的 n-i+1 其实就是在执行第 i 趟排序前序列中还未排好序的元素的个数。

1. 选择法基本思想

一次选定数组 dataStr 中的一个数，依次选择至数组末尾，记下当前位置 i。假设它是从当前位置 i 开始后面数中的最小数(min=i，注意这是假设，因为不知道后面是什么数，故假设当前最小)，从这个数的下一个数(j=i+1，j 保存后面的数的位置)开始扫描，若 j 比 min 小，则将 j 的值赋于 min，(即记录下最小数的位置(min))，直到最后一个数。这样就比较出了对于当前位置 i 的数。扫描结束后如果 min 不等于 i，说明假设错误，则交换 min 与 i 位置上的数。

2. 具体的算法实现

【算法 10.5】 直接选择排序算法的描述。

```
int selectSort()
  { int i,t,j,min;            /* 定义变量 i，j 用来存储 dataType 数的位置；定义变量
                                 t 作为交换用的中间变量；定义 min 记录符合位置 i 的最
                                 小的数的位 */
    for(i=0;i<N-1;i++)        /* 有 N 个数,则需要查找从 0——N-2 位置的数,最后一个 N-1
                                 为仅仅剩下的一个，就不需要排序了 */
    { min=i;                  /* 认为当前 i 为最小的数的位置 */
     for(j=i+1;j<N;j++)       /* 对于从 i 的后面一个 data，直至数组最后一个数，都需
                                 要比较 */
        if(dataStr[j]<dataStr[min])
         min=j;               /* 记录比当前 min 小的数的位置 */
       if(min!=i)
```

```
/* 将找到的最小数 dataStr[min]放到它对应的位置去，如果假设为真，即 min 就是 i，则不
   用交换 */
          { t=dataStr[i];          /* 交换资料 */
            dataStr [i]= dataStr [min];
            dataStr [min]=t;       /* 交换结束 */
          }
      }            /* 对于当前位置 i 的数排序完毕，还剩下 i+1—N-1 下标的数 */
   }               /* 排序结束 */
```

表 10-2 给出了一个序列采用选择排序法的选择排序过程。

表 10-2 一个元素序列的选择排序过程

趟 序	排 序 结 果							
初始	49	38	65	97	76	13	27	49
i=1	13	38	65	97	76	49	27	49
i=2	13	27	65	97	76	49	38	49
i=3	13	27	38	97	76	49	65	49
i=4	13	27	38	49	76	97	65	49
i=5	13	27	38	49	49	97	65	76
i=6	13	27	38	49	49	65	97	76
i=7	13	27	38	49	49	65	76	97

【算法分析】

从算法与实例不难知道，对具有 n 个元素的序列采用选择排序法排序，元素移动的次数比较少，最少为 0 次，最多为 3(n−1)次。但是，无论序列的初始排列状态如何，第 i 趟排序找出的最小值元素需要进行 n−i 次元素间的比较。因此，需要进行比较的总的次数都相同，即 $\sum_{i=1}^{n-1} i = n(n-1)/2$ 次。说明选择排序法所进行的元素间的比较的总的次数与序列的原始状态无关。算法的时间复杂度为 $O(n^2)$选择排序法是一种不稳定排序法；读者只要对序列(49，38，65，97，76，13，27)进行排序就可以得到验证。

当然，为了求得更高的时间效率，选择排序法还可以进行改进。威廉姆斯(J. Williams)在 1964 年提出的另一种形式的选择排序法，这就是接下来要讨论的——堆排序。

10.4.2 堆排序

堆排序(heap sort)是堆积排序的简称，是在选择排序的基础上发展起来的。它比选择排序的效率要高。前面讨论过的几种排序方法(包括本章后面要讨论的排序方法)基本上都分别是一种方法，并未过多地涉及其他概念，但堆积排序方法稍有例外，它除了是一种排序方法，还涉及方法之外的某些概念，如堆积与完全二叉树的概念。

1. 堆排序的定义

堆排序是另一种基于选择的排序方法。下面先介绍一下什么是堆，然后再介绍如何利

用堆进行排序。

堆定义：由 n 个元素组成的序列$\{k_1, k_2, \cdots, k_{n-1}, k_n\}$，当且仅当满足如下关系时，称之为堆。

$$\begin{cases} k_i \leqslant k_{2i} \\ k_i \leqslant k_{2i+1} \end{cases} \quad 或 \quad \begin{cases} k_i \geqslant k_{2i} \\ k_i \geqslant k_{2i+1} \end{cases} \quad 其中\ i=1，2，3，\cdots \lfloor n/2 \rfloor$$

$k_1 \geqslant k_2$　　$k_2 \geqslant k_4$　　$k_3 \geqslant k_6$　　$k_4 \geqslant k_8$

$k_1 \geqslant k_3$　　$k_2 \geqslant k_5$　　$k_3 \geqslant k_7$

即对任意 k_i (i=1,2,3,4)有$\begin{cases} k_i \leqslant k_{2i} \\ k_i \leqslant k_{2i+1} \end{cases}$所以这个序列就是一个堆。

例如序列(47，35，27，26，18，7，13，19)满足：

$k_1=47>k_2=35$　　$k_2=35>k_4=26$　　$k_3=27>k_6=7$　　$k_4=26>k_8=19$

$k_1=47>k_3=27$　　$k_2=35>k_5=18$　　$k_3=27>k_7=13$

所以这个序列就是一个堆。

若将堆看成是一棵以 k_1 为根的完全二叉树，则这棵完全二叉树中的每个非终端结点的值均不大于(或不小于)其左、右孩子结点的值。由此可以看出，若一棵完全二叉树是堆，则根结点一定是这 n 个结点中的最小者或最大者。如图 10.5 和图 10.6 所示，给出两个堆的示例。

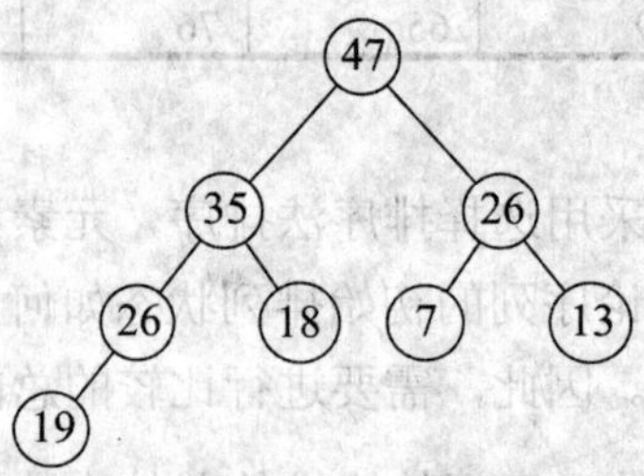

图 10.5　大根堆

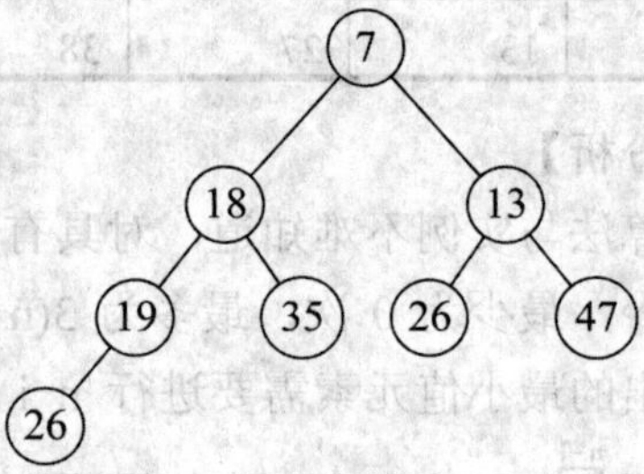

图 10.6　小根堆

在图 10.5 大根堆中，根是这个堆中最大的 47>35，47>26，并且这种规律在所有的堆中都成立，比如在 26，7，13 这三个数构成的堆中情况也是如此。而在图 10.6 小根堆中，根是这个堆中最小的。这里 7 是这个堆中最小的，所以它在顶部。同样，这种规律在所有的堆中都成立，这也称作小顶堆。

下面讨论一下如何利用堆进行排序。

从堆的定义可以看出，若将堆用一棵完全二叉树表示，则根结点是当前堆中所有结点的最小者(或最大者)。

2. 堆排序的基本思想

首先将待排序的记录序列构造一个堆，此时，选出了堆中所有记录的最小者或最大者，然后将它从堆中移走，并将剩余的记录再调整成堆，这样又找出了次小(或次大)的记录，以此类推，直到堆中只有一个记录为止，每个记录出堆的顺序就是一个有序序列。称结点调整到堆顶的调整过程为筛选，现在接下来要讨论它相应的算法。

3. 堆排序中的算法

【算法 10.6】 具体的筛选算法。

```
void adjust(struct node r[m+1],int m)
/* 将文件(r[1],r[2],…,r[m])解释为一棵顺序二叉树,将其中以 r[i]为根结点叉树调整为一
   个堆,设以 r[i]为根的二叉树的左,右子树已是堆,1≤i≤1[m/2] */
{ x=r[i];j=2*i;                              /* 求出 r[i]的左孩子 r[2*i], 即 r[j] */
   while (j<=m)                              /* 有左孩子 */
   { if ((j<m) &&(r[j].key<r[j+1].key))      /* 比较左、右孩子 */
       j=j+1;                                /* 左孩子<右孩子 */
     if (x.key<r[j].key)                     /* 比较根结点和它的大孩子 */
       { r[i]=r[j];                          /* 大孩子上移到它的双亲位置 */
         i=j;                                /* 令 r[j]为根结点 */
         j=2*i;                              /* 求出左孩子 */
       }
     else
       j=m+1                  /* 根不小于它的任一孩子时，强迫退出 while 循环 */
   }
  r[i]:=x;                    /* 将存放在 x 中的根结点放到 r[i]中 */
}
```

注意： 堆排序的关键步骤是如何把一棵顺序二叉树调整为一个堆。初始状态时，结点是随机排列的，需要经过多次调整才能把它转换成一个堆，这个堆叫做初始堆。建成堆之后，交换根结点和堆的最后一个结点的位置，相当于删去了根结点。同时，剩下的结点(除原堆中的根结点)又构成一棵顺序二叉树。这时，根结点的左、右子树显然仍都是一个堆，它们的根结点具有最大值(除上面删去的原堆中的根结点)。把这样一棵左、右子树均是堆的顺序二叉树调整为新堆，是很容易实现的。

下面讨论如何把一棵完全二叉树调整为一个新堆。由于堆的根结点应该是具有最大值的结点，且已知左、右子树是堆，因此，新堆的根结点应该是这棵二叉树的根结点、根结点的左孩子、根结点的右孩子(若存在的话)中最大的那个结点。于是，先找出根结点的左、右孩子，比较它们的大小。将其中较大的孩子再与根结点比较大小。如果这个孩子大于根结点，则将这个孩子上移到根结点的位置，而根结点下沉到这个孩子的位置，即交换它们的位置。

例如已知序列{42,13,24,91,23,16,05,88}，来讨论其建大根堆过程中完全二叉树及其存储结果的变化情况。在图 10.7 中，根结点 42 的左、右孩子分别是 13、91，显然这时是不满足大根堆的，需要做调整。从图 10.7(a)中第四层是 88，它是根为 23 的左孩子，但 88>23，所以交换它们的位置，变为图 10.7(b)。换过之后再看，以此类推，直到整棵完全二叉树的结点都满足大根堆的特点。

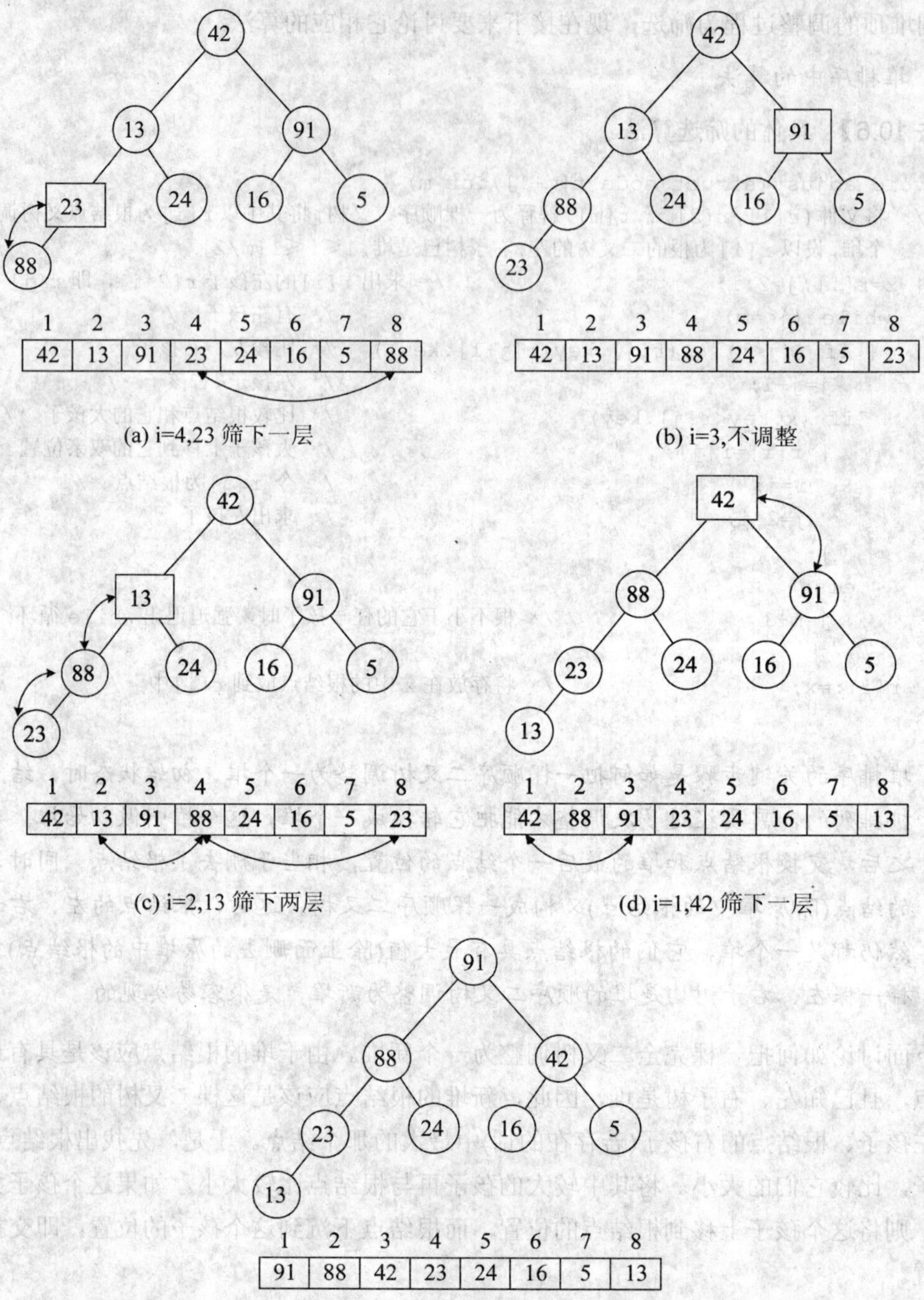

图 10.7　堆排序示例图

【算法 10.7】 堆排序算法的描述。

```
void HeapSort(SeqIAst R)    /* 对 R[1..n]进行堆排序，不妨用 R[0]做缓存单元 */
  { int j;
   BuildHeap(R);            /* 将 R[1-n]建成初始堆 */
```

```
    for(j=n;j>1; j--)          /* 对当前无序区 R[1..j]进行堆排序，共做 n-1 趟 */。
    { R[0]=R[1]; R[1]=R[j];R[j]=R[0];   /* 将堆顶和堆中最后一个记录交换 */
      Heapify(R, 1, j-1);    /* 将 R[1..j1]重新调整为堆，仅有 R[1]可能违反堆性质 */
    }                     /* endfor */
  }                       /* HeapSort */
```

BuildHeap 和 Heapify 函数的实现

因为构造初始堆必须使用到调整堆的操作，先讨论 Heapify 的实现。

1) Heapify 函数思想方法

每趟排序开始前 R[l…j]是以 R[1]为根的堆，在 R[1]与 R[j]交换后，新的无序区 R[1…j-1]中只有 R[1]的值发生了变化，故除 R[1]可能违反堆性质外，其余任何结点为根的子树均是堆。因此，当被调整区间是 R[low…high]时，只需调整以 R[low]为根的树即可。

R[low]的左、右子树(若存在)均已是堆，这两棵子树的根 R[2low]和 R[2low+1]分别是各自子树中关键词最大的结点。若 R[low].key 不小于这两个孩子结点的关键词，则 R[low]未违反堆性质，以 R[low]为根的树已是堆，无须调整；否则必须将 R[low]和它的两个孩子结点中关键词较大者进行交换，即 R[low]与 R[large](R[large].key=max(R[2low].key，R[2low+1].key))交换。交换后又可能使结点 R[large]违反堆性质，同样由于该结点的两棵子树(若存在)仍然是堆，故可重复上述的调整过程，对以 R[large]为根的树进行调整。此过程直至当前被调整的结点已满足堆性质，或者该结点已是叶子结点为止。上述过程就象过筛子一样，把较小的关键词逐层筛下去，而将较大的关键词逐层选上来。因此，有人将此方法称为筛选法。

2) BuildHeap 的实现

要将初始文件 R[l…n]调整为一个大根堆，就必须将它所对应的完全二叉树中以每一结点为根的子树都调整为堆。

显然只有一个结点的树是堆，而在完全二叉树中，所有序号的结点都是叶子结点，因此以这些结点为根的子树均已是堆。这样，只需依次将结点作为根的子树都调整为堆即可。

【算法分析】

堆排序的时间，主要由建立初始堆和反复重建堆这两部分的时间开销构成，它们均是通过调用 Heapify 实现的。堆排序的最坏时间复杂度为 O(nlg n)。堆排序的平均性能较接近于最坏性能。由于建初始堆所需的比较次数较多，所以堆排序不适宜于记录数较少的文件。堆排序是就地排序，辅助空间为 O(1)， 它是不稳定的排序方法。

10.5 归 并 排 序

前面介绍的各种排序方法对待排序列的初始状态都不作任何要求，而归并排序则要求待排序列已经部分有序。部分有序的含义是待排序列由若干个有序的子序列组成。下面来具体地讨论一下这种排序方法。

10.5.1 归并排序的概念

归并排序(merge sort)是利用归并技术来进行排序，所谓归并是指将若干个已排序的子文件合并成一个有序的文件。它的基本思想是：将这些有序的子序列进行合并，从而得到有序的序列。合并是一种常见运算，其方法为比较各子序列的第一个记录的键值，最小的一个就是排序后序列的第一个记录的键值。取出这个记录，继续比较各子序列现在的第一个记录的键值，便可找出排序后的第二记录。如此继续下去，最终可以得到排序结果。因此，归并排序的基础是合并。

10.5.2　二路归并排序

现利用二个有序序列的合并来实现归并排序。这种归并排序称为二路归并排序。二路归并排序的基本思想是：如果序列中有 n 个记录，可以先把它看成 n 个子序列，每个子序列中只包含一个记录，因而都是排好序的。二路归并排序先将每相邻的两个子序列合并，得到[n/2]个较大的有序子序列，每个子序列包含 2 个记录。再将这些子序列两两合并，得到[[n/2]/2]个有序子序列。如此反复，直到最后合并成一个有序序列，排序即告完成。

例如对具有初始输入序列 26，5，77，1，61，11，59，15，48，19 的记录采用归并排序法进行排序。图 10.8 说明序列在每遍扫描时合并的情况。这里 n＝10, h 表示子序列中的个数。最初时可以看成是 10 个子序列，每个子序列中只包含 h=1 的记录。第二趟时把两两相邻的两个子序列合并，(26、5), (77 1), (61、11), (59、15), (48、19)，得到 n/2=5 个子序列，在每个子序列中把小值写前面，大值写在后面即得到图 10.8 的第二趟排序；依次类推，最后便得到一个包含全部 n 个记录的有序文件。下面来看看归并排序的具体算法。

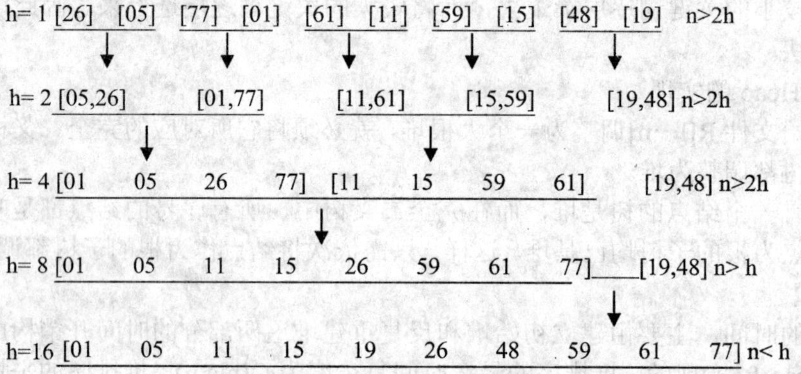

图 10.8　二路归并排序过程示例

10.5.3　归并排序的算法

```
void Merge(SeqList R,int low, int m,int high)
/* 将两个有序的子文件R[low..m]和R[m+1..high]归并成一个有序的子文件R[low..high] */
    { int i=low,j=m+1,p=0;         /* 置初始值 */
    RecType *R1;                   /* R1 是局部向量，若 p 定义为此类型指针速度更快 */
    R1=(ReeType *)malloc((high-low+1)*sizeof(RecType));
    if(! R1)                       /* 申请空间失败 */
      Error("Insufficient memory available!");
    while(i<=m&&j<=high)           /* 两子文件非空时取其小者输出到R1[p]上 */
      R1[p++]=(R[i].key<=R[j].key)?R[i++]: R[j++];
    while(i<=m)                    /* 若第 1 个子文件非空，则复制剩余记录到 R1 中 */
```

```
        R1[p++]=R[i++];
    while(j<=high)          /* 若第2个子文件非空，则复制剩余记录到R1中 */
        R1[p++]=R[j++];
    for(p=0,i=low;i<=high;p++,i++)
      R[i]=R1[p];           /* 归并完成后将结果复制回R[low..high] */
  }                         /* Merge */
```

10.5.4 算法分析

二路归并排序是稳定的，因为在每两个有序序列的归并过程中，若两个按值有序序列中出现有相同的元素，该算法能够使前一个序列中那个相同的元素先被复制，从而确保这两个相同元素的相对次序不发生改变。

该算法的总时间代价为 $O(n\log_2 n)$，执行归并排序需要附加一倍的存储开销。在n较大时，归并排序所需时间较堆排序省，但它所需的辅助存储量最多。

10.6 基数排序

为了保持对排序结构的完整性，再来认识一个特殊的排序——基数排序(radix sort)。基数排序是与前面所讨论各类排序方法完全不相同的一种排序方法。从前几节的讨论可见，实现排序主要是通过关键词间的比较和移动记录这两种操作，而实现基数排序不需要进行记录关键词间的比较。基数排序是一种借助多关键词排序的思想对单逻辑关键词进行排序的方法。首先要了解什么是多关键词排序，然后再具体讨论基数排序的原理及方法。

10.6.1 多关键词排序

假设有n个记录的序列$\{R_1, R_2, \cdots, R_n\}$，每个记录$R_i$中含有d个关键词$(K_i^0, K_i^1, \cdots, K_i^{d-1})$，则称上述记录序列对关键词$(K_i^0, K_i^1, \cdots, K_i^{d-1})$有序。对于序列中任意两个记录$R_i$和$R_j(1 \leqslant i \leqslant j \leqslant n)$都满足有序关系：$(K_i^0, K_i^1, \cdots, K_i^{d-1}) < (K_j^0, K_j^1, \cdots, K_j^{d-1})$其中$K^0$被称为最主位关键词，$K^{d-1}$被称为最次位关键词。实现多关键词排序通常有两种作法：

1. 最高位优先MSD法

先对K^0进行排序，并按K^0的不同值将记录序列分成若干子序列之后，分别对K^1进行排序，…，依次类推，直至最后对最次位关键词排序完成为止。

2. 最低位优先LSD法

先对K^{d-1}进行排序，然后对K^{d-2}进行排序，依次类推，直至对最主位关键词K^0排序完成为止。排序过程中不需要根据前一个关键词的排序结果，将记录序列分割成若干个(前一个关键词不同的)子序列。

例如，学生记录含三个关键词：系别、班号和班内的序列号，其中以系别为最主位关键词。LSD的排序过程如表10-3所示。

表 10-3　多关键词排序过程

无序序列	3,2,30	1,2,15	3,1,20	2,3,18	2,1,20
对 K^2 排序	1,2,15	2,3,18	3,1,20	2,1,20	3,2,30
对 K^1 排序	1,2,15	2,1,20	1,2,15	3,2,30	2,3,18
对 K^0 排序	1,2,15	2,1,20	2,3,18	3,1,20	3,2,30

10.6.2　基数排序

前面介绍的排序方法都是根据关键词值的大小来进行排序的。本节介绍的方法是按组成关键词的各个位的值来实现排序的，这种方法称为基数排序。

采用基数排序法需要使用一批桶(或箱子)，故这种方法又称为桶排序列。

下面以十进制数为例来说明基数排序的过程。

假定待排序文件中所有记录的关键词为不超过 d 位的非负整数，从最高位到最低位(个位)的编号依次为 1,2,…,d。设置 10 个队列(即上面所说的桶)，它们的编号分别为 0,1,2,…,9。当第一遍扫描文字时，将记录按关键词的个位(即第 d 位)数分别放到相应的队列中：个位数为 0 的关键词，其记录依次放入 0 号队列中；个位数为 1 的关键词，其记录放入 1 号队列中；…；个位数为 9 的关键词，其记录放入 9 号队列中。这一过程叫做按个位数分配。现在把这 10 个队列中的记录，按 0 号，1 号，9 号队列的顺序收集和排列起来，同一队列中的记录按先进先出的次序排列，这是第 1 遍。第 2 遍排序使用同样的办法，将第 1 遍排序后的记录按其关键词的十位数(第 d−1 位)分配到相应的队列中，再把队列中的记录收集和排列起来。继续进行下去。第 d 遍排序时，按第 d−1 遍排序后记录的关键词的最高位(第 1 位)进行分配，再收集和排列各队列中的记录，就得到了原文件的有序文件，这就是以 10 为基的关键词的基数排序法。

例如，给出关键词序列(02,77,70,54,64,21,55,11,38,21)，其中关键词 02 用 1 个 0 在 2 的前面补足到 2 位，余关键词均为 2 位的正整数。

进行基数排序的过程如图 10.9 所示。在这个例子中，文件和所有的队列都表示成向量(一维数组)。显然，关键词的某一位有可能均为同一个数字(例如，个数都为 0)，这时所有的记录都同时装入同一个队列中(例如，同时装入 0 号队列中)。因此，如果每个队列的大小和文件大小相同，则需要一个 10 倍于文件大小的附加空间。此外，排序时需要进行反复的分配和收集记录。所以，采用顺序表示是不方便的。

基数排序所需的计算时间不仅与文件的大小 n 有关，而且还与关键词的位数、关键词的基有关。设关键词的基为 r(十进制数的基为 10，二进制数的基为 2)，为建立 r 个空队列所需的时间为 O(r)。把 n 个记录分放到各个队列中并重新收集起来所需的时间为 O(n)，因此一遍排序所需的时间为 O(n+r)。若每个关键词有 d 位，则总共要进行 d 遍排序，所以这样一来基数排序的时间复杂度就是 O(d(n+r))。由于关键词的位数 d 直接与基数 r 以及最大关键词的值有关，因此不同的 r 和不同的关键词将需要不同的计算时间。

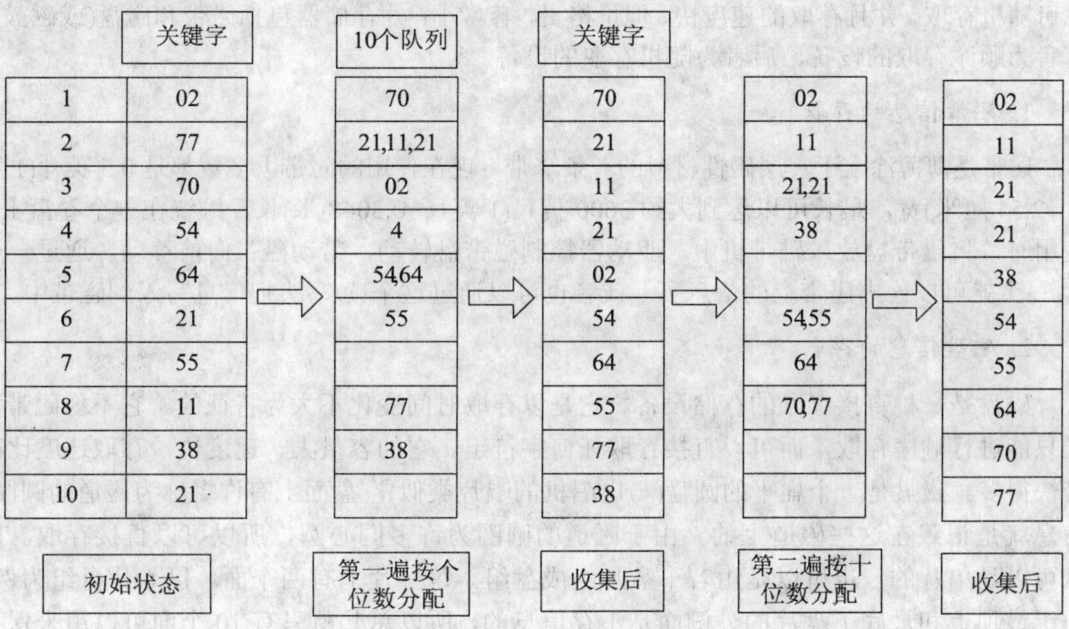

图 10.9　基数排序的过程示例图

10.7　外 部 排 序

10.7.1　问题的提出

以上讲的都是记录数量不是很大，能够一次装入内存的排序方法，一般来说就叫做内部排序。但是在许多实际应用的系统中，经常会遇到要对数据文件中的记录进行排序处理。由于文件中的记录很多、信息量庞大，整个文件所占据的存储单元远远超出了一台计算机的内存容量。因此无法把整个文件输入到内存中进行排序。于是，就有必要去研究适合于处理大型数据文件的排序技术。通常，这种当待排序的记录数量很大，不能一次性的装入内存的时候，是无法利用前面讨论的排序方法(否则将引起频繁访问内存)来进行排序的。这是因为计算机内存容量的有限性(内存所能容纳的信息量虽然随计算机的发展总在不断地增加，但终归是容量有限)，大量的信息需要保存在诸如磁盘、磁带和光盘这一类的外存储器上面。在对这样的文件进行排序时数据的信息就只能一部分一部分地调入到内存，在内存中完成排序之后才能够再送往外存。排序过程中就需要经过多次内存与外存之间的数据交换才能达到排序的目的。

这样，相对于仅用内存进行排序(就是前面所讨论的内排序)而言，这种排序方法就被称做外排序。为了让读者们全面了解排序的整个构成，对于外部排序只是作一个简单介绍。本章只强调要求掌握前面所讲述的几种内部排序方法。

在实际的应用中，由于使用的外存设备不同，通常又可以分为磁盘文件排序和磁带文件排序两大类。磁带排序和磁盘排序的基本步骤是很类似的，在讨论外部排序之前，首先需要了解对外存信息进行存取的特点。

计算机一般有两种存储器：内存储器(也就是主存)和外存储器(也就是辅存)。内存的信息可随机存取，并且存取的速度快、但价格贵，容量小；外存储器包括磁带和磁盘(或磁鼓)，前者为顺序存取的设备，后者为随机存取的设备。

1. 磁带信息的存取

磁带是薄薄涂上了一层磁性材料的一条窄带。现在使用的磁带大多数都是 0.5 英寸(1 英寸=2.54 厘米)宽，最长可以达到大约 3600 英尺(1 英尺=0.3048 米)长，缠绕在一个卷盘上。使用时，将磁带盘放入磁带机中，驱动器控制磁带盘转动，带动磁带向前移动。通过一个读/写头就可以读出磁带上的信息了。或者也可以通过这个读/写头把信息写入到磁带中。

2. 磁盘信息的存取

磁盘是一种直接存取的存储设备。它是以存取时间变化不大为特征的。它不像磁带那样只能进行顺序存取，而可以直接存取任何字符组。它的容量大、速度快，存取速度比磁带快得多。磁盘是一个扁平的圆盘(与电唱机的唱片类似)，盘面上有许多称为磁道的圆圈，信息就是记载在这些磁道上的。由于磁道的圆圈为许多同心圆，所以可以直接存取。磁盘可以是单片的，也可以是由若干盘片组成盘组。每一片上有两个面。以 6 片盘组为例，由于最顶上和最底下盘片的外侧面是不存信息的，所以总共就只有 10 个面可以用来保存信息。

磁盘驱动器执行读/写信息的功能。盘片装在一个主轴上，并绕主轴高速旋转，当磁道在读/写头下通过时，便可以进行信息的读/写。可以把磁盘分为固定头盘和活动头盘。固定头盘的每一道上都有独立的磁头，它是固定不动的，专负责读/写某一道上的信息。活动头盘的磁头是可以移动的，盘组也是可变的。一个面上只有一个磁头，它可以从这个面上的一道移动到另一道。磁头装在一个动臂上，不同面上的磁头是同时移动的，并处于同一圆柱面上。各个面上半径相同的磁道组成一个圆柱面，圆柱面的个数就是盘片面上的磁道数。通常，每个面上有 200～400 道。在磁盘上标明一个具体信息必须用一个三维地址：柱面号、盘面号、块号。其中，柱面号是确定读/写头的径向运动，而块号是确定信息在盘片圆圈上的位置。

为了访问一块信息，首先必须找柱面，移动臂使磁头移动到所需要的柱面上(称为定位或寻查)；然后等待要访问的信息转到磁头之下；最后，读/写所需信息。所以，在磁盘上读写一块信息所需的时间由三部分组成：

$$T_{I/O} = t_{seek} + t_{la} + n \cdot t_{wm}$$

式中，t_{seek} 为寻查时间(seek time) (查找该数据块所在磁道)，也就是读/写头定位的时间；t_{la} 为等待(延迟)时间(latency time)，也就是等待信息块的初始位置旋转到读/写头下的时间；n 是指数据块中有 n 个记录；$n \cdot t_{wm}$ 也就是传输数据块中 n 个记录的传输时间。

由于磁盘的旋转速度很快，大约是 2400～3600 转/分，那么等待时间最长不会超过 25 毫秒(旋转一圈的时间)，磁盘的传输速率一般在 10^5 字符/秒和 5×10^5 字符/秒之间，则在磁盘上读/写信息的时间主要花在寻查时间上了(其最大寻查时间大约为 0.1 秒)。因此，在磁盘上存放信息时就应该将相关的信息放在同一柱面或邻近柱面上，以求在读/写信息时尽量能够减少磁头来回移动的次数，以避免不必要的寻查时间。

10.7.2　外部排序的基本过程

外部排序基本上由两个相对独立的阶段组成：

(1) 首先按可用内存大小，将外存上含有 n 个记录的文件分成若干长度的子文件或是段(segment)，依次读入内存并利用有效的内部排序方法，对它们进行排序，并将排序后得到的有序子文件重新写入外存，通常称外存中这些有序子序列为归并段，或顺串(run)。

(2) 其次，对这些归并段进行逐趟的归并，使归并段(也就是已经有序的子文件)逐步扩大(记录的)有序子序列的长度，也即是使归并段逐渐的由小到大，直至外存中整个记录序列按关键字有序为止。

很显然，第一个阶段的工作是在前面刚刚讨论过的内容。而这一节，则主要是讨论第二阶段即归并的过程。先从一个具体例子来看外排的归并是如何进行的。

例如：假设有一个含 10000 个记录的磁盘文件，而当前所用的计算机一次只能对 1000 个记录进行内部排序，则首先利用内部排序的方法，通过 10 次内排得到 10 个初始归并段，然后进行逐趟归并。假设进行二路归并(即两两归并)，如图 10.10 所示。

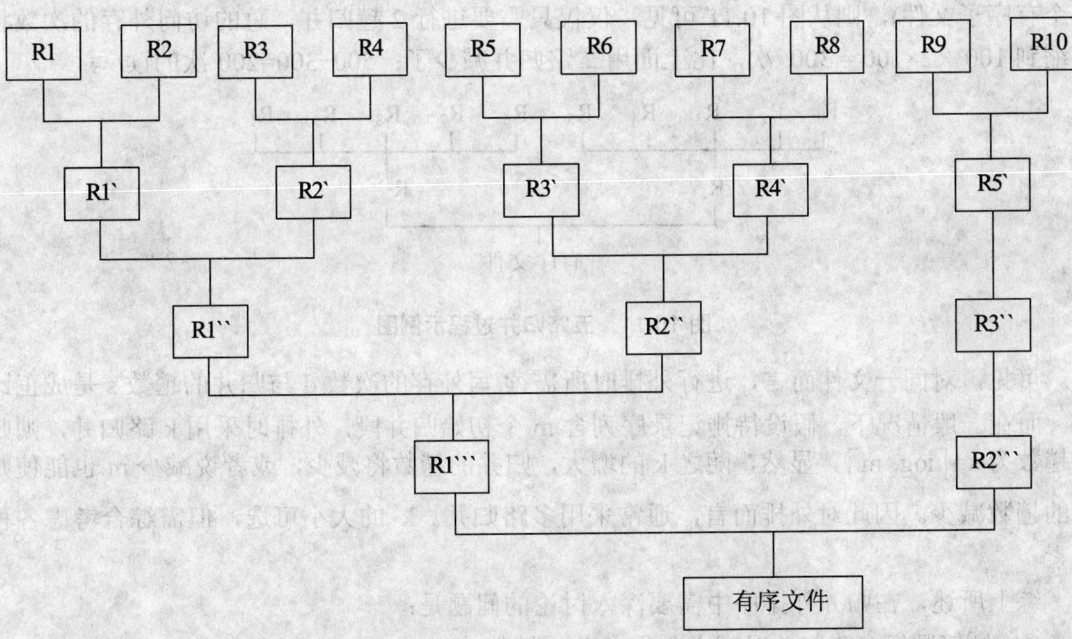

图 10.10　二路归并过程示例图

第一趟由 10 个归并段得到 5 个归并段(R_1`，$R_2$`，R_3`，$R_4$`，R_5`)；第二趟由 5 个归并段得到 3 个归并段(R_1``，$R_2$``，R_3``)；第三趟由 3 个归并段得到 2 个归并段(R_1```，R_2```)；最后一趟归并得到整个记录的有序序列。

分析上述外排过程中访问外存(对外存进行读/写)的次数：假设第一个“数据块”的大小为 200，即每一次访问外存可以读/写 200 个记录。则对于 10000 个记录，则每一趟归并处理需要进行访问外存 100 次(读和写各 50 次)。四趟归并加上内部排序时所需进行的读/

写使得在外排中总共需进行 500 次的读/写。

也就是说，对上述例子而言：求得 10 个初始归并段需访问外存 100 次；每进行一趟归并需访问外存 100 次；总计访问外存 $100+4\times100=500$ 次。

一般情况下，外部排序所需总的时间

=内部排序(产生初始归并段)所需的时间 $m\times t_{IS}$+外部信息读/写的时间 $d\times t_{IO}$+内部归并所需的时间 $s\times ut_{mg}$

式中，t_{IS} 是为得到一个初始归并段进行内部排序所需时间的均值；t_{IO} 是进行一次外存读/写时间的均值；ut_{mg} 是对 u 个记录进行内部归并所需时间；m 为经过内部排序之后得到的初始归并段的个数；s 为归并的趟数；d 为总的读/写次数。由此，上例 10000 个记录利用二路归并进行外排所需要的总的时间就为

$$10\times t_{IS}+500\times t_{IO}+4\times10000t_{mg}$$

式中，t_{IO} 取决于所用的外部设备，显然，t_{IO} 较 t_{mg} 要大得多。因此，提高外排的效率应主要着眼于减少访问外存(对外存进行读/写)的次数。下面来分析外存信息读/写的次数 d 和归并过程的关系。

例如，若对上述例子采用五路归并(即每一趟将 5 个或者 5 个以下的有序子文件归并成一个有序子文件)，则从图 10.11 可见，仅仅只需要进行 2 趟归并，总的访问外存的次数将压缩到 $100+2\times100=300$ 次，比上面用二路归并减少了：500−300=200 次的读/写。

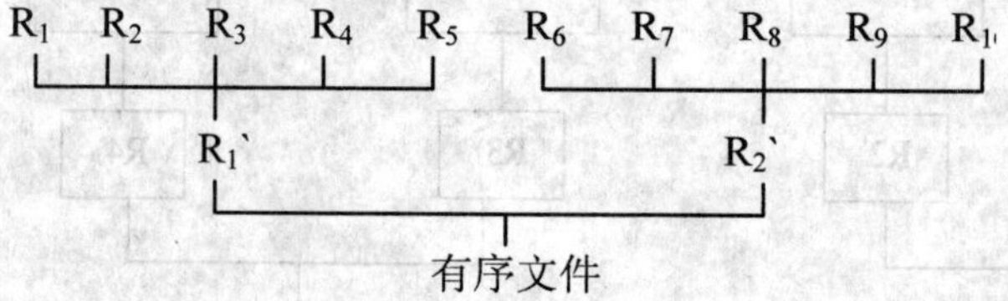

图 10.11　五路归并过程示例图

可见，对同一文件而言，进行外排时所需读/写外存的次数 d 与归并的趟数 s 是成正比的。而在一般情况下，假设待排记录序列含 m 个初始归并段，外排时采用 k 路归并，则归并趟数为 $s=\lceil \log_k m \rceil$，显然，随之 k 的增大，归并的趟数将减少，或者说减少 m 也能使归并的趟数减少。因此对外排而言，通常采用多路归并。k 的大小可选，但需综合考虑各种因素。

综上所述，在归并外排序中需要深入讨论的问题是：

(1) 如何进行多路归并以减少文件归并的趟数；

(2) 如何更巧妙地运用内存缓冲区，使 I/O 和 CPU 处理的工作能够尽可能的并行操作；

(3) 研究较好的产生初始归并段的方法。

在实际应用中，由于使用的外存设备不同，主要分为磁盘文件排序和磁带文件排序两大类。它们两者排序的基本步骤类似，主要不同之处是在于初始归并段在外存介质中的分布方式，磁盘在前面已讨论过是一种直接存取设备，而磁带是一种顺序存取设备。至于具体的磁盘排序和磁带排序，这些内容在此不再加以讨论了，有兴趣者可以参阅有关的参考书。

10.8 各种内部排序方法的比较

各种排序算法之间的比较主要可以从下面几个方面综合考虑：

(1) 待排序的记录数 n，即参加排序的数据的规模；

(2) 一条记录所包含的信息量的大小；

(3) 记录中关键字的分布情况；

(4) 排序稳定性要求；

(5) 算法的时间复杂度情况；

(6) 算法的空间复杂度情况。

1. 稳定性比较

插入排序、冒泡排序、二路归并排序和基数排序是稳定排序。

选择排序、希尔排序、快速排序和堆积排序是不稳定排序。

2. 复杂性比较

各种内排序算法的时间复杂度与空间复杂度如表 10-4 所示。

表 10-4 各种内排序算法的时间、空间复杂度的比较表

排序方法	平均时间	最坏情况	辅助空间	稳定性	是否需要交换位
插入排序	$O(n^2)$	$O(n^2)$	$O(1)$	稳定	不需要
希尔排序	$O(n\log_2 n)$	$O(n\log_2 n)$	$O(1)$	不稳定	需要
冒泡排序	$O(n^2)$	$O(n^2)$	$O(1)$	稳定	不需要
快速排序	$O(n\log_2 n)$	$O(n^2)$	$O(\log_2 n)$	不稳定	需要
选择排序	$O(n^2)$	$O(n^2)$	$O(1)$	不稳定	需要
堆积排序	$O(n\log_2 n)$	$O(n\log_2 n)$	$O(1)$	不稳定	需要
归并排序	$O(n\log_2 n)$	$O(n\log_2 n)$	$O(n)$	稳定	不需要
基数排序	$O(d(n+r))$	$O(d(n+r))$	$O(r+n)$	稳定	不需要

综上所述，可以得出如下结论：

(1) 在平均情况下，希尔排序、快速排序、堆积排序以及归并排序方法都能达到较快的排序速度。进一步分析可知，快速排序最快。从空间消费来看，堆积排序最省。

(2) 在平均情况下，插入排序、冒泡排序法的排序速度较慢，但参加排序的序列开始就局部有序时，这两种排序方法能达到较快的排序速度。最好的情况下，时间复杂度为 $O(n)$，比(1)中叙述的四种方法要好一些，而且这两种方法在多数情况下可根据不同情况与(1)中的四种方法结合利用。

(3) 基数排序方法消费的辅助空间较多，但其时间复杂度可简化成 $O(dn)$；当元素的位元数较少时，可进一步简化成 $O(n)$，在这种情况下也能达到较快的排序速度。

(4) 从算法结构的简单性来看，选择排序法与冒泡排序比较简单和直接；而希尔排序法、快速排序法、堆积排序法以及归并排序方法都可以看作是对某一种排序法的进一步改

进。相对而言，改进后的排序法对应的算法可能都比较复杂。

(5) 从参加排序的资料序列的规模大小来看，n 越小，采用简单排序方法就越合适；n 越大，采用改进的排序方法就越合适。这是因为，n 越小，n^2 与 $\log_2 n$ 的差距越小，并且简单排序算法的时间复杂度的系数均小于 1(除冒泡排序法的最坏情况以外)，而改进的排序方法的时间复杂度的系数均大于 1。因而也使得它们之间的差距变小。

从上面的分析可以看到，很难说哪一种排序方法绝对好。每一种排序方法都有其优缺点，适合于不同的环境下使用。因此，在实际应用中，要根据具体情况选择合乎实际情况的方法。下面给出综合考虑了以上几个方面以后所得出的大致结论，仅供在选择内排序方法时参考。

(1) 当参加排序的数据规模 n 越大，关键词元素分布比较随机，并且排序稳定性不作要求时，宜选用快速排序法。

(2) 当参加排序的资料规模 n 越大，内存空间不允许，并且要求排序稳定性时，宜选用归并排序法。

(3) 当参加排序的资料规模 n 越大，关键词元素分布可能出现升序或者逆序的情况，并且排序稳定性不作要求时，宜采用堆积排序法或者归并排序方法。

(4) 当参加排序的数据规模 n 越小(如小于 100)，关键词元素基本有序(升序)或者分布比较随机，并且排序稳定性的要求时，宜采用插入排序法。

(5) 当参加排序的资料规模 n 越小，对排序稳定性不作要求时，宜采用选择排序法。

这里在说明一下，本章讨论各种内排序算法时，把记录如何根据其关键词值的大小排序简单说成关键元素的排序，这仅仅是为了叙述上的方便而已。就算法而言，并不产生矛盾。至于记录如何根据关键词值的大小改变其位置，读者在算法的适当地方加上相应动作就可以了。

10.9 排序的应用举例

为了能更好地理解本章的内容，下面给出两个算法实现的程序清单。10.9.1 节中程序的功能是进行希尔排序，其中包括一趟折半插入排序的算法，10.9.2 节中程序的功能是进行快速排序。

10.9.1 希尔排序的实用程序

```
/* c10-1.h 对两个数值型关键字的比较约定为如下的宏定义 */
 #define EQ(a,b) ((a)==(b))
 #define LT(a,b) ((a)<(b))
 #define LQ(a,b) ((a)<=(b))
/* c10-2.h 待排记录的数据类型 */
 #define MAX_SIZE 20                /* 一个用作示例的小顺序表的最大长度 */
 typedef int KeyType;               /* 定义关键字类型为整型 */
 typedef struct
   { KeyType key;                   /* 关键字项 */
     InfoType otherinfo;            /* 其他数据项，具体类型在主程中定义 */
   }RedType;                        /* 记录类型 */
```

```
typedef struct
  { RedType r[MAX_SIZE+1];     /* r[0]闲置或用作哨兵单元 */
    int length;                /* 顺序表长度 */
  }SqList;                     /* 顺序表类型 */

/* algo10-3.c 希尔排序 */
#include<stdio.h>
typedef int InfoType;          /* 定义其他数据项的类型 */
#include"c10-1.h"
#include"c10-2.h"
void ShellInsert(SqList *L,int dk)
{ /* 对顺序表 L 作一趟希尔插入排序.本算法是和一趟直接插入排序相比, */
  /* 作了以下修改: */
  /* 1.前后记录位置的增量是 dk,而不是 1; */
  /* 2.r[0]只是暂存单元,不是哨兵.当 j<=0 时,插入位置已找到. */
  int i,j;
  for(i=dk+1;i<=(*L).length;++i)
    if LT((*L).r[i].key,(*L).r[i-dk].key)
    { /* 需将(*L).r[i]插入有序增量子表 */
      (*L).r[0]=(*L).r[i];              /* 暂存在(*L).r[0] */
      for(j=i-dk;j>0&&LT((*L).r[0].key,(*L).r[j].key);j-=dk)
        (*L).r[j+dk]=(*L).r[j];         /* 记录后移,查找插入位置 */
      (*L).r[j+dk]=(*L).r[0];           /* 插入 */
    }
}

void print(SqList L)
{
  int i;
  for(i=1;i<=L.length;i++)
    printf("%d ",L.r[i].key);
  printf("\n");
}

void print1(SqList L)
{
  int i;
  for(i=1;i<=L.length;i++)
    printf("(%d,%d)",L.r[i].key,L.r[i].otherinfo);
  printf("\n");
}

void ShellSort(SqList *L,int dlta[],int t)
{ /* 按增量序列 dlta[0..t-1]对顺序表 L 作希尔排序. */
  int k;
  for(k=0;k<t;++k)
  {
    ShellInsert(L,dlta[k]);  /* 一趟增量为 dlta[k]的插入排序 */
    printf("第%d 趟排序结果: ",k+1);
    print(*L);
```

```
    }
  }

  #define N 10
  #define T 3

  void main()
  {
    RedType d[N]={{49,1},{38,2},{65,3},{97,4},{76,5},{13,6},{27,7},{49,8},
{55,9},{4,10}};
    SqList l;
    int i,dt[T]={5,3,1};  /* 增量序列数组 */
    for(i=0;i<N;i++)
      l.r[i+1]=d[i];
    l.length=N;
    printf("排序前: ");
    print(l);
    ShellSort(&l,dt,T);
    printf("排序后: ");
    print1(l);
  }
```

程序运行结果

```
排序前:   49  38  65  97  76  13  27  49  55  4
第 1 趟排序结果:   13  27  49  55  4  49  38  65  97  76
第 2 趟排序结果:   13  4  49  38  27  49  55  65  97  76
第 3 趟排序结果:   4  13  27  38  49  49  55  65  76  97
排序后: (4 ,10)(13,6) (27,7) (38,2) (49,8) (49,1) (55,9) (65,3) (76,5) (97,4)
```

10.9.2 快速排序的实用程序

```
/* c1.h (程序名) */
 #include<string.h>
 #include<ctype.h>
 #include<malloc.h>         /* malloc()等 */
 #include<limits.h>         /* INT_MAX 等 */
 #include<stdio.h>          /* EOF(=^Z 或 F6),NULL */
 #include<stdlib.h>         /* atoi() */
 #include<io.h>             /* eof() */
 #include<math.h>           /* floor(),ceil(),abs() */
 #include<process.h>        /* exit() */
                            /* 函数结果状态代码 */
 #define TRUE 1
 #define FALSE 0
 #define OK 1
 #define ERROR 0
 #define INFEASIBLE -1
 /* #define OVERFLOW -2 因为在 math.h 中已定义 OVERFLOW 的值为 3,故去掉此行 */
 typedef int Status;   /* Status 是函数的类型,其值是函数结果状态代码, 如 OK 等 */
 typedef int Boolean;  /* Boolean 是布尔类型,其值是 TRUE 或 FALSE */
```

```
/* algo10-4.c 调用冒泡排序的程序 */
 #include"c1.h"
 #define N 8
 void bubble_sort(int a[],int n)
 { /* 将 a 中整数序列重新排列成自小至大有序的整数序列(冒泡排序) */
   int i,j,t;
   Status change;
   for(i=n-1,change=TRUE;i>1&&change;--i)
   {
     change=FALSE;
     for(j=0;j<i;++j)
       if(a[j]>a[j+1])
       {
         t=a[j];
         a[j]=a[j+1];
         a[j+1]=t;
         change=TRUE;
       }
   }
 }

 void print(int r[],int n)
 {
   int i;
   for(i=0;i<n;i++)
     printf("%d ",r[i]);
   printf("\n");
 }

 void main()
 {
   int d[N]={49,38,65,97,76,13,27,49};
   printf("排序前:\n");
   print(d,N);
   bubble_sort(d,N);
   printf("排序后:\n");
   print(d,N);
 }
```

程序运行结果

排序前：49　38　65　97　76　13　27　49

排序后：13　27　38　49　49　65　76　97

10.10　本 章 小 结

排序(sorting)是计算机程序设计中的一种重要操作，它的功能是将一个数据元素(或记录)的任意序列，重新排列成一个按关键词有序的序列，以便进行查找检索。按照排序过程涉及的存储设备的不同，排序分为了内部排序和外部排序。如果排序过程中，整个数据都放在内存中处理，则称这种排序为内部排序。反之，如果排序过程中需要进行内、外存数据交换，则称之为外部排序。

本章介绍了主要的几种内部排序方法，它们分别是插入排序、交换排序、选择排序、归并排序等四类，每一类排序都基于同一种思想。主要介绍了排序的概念及其基本思想，排序过程和实现算法，简述了各种算法的时间复杂度和空间复杂度。本章重点介绍的排序方法有：直接插入排序、冒泡排序、快速排序、直接选择排序、堆排序和二路归并排序等。排序有稳定和不稳定之分。在待排序列中，如果存在多个具有相同键值的记录，排序后这些记录的相对次序仍然不变，则说明这种排序是稳定的，否则就是不稳定的。

内部排序算法的时间耗费主要在键值的比较和记录的移动上，所以要从键值比较次数和记录移动次数两个方面来度量各种排序算法的时间性能。各种内部排序算法的时间、空间及其他性能的比较和归纳如 10.8 节中的表 10-4 所示。

在学习本章的时候，重点是掌握各种内部排序方法的特点;熟悉它的算法，理解其基本思想，对给定的序列，能写出每一趟排序的结果，包括一趟快速排序中的交换过程和堆排序的初始堆建立；学会分析各种内部排序算法的时、空性能，至少要熟悉表 10-4 所归纳的结论。

一个好的排序算法所需要的比较次数和存储空间都应该较少，但从本章讨论的各种排序算法中可以看到，不存在十全十美的排序算法，各种方法各有优缺点，可适用于不同的场合。由于排序运算在计算机应用问题中经常碰到，读者应重点理解各种排序算法的基本思想，熟悉过程及实现算法，以及对算法的分析方法，从而面对实际问题时能选择合适的算法。

10.11 上 机 实 训

10.11.1 实训目的

(1) 掌握选择排序方法的基本概念；
(2) 熟悉选择排序的过程和掌握选择排序实现方法；
(3) 掌握快速排序及堆排序方法的基本概念；
(4) 熟悉快速排序的过程，掌握使用快速排序进行实现的方法。

10.11.2 实训例题

通过几个具体算法程序，进一步加深对各种排序方法的掌握，以及实际排序问题解决方法。

1. 选择排序的应用

【问题描述】

生活当中排序的应用非常广泛，就拿学生们非常熟悉的成绩表来说吧：假设给出某个班级 n 个学生的考试成绩表，表中每条信息由学生的姓名与考试成绩组成，就可以设计一个算法，让它能按照考试成绩的高低从高到低依次打印每个学生的成绩排名名次、姓名和成绩。

【算法描述】

在这里不妨首先采用选择排序方法(采用其他排序方法也可以)对 n 个学生按照成绩进行排序，然后，按照成绩的高低从高到低依次打印排序结果。

【C 语言源程序】

```
#define M200
struct student {
dhar name[15];                              /* 一个学生的姓名 */
int score;                                  /* 一个学生的考试成绩 */
 }R[M];                                     /* 定义一个学生记录的结构 */
main( )
  { int n,i,d, temp;
   printf(\"n 请输入学生人数 n:")           /* 输入该班学生的总数 n */
   scanf("%d,"&n);
   printf("\请依次输入学生的姓名和成绩：、n")
   for(i=1,i,i<n-1;i+ +)
     { printf("姓名")
       scanf("%d",&R[i]. name );
       printf("成绩");
       scanf("%s",R[i]. score);
       printf("\n");                        / *换一行输入 */
     }                                      /* 依次输入所有学生的姓名和成绩 */
   for(i=1,i<n-1;i+ +)
     { d=i;
       for(j=i+1,j<n;j + +)
       if(R[j].score<R[j+1].score)
         d=j;
       if(d!=i);
         { temp=R[d];
           R[d]=R[i];
           R[i]=temp;
         }
     }                                      /* 采用选择排序方法进行排序 */
  printf("\n");                             /* 另起一行 */
  for(i=n;i>=1;i--)
   printf("名次:%3 d 姓名:%15 s 成绩:%3 d \n",n-I+1,R[i].namae,R[i].score);
                                            /* 按照名次输出学生的成绩排序 */
  }
```

2. 快速排序的应用

【问题描述】

对于一个具有 n 个数据元素的序列 K＝(K1,K2,···,Kn)，请写出快速排序方法的非递归算法，在计算机上调试观察其结果。

【算法描述】

设当前参加排序的序列的第一个元素和最后那个元素在序列中的位置分别为 left 与 right，基准元素为 K[left]。根据快速排序法的思想，经过一趟排序以后，基准元素将当前参加排序的那些元素分成前、后两个部分，根据前、后两个部分的不同情况决定下一趟排序：

(1) 若前、后两个部分的大小(即每个部分中包含的元素的个数)分别都超过 1 个元素，则分别将后边那个部分的第一个元素与最后那个元素在序列中的位置进行保存，然后对前边部分继续进行排序。也可以分别将前边那个部分的第一个元素与最后那个元素在序列中的位置进行保存，然后对后边部分继续进行排序。本题算法是先对前面的那个部分进行排序。

(2) 若只有前边部分的大小超过 1 个元素，则对前边部分(起始位置和结束位置 left 与 j-1)继续进行排序。

(3) 若只有后边部分的大小超过 1 个元素，则对后边部分(起始位置和结束位置 j+1 与 right)继续进行排序。

(4) 若前、后两个部分的大小分别都未超过 1 个元素，则从排序过程中保存信息中分别取出一个起始位置与一个结束位置送 left 与 right，继续进行排序。若保存的位置信息均已取完，整个排序到此结束。

【C 语言源程序】

```
#define M 100
main( )
{
int K[M],buf[M][2];
int i,j,n,left,right,pos,temp;
printf("\n 输入 n:");
scanf("%d",&n);                          /* 输入本次参加排序的数据量 */
printf("\n 输入 k[1]..k[n]:\n");
for(i=1;i<=n;i + +)
   scanf("%d",&K[i]);                    /* 输入排序数据 */
printf("\n 排序之前:\n");
for(i=1;i<=n;i + +)
   printf("%d",K[i]);                    /* 显示本次参加排序的原始数据 */
left=1;                                  /* 第一趟排序时最左边那个元素在序列中的位置 */
right=n;                                 /* 第一趟排序时最右边那个元素在序列中的位置 */
pos=0;
while(1)
  { i=left;
   j=right+1;
   while(1)
     { do {
         i + +;
        }while(!(i= =right|| K[left]<=K[i]));
      do{
               j--;
            } while(!(j= =left|| K[left]>=K[j]));
          if (i<j)
            { temp=K[i];
             K[i]=K[j];
             K[j]=temp;
            }                            /* 交换 K[i]与 K[j]的位置 */
```

```
            else
        break;
          }
        temp=K[left];
        K[left]=K[j];
        K[j]=temp;                         /* 交换分界元素 K[left]与 K[j]的位置 */
        if(j-1<=left&& j+1>=right)         /* 若被分成的前、后两部分都不足两个元素 */
          { if(pos= =0)
             return;                       /* 保存下一趟排序起始和结束位置的数组已空 */
            left=buf[pos][0];              /* 获取新的排序范围的起始位置 */
            right=buf[pos--][1];           /* 获取新的排序范围的末尾位置 */
          }
        else
    if (j-1>left && j+1<right)             /* 若被分成的前、后两部分都不超过一个元素 */
       { buf[+ + pos][0]=j+1;
         buf[pos][1]=right;                /* 分别保存后边部分的起始位置与结束位置 */
         right=j-1;
       }
      else
     if (j+1>=right)                       /* 若只有前边部分超过一个元素 */
            right=j-1;
         else                              /* 若只有后边部分超过一个元素 */
            left=j+1;
      }
      printf("\n 排序之后: \n");
      for(i=1;i<=n; i + +)
        printf("%d",K[i];                  /* 输出排序结果 */
   }
```

3. 堆排序的应用

【问题描述】

对于一个具有 n 个数据元素的序列 $K=(K_1,K_2,\cdots,K_n)$，请写出堆排序方法相应算法，并以数据 49,38,65,97,76,13,27,49 为测试数据，在计算机上调试观察其结果。

【算法描述】

堆排序是采用顺序结构存储要排序的元素，并把这些元素当做是一棵完全二叉树上的结点。这点与定义的二叉树的顺序存储结构有相同之处。所以在算法中，堆可以采用顺序表存储来表示。这里会包括筛选算法，及建堆算法。

【C 语言源程序】

```
/* sjsx10_3.c 堆排序 */
#include<stdio.h>
typedef int InfoType;                 /* 定义其他数据项的类型 */
#include" c10-1.h "
#include" c10-2.h "
typedef SqList HeapType;        /* 堆采用顺序表存储表示 */
void HeapAdjust(HeapType *H,int s,int m)   /* 筛选算法 */
{ /* 已知 H.r[s…m]中记录的关键字除 H.r[s].key 之外均满足堆的定义，本函数 */
  /* 调整 H.r[s]的关键字，使 H.r[s…m]成为一个大顶堆(对其中记录的关键字而言) */
```

```
    RedType rc;
    int j;
    rc=(*H).r[s];
    for(j=2*s;j<=m;j*=2)              /* 沿key较大的孩子结点向下筛选 */
      { if(j<m&&LT((*H).r[j].key,(*H).r[j+1].key))
         ++j;                         /* j为key较大的记录的下标 */
       if(!LT(rc.key,(*H).r[j].key))
         break;                       /* rc应插入在位置s上 */
        (*H).r[s]=(*H).r[j];
       s=j;
      }
    (*H).r[s]=rc;                     /* 插入 */
  }
  void HeapSort(HeapType *H)          /* 对顺序表H进行堆排序。建堆算法 */
   { RedType t;
     int i;
     for(i=(*H).length/2;i>0;--i)     /* 把H.r[1..H.length]建成大顶堆 */
       HeapAdjust(H,i,(*H).length);
     for(i=(*H).length;i>1;--i)
       { /* 将堆顶记录和当前未经排序子序列H.r[1..i]中最后一个记录相互交换 */
         t=(*H).r[1];
         (*H).r[1]=(*H).r[i];
         (*H).r[i]=t;
         HeapAdjust(H,1,i-1);         /* 将H.r[1..i-1]重新调整为大顶堆 */
       }
   }
  void print(HeapType H)
  { int i;
    for(i=1;i<=H.length;i++)
      printf("(%d,%d)",H.r[i].key,H.r[i].otherinfo);
    printf("\n");
  }
  #define N 8
  void main()
   {RedType d[N]={{49,1},{38,2},{65,3},{97,4},{76,5},{13,6},{27,7},{49,8}};
     HeapType h;
     int i;
     for(i=0;i<N;i++)
       h.r[i+1]=d[i];
     h.length=N;
     printf("排序前:\n");
     print(h);
     HeapSort(&h);
     printf("排序后:\n");
     print(h);
   }
```

程序运行结果为

排序前:

(49,1)(38,2)(65,3)(97,4)(76,5)(13,6)(27,7)(49,8)

排序后：

```
(13,6)(27,7)(38,2)(49,1)(49,8)(65,3)(76,5)(97,4)
```

10.12 习题与上机操作

1. 选择题

(1) 在下述的排序方法中，不属于内排序方法的是________。

A. 插入排序法　B. 选择排序法　C. 拓扑排序法　D. 归并排序法

(2) 每趟排序从未排序的子序列中依次取出元素与已经排好序的序列中的元素进行比较，然后将其放在已经排好序的序列的合适位置。这种排序称为________。

A. 插入排序法　B. 选择排序法　C. 冒泡排序法　D. 希尔排序法

(3) 每趟排序都从序列未排好序的序列中挑选一个值最小(或最大)的元素，然后将其与未排好序的序列的第一个元素交换位置。这种排序称为________。

A. 插入排序法　B. 选择排序法　C. 希尔排序法　D. 快速排序法

(4) 第 i 趟排序对排序的前 n−i+1 个元素做如下工作：从第一个元素开始，相邻两个元素比较，若前者大于后者，这两个元素交换位置，否则，这两个元素不交换位置。这种排序称为________。

A. 插入排序法　B. 选择排序法　C. 冒泡排序法　D. 堆积排序法

(5) 首先确定一个元素的间隔数，将参加排序的序列按照此间隔数分成若干个子序列，在分别对各子序列采用某种排序方法进行排序，然后，减小间隔数，在重复上述过程，直到排序结束。这种排序称为________。

A. 插入排序法　B. 冒泡排序法　C. 希尔排序法　D. 堆积排序法

(6) 通过依次将序列中位置相邻且已经按值有序的子序列两两合并为一个按值有序的子序列的方式来达到排序目的的排序方法是________。

A. 冒泡排序法　B. 希尔排序法

C. 堆积排序法　D. 二路归并排序法

(7) 下述几种内排序方法中，要求辅助空间最大的方法是________。

A. 希尔排序法　B. 快速排序法

C. 堆积排序法　D. 二路归并排序法

(8) 对数据元素序列(49,72,68,13,38,50,97,27)进行排序，前三趟排序结果时的结果依次为第一趟：49,72,68,13,38,50,97,27；第二趟：49,68,72,13,38,50,97,27；第三趟：13,49,68,72,38,50,97,27。该排序采用的方法是________。

A. 插入排序法　B. 选择排序法

C. 冒泡排序法　D. 堆积排序法

(9) 对具有 n 个元素的任意序列采用插入排序法进行排序，排序趟数为________。

A. n−1　B. n　C. n+1　D. $[\log_2 n]$

(10) 下列的排序方法中，排序的比较次数与序列的初始排序状态无关的是________。

A. 选择排序法　B. 插入排序法　C. 冒泡排序法　D. 快速排序法

(11) 下列排序方法中，________可能出现这种情况，当原始序列已经按值有序时，排序花费的时间反而最多。

A. 插入排序法　B. 希尔排序法　C. 快速排序法　D. 堆积排序法

(12) 排序过程中进行的元素之间的比较次数与序列的初始状态无关的排序方法是________。

A. 插入排序法　B. 选择排序法　C. 冒泡排序法　D. 堆积排序法

(13) 对序列(49,38,65,97,76,13,47,50)采用直接插入排序法进行排序，要把第七个元素 47 插入到已排序中，为寻找插入的合适位置需要进行________次元素间的比较。

A. 3　B. 4　C. 5　D. 6

(14) 下面四种排序方法中，________是一种稳定性排序方法。

A. 插入排序法　B. 选择排序法　C. 快速排序法　D. 希尔排序法

(15) 堆积可以表示为一棵________。

A. 满二叉树　B. 完全二叉树　C. 二叉排序树　D. 线索二叉树

2. 填空题

(1) 每次从无序表中取出一个元素，把它插入到有序表中的适当位置，此种排序方法叫做________排序，每次从无序表中挑选出一个最小或最大元素，把它交换到有序表的一端，此种排序方法叫做________排序。

(2) 每次直接或通过基准元素间接比较两个元素，若出现逆序排列时就交换他们的位置，此种排序方法叫做________排序，每次使两个相邻的有序表合并成一个有序表的排序方法叫做________排序。

(3) 在直接选择排序中，记录比较次数的时间复杂度为________，记录移动次数的时间复杂度为________。

(4) 在堆排序的过程中，对 n 个记录建立初始堆需要进行________次筛选运算，由初始堆排序结束，需要对树根结点进行________次筛选运算。

(5) 在堆排序的过程中，对任一分支结点进行筛选运算的时间复杂度为________，对整个堆排序过程的时间复杂度为________。

(6) 假设一组记录的排序码为(46,79,56,38,40,84)，则利用堆排序方法建立的初始堆为________。

(7) 快速排序在平均情况下的时间复杂度为________，在最坏情况下的时间复杂度为________。

(8) 快速排序在平均情况下的空间复杂度为________，在最坏情况下的空间复杂度为________。

(9) 在快速排序方法中，进行每次划分时，是从当前待排序区间的________向________依次查找出处于逆序的元素并交换之，最后将基准元素交换到一个确定位置，从而以该位置把当前区间划分为前后两个子区间。

(10) 假定一组记录的排序码为(46,79,56,38,40,80)，对其进行快速排序的一次划分的结果为________。

3. 判断题

(1) 在平均情况下，快速排序法最快，堆积排序法最节省空间。(　　)

(2) 快速排序法是一种稳定性排序方法。(　　)

(3) 对具有 n 个元素的序列采用泡排序方法进行排序，排序的趟数为 n-1。(　　)

(4) 完全二叉树不一定是堆积。(　　)

(5) 选择排序过程中元素之间的比较次数与原始序列的状态无关。(　　)

(6) 从未排序序列中选择一个元素，这个元素将未排序序列分成前后两个部分，前一部分中所有元素都小于或等于所选元素，后一部分中所有元素都大于或等于所选元素，而所选元素处在排序的最终位置，这种排序法称为插入排序法。(　　)

(7) 序列初始为逆序时，泡排序法所进行的元素之间比较次数最多。(　　)

(8) 归并排序不是内排序。(　　)

(9) 希尔排序就是缩小增量排序。(　　)

(10) 外排序是排序需要借助外部存储设备才能完成的排序。(　　)

4. 简答题

(1) 什么是内排序？什么是外排序？

(2) 排序操作的主要功能是什么？

(3) 一个堆积可以表示为一棵完全二叉树，请分别叙述堆积与二叉排序树的区别。

(4) 在所有内排序方法中，排序过程中平均比较次数最少的是哪一种方法？要求辅助空间最多的是哪一种方法？

(5) 在使用非递归方法实现快速排序时，通常要利用一个栈记忆排序区间的两个端点。那么能否用队列来代替这个栈？为什么？

5. 综合题

(1) 已知序列(35,78,12,26,90,41,66,58)，请写出对此序列采用插入排序方法进行升序排序时各趟的结果。

(2) 已知序列(35,78,12,26,90,41,66,58)，请写出对此序列采用选择排序方法进行升序排序时各趟的结果。

(3) 已知序列(35,78,12,26,90,41,66,58)，请写出对此序列采用冒泡排序方法进行升序排序时各趟的结果。

(4) 已知序列(35,78,12,26,90,41,66,58)，请写出对此序列采用堆积排序方法进行升序排序时各趟的结果。

(5) 若对序列(tang ,deng ,an,wang,shi,bai,fang,liu)按照字典顺序进行排序，在下面给出的八个序列中，请分别指出哪一个是：冒泡排序法第一趟的结果；初始步长 d=4 的希尔排序法第一趟的结果；以第一个元素为基准元素的快速排序法第一趟的结果；堆积排序法的初始堆积。

(a) (fang , deng, an, liu, shi, bai, tang, wang)

(b) (an, bai, deng, fang, liu, shi, tang, wang)

(c) (deng, an, tang, shi, bai, fang, liu, wang)

(d) (an, deng, tang, wang,liu,shi,bai,fang,liu)

(e) (an, deng, wang, liu, shi, tang, fang, bai)

(f) (wang, tang, fang, liu, shi, bai, an, deng)

(g) (liu, deng, an, fang, shi, bai, tang, wang)

(h) (shi, bai, an, liu, tang, deng, fang, wang)

6. 操作题

(1) 设计一个用链表表示的快速排序算法。

编程提示：

每趟从单链表头部开始，顺序查找当前链值最小的结点。找到后，插入到当前的有序表区的最后。

(2) 已知两个单链表中的元素递增有序，试写一算法将这两个有序表合并成一个递增有序的单链表。算法应利用原有的链表空间。

编程提示：

为了便于统一处理，算法中可以生成一个临时的头结点，并引入一个指向链表 C 表尾的尾指针 last。算法的具体实现是：从 A、B 两个链表的表头开始，依次比较当前结点值的大小，取较小者挂入 C 链表的尾部，当 A、B 链表有一个处理完毕，则将另一个链表剩余部分直接挂入 C 链表的尾部，最后删除 C 的临时头结点即可。

(3) 一个线性表中的元素为正整数或负整数。设计一个算法，将正整数和负整数分开，使线性表前一半为负整数，后一半为正整数。不要求对这些元素排序，但要求尽量减少交换次数。

编程提示：

在这个算法中可以先设置好上、下界，然后分别从线性表两端查找正数和负数，找到后进行交换，直到上、下界相遇。

参 考 文 献

[1] 严蔚敏. 数据结构(C 语言版). 北京：清华大学出版社，1997.
[2] 张乃孝. 算法与数据结构——C 语言描述. 北京：高等教育出版社，2002.
[3] 范策. 算法与数据结构(C 语言版). 北京：机械工业出版社，2004.
[4] 唐策善，等. 数据结构——用 C 语言描述. 北京：高等教育出版社，1995.
[5] [美]MARK ALLEN WEISS. 数据结构与算法分析. 冯舜玺译. 北京：机械工业出版社，2004.
[6] 耿国华. 数据结构——C 语言描述. 西安：西安电子科技大学出版社，2002.
[7] 李春葆. 数据结构教程. 北京：清华大学出版社，2005.
[8] 刘自强. 数据结构. 武汉：武汉理工大学出版社，2004.
[9] 谭浩强. 数据结构实用教程. 北京：清华大学出版社，2004.
[10] 王钢. 数据结构. 北京：清华大学出版社，2005.
[11] 陈明. 数据结构(C++版). 北京：清华大学出版社，2005.
[12] 杨正宏. 数据结构(C/C++版). 北京：清华大学出版社，2005.
[13] 高一凡. 数据结构算法实现及解析. 西安：西安电子科技大学出版社，2004.
[14] 唐发根. 数据结构. 2 版. 北京：科学出版社 2004.
[15] 熊岳山. 数据结构典型题解与实战模拟. 长沙：国防科技大学出版社，2003.
[16] 刘海英. 数据结构复习指南与题解. 北京：清华大学出版社，2005.
[17] 杨明. 数据结构学练考. 北京：清华大学出版社，2004.
[18] 王成端. 数据结构上机实验与习题解析. 北京：中国电力出版社，2006.
[19] 李春葆. 数据结构习题与解析. 北京：清华大学出版社，2004.
[20] 唐发根. 数据结构习题与解析. 北京：科学出版社 2004.

全国高职高专计算机、电子商务系列教材

序号	标准书号	书　名	主　编	定价(元)	出版日期
1	978-7-301-11522-0	ASP.NET 程序设计教程与实训(C#语言版)	方明清等	29.00	2009 年重印
2	978-7-301-10226-8	ASP 程序设计教程与实训	吴鹏，丁利群	27.00	2009 年第 6 次印刷
3	7-301-10265-8	C++程序设计教程与实训	严仲兴	22.00	2008 年重印
4	978-7-301-15476-2	C 语言程序设计(第 2 版)	刘迎春，王磊	32.00	2009 年出版
5	978-7-301-09770-0	C 语言程序设计教程	季昌武，苗专生	21.00	2008 年第 3 次印刷
6	978-7-301-16878-3	C 语言程序设计上机指导与同步训练(第 2 版)	刘迎春，陈静	30.00	2010 年出版
7	978-7-5038-4507-4	C 语言程序设计实用教程与实训	陈翠松	22.00	2010 年第 3 次印刷
8	978-7-301-10441-5	Flash MX 设计与开发教程与实训	刘力，朱红祥	22.00	2007 年重印
9	978-7-301-09645-1	Flash MX 设计与开发实训教程	栾蓉	18.00	2007 年重印
10	978-7-301-09598-0	Java 程序设计教程与实训	许文宪，董子建	23.00	2008 年第 4 次印刷
11	978-7-301-10200-8	PowerBuilder 实用教程与实训	张文学	29.00	2007 年重印
12	978-7-301-15533-2	SQL Server 数据库管理与开发教程与实训(第2版)	杜兆将	32.00	2010 年第 3 次印刷
13	7-301-10758-7	Visual Basic .NET 数据库开发	吴小松	24.00	2006 年出版
14	978-7-301-10445-9	Visual Basic .NET 程序设计教程与实训	王秀红，刘造新	28.00	2006 年重印
15	978-7-301-10440-8	Visual Basic 程序设计教程与实训	康丽军，武洪萍	28.00	2010 年第 4 次印刷
16	7-301-10879-6	Visual Basic 程序设计实用教程与实训	陈翠松，徐宝林	24.00	2009 年重印
17	978-7-301-09698-7	Visual C++ 6.0 程序设计教程与实训(第 2 版)	王丰，高光金	23.00	2009 年出版
18	978-7-301-10288-6	Web 程序设计与应用教程与实训(SQL Server 版)	温志雄	22.00	2007 年重印
19	978-7-301-09567-6	Windows 服务器维护与管理教程与实训	鞠光明，刘勇	30.00	2006 年重印
20	978-7-301-10414-9	办公自动化基础教程与实训	靳广斌	36.00	2010 年第 4 次印刷
21	978-7-301-09640-6	单片机实训教程	张迎辉，贡雪梅	25.00	2006 年重印
22	978-7-301-09713-7	单片机原理与应用教程	赵润林，张迎辉	24.00	2007 年重印
23	978-7-301-09496-9	电子商务概论	石道元等	22.00	2007 年第 3 次印刷
24	978-7-301-11632-6	电子商务实务	胡华江，余诗建	27.00	2008 年重印
25	978-7-301-10880-2	电子商务网站设计与管理	沈风池	22.00	2011 年第 3 次印刷
26	978-7-301-10444-6	多媒体技术与应用教程与实训	周承芳，李华艳	32.00	2010 年第 6 次印刷
27	7-301-10175-9	计算机操作系统原理教程与实训	周峰，周艳	22.00	2006 年重印
28	978-7-301-14671-2	计算机常用工具软件教程与实训(第 2 版)	范国渠，周敏	30.00	2011 年第 3 次印刷
29	7-301-10881-8	计算机电路基础教程与实训	刘辉珞，张秀国	20.00	2007 年重印
30	978-7-301-10225-1	计算机辅助设计教程与实训(AutoCAD 版)	袁太生，姚桂玲	28.00	2007 年重印
31	978-7-301-10887-1	计算机网络安全技术	王其良，高敬瑜	28.00	2008 年第 3 次印刷
32	978-7-301-10888-8	计算机网络基础与应用	阚晓初	29.00	2007 年重印
33	978-7-301-09587-4	计算机网络技术基础	杨瑞良	28.00	2007 年第 4 次印刷
34	978-7-301-10290-9	计算机网络技术基础教程与实训	桂海进，武俊生	28.00	2010 年第 6 次印刷
35	978-7-301-10291-6	计算机文化基础教程与实训(非计算机)	刘德仁，赵寅生	35.00	2007 年第 3 次印刷
36	978-7-301-09639-0	计算机应用基础教程(计算机专业)	梁旭庆，吴焱	27.00	2009 年第 3 次印刷
37	7-301-10889-3	计算机应用基础实训教程	梁旭庆，吴焱	24.00	2007 年重印刷
38	978-7-301-16046-6	计算机专业英语教程(第 2 版)	李莉，李秀华	26.00	2011 年重印
39	978-7-301-15432-8	计算机组装与维护(第 2 版)	肖玉朝	26.00	2009 年出版
40	978-7-301-09535-5	计算机组装与维修教程与实训	周佩锋，王春红	25.00	2007 年第 3 次印刷
41	978-7-301-10458-3	交互式网页编程技术(ASP .NET)	牛立成	22.00	2007 年重印
42	978-7-301-09691-8	软件工程基础教程	刘文，朱飞雪	24.00	2007 年重印
43	978-7-301-10460-6	商业网页设计与制作	丁荣涛	35.00	2007 年重印
44	7-301-09527-9	数据库原理与应用(Visual FoxPro)	石道元，邵亮	22.00	2005 年出版
45	978-7-301-10289-3	数据库原理与应用教程(Visual FoxPro 版)	罗毅，邹存者	30.00	2010 年第 3 次印刷
46	978-7-301-09697-0	数据库原理与应用教程与实训(Access 版)	徐红，陈玉国	24.00	2006 年重印
47	978-7-301-10174-2	数据库原理与应用实训教程(Visual FoxPro 版)	罗毅，邹存者	23.00	2010 年第 3 次印刷
48	7-301-09495-7	数据通信原理及应用教程与实训	陈光军，陈增吉	25.00	2005 年出版
49	978-7-301-09592-8	图像处理技术教程与实训(Photoshop 版)	夏燕，姚志刚	28.00	2008 年第 4 次印刷
50	978-7-301-10461-3	图形图像处理技术	张枝军	30.00	2007 年重印
51	978-7-301-16877-6	网络安全基础教程与实训(第 2 版)	尹少平	30.00	2010 年重印
52	978-7-301-15086-3	网页设计与制作教程与实训(第 2 版)	于巧娥	30.00	2010 年重印
53	978-7-301-16706-9	网站规划建设与管理维护教程与实训(第 2 版)	王春红，徐洪祥	32.00	2010 年第 2 次印刷
54	7-301-09597-X	微机原理与接口技术	龚荣武	25.00	2007 年重印
55	978-7-301-10439-2	微机原理与接口技术教程与实训	吕勇，徐雅娜	32.00	2010 年第 3 次印刷
56	978-7-301-15466-3	综合布线技术教程与实训(第 2 版)	刘省贤	36.00	2009 年出版
57	7-301-10412-X	组合数学	刘勇，刘祥生	16.00	2006 年出版
58	7-301-10176-7	Office 应用与职业办公技能训练教程(1CD)	马力	42.00	2006 年出版
59	978-7-301-12409-3	数据结构(C 语言版)	夏燕，张兴科	28.00	2011 年重印
60	978-7-301-12322-5	电子商务概论	于巧娥，王震	26.00	2010 年第 3 次印刷
61	978-7-301-12324-9	算法与数据结构(C++版)	徐超，康丽军	20.00	2007 年出版

序号	标准书号	书　　名	主　　编	定价(元)	出版日期
62	978-7-301-12345-4	微型计算机组成原理教程与实训	刘辉珞	22.00	2010 年重印
63	978-7-301-12347-8	计算机应用基础案例教程	姜丹，万春旭，张飏	26.00	2010 年第 3 次印刷
64	978-7-301-12589-2	Flash 8.0 动画设计案例教程	伍福军，张珈瑞	29.00	2009 年重印
65	978-7-301-12346-1	电子商务案例教程	龚民	24.00	2010 年第 2 次印刷
66	978-7-301-09635-2	网络互联及路由器技术教程与实训(第 2 版)	宁芳露，杨旭东	27.00	2010 年重印
67	978-7-301-13119-0	Flash CS3 平面动画制作案例教程与实训	田启明	36.00	2008 年出版
68	978-7-301-12319-5	Linux 操作系统教程与实训	易著梁，邓志龙	32.00	2008 年出版
69	978-7-301-12474-1	电子商务原理	王震	34.00	2008 年出版
70	978-7-301-12325-6	网络维护与安全技术教程与实训	韩最蛟，李伟	32.00	2010 年重印
71	978-7-301-12344-7	电子商务物流基础与实务	邓之宏	38.00	2010 年重印
72	978-7-301-13315-6	SQL Server 2005 数据库基础及应用技术教程与实训	周奇	34.00	2010 年第 4 次印刷
73	978-7-301-13320-0	计算机硬件组装和评测及数码产品评测教程	周奇	36.00	2008 年出版
74	978-7-301-12320-1	网络营销基础与应用	张冠凤，李磊	28.00	2008 年出版
75	978-7-301-13321-7	数据库原理及应用(SQL Server 版)	武洪萍，马桂婷	30.00	2010 年重印
76	978-7-301-13319-4	C#程序设计基础教程与实训(1CD)	陈广	36.00	2010 年第 4 次印刷
77	978-7-301-13632-4	单片机 C 语言程序设计教程与实训	张秀国	25.00	2008 年出版
78	978-7-301-13641-6	计算机网络技术案例教程	赵艳玲	28.00	2008 年出版
79	978-7-301-13570-9	Java 程序设计案例教程	徐翠霞	33.00	2008 年出版
80	978-7-301-13997-4	Java 程序设计与应用开发案例教程	汪志达，刘新航	28.00	2008 年出版
81	978-7-301-13679-9	ASP .NET 动态网页设计案例教程(C#版)	冯涛，梅成才	30.00	2011 年第 3 次印刷
82	978-7-301-13663-8	数据库原理及应用案例教程(SQL Server 版)	胡锦丽	40.00	2010 年重印
83	978-7-301-13571-6	网站色彩与构图案例教程	唐一鹏	40.00	2008 年出版
84	978-7-301-13569-3	新编计算机应用基础案例教程	郭丽春，胡明霞	30.00	2009 年重印
85	978-7-301-14084-0	计算机网络安全案例教程	陈昶，杨艳春	30.00	2008 年出版
86	978-7-301-14423-7	C 语言程序设计案例教程	徐翠霞	30.00	2008 年出版
87	978-7-301-13743-7	Java 实用案例教程	张兴科	30.00	2010 年重印
88	978-7-301-14183-0	Java 程序设计基础	苏传芳	29.00	2008 年出版
89	978-7-301-14670-5	Photoshop CS3 图形图像处理案例教程	洪光，赵倬	32.00	2010 年重印
90	978-7-301-13675-1	Photoshop CS3 案例教程	张喜生等	35.00	2009 年重印
91	978-7-301-14473-2	CorelDRAW X4 实用教程与实训	张祝强等	35.00	2009 年出版
92	978-7-301-13568-6	Flash CS3 动画制作案例教程	俞欣，洪光	25.00	2010 年第 2 次印刷
93	978-7-301-14672-9	C#面向对象程序设计案例教程	陈向东	28.00	2009 年重印
94	978-7-301-14476-3	Windows Server 2003 维护与管理技能教程	王伟	29.00	2009 年出版
95	978-7-301-13472-0	网页设计案例教程	张兴科	30.00	2009 年出版
96	978-7-301-14463-3	数据结构案例教程(C 语言版)	徐翠霞	28.00	2009 年出版
97	978-7-301-14673-6	计算机组装与维护案例教程	谭宁	33.00	2010 年重印
98	978-7-301-14475-6	数据结构(C＃语言描述) (含 1CD)	陈广	38.00	2009 年出版
99	978-7-301-15368-0	3ds max 三维动画设计技能教程	王艳芳，张景虹	28.00	2009 年出版
100	978-7-301-15462-5	SQL Server 数据库应用技能教程	俞立梅，吕树红	30.00	2009 年出版
101	978-7-301-15519-6	软件工程与项目管理案例教程	刘新航	28.00	2009 年出版
102	978-7-301-15588-2	SQL Server 2005 数据库原理与应用案例教程	李军	27.00	2009 年出版
103	978-7-301-15618-6	Visual Basic 2005 程序设计案例教程	靳广斌	33.00	2009 年出版
104	978-7-301-15626-1	办公自动化技能教程	连卫民，杨娜	28.00	2009 年出版
105	978-7-301-15669-8	Visual C++程序设计技能教程与实训：OOP、GUI 与 Web 开发	聂明	36.00	2009 年出版
106	978-7-301-15725-1	网页设计与制作案例教程	杨森香，聂志勇	34.00	2009 年出版
107	978-7-301-15617-9	PIC 系列单片机原理和开发应用技术	俞光昀，吴一锋	30.00	2009 年出版
108	978-7-301-16900-1	数据库原理及应用(SQL Server 2008 版)	马桂婷等	31.00	2010 年出版
109	978-7-301-16901-8	SQL Server 2005 数据库系统应用开发技能教程	王伟	28.00	2010 年出版
110	978-7-301-16935-3	C#程序设计项目教程	宋桂岭	26.00	2010 年出版
111	978-7-301-17021-2	计算机网络技术案例教程	黄金波，齐永才	28.00	2010 年出版
112	978-7-301-16736-6	Linux 系统管理与维护	王秀平	29.00	2010 年出版
113	978-7-301-17091-5	网页设计与制作综合实例教程	姜春莲	38.00	2010 年出版
114	978-7-301-17175-2	网站建设与管理案例教程	徐洪祥	28.00	2010 年出版
115	978-7-301-17136-3	Photoshop 案例教程	沈道云	25.00	2010 年出版
116	978-7-301-17174-5	SQL Server 数据库实例教程	汤承林，杨玉东	38.00	2010 年出版
117	978-7-301-17196-7	SQL Server 数据库基础与应用	贾艳宇	39.00	2010 年出版
118	978-7-301-16854-7	Dreamweaver 网页设计与制作案例教程	吴鹏，等	41.00	2010 年出版
119	978-7-301-17337-4	C 语言程序设计经典案例教程	韦良芬，王勇	28.00	2010 年出版
120	978-7-301-17437-1	Visual Basic 程序设计案例教程	严学道	27.00	2010 年出版
121	978-7-301-17605-4	SQL Server 2005 应用教程	梁庆枫，颜虹	25.00	2010 年出版
122	978-7-301-17727-3	软件测试设计与实施	蒋方纯	33.00	2010 年出版
123	978-7-301-17736-5	.NET 桌面应用程序开发教程	黄河	30.00	2010 年出版
124	978-7-301-18311-3	Linux 操作系统项目化教程	王艳青，魏新民	21.00	2011 年出版
125	978-7-301-18413-4	JavaScript 程序设计案例教程	许旻，李会芳	24.00	2011 年出版

电子书(PDF 版)、电子课件和相关教学资源下载地址：http://www.pup6.com/ebook.htm，欢迎下载。
欢迎访问立体教材建设网站：http://blog.pup6.com。
欢迎免费索取样书，请填写并通过 E-mail 提交教师调查表，下载地址：http://www.pup6.com/down/教师信息调查表 excel 版.xls，欢迎订购，欢迎投稿。
联系方式：010-62750667，liyanhong1999@126.com.，linzhangbo@126.com，欢迎来电来信。